数字量化混凝土实用技术操作指南
机器人帮我搞试配

朱效荣 薄 超 王耀文 王燚堂 编著

中国建材工业出版社

图书在版编目（CIP）数据

数字量化混凝土实用技术操作指南：机器人帮我搞试配 / 朱效荣等编著. —北京 ：中国建材工业出版社，2019.9

ISBN 978-7-5160-2618-2

Ⅰ. ①数… Ⅱ. ①朱… Ⅲ. ①机器人技术-应用-混凝土-配合比设计-指南 Ⅳ. ①TU528.062-39

中国版本图书馆 CIP 数据核字（2019）第 162402 号

内 容 简 介

本书分为十五章，主要介绍了混凝土配合比设计需要的技术参数、混凝土配合比设计计算理论、混凝土的机器人试配技术、掺助磨剂水泥的性能研究、聚羧酸减水剂的合成及性能、速凝剂的研究与应用、免养护混凝土、水下不分散混凝土、不发火混凝土、喷射气密性混凝土、建筑垃圾再生骨料混凝土、石灰石矿尾矿再生骨料混凝土、铁尾矿再生骨料混凝土、混凝土强度扭矩测定仪、工程质量事故司法鉴定实例。书后还有附录 A 耐火混凝土配合比设计、附录 B 混凝土常见疑难问题分析和附录 C 数字量化混凝土配合比设计及调整试配实例。

通过混凝土智能化技术准确计算并配制出符合施工要求的产品，使配合比设计不再依赖工作经验，原材料选择不再局限于地域的限制，实现水泥、矿渣粉、粉煤灰、硅灰、石粉、砂子、石子和外加剂的科学合理配置，将混凝土生产环节由传统的实践验证性转化为准确的数字量化管理，提高混凝土生产环节的定量、定点和靶向性，达到控制混凝土生产的各个环节，实现生产过程的有序进行，保证混凝土生产企业生产出质量稳定的混凝土产品。尤其混凝土试配机器人技术的推广应用，降低技术人员的计算劳动量，提高混凝土试配的成功率，保证配制出优质的混凝土，满足土木建筑、市政工程、高速铁路、高速公路、港口码头、机场施工、水电站、核电站和海工工程的需要。

数字量化混凝土实用技术操作指南　机器人帮我搞试配
Shuzilianghua Hunningtu Shiyong Jishu Caozuo Zhinan　Jiqiren Bangwo Gao Shipei
朱效荣　薄　超　王耀文　王燚堂　编著

出版发行：中国建材工业出版社
地　　址：北京市海淀区三里河路 1 号
邮　　编：100044
经　　销：全国各地新华书店
印　　刷：北京雁林吉兆印刷有限公司
开　　本：787mm×1092mm　1/16
印　　张：24.75
字　　数：600 千字
版　　次：2019 年 9 月第 1 版
印　　次：2019 年 9 月第 1 次
定　　价：128.00 元

本社网址：www.jccbs.com，微信公众号：zgjcgycbs

本书如有印装质量问题，由我社市场营销部负责调换，联系电话：（010）88386906

前　言

随着科学技术的进步，智能化控制技术已经广泛应用于各行各业，机器人已经走进了社会生活的各个领域。最近二十年来，混凝土技术的发展突飞猛进，采用智能控制和机器人试配已经具备了基础条件，特别是《现代多组分混凝土理论》的创立以及《数字量化混凝土实用技术》的逐渐普及，为混凝土配合比设计的智能化以及生产过程的自动控制提供了强大的理论支持。在技术层面，多组分混凝土理论的应用使我们在配合比设计过程中能够通过水泥、矿渣粉、粉煤灰、硅灰、石粉、砂子、石子和外加剂的性能参数准确计算配制出工作性符合施工要求、强度满足承载要求、耐久性满足使用寿命要求的优质混凝土，使配合比设计不再依赖工作经验，原材料的选择不再局限于地域的限制，实现水泥、矿渣粉、粉煤灰、硅灰、石粉、砂子、石子和外加剂的科学合理利用，可以充分利用自然资源、保护生态环境、降低企业生产成本。在管理层面，使企业管理可以实现流程化、标准化、规范化、精确化以及信息化，将混凝土生产环节由传统的实践验证性转化为准确的数字量化管理，提高混凝土生产环节的定量、定点和靶向性，达到控制混凝土生产的各个环节，提高管理环节的目标性，实现生产过程的有序进行，保证混凝土生产企业生产出质量稳定的混凝土产品。撰写本书的主要目的是将《现代多组分混凝土理论》和《数字量化混凝土实用技术》提出的理论实体化，将书中的混凝土理论与计算机技术和控制技术紧密结合，研制成功机器人用于混凝土试配，简化技术人员的计算劳动量，提高混凝土试配的成功率，保证操作者快速配制出优质的混凝土，满足土木建筑、市政工程、高速铁路、高速公路、港口码头、机场施工、水电站、核电站和海工工程的需要。

本书第一章由朱效荣撰写，主要介绍了混凝土原材料技术指标测量和数字量化计算技术。第二章由朱效荣撰写，主要介绍了多组分混凝土理论、数字量化混凝土配合比设计方法、利用原材料参数推定混凝土强度的方法、固定胶凝材料调整混凝土配合比的方法、利用一组已知混凝土配合比数据和强度设计一系列混凝土配合比的方法以及根据砂子含泥量调整混凝土配合比的方法，是数字量化混凝土实用技术的核心，是智能化混凝土配制技术的基础，是机器人试配技术的关键。第三章由朱效荣、王燚堂和薛超撰写，主要介绍了混凝土试配机器人的组成和功能，混凝土配合比设计原材料技术参数的检测方法、计算方法以及测试依据，机器人试配的过程以及在国内外应用的多个实例。这些实例是当前混凝土配合比设计、调整以及再生骨料应用的成功案例，被编辑在书后附录C中，其中包含澳洲的巴布亚新几内亚，国内的北京、天津、河北、新疆、陕西、甘肃、宁夏、河南、山东、山西、湖北、四川、广东、广西、云南、贵州、安徽、浙江、江西、江苏、辽宁、吉林、内蒙古和黑龙江的实例数据，准确真实，对企业降低生产成本，充分利用再生资源变废为宝，具有很好的借鉴性。第四章由朱效荣和张兰志编写，主要介绍水泥和助磨剂相关问题，对解决外加剂与水泥的适应性问题有很大的帮助。第五章由王耀文和陈浩宇撰写，主要介绍聚羧酸减水剂的合成、泵送剂复配、外加剂的科学检验以及混凝土外加剂使用过程中常见问题的解决方法。第六章由朱效荣、赵志强和赵建隆编写，主要介绍了速凝剂的研究现状、速凝剂的生产技术、速凝剂的性能以及应用。第七章由朱效荣、薄超、杨建勤、何百静、唐承勇和刘世涛撰写，主要介绍了一种新型的混凝土自养护剂，详细介绍了它的性能以及应用方法，以及免养护混凝土生产技术及应用效果。第八章至第十三章由张建锋、朱永刚、朱效荣编写，主要介绍了水下不分散混凝土、不发火混凝土、喷射混凝土、气密性混凝土、建筑垃圾再生骨料混凝土、石灰石矿尾矿再生骨料混凝土、铁尾矿再生骨料混凝土，总结了目前国内在混凝土领域新的发展方向。第十四章由朱效荣、刘鸿飞、陈浩宇和薛超撰写，主要介绍了扭矩快测法在混凝土强度预测方面的应用，该方法是早期推定混凝土强度试验方法标准最新引入的一种新方法，具有操作简单，检测速度快，测试结果与标准养护试件拟合性好，数据可以直接传输到电脑的优点。第十五章由朱效荣、王燚堂、陈浩宇、楚文渊、张兰志和朱亮东编写，主要介绍了某工程质量事故的司法鉴定的材料，编入本书的目的是让工程技术人员掌握工程质量司法鉴定所需的技术资料、钻芯取样的方法、检测数据的计算以及混凝土质量指标的判定方法。

附录由朱效荣、张建锋、赵志强、戴会生、王小麟、朱永刚和薛超编写，主要介绍了混凝土常见的问题及解决方法，内容详实，实用性强，特别适用于初学者。

本书在编写过程中，吸收和选用了国内外专家有关水泥、掺合料、外加剂和再生骨料研究应用相关的论文、专著和报告的部分内容，这些内容发表于2010—2013年的《中国包装科技博览·混凝土技术》杂志上，在此对这些资料的原作者表示感谢！本书的撰写得到国内外大专院校、科研院所、水泥生产企业、混凝土生产企业、外加剂生产企业、建设施工企业及监理公司的大力支持和帮助，在此表示感谢！由于笔者理论水平和实际经验有限，书中内容仍有许多不足之处，期望同行在技术交流的过程中给予批评指正！各位同行可以到www.hntkjw.com留言，也可以发送电子邮件到bjlgkj@126.com，或者通过微信和电话13501124631联系。笔者将虚心听取大家的意见并加以改进。

本书的编撰以及混凝土试配机器人项目的研究得到混凝土科技网、混凝土视频网、北京灵感科技有限公司、北京建筑大学、天津大学、同济大学、上海交通大学、华南理工大学、西南交通大学、山东建筑大学、北京科技大学、北京航空航天大学、天津港湾研究院、中国矿业大学和中国农业大学多位专家教授的支持，在此表示感谢！在推广应用的过程中，本项目技术得到了北京城建集团、中建西部建设、北京金隅集团、中国联合混凝土、华新水泥混凝土、北京建工集团、中国建筑工程总公司、中国铁建总公司、唐山冀东水泥混凝土投资发展有限公司、中国电建水电八局、中铁十七局、交通部一航局、中铁十六局、中铁二十局和中铁置业集团的大力支持，在此表示感谢！

悠悠岁月，漫漫征途，混凝土技术在大规模的建设中逐渐进步，前辈对技术的探索、同辈对实践的总结、晚辈对现实的开拓，是混凝土实现智能化的脚步。在此对多年来给予我大力支持的中国工程院陈肇元院士表示深深的谢意！在我研究的项目中，陈院士主持了新型无熟料水泥混凝土、纤维混凝土和C100高性能混凝土三项成果的鉴定，对我的研究生涯提供了精神上的动力，激励我一直从事混凝土研究工作，在混凝土研究的道路上勇往直前。在此对多年来给予我大力支持的中国工程院孙伟院士表示感谢！2006年，正是在孙院士主持的鉴定会上，将我提出的现代混凝土强度理论数学模型命名为多组分混凝土理论，这是对我混凝土技术研究最大的肯定。经过十多年的逐步完善，依据这一理论，本人在2007年出版了《现代多组分混凝土理论》，2016年出版了《数字量化混凝土实用技术》，同时编写了混凝土配合比设计计算软件、混凝土最佳砂率调整计算软件和混凝土泵送剂复配软件，研制成功混凝土试配机器人，已经在北京建筑大学、天津大学、沈阳建筑大学、中铁十四局检测中心、运城市质检站和山东华舜混凝土有限公司成功应用，得到同行业者的认可。孙院士的提携是我在混凝土技术研究道路上的转折点，是我突破旧思维、不畏阻力、创新进取、勇于探索的精神源泉。在此对多年来给予我大力支持的中国工程院唐明述院士表示深深的感谢！2009年，80岁高龄的唐院士来北京主持了高强透水混凝土项目成果的鉴定会，充分肯定了多组分混凝土理论，给予“定量预留开口孔隙设计法”很高的评价。长者的嘱托犹在，奋进的脚步不停，改变混凝土行业落后现状的壮志不减。实现原材料技术指标的数字量化、实现配合比设计计算准确化、实现混凝土试验智能化，是三位院士的期望、也是所有混凝土技术人员的期望，本书的编撰是自己对近十年来混凝土技术研发的总结，也是对三位院士期望与厚爱的汇报！

在此感谢长期给予我支持的：沈阳建筑大学李生庆教授，北京鸿智投资有限公司李占军教授，山东华舜混凝土有限公司薄超教授，交通部一航局戴会生教授，天津市混凝土协会刘亚柱高级工程师，广东省住建厅顾问倪清教授，中铁检测理事会安文汉教授，中铁检测理事会付兆岗会长，山东铁正工程试验检测中心吴修洋主任，天津大学李志国教授，北京建筑大学宋少民教授，中国矿业大学王栋民教授，大连理工大学王立久教授，山东建筑大学逄鲁峰教授，北京科技大学刘娟红教授，北京航空航天大学张武满教授，中国农业大学彭红涛教授，同济大学孙振平教授，上海交通大学陈兵教授，重庆大学王冲教授，内蒙古科技大学杭美艳教授，沈阳建筑大学赵苏教授，西南交通大学李固华教授，兰州大学王永奎教授，中国联合混凝土李杰教授，中建西部建设罗作球教授，北京金隅混凝土集团王顺晴董事长，北京城建吴存堂教授，哈尔滨茂华混凝土王希波教授，中国建筑科学研究院张仁瑜教授，沈阳泰丰混凝土宋东升教授，新疆水利水电设计院李军辉教授，石家庄铁道大学要秉文教授，河南大学蔡基伟教授，河南大学张承志教授，中原工学院王爱勤教授，华新水泥混凝土容志刚教授，辽宁省建研院范文涛教授，天津港湾研究院陈浩宇高级工程师，天津大学李志鹏高级工程师，天津市混凝土协会王小麟高级工程师，鞍山荣合建材有限公司张兰志高级工程师，张家口三和路桥有限公司朱亮东高级工程师，盘锦固城混凝土制品有限公司刘鸿飞高级工程师。（备注：排名不分前后顺序）

朱效荣

2019年5月

目　　录

第一章　混凝土配合比设计需要的技术参数

第一节　水泥的技术指标和技术参数

水泥作为混凝土最重要的原材料，对混凝土的强度和性能起到最关键的作用，因此水泥质量的优劣直接影响混凝土的工作性、强度和耐久性。在混凝土配合比设计的过程中，数字量化混凝土技术以多组分混凝土理论为计算依据，计算过程中与水泥有关的基础参数主要包括强度、表观密度、需水量、比表面积、C_3A 和 SO_3 等，这些基础参数是通过国家标准检测得到的。在配合比设计过程中，考虑的影响参数有水灰比、考虑的过渡性参数有水泥在标准胶砂中的体积比、标准稠度水泥浆体的表观密度、标准稠度水泥浆体强度和水泥的质量强度比。在多组分混凝土理论中，这些基础参数都被赋予了明确的物理意义。本节详细介绍这些过渡性参数的概念和作用。

一、水泥强度的快速推定方法

1. 强度

强度是水泥最重要的技术指标，水泥强度的高低直接影响混凝土的承载能力，因此配制混凝土的时候选择强度满足现行国家标准显得非常必要。由于水泥的检测采用固定水灰比，因此本书的观点认为，硅酸盐系列水泥强度主要取决于水泥熟料强度和掺量。水泥熟料强度与烧制工艺紧密相关，烧制工艺越合理，水泥熟料强度越高，水泥强度就越高；当使用同一种水泥熟料时，水泥熟料掺量越高，水泥强度就越高。

由于水泥强度检测数据的滞后，一直制约了混凝土配合比的设计，为了解决这一难题，笔者认为，水泥熟料中的化学成分、用量、表观密度和标准稠度用水量都是影响水泥强度的关键因素。对于回转窑水泥，水泥强度与水泥熟料强度成正比，与水泥熟料的用量成一次函数关系，即在水泥配比一定时，水泥熟料强度越高，水泥强度越高；水泥熟料掺量越多，水泥强度越高。水泥强度与水泥熟料堆积密度之间成一次函数关系，水泥熟料堆积密度越大，水泥强度越高。以下介绍水泥熟料强度推定的几种简易方法。

2. 化学成分法

水泥的主要化学成分是 CaO、SiO_2、Al_2O_3、Fe_3O_4。活性的 CaO 越多，碱度越高，水泥熟料的水化过程反应越充分，它的强度就越高。

水泥熟料化学成分和质量百分比见表 1-1。

表 1-1　水泥熟料化学成分和质量百分比

化学成分	CaO	Al_2O_3	Fe_3O_4	SiO_2
百分比（%）	63	8	7	19

则水泥熟料强度为：

$$R_{28}=CaO+Al_2O_3+Fe_3O_4-SiO_2$$
$$=63+8+7-19$$
$$=59\ (MPa)$$

计算误差为±1MPa。

3. 热值法

烧制水泥的主要燃料为煤，煤的热值直接决定了水泥熟料熔融状态，对于固定的生产工艺，煤的热值越高，水泥熟料储存的势能越高，水泥熟料水化形成的强度越高。在水泥生料配比合理的前提下，煤的热值与水泥熟料强度之间有着必然的联系，经过近十年的总结，我们得到煤的热值与水泥熟料的强度成正比的经验公式。即：R_{28}＝煤的热值/100（MPa）。煤的热值与水泥熟料强度对比见表1-2。

表1-2　煤的热值与水泥熟料强度对比表

煤的热值（cal）	4000	4500	5000	5500	6000
水泥熟料强度（MPa）	40	45	50	55	60

计算误差为±3MPa。

4. 堆积密度法

水泥熟料强度与水泥熟料密实度紧密相关，密实度越高，强度越高。我们可以将水泥熟料装入容量筒，在水泥振实台振动15下，刮平上表面，称量即为水泥熟料堆积密度，R_{28}＝（水泥熟料堆积密度－1000）/10，例如水泥熟料堆积密度为1550kg/m^3，则水泥熟料强度为：

$$R_{28}=(1550-1000)/10$$
$$=550/10$$
$$=55\ (MPa)$$

计算误差为±1MPa。

5. 燃烧状态法

水泥烧制的过程中，燃烧是否充分对水泥熟料的强度而言显得非常重要，由于烧制水泥的主要燃料为煤，当燃烧充分时，烟囱几乎看不到浓烟，这时生料充分烧结达到熔融形成了理想的水泥熟料，水泥熟料水化形成的强度较高；当燃烧不充分时，烟囱会冒出黄烟，这时水泥生料没有达到充分的烧结，生成的水泥熟料具有黄芯，水泥熟料水化形成的强度较低。在水泥生料配比合理、燃煤热值较高的前提下，燃烧状态与水泥熟料强度之间有着必然的联系，经过近十年的总结，我们得到通过烟囱冒出的烟推断水泥熟料强度的经验规律。烟雾状态、长度与水泥熟料强度对应关系见表1-3。

表1-3　烟雾状态、长度与水泥熟料强度对应关系

烟雾状态	黄烟	较轻黄烟	白烟	白烟	白烟
烟雾长度	超过5倍烟囱	超过3倍烟囱	超过2倍烟囱	超过1倍烟囱	小于1倍烟囱
水泥熟料强度（MPa）	40	45	50	55	60

6. 水泥强度与水泥熟料强度的关系

对水泥厂而言，在水泥熟料强度R_0一定的条件下，水泥强度主要取决于水泥熟料的掺量（$x\%$），水泥熟料的掺量越大，水泥强度 R_{28} 越高。当使用同种混合材且不考虑活性时，水泥强度与水泥熟料的掺加量成正比。即

$$R=R_0\times x\%$$

例：水泥熟料强度为60MPa，水泥熟料的掺加量75%，则水泥强度为：

$$R=R_0\times x\%=60\times75\%=45\text{（MPa）}$$

二、最佳水灰比

水灰比是研究水泥的一个重要指标。在检测水泥强度时，固定水泥的用量和砂的用量，改变水泥的水灰比和成型条件。在保证水泥试件能够成型的基础上，水泥强度与水灰比的关系为：从零开始，随着水灰比的增大，水泥试件的强度逐渐提高，当水灰比达到标准稠度用水量对应的水灰比时，水泥强度最高。超过这个值后，随着水灰比的增大，水泥试件的强度逐渐降低，当浆体很稀的时候，水泥强度降低到零。

水灰比对水泥强度的影响，可以这样解释：干的水泥，水灰比为零，由于水泥无法成型，水泥颗粒无法发生化学反应，因此强度为零。随着水灰比的增大，采用压制成型制作的试件，用水量的增加使参与化学反应的水泥增加，化学反应的产物逐渐增多，水泥强度逐步提高；达到标准稠度用水量对应的水灰比时，水泥的拌和水用量达到一个平衡，水泥试件可以振动成型。这时的水起到两个作用：一是保证水泥充分水化，形成的水化产物最多；二是保证水泥水化产物均匀粘结成一个整体，且没有多余水分，确保水泥浆体凝固后的匀质性和整体性，实现标准稠度水泥浆体强度最高。根据压汞试验测试计算可知，标准稠度水泥浆体凝固后水分蒸发形成的孔隙对应的水量占标准稠度用水量的三分之一左右，因此可以得出水泥化学反应的水量为标准稠度用水量的三分之二左右的结论；当水灰比大于标准稠度用水量对应的水灰比时，水泥与拌合水之间发生了充分的化学反应，形成的水化产物足够多，但是除了将水泥水化产物粘结到一起的水分，仍然有剩余的水分，并且随着水灰比的增大，剩余的水分越多，这些水分在水泥凝固后蒸发出去，在水泥试件内部留下孔隙。这时，水泥试件随着水灰比逐渐增大，内部形成的孔隙逐渐增多，水泥试件的密实度逐渐降低，水泥强度逐渐降低；当水灰比大到水泥浆体无法形成一个完整的整体时，水泥的强度降低为零。

因此，当混凝土配制强度相同时，如果胶凝材料为水泥，应该使用强度最高的水泥浆体，浆体的用量最少，配制的混凝土成本最低，这时胶凝材料最佳的水灰比是标准稠度用水量对应的水胶比。

三、过渡参数的计算

1. 水泥在标准胶砂中体积比

由于现场试验无法直接测出标准稠度水泥浆体的强度，因此在多组分混凝土理论中引入了过渡变量水泥在标准胶砂中的体积比，结合水泥标准胶砂强度值计算标准稠度水泥浆体的强度。在水泥的检验过程中，使用的原材料有水泥、标准砂和拌合水三种。在标准水泥胶砂试件中，水泥所占的体积比可以用水泥的体积除以标准水泥胶砂中各种成分的体积和求得。其公式如下：

$$V_{C_0}=\frac{\dfrac{C}{\rho_{C_0}}}{\dfrac{C}{\rho_{C_0}}+\dfrac{S}{\rho_{S_0}}+\dfrac{W}{\rho_{W_0}}} \tag{1-1}$$

式中　V_{C_0}——标准胶砂中水泥的体积比，%；

C——标准胶砂中水泥的用量，取值450g；

ρ_{C_0}——水泥的密度，kg/m³；

S——标准胶砂中砂的用量，取值1350g；

ρ_{S_0}——标准砂的密度，2700kg/m³；

W——标准胶砂中水的用量，取值225g；

ρ_{W_0}——水的密度1000kg/m³。

分子为水泥的体积；分母为水泥、标准砂以及拌合水的体积和。在这个公式中只有水泥的密度是变化的。

2. 标准稠度水泥浆体的强度

根据水泥标准胶砂试件的几何组成可知，根据作用水泥检测时的拌合水分为两部分：一部分使水泥和拌合水形成标准稠度的水泥浆体，由于标准砂的加入，使浆体形成均匀连续的蜂窝状结构；另一部分水用于润湿标准砂，润湿后的砂子均匀地填充于这些蜂窝之中。在水泥标准胶砂试件检测的时候，水泥加水后发生了化学反应，形成的水化产物具备了承受压力的功能，表现为强度。砂子在成型前后以及在指定龄期做抗压试验时仅仅起到填充的作用，没有发生化学变化；如果没有水泥浆的包裹，就会在压力作用下崩溃，不会产生强度。所以标准检测得到的水泥标准胶砂试件的强度实际上是水泥、标准砂和水的混合物形成的试件的平均强度。水泥标准稠度浆体的强度可以用水泥标准胶砂强度除以水泥在标准胶砂试件中的体积比值计算求得，分子为标准水泥胶砂的强度，分母为标准水泥胶砂中水泥的体积比例。其公式如下：

$$\sigma_0=\frac{R_{28}}{V_{C_0}} \tag{1-2}$$

式中　σ_0——标准胶砂中水泥水化形成的纯浆体的强度，MPa；

R_{28}——标准胶砂试件的强度，MPa；

V_{C_0}——标准胶砂中水泥的体积比，%。

3. 标准稠度水泥浆表观密度

由于我国采用国际标准单位制，混凝土的配制以1m³为准。因此，在计算过程中需要将标准稠度的水泥浆体折算为1m³，在计算过程中水泥浆体的体积收缩可以忽略不计。则1m³凝固硬化的标准稠度水泥浆体的质量为1m³的干水泥质量和将这些水泥拌制为标准稠度时的水的质量之和除以对应的水泥和水的体积之和，即标准稠度水泥浆体的表观密度值，分子为1m³的干水泥质量和将这些水泥拌制为标准稠度时的水的质量之和，分母为水泥体积1m³和标准稠度用水的体积和。其公式如下：

$$\rho_0=\frac{\rho_{C_0}\left(1+\dfrac{W_0}{100}\right)}{1+\dfrac{\rho_{C_0}}{\rho_{W_0}}\times\left(1+\dfrac{W_0}{100}\right)} \tag{1-3}$$

式中　ρ_0——标准稠度水泥浆的密度，kg/m³；

W_0——水泥的标准稠度用水量，kg；

ρ_{C_0}——水泥的密度，kg/m³；

ρ_{W_0}——水的密度，kg/m³。

4. 质量强度比

在多组分混凝土理论之中，将水泥对强度的贡献通过质量强度比表达了出来，其物理意义是贡献1MPa强度所需水泥浆的质量。由于采用的是国际标准单位制，标准稠度的硬化水泥浆体积以1m³为准，对应的强度值选择水泥标准稠度浆体的强度值，1m³水泥浆体积对应的质量数值正好和1m³乘以ρ_0的数值相等，因此水泥标准稠度水泥浆对强度的贡献可以用标准稠度水泥浆的表观密度数值除以标准稠度水泥浆体的强度值计算求得，其单位为[kg/(m³·MPa)]，定义为质量强度比。其计算公式如下：

$$R=\frac{\rho_0}{\sigma_0} \tag{1-4}$$

式中　R——质量强度比，[kg/(m³·MPa)]，物理意义为提供1MPa强度所需水泥浆的用量；

ρ_0——标准稠度水泥浆的表观密度，kg/m³；

σ_0——标准稠度水泥浆体的强度，MPa。

考虑水泥试验与施工环境的不同以及误差和应用方便，在混凝土配合比设计过程中，水泥用量的取值就以质量强度比计算出的水泥浆数据为准。

四、水泥与外加剂的适应性

1. 化学成分的影响

水泥与外加剂适应性的化学成分主要是C_3A和石膏，C_3A由3个氧化钙（CaO）和1个氧化铝（Al_2O_3）组成，水泥检测石膏出具的数据是SO_3，C_3A和SO_3完全反应的分子个数比是1∶1，水泥中C_3A和SO_3完全反应的合理质量比例为270∶80，近似于3.4∶1。因此C_3A∶SO_3的比值小于3.4的时候，由于石膏充足，水泥与外加剂的适应性好；C_3A∶SO_3的比值大于3.4的时候，由于石膏不足，产生水泥与外加剂的适应性不好的问题。解决问题的措施是向胶凝材料中掺加适量的硫酸盐，使C_3A∶SO_3的比值接近3.4，水泥与外加剂的适应性问题就解决了。

2. 物理因素

影响水泥与外加剂适应性的物理因素主要是比表面积和需水量。比表面积越大，水泥与外加剂的适应性越差，需水量越大，水泥与外加剂的适应性越差。因此，解决比表面积和需水量引起的水泥与外加剂适应性不好的问题主要通过确定合理的用水量解决。

第二节　掺合料的技术指标和技术参数

在混凝土配合比设计过程中，掺合料是必不可少的，现在用于混凝土的掺合料主要有粉煤灰、矿渣粉、硅灰和石粉。在混凝土配合比设计过程中用到的基础参数有对比强度、表观密度、需水量比和比表面积，过渡性参数主要考虑活性系数和填充系数。在多组分混凝土理论中，在强度方面主要考虑掺合料的反应活性和填充效应，在工作性方面主要考虑掺合料的需水量比。反应活性用活性系数表示，以区别与标准规定的活性指数，活性系数指同样质量的掺合料产生的强度与对比试验水泥强度的比值。填充效应用填充系数表示，以便解决以前配合比设计过程中填充效应无法量化的问题，填充系数为矿物掺合料的比表面积与表观密度的乘积除以对比试验水泥的比表面积与表观密度的乘积所得商的二次方根。作为计算基准，水泥的填充系数的计算方法如下：

$$u_1=\sqrt{\frac{\rho_C S_C}{\rho_C S_C}} \tag{1-5}$$

式中　u_1——水泥的填充系数（基准数据）；

ρ_C——水泥的密度，kg/m³；

S_C——水泥的比表面积，m²/kg。

本节主要介绍三种常用掺合料的填充系数和活性系数的计算方法。

一、粉煤灰

1. 概述

粉煤灰是混凝土生产过程中用量仅次于水泥的一种矿物掺合料。由于其颗粒较粗，一般情况下只考虑它的反应活性，不考虑它的填充效应。在配合比设计过程中，当使用高强度的水泥时，由于配制低强度等级混凝土使用的水泥量较少，因此，主要利用粉煤灰活性低的特点，用粉煤灰等代替水泥，增加胶凝材料用量，解决浆体包裹砂石的问题，达到改善混凝土工作性的目的。

2. 填充系数的计算方法

粉煤灰的填充系数指粉煤灰的比表面积与表观密度的乘积除以对比试验水泥的比表面积与表观密度的乘积所得商的二次方根。多组分混凝土理论中粉煤灰填充系数的计算方法如下：

$$u_2=\sqrt{\frac{\rho_F S_F}{\rho_C S_C}} \tag{1-6}$$

式中　u_2——粉煤灰的填充系数；

ρ_F——粉煤灰的密度，kg/m³；

S_F——粉煤灰的比表面积，m²/kg。

其物理意义为1kg的粉煤灰填充效应产生的强度相当于 u_2 kg的水泥填充效应产生的强度。由于粉煤灰比较粗，一般没有在配合比设计的过程中考虑填充效应，只有在高强高性能混凝土矿物掺合料使用磨细粉煤灰时考虑粉煤灰的填充系数。

3. 国家标准中活性指数检测与计算

（1）粉煤灰活性试验方法。测定试验胶砂和对比胶砂的强度，以两者强度之比确定粉煤灰试样的活性指数。试验胶砂和对比胶砂材料用量见表1-4。

表1-4　试验胶砂和对比胶砂材料用量

胶砂种类	水泥（g）	粉煤灰（g）	标准砂（g）	水（mL）	28d强度（MPa）
对比胶砂	450	—	1350	225	R_0
试验胶砂	315	135	1350	225	R_1

（2）活性指数计算方法。活性指数的国家标准计算方法如下：

$$H_{28}=100\times\frac{R_1}{R_0} \tag{1-7}$$

式中　H_{28}——活性指数，%；

R_1——试验胶砂28d强度，MPa；

R_0——对比胶砂28d强度，MPa。

4. 活性系数的计算方法

粉煤灰的活性系数指同样质量的粉煤灰产生的强度与对比试验水泥强度的比值。根据对比胶砂可知，450g水泥提供强度为R_0，其中315g水泥提供的强度为$0.7R_0$，135g水泥提供的强度为$0.3R_0$；那么，试验胶砂提供的强度包括315g水泥提供的强度$0.7R_0$与135g粉煤灰提供的强度$R_1-0.7R_0$。所以，粉煤灰的活性系数由式（1-8）求得：

$$\alpha_F=\frac{R_1-0.7R_0}{0.3R_0} \tag{1-8}$$

式中　α_F——粉煤灰的活性系数；

R_1——试验胶砂28d强度，MPa；

R_0——对比胶砂28d强度，MPa。

二、矿渣粉

1. 概述

矿渣粉是混凝土生产过程中用量较大的一种矿物掺合料。由于其活性较高，正常情况下可以只考虑它的反应活性。在配制高强高性能混凝土的时候，由于采用超细矿渣粉，这种条件下就应该考虑填充效应。在配合比设计过程中，为了降低水泥的水化热，大量使用矿渣粉。因此本节详细介绍矿渣粉活性系数和填充系数的计算方法。

2. 填充系数的计算方法

矿渣粉的填充系数指矿渣粉的比表面积与表观密度的乘积除以对比试验水泥的比表面积与表观密度的乘积所得商的二次方根。多组分混凝土理论中矿渣粉填充系数的计算方法如下：

$$u_3=\sqrt{\frac{\rho_K S_K}{\rho_C S_C}} \tag{1-9}$$

式中　u_3——矿渣粉的填充系数；

ρ_K——矿渣粉的密度，kg/m^3；

S_K——矿渣粉的比表面积，m^2/kg。

计算求得的填充系数，其物理意义为1kg的矿渣粉填充效应产生的强度相当于$u_3$kg的水泥填充效应产生的强度。当配制C60以下强度等级的混凝土时，只考虑矿渣粉的活性系数；当配制C60以上强度等级的混凝土时，同时考虑矿渣粉的活性系数和填充效应，取两者中效果好的一个作为配合比计算的依据。

3. 国家标准中活性指数检测与计算

（1）矿渣粉活性试验方法。试验胶砂和对比砂胶用量见表1-5。

表 1-5 试验胶砂和对比胶砂材料用量

胶砂种类	水泥（g）	矿渣粉（g）	标准砂（g）	水（mL）	28d 强度（MPa）
对比胶砂	450	—	1350	225	R_0
试验胶砂	225	225	1350	225	R_2

（2）活性指数计算方法。测定试验胶砂和对比胶砂的强度，以两者强度之比确定矿渣粉试样的活性指数。矿渣粉 28d 活性指数按式（1-10）计算：

$$A_{28} = 100 \times \frac{R_2}{R_0} \tag{1-10}$$

式中 A_{28}——28d 活性指数，%；

R_0——对比砂浆 28d 强度，MPa；

R_2——试验砂浆 28d 强度，MPa。

4. 活性系数的计算方法

矿渣粉的活性系数指同样质量的矿渣粉产生的强度与对比试验水泥强度的比值。450g 水泥提供强度为 R_0，其中 225g 水泥提供的强度为 $0.5R_0$；那么，试验胶砂提供的强度包括 225g 水泥提供的强度（即 $0.5R_0$）与 225g 矿渣粉提供的强度（即 $R_2-0.5R_0$）。所以，矿渣粉的活性系数由式（1-11）求得：

$$\alpha_K = \frac{R_2 - 0.5R_0}{0.5R_0} \tag{1-11}$$

式中 α_K——矿渣粉的活性系数；

R_0——对比砂浆 28d 强度，MPa；

R_2——试验砂浆 28d 强度，MPa。

三、硅灰

1. 概述

硅灰是高强高性能混凝土生产过程中必须添加的一种矿物掺合料。由于其比表面积大，在水泥颗粒之间填充效应明显，所以在配制高强高性能混凝土的时候大量应用。在多组分混凝土理论之中，由于反应活性比填充效果弱一些，因此在配合比设计中主要考虑它的填充效应。

2. 填充系数的计算方法

硅灰的填充系数，指硅灰的比表面积与表观密度的乘积除以对比试验水泥的比表面积与表观密度的乘积所得商的二次方根。多组分混凝土理论中硅灰填充系数的计算方法按式（1-12）计算：

$$u_4 = \sqrt{\frac{\rho_{Si} S_{Si}}{\rho_C S_C}} \tag{1-12}$$

式中 u_4——硅灰的填充系数，其物理意义为，在混凝土配合比设计过程中，可以用 1kg 硅灰取代 u_4（kg）与对比试验的水泥；

ρ_{Si}——硅灰的密度，kg/m^3；

S_{Si}——硅灰的比表面积，kg/m^2。

当配制C60以上强度等级的混凝土时，我们考虑选择硅灰，是利用它的填充效应。

3. 国家标准中活性指数检测与计算

（1）硅灰活性试验方法。硅灰活性指数试验中，试验胶砂和对比胶砂材料的用量见表1-6。

表1-6　硅灰活性指数试验中试验胶砂和对比胶砂材料的用量

胶砂种类	水泥（g）	硅灰（g）	标准砂（g）	水（mL）	28d强度（MPa）
对比胶砂	450	—	1350	225	R_0
试验胶砂	405	45	1350	225	R_4

（2）活性指数计算。测定试验胶砂和对比胶砂的强度，以两者强度之比确定硅灰试样的活性指数。硅灰28d活性指数按式（1-13）计算：

$$A_{28}=100\times\frac{R_4}{R_0} \tag{1-13}$$

式中　A_{28}——28d活性指数，%；

R_0——对比砂浆28d强度，MPa；

R_4——试验砂浆28d强度，MPa。

4. 活性系数的计算方法

硅灰的活性系数指同样质量的硅灰产生的强度与对比试验水泥强度的比值。450g水泥提供的强度为R_0，其中405g水泥提供的强度为$0.9R_0$；那么，试验胶砂提供的强度包括405g水泥提供的强度（即$0.9R_0$）与45g硅灰提供的强度（即$R_4-0.9R_0$）。所以硅灰的活性系数由式（1-14）求得：

$$\alpha_{Si}=\frac{R_4-0.9R_0}{0.1R_0} \tag{1-14}$$

式中　α_{Si}——硅灰的活性系数；

R_0——对比砂浆28d强度，MPa；

R_4——试验砂浆28d强度，MPa。

5. 掺合料的需水量比

掺合料的需水量比是矿物掺合料达到和对比试验的水泥相同的流动度时的用水量与水泥用水量的比值。

第三节　外加剂的技术指标和技术参数

在现代化的混凝土施工过程中，大多数混凝土都采用泵送施工。本书将详细介绍泵送剂的组成，合理的调整减水率和推荐掺量的确定方法。泵送剂最主要的原材料是减水剂、缓凝剂和引气剂，我们国家将减水剂按照减水率的高低分为三类：减水率大于8%、小于15%的称为普通减水剂；减水率大于15%、小于25%的称为高效减水剂；减水率大于25%的称为高性能减水剂。在多组分混凝土理论之中，定义减水剂达到标准检验指标合格时的掺量为临界掺量，此时的减水率定义为临界减水率。我国生产的普通减水剂临界减水率为8%，高效减水剂临界减水率为15%，高性能减水剂临界减水率为25%。定义减水剂达到最大减水率且其他指标合格时的掺量为饱和掺量，此时的减水率定义为饱和减水率（或者最高减水率）。缓凝剂是泵送剂最主要的保坍成分，国内使用最多的缓凝剂是葡萄糖酸钠、柠檬酸钠和麦芽糊精。引气剂主要是通过引入大量小的稳定气泡，对拌合物起到类似轴承滚珠的作用，这些气泡使得砂粒运动更加自由，可增加拌合物的可塑性，防止混凝土拌合物离析和泌水。目前，最常用的是三萜皂苷和12-烷基硫酸钠；引气剂气泡还可以对砂粒级配起到补充作用，即减少砂子间断级配的影响。考虑到施工现场养护不到位引起的混凝土开裂和其他质量问题，本节重点介绍免养护剂的技术指标和性能。由于目前我国进行大规模的高速公路和高速铁路隧道施工，对速凝剂的需求较大，因此本书单列一章详细介绍速凝剂的相关技术。

一、泵送剂的技术参数

1. 减水率的不同测试方法

泵送剂的减水率是一个动态的数据，根据检测方法的不同，分为针对水泥的减水率、针对砂浆的减水率以及针对混凝土的减水率。

就水泥而言，影响泵送剂减水率的主要因素是水泥的凝结时间和需水量。石膏是水泥的调凝剂，当石膏的用量不足时，表现为水泥与外加剂的适应性差，减水率低；相反，当石膏的用量足以与铝酸三钙反应时，水泥凝结时间正常，表现为水泥与外加剂的适应性好，减水率高。水泥的比表面积越大，需水量就越大，吸附的外加剂就越多，表现为水泥和外加剂的适应性不好，减水率低；水泥的比表面积越小，需水量就越小，吸附的外加剂就越少，表现为水泥和外加剂的适应性好，减水率高。

针对砂浆的减水率，假设使用的水泥相同，则砂子的颗粒级配越合理，掺加泵送剂的砂浆流动性越好，减水率越高；砂子的颗粒级配越差，掺加泵送剂的砂浆流动性越差，减水率越低。

针对混凝土的减水率，假设使用的水泥相同，当砂石的级配合理时，掺加泵送剂的混凝土流动性好，减水率高；当砂石的级配不合理时，掺加泵送剂的混凝土流动性差，减水率低；当砂石的含泥量高时，掺加泵送剂的混凝土流动性差，减水率低；当砂石的含泥量低时，掺加泵送剂的混凝土流动性好，减水率高；当砂石的孔隙较多时，掺加泵送剂的混凝土流动性差，减水率低；当砂石的密实度高时，掺加泵送剂的混凝土流动性好，减水率高。为了解决以上数据的不同，在多组分混凝土理论之中，提出了预湿骨料技术原理和方法，消除了砂石对减水率的影响，在试配混凝土的时候测量一个减水率就可以配制优质的混凝土，本书在预湿骨料技术一节中将详细介绍。

2. 泵送剂的合理功能

根据多组分混凝土理论，在混凝土配合比设计中，泵送剂的合理功能就是增加混凝土拌合物的流动性，而混凝土行业一个误区就是让外加剂减水，当混凝土配合比设计合理的时候，胶凝材料起到增加混凝土强度和包裹骨料的作用，表面润湿的砂石起到骨架作用，水起到化学反应和粘结作用，外加剂起到增加混凝土的流动性，改善混凝土的耐久性的作用。正常的混凝土如同一个正常的人，胶凝材料浆体和肉一样，砂石像骨头一样，拌合水就像身体里的血液一样，合理的量是最佳值。拌合水多了就要排出去，如同关节中的润滑液，正常的混凝土如同一个正常的人一样，需要一定量的泵送剂，起到增加混凝土拌合物流动性的作用。混凝土泵送剂合理的作用是增加拌合物的流动性，改善拌合物的耐久性。泵送剂一旦超过合理掺量就发挥了减水作用，混凝土拌合物就会出现离析、抓地、扒底、黏罐和堵泵的情况，同时影响混凝土的强度和耐久性。

3. 减水率 n（%）和掺量 c_A（%）的确定方法

本书以多组分混凝土理论为基础，以预湿骨料技术指导生产，提出针对现场水泥和混凝土泵送剂合理减水率的确定办法。

水泥的减水率：以标准稠度水泥浆作为检验的基准，此时水泥净浆的流动扩展度为 D_0（正常值为 60mm，由于操作存在误差，此值有时候会≥60mm），加入泵送剂，测出水泥净浆的流动扩展度 D，依据减水率每增加 1%，水泥净浆的流动扩展度就增加 10mm，即可测的泵送剂针对水泥的减水率：$n=(D-D_0)/10$。

混凝土的减水率：用标准稠度的胶凝材料浆体和表面润湿的砂石混合形成基准混凝土，其初始坍落度为 T_0（正常值为 80mm，由于操作存在误差，此值大多数情况下介于 50～80mm 之间），加入泵送剂，测出混凝土的坍落度 T，依据减水率每增加 1%，混凝土的坍落度就增加 10mm，即可测的泵送剂针对混凝土的减水率：$n=(T-T_0)/10$。

用这种思路检测泵送剂减水率，针对水泥和混凝土得到的数据是一致的，并且水泥净浆流动扩展度 D 和混凝土拌合物的坍落度 T 的数值一样，即 $D=T$。

因此，在配制混凝土的时候，只要固定了混凝土拌合物的坍落度 T，就可以用水泥净浆的流动扩展度 D 对应混凝土拌合物的坍落度 T，从而一次确定泵送剂的合理减水率 n。

例如，要配制的混凝土坍落度为 T（mm），则混凝土拌合物的坍落度 T（mm）、胶凝材料净浆的流动扩展度 D（mm）、减水率 n（%）和推荐掺量 c_A（%）之间的关系见表 1-7。

表 1-7 不同项目推荐参数

项目	确定依据	推荐参数（泵送剂推荐掺量 2%对应的减水率为 20%）					
拌合物的坍落度	T	120	150	180	210	240	270
净浆的流动扩展度	$D=T$	120	150	180	210	240	270
减水率（%）	$(D-60)/10$	6	9	12	15	18	21
掺量（%）	—	0.6	0.9	1.2	1.5	1.8	2.1

二、免养护剂

1. 概述

免养护剂主要用来预防混凝土塑性开裂，提高同条件养护试件的实体强度和回弹强度，使同条件试件的回弹强度达到或者接近实体强度，同时降低混凝土的成本。在混凝土中掺加免养护剂，混凝土拌合物凝固前，免养护剂漂浮到混凝土表面，在混凝土上表面形成一层薄薄的膜，这层膜在空气中快速硬化，使水分无法在上表面蒸发散失。混凝土拆除模板后，侧面和底部的混凝土表面由于免养护剂的渗透作用，渗透到拆模后的混凝土外露表层形成一层隔离膜，并很快硬化，使混凝土表面封闭起来，水分无法蒸发，对于水泥和胶凝材料水化过程中出现的小缺陷，免养护剂会快速渗透到该部位进行修补使其愈合。这样就有效地预防了混凝土的塑性收缩和化学缩减引起的开裂。保证混凝土拆模后，免养护的混凝土比标准养护的混凝土具有更好的抗裂性和回弹强度高的作用。

2. 产品性能指标

免养护剂是一种高分子合成材料，具有直链、支链、交链共存的复杂网状分子结构。其分子特征及交联的微观结构使其具有良好的分散性，不溶于水，不影响混凝土拌合物的流动性，不参与胶凝材料的水化。免养护剂可以使水泥水化体系在较长时间内保持较高的内部相对湿度，既保证了水泥水化的持续进行又抑制了混凝土界面的早期干燥。它可以显著地降低混凝土的自收缩率以及干缩率，改善混凝土内部结构，使之更加致密。免养护剂在水泥水化过程中形成微型气泡，这和引气剂一样能够提高混凝土的抗冻性能。免养护剂性能稳定，可以在高温下正常使用。免养护剂的技术指标见表1-8。

表1-8 免养护剂的技术指标

序号	项目	指标
1	酸值（mgKOH/g）	≤1
2	黏度（25℃，cps）	≤12000
3	密度（25℃，kg/m^3）	1240
4	羟值（mgKOH/g）	120～320
5	水分	＜0.1

3. 适用范围

混凝土的免养护剂可以广泛应用于工业与民用建筑、道路、桥梁、港口、码头、市政、水利、电力、机场和海工工程。它可以有效地预防混凝土的开裂，提高混凝土的表面密实度，降低混凝土的碳化深度和提高混凝土回弹强度，特别是干燥多风的西北、华北和东北地区更适宜使用免养护剂。

4. 使用方法

免养护剂的推荐掺量为$1kg/m^3$，在混凝土搅拌过程中直接加入免养护剂，拆模后混凝土无需养护。由于免养护剂固定的水分较多，在混凝土硬化过程中水分没有蒸发，使混凝土塑性收缩变小，混凝土单位面积上裂缝数量明显减少，预防了混凝土早期开裂的现象，降低了混凝土的碳化深度，同时提高了混凝土表面的密实度和回弹强度，改善了混凝土的耐久性。

第四节 砂子的技术指标和技术参数

砂石是混凝土组成中用量最大的材料，常用的砂石有天然砂石、机制砂石和再生砂石骨料三类。粒径为0.16～4.75mm的集料称为细骨料，简称砂。

按照多组分混凝土理论，在混凝土配合比设计过程中，砂的级配主要控制0.16mm、0.315mm和0.63mm三个筛子的分计筛余量都在20%是最佳的。由于砂子在成型后的混凝土中以紧密堆积密度状态存在，因此，在配合比设计过程中采用紧密堆积密度作为配合比设计计算的依据。砂子中公称直径为4.75mm以上的颗粒，用含石率表示，在混凝土配合比设计计算过程中按照石子计算。砂子的用水量计算分三种情况：符合国家标准的天然砂最佳的吸水率为6%～8%，符合国家标准的机制砂最佳的吸水率为5.7%～7.7%，而再生细骨料的最佳吸水量通过压力吸水试验中压力吸水率的计算确定。

砂子的技术参数如下：

1. 砂子的颗粒级配

砂子的颗粒级配是指大小不同颗粒的搭配程度，采用孔径为 4.75mm、2.36mm、1.18mm、0.60mm、0.30mm、0.15mm 的标准筛，将 500g 干砂由粗到细依次筛分，然后称量每一个筛上的筛余量，并计算出各筛的分计筛余百分率。

2. 含泥量及泥块含量

粒径小于 0.075mm 的黏土、淤泥、石屑等粉状物统称为泥。块状的黏土、淤泥统称为泥块或黏土块（细骨料是指粒径大于 1.20mm，经水洗手捏后成为小于 0.60mm 的颗粒；粗骨料是指粒径大于 4.75mm，经水洗手捏后成为小于 2.36mm 的颗粒）。泥常常包裹在砂的表面，因而会大大降低砂与水泥之间的界面粘结力，使混凝土的强度降低，同时泥的比表面积大，吸附大量的外加剂，降低了混凝土拌合物的流动性，或增加拌和用水量和水泥用量，以及加快混凝土的干缩与徐变，并使混凝土的耐久性降低。泥块对混凝土性质的影响与泥基本相同，但危害更大。

在混凝土配合比设计过程中，要考虑资源短缺问题，本书中混凝土用砂，控制含泥量小于 5.0%，泥块含量小于 2.0%，含泥量用 H_n（%）表示。

3. 有害物质

砂中不应混有草根、树叶、塑料、煤渣、炉渣等杂物，如含有云母、轻物质、有机物、硫化物及硫酸盐、氯盐等，这些成分的存在一方面吸附外加剂，增加了外加剂的用量，影响混凝土的工作性；另一方面增加了混凝土的成本，影响混凝土的抗冻、抗渗性能。

4. 紧密堆积密度（ρ_S）和表观密度（ρ_{S0}）

紧密堆积密度和表观密度是混凝土配合比设计过程中需要采用的重要参数，对于质量均匀稳定的混凝土，砂子均匀且紧密地填充于石子的空隙中。因此，单方混凝土中砂子的合理用量应该为石子的空隙率 P 乘以砂子的紧密堆积密度 ρ_S 求得。由于楼房的标准层高为 3m，混凝土柱子一次浇筑的高度为 3m；市政、高速公路和高速铁路墩柱，混凝土一次浇筑的高度大多数控制在 8m 左右；浇筑后没有凝固的混凝土拌合物是具有流动性的，在最底部的混凝土拌合物中砂子受到的压力与液体一样。根据帕斯卡定律：$P=\rho_{混凝土}gh$，代入浇筑高度的数据可知，

楼房：$P=\rho_{混凝土}gh=2400\times9.8\times3=70.56$（$kN/m^2$）。

墩柱：$P=\rho_{混凝土}gh=2400\times9.8\times8=188.16$（$kN/m^2$）。

式中　$\rho_{混凝土}$——混凝土拌合物的密度，本书取常用值 2400kg/m³；

g——重力加速度，本书取 9.8kg/m²；

h——混凝土拌合物浇筑后的高度，本书中楼房取 3m，市政、高速公路和高速铁路取 8m。

考虑混凝土浇筑过程中混凝土密度有时大于 2400kg/m³，在测量砂子紧密堆积密度时，用于楼房的砂子测试压力选择 72kN，用于市政及桥梁墩柱的砂子测试压力选择 200kN。

5. 含石率 H_G（%）

由于石子是粗骨料，砂子的称量过程没有考虑石子的数量问题。砂子中的含石率（H_G）较高时，会使生产过程中实际的砂子用量小于配合比设计的计算用量，使混凝土拌合物的实际砂率小于计算砂率，这就是相同配比的条件下，含石率高导致混凝土实际砂率降低，从而

使混凝土拌合物初始流动性变差、坍落度经时损失变大。因此，在生产过程中必须及时检测砂子的含石率并及时调整配合比。

6. 含水率 H_W（%）

由于水泥检验采用 0.5 的水灰比，扣除水泥标准稠度用水，润湿标准砂所用的水范围为 5.7%～7.7%，这个范围水的变化对水泥强度造成的影响可以认为是在系统误差之内，可以不用考虑。在混凝土配比设计过程中，测出砂子的含水率，计算时以干砂为基准。对于天然砂，我们控制砂子总用水的合理值在 6%～8%的范围；对于机制砂，我们控制砂子总用水的合理值在 5.7%～7.7%的范围；对于再生骨料，我们控制用水的合理值为压力吸水率对应的百分比。

7. 压力吸水率 Y_W（%）

由于再生骨料已经大量使用，现实条件下再生细骨料不符合标准砂的条件，因此采用压力吸水率 Y_W 来确定再生细骨料的用水量 W_2。具体做法如下：

先称取一定量的再生细骨料，用水浸泡至用手可以捏出水分的状态，然后用压力机加压，楼房用细骨料测试压力选择 72kN，市政、高速公路和高速铁路墩柱用砂测试压力选择 200kN，挤出水分后称量，测出再生细骨料的压力吸水率 Y_W，用于混凝土配合比的计算。

第五节 石子的技术参数

粒径大于 4.75mm 的集料称为粗骨料，简称为石子；粗骨料公称粒径的上限称为该粒级的最大粒径，石子分为连续级配和单粒级。

我国标准按照公称直径将可以用于泵送施工的石子分为六档：10mm、16mm、20mm、25mm、31.5mm、40mm。其中，10mm 石子主要用于灌浆料，16mm 石子主要用于自密实混凝土，20mm 石子和 25mm 石子主要考虑石子可以通过钢筋间隙便于施工，31.5mm 和 40mm 石子主要考虑了使用的混凝土泵管的粗细。按照多组分混凝土理论，大流动性混凝土中石子悬浮于水泥混合砂浆之中，因此配合比设计计算过程中密度使用石子的堆积密度；砂子用量以石子空隙率为依据，石子空隙率越小，使用的水泥混合砂浆越少，配制的混凝土体积稳定性越好，石子的质量越好。因此，在混凝土配合比设计中主要考虑的参数是堆积密度、空隙率、吸水率和表观密度。

石子的技术参数如下：

1. 针片状颗粒

颗粒长度大于该颗粒所属粒级平均粒径的 2.4 倍者称为针状骨料；颗粒厚度小于该颗粒所属粒级平均粒径的 0.4 倍者称为片状骨料。针、片状颗粒较多时影响混凝土拌合物的流动性、强度以及其他力学性能。因此，选择粗骨料中针、片状颗粒含量（按质量计），C60 及以上，≤8%；C55～C30，≤15%，C25 及以下，≤25%。

2. 堆积密度 $\rho_{g堆积}$

由于混凝土的支撑体系最主要的是石子，流动性混凝土中石子处于悬浮状态。因此，在配合比设计过程中，石子用量的计算以石子的堆积密度 $\rho_{g堆积}$ 为基础，而我们国家地域广阔，石子资源的差异特别大，为了满足混凝土和易性的要求，必须根据当地的资源状态及时对混凝土用石子的堆积密度 $\rho_{g堆积}$ 进行检测。

3. 空隙率 P（%）

由于粒形粒径的不同，对于堆积密度 $\rho_{g堆积}$ 相同的石子，空隙率 P 是不同的。配制混凝土时所用砂子的体积也不同。为了满足混凝土和易性的要求，合理计算砂子用量 S，必须根据现场状态，及时测量石子的空隙率 P（%）。

4. 表观密度 $\rho_{g表观}$

对于堆积密度 $\rho_{g堆积}$ 相同的石子，由于空隙率 P（%）的不同，石子的表观密度 $\rho_{g表观}$ 完全不同，达到相同的工作性能时，单方混凝土石子用量也不相同。为了合理计算配合比，我们必须根据现场的材料状态及时对石子进行检测，准确计算石子的表观密度 $\rho_{g表观}$。

5. 吸水率 X_W（%）

对于堆积密度 $\rho_{g堆积}$、空隙率 P 和表观密度 $\rho_{g表观}$ 完全相同的石子，由于吸水率 X_W 不同，配制混凝土时，单方用水量也不相同。为了合理计算配合比，我们必须根据现场的材料状态及时对石子的吸水率 X_W 进行检测，以便于准确地确定混凝土的用水量，控制混凝土的质量。

第二章　混凝土配合比设计计算理论

第一节　多组分混凝土理论

一、多组分混凝土理论

在施工过程中已经普遍使用混凝土外加剂和矿物掺合料，砂石骨料资源日渐匮乏，现有的原材料已经不能满足原有配合比设计理论对原材料的技术要求。为了满足现实环境的需要，经过对混凝土中的体积组成进行分析，汲取水灰比公式、胶空比理论和格利菲斯脆性材料断裂理论的成功部分，结合生产试验、数据分析和工程实践建立了多组分混凝土强度理论数学模型及计算公式如下：

$$f = \sigma \cdot u \cdot m \tag{2-1}$$

式中　σ——胶凝材料水化形成的标准稠度浆体的强度，MPa；

u——胶凝材料填充强度贡献率；

m——硬化密实浆体在混凝土中的体积值。

多组分混凝土硬化后，单位体积内的石子、砂子均没有参与胶凝材料的水化硬化，其体积没有发生改变。由多组分混凝土理论计算公式可知，混凝土的强度由胶凝材料硬化浆体的强度、胶凝材料的填充强度贡献率和硬化密实浆体在混凝土中的体积值决定。以下分别介绍胶凝材料水化形成的标准稠度浆体的强度 σ（MPa），胶凝材料填充强度贡献率 u 和硬化密实浆体在混凝土中的体积值 m 的量化计算公式。

1. 胶凝材料标准稠度硬化浆体强度计算公式的建立

配制混凝土的胶凝材料由水泥、粉煤灰、矿渣粉、石粉和硅灰等组成，复合胶凝材料本质上是一种复合水泥。考虑到混凝土生产以水泥为基准，强度主要取决于水泥，因此，在强度计算和配比设计时引用前边介绍过的水泥对强度的贡献率的计算方法。当混凝土生产之中使用了矿物掺合料时，通过等活性替换和等填充替换水泥的方法进行胶凝材料的分配计算。水泥水化形成的标准稠度浆体的强度等于标准胶砂的强度除以标准胶砂中水泥的体积比求得。

（1）水泥在标准胶砂中体积比的计算公式如下：

$$V_{C_0} = \frac{\dfrac{C_0}{\rho_{C_0}}}{\dfrac{C_0}{\rho_{C_0}} + \dfrac{S_0}{\rho_{S_0}} + \dfrac{W_0}{\rho_{W_0}}} \tag{2-2}$$

式中　V_{C_0}——标准胶砂中水泥的体积比；

C_0——标准胶砂中水泥的用量，kg；

ρ_{C_0}——水泥的密度，kg/m^3；

S_0——标准胶砂中砂的用量，kg；

ρ_{S_0}——砂的密度，kg/m³；

W_0——标准胶砂中水的用量，kg；

ρ_{W_0}——水的密度，kg/m³。

（2）标准稠度水泥浆体的强度计算公式为式（1-2）。

2. 填充强度贡献率计算公式

在配制C60及以上强度等级的混凝土时，要充分考虑填充效应。多组分混凝土理论中，提出通过胶凝材料的比表面积比值开二次方，可以求得粉煤灰、矿渣粉、沸石粉、炉渣粉、硅灰等超细矿物掺合料与水泥的粒径比，从而准确地计算出它们相互之间最佳的填充比例，同时又考虑相同粒径比的超细矿物掺合料密度不同时，未凝结的砂浆在自重作用下的沉降速度不同，填充效果也不同。因此，在填充因子计算时考虑密度的影响，水泥、粉煤灰、矿渣粉和硅灰的计算公式依次如下：

$$u_1=\sqrt{\frac{\rho_C S_C}{\rho_C S_C}}\quad u_2=\sqrt{\frac{\rho_F S_F}{\rho_C S_C}}\quad u_3=\sqrt{\frac{\rho_K S_K}{\rho_C S_C}}\quad u_4=\sqrt{\frac{\rho_{Si} S_{Si}}{\rho_C S_C}}$$

多组分混凝土理论中定义胶凝材料填充强度贡献率即综合填充系数 u，计算公式如下：

$$u=\frac{u_1\cdot C+u_2\cdot F+u_3\cdot K+u_4\cdot Si}{C+F+K+Si}\tag{2-3}$$

式中　C、F、K、Si——分别为水泥、粉煤灰、矿渣粉、硅灰的用量，kg；

u_1、u_2、u_3、u_4——分别为水泥、粉煤灰、矿渣粉、硅灰的填充系数。

3. 硬化密实浆体体积值计算

根据多组分混凝土理论，在单方混凝土中，水化的胶凝材料浆体所占体积越大，混凝土的强度越高。这里我们定义单方混凝土中硬化密实浆体的体积值，计算公式如下：

$$m=\frac{C}{\rho_C}+\frac{F}{\rho_F}+\frac{K}{\rho_K}+\frac{Si}{\rho_{Si}}+\frac{W}{\rho_W}\tag{2-4}$$

式中　C、F、K、Si、W——分别为水泥、粉煤灰、矿渣粉、硅灰、水的用量，kg；

W_B——胶凝材料标准稠度用水量 $\left(W=\frac{2}{3}W_B\right)$。

ρ_C、ρ_F、ρ_K、ρ_{Si}、ρ_W——分别为水泥、粉煤灰、矿渣粉、硅灰、水的密度，kg/m³。

4. 多组分混凝土强度理论计算

依据以上分析和推导，将多组分混凝土强度理论计算公式的每一个指标代入原材料参数就可以进行计算了。其中，σ 是标准稠度胶凝材料浆体的强度，它主要考虑了胶凝材料的水化反应形成的强度；填充强度贡献率 u 主要考虑了胶凝材料的微骨料填充效应，在配制C60及以上强度等级的混凝土时使用，可以根据掺合料的种类、数量的不同计算它们对混凝土强度的影响；m 是单方混凝土中硬化密实浆体的体积值，它主要考虑胶凝材料水化和调整混凝土拌合物的工作性能以及外加剂的使用引起的密实浆体在混凝土中体积变化对混凝土强度的影响。公式 $f=\sigma\cdot u\cdot m$ 是当今多组分混凝土强度计算和配合比设计的通用公式。

二、多组分混凝土理论的作用

多组分混凝土强度理论计算公式准确地计算了混凝土中水泥、掺合料、砂、石、外加剂和拌和用水量等组成材料对强度的影响，解密了混凝土强度与各组成材料之间的定量关系，可以广泛用于多组分混凝土强度的早期推定和配合比设计计算，固定胶凝材料调整配合比，通过一组已知的配合比设计一系列配合比，根据含泥量调整混凝土配合比。

1. 混凝土强度的预测与推定

由于多组分混凝土强度计算公式准确定义了水泥、掺合料、砂、石、外加剂和拌和用水量与强度的对应关系，因此只要检测出水泥的强度、密度、比表面积和需水量；矿渣粉、粉煤灰和硅灰的活性系数、密度、比表面积和需水量比；外加剂的减水率和掺量；砂子的紧密堆积密度、含石率、含水率和压力吸水率；石子的堆积密度、空隙率、表观密度和吸水率。并根据已知的混凝土配合比，代入以上公式，计算出胶凝材料水化形成的标准稠度浆体的强度 σ（MPa）；胶凝材料填充强度贡献率 u；硬化密实浆体在混凝土中的体积值 m。就可以推定出已知配合比混凝土标准养护试件的强度。

2. 配合比设计的技术路线

（1）胶凝材料计算的方法

多组分混凝土配合比设计采用绝对体积法。本理论提出：混凝土由硬化砂浆和石子两部分组成，石子作为砂浆的填充料，悬浮于水泥混合砂浆之中，混凝土的破坏主要是浆体破坏造成的，由于受压过程中石子不与外部着力点接触，只占体积不影响强度；硬化浆体的强度、胶凝材料填充强度贡献率、密实浆体的体积值决定混凝土的强度。在配合比设计的过程中，胶凝材料和外加剂的确定，以使用水泥配制混凝土为计算基础。首先根据水泥强度、需水量和表观密度求出为混凝土贡献 1MPa 强度时水泥的用量，以此计算出满足设计强度等级所需水泥的量，然后根据掺合料的活性系数和填充系数用等活性替换和等填充替换的方法求得胶凝材料的合理分配比例，再用胶凝材料求得标准稠度的用水量对应的有效水胶比，在这一水胶比条件下确定合理的外加剂用量以及胶凝材料所需的搅拌用水量，考虑到混凝土的泌水情况，扣除泌水量后得到拌制混凝土时胶凝材料的准确用水量。

（2）砂石计算的方法

砂子用量的确定方法是先测得砂子的紧密堆积密度和石子的空隙率 P，由于混凝土中的砂子完全填充于石子的空隙中，$1m^3$ 混凝土中砂子的准确用量为砂子的紧密堆积密度乘以石子的空隙率（在计算的过程中，不考虑砂子的孔隙率所占的体积）；石子用量的确定方法是从 $1m^3$ 中扣除砂子的体积、胶凝材料的体积以及胶凝材料水化水分所占的体积，剩余的体积就是石子的体积，用石子的体积乘以石子的表观密度即可求得 $1m^3$ 混凝土的石子用量。

三、多组分混凝土配合比设计方法的特点

1. 具有较宽的适用范围

混凝土以前的配合比设计是根据所需要的强度由水胶比定则计算出水胶比，再由用水量来确定胶凝材料用量。一般来说，对于不同强度等级的混凝土，用水量变化不大，但水胶比变化很大。这将造成低强度等级混凝土由此而计算出的胶凝材料用量太少，而高强度等级混凝土计算出的胶凝材料用量太多。因此，传统方法适用范围较窄。多组分混凝土配合比设计方法利用的是胶凝材料的最佳水胶比，可以根据混凝土设计强度等级与水泥的强度贡献之间的量化计算，并结合掺合料的活性系数直接确定胶凝材料用量，采取分段计算方法，不同的强度等级段采取不同的计算方法，因而有较宽的适用范围，适用于 C10～C100 之间的各种

高性能混凝土配合比设计。

2. 体现了矿物掺合料和化学外加剂的作用

矿物掺合料和化学外加剂已经成为现代混凝土不可缺少的组分，一种好的混凝土配合比设计方法必须能够体现这些组分的作用。在多组分混凝土配合比设计方法中，从两个方面来反映这些组分对混凝土性能的贡献：一是通过对混凝土用水量的影响来体现这些组分的作用。在混凝土用水量确定时，以水泥标准稠度用水量为基准，考虑到泌水对混凝土工作性的影响和作用，扣除了泌水所能减少的水，不仅对水泥可以如此，对矿物掺合料也可以采取类似的方法处理，如通过矿物掺合料需水量比来增减混凝土的用水量。二是通过填充强度贡献指数来反映矿物掺合料的作用。通过这些方面来反映矿物掺合料和化学外加剂的作用，更能适应现代混凝土的特点。

3. 保持较稳定的浆体体积率

浆体体积率对混凝土的诸多性能都有十分显著的影响，太多或太少的浆体含量都不合适。多组分混凝土配合比设计采取了不同强度等级，使用不同的确定胶凝材料用量的方法来控制混凝土中的浆体体积率，特别是对于低强度等级混凝土，采取控制胶凝材料总量基本不变，以矿物掺合料的掺量来调节混凝土的强度，有效地避免了低强度等级混凝土浆体含量太少的问题。对于高强度等级混凝土，增加超细掺合料的份额，以防止混凝土浆体含量太多。这对协调混凝土其他性能有着很大的作用。

多组分混凝土配合比设计方法是不同于传统方法和其他方法的一种独特的方法，是一种适应现代多组分混凝土特点的新方法。

第二节　多组分混凝土配合比设计计算

一、混凝土配制强度的确定

混凝土配制强度的公式如下：

$$f_{cu,0}=f_{cu,k}+1.645\sigma \tag{2-5}$$

式中　$f_{cu,0}$——混凝土配制强度，MPa；

$f_{cu,k}$——混凝土立方体强度标准值，取混凝土设计强度等级值，MPa；

σ——混凝土强度标准差，MPa。

对于没有统计数据的企业，不同强度等级混凝土 σ 取值可以按表 2-1 确定。

表 2-1　混凝土的 σ 取值表

强度等级	C10～C25	C30～C55	C60～C100
σ（MPa）	4	5	6

二、标准稠度水泥浆强度 σ_c 的计算

由于配制设计强度等级的混凝土选用的水泥是确定的，在基准混凝土配比计算时取水泥为唯一胶凝材料，则 σ_0 的取值等于水泥标准稠度浆体的理论强度值 σ_C，采用的计算公式见式（1-1）、式（1-2），$\sigma_0=\sigma_C$。

三、水泥基准用量的确定

依据多组分混凝土理论设计思路，当混凝土中水泥浆体的体积达到100%时，混凝土的强度等于硬化标准稠度水泥浆体的理论强度值，即$R=\sigma_0=\sigma_C$。由于我们国家采用国际标准单位制，混凝土的设计计算都以1m³为准，因此，在计算过程中需要将标准稠度的水泥浆体折算为1m³，在计算过程中水泥浆体的体积收缩可以忽略不计。1m³凝固硬化的标准稠度的水泥浆体的质量为1m³的干水泥质量和将这些水拌制为标准稠度时的水的质量之和除以对应的水泥和水的体积之和，即标准稠度水泥浆体的表观密度值，具体公式见式（1-3）。1MPa混凝土对应的水泥浆体质量R_C由下式求得：

$$R_C = \frac{\rho_0}{\sigma_C} \tag{2-6}$$

由于标准稠度的硬化水泥浆体折算为1m³时对应的强度值正好是水泥水化形成浆体的强度值，1m³水泥浆体对应的质量数值正好和ρ_0的数值相等，因此，水泥浆体中水泥对强度的贡献（质量强度比）可以用标准稠度水泥浆的密度值除以水泥水化形成浆体的强度计算求得，采用的具体公式见式（2-6）。配制强度为$f_{cu,0}$的混凝土基准水泥用量为C_0，计算公式如下：

$$C_0 = R_C \cdot f_{cu,0} \tag{2-7}$$

四、胶凝材料的分配

1. 基准水泥用量C_0小于等于300kg的计算方法

在混凝土配合比设计计算过程中，C_0小于300kg时，现场搅拌生产普通混凝土的水泥用量C直接取基准水泥用量C_0计算值；当用于富浆的泵送混凝土时，为了增加浆体对骨料的包裹性，改善混凝土拌合物的工作性，减少坍落度损失，我们利用活性较低的粉煤灰、炉渣粉等代替部分水泥，使胶凝材料用量增加，不考虑粉煤灰和炉渣粉的填充效应。这样，解决了我国现行规范规定预拌或者自密实等富浆混凝土中的胶凝材料用量不少于300kg的问题，此时如果砂子级配合理，则胶凝材料总量确定为300kg，计算公式如下：

$$\begin{cases} C_0 = \alpha_1 \cdot C + \alpha_2 \cdot F \\ C + F = 300 \end{cases} \tag{2-8}$$

如果砂子较粗、级配不好或者断级配，胶凝材料的总量就要增加到350～380kg，以便补充这些颗粒的不足，计算公式如下：

$$\begin{matrix} C_0 = \alpha_1 \cdot C + \alpha_2 \cdot F \\ C + F = 350 \sim 380 \end{matrix} \tag{2-9}$$

联立方程可以准确求得水泥和粉煤灰（或炉渣粉）的用量。

2. 基准水泥用量C_0在300～600kg之间的计算方法

当基准水泥用量C_0在300～600kg之间时，现场搅拌生产普通混凝土的水泥用量C直接取计算值C_0，在配制泵送混凝土时，为了降低水泥的水化热，掺加一定的矿物掺合料，可以有效地预防混凝土塑性裂缝的产生。本计算方法确定将水泥的用量C控制在C_0的70%以下。当生产预拌或者自密实富浆的混凝土时，应优先选用矿渣粉和粉煤灰代替部分水泥。根据现场实际情况，可以先确定水泥的用量，然后求其余的两种，并考虑反应活性和填充效应，实现最佳的技术效果，具体用量由下式求得：

$$\begin{cases} C_0 = \alpha_1 \cdot C + \alpha_2 \cdot F + \alpha_3 \cdot K \\ C_0 = u_1 \cdot C + u_2 \cdot F + u_3 \cdot K \end{cases} \tag{2-10}$$

当水泥用量预先设定时，联立方程可以准确求得粉煤灰和矿渣粉（炉渣粉）的用量。

但是在实际生产过程中，为了降低成本和操作方便，只考虑反应活性使用式（2-10）的第一个公式。首先确定水泥、粉煤灰和矿渣粉占基准水泥用量 C_0 的比例 X_C、X_F 和 X_K，然后计算出水泥、粉煤灰和矿渣粉对应的基准水泥用量 $C_{0C}=X_C \times C_0$，$C_{0F}=X_F \times C_0$ 和 $C_{0K}=X_K \times C_0$，最后用对应的水泥用量除以掺合料的活性系数 α_1、α_2 和 α_3 即可求得准确的水泥、粉煤灰和矿渣粉用量。

$$C = C_{0C} = X_C \cdot C_0 \tag{2-11}$$

$$F = \frac{C_{0F}}{\alpha_2} = \frac{X_F \cdot C_0}{\alpha_2} \tag{2-12}$$

$$K = \frac{C_{0K}}{\alpha_3} = \frac{X_K \cdot C_0}{\alpha_3} \tag{2-13}$$

3. 基准水泥用量 C_0 大于 600kg 的计算方法

当基准水泥用量 C_0 大于 600kg，现场搅拌生产普通混凝土或干硬性混凝土的水泥用量 C 直接取计算值 C_0。生产高性能混凝土时，为了改善混凝土的工作性，降低水泥的水化热，预防混凝土塑性裂缝的产生，提高混凝土的耐久性，选用矿渣粉和硅灰并部分代替水泥。本计算方法确定将水泥的用量控制在 450kg，与水泥标准检测用量对应。用矿渣粉代替水泥主要考虑矿渣粉的活性系数；用硅灰代替水泥目的是降低胶凝材料用量，主要考虑硅灰的填充效应，使胶凝材料总量控制在 600kg 以下。当技术效果最佳时，具体计算由下列各式求得：

$$C_0 = \alpha_1 \cdot \mathrm{C} + \alpha_3 \cdot \mathrm{K} + \alpha_4 \cdot \mathrm{Si} \tag{2-14}$$

$$C_0 = u_1 \cdot \mathrm{C} + u_3 \cdot \mathrm{K} + u_4 \cdot \mathrm{Si} \tag{2-15}$$

$$\mathrm{C} + \mathrm{K} + \mathrm{Si} = 600 \tag{2-16}$$

联立方程可以准确求得水泥用量，矿渣粉（炉渣粉）和硅灰的用量。

但是在实际生产过程中，为了降低成本和操作方便，只使用式（2-14）。本书建议首先确定水泥、矿渣粉和硅灰占基准水泥用量的比例 X_C、X_K 和 X_{Si}，然后计算出水泥、矿渣粉和硅灰对应的基准水泥用量 $C_{0C}=X_C \cdot C_0$、$C_{0K}=X_K \cdot C_0$ 和 $C_{0Si}=X_{Si} \cdot C_0$，水泥用量确定后，矿渣粉的用量可以用矿渣取代的水泥用量除以矿渣粉的活性指数 α_3 计算求得，硅灰的用量可以用硅灰取代的水泥用量除以硅灰的填充指数 u_4 计算求得。

求得准确的水泥见式（2-11）、矿渣粉见式（2-13）和硅灰的准确用量计算见下式：

$$\mathrm{Si} = \frac{C_{0Si}}{u_4} = \frac{X_{Si} \cdot C_0}{u_4} \tag{2-17}$$

五、减水剂及用水量的确定

1. 胶凝材料用水量的确定

（1）试验法

按照以上计算结果，准确称量水泥、粉煤灰、矿渣粉和硅灰，并将它们混合成复合胶凝材料，采用测定水泥标准稠度用水量的方法测出胶凝材料的标准稠度用水量 W_0，胶凝材料用量对应的有效水胶比（W_0/B），求得检测外加剂时胶凝材料标准稠度所需水量 W_B，计算见下式：

$$W_B = \frac{W_0}{B}(C + F + K + Si) \tag{2-18}$$

在选用外加剂的时候，检测外加剂掺量的用水量为 W_B。在配制混凝土的时候，流动性混凝土随着胶凝材料用量的增加和浆体量的增加，达到同样坍落度所使用的水量会降低，混凝土静置时表现为泌水，定义泌水系数为 M_W，计算见下式：

$$M_W = \frac{C + F + K + Si}{300} - 1 \tag{2-19}$$

在配制混凝土时，拌和胶凝材料的合理用水量 W_1，计算见下式：

$$W_1 = \frac{2}{3}W_B + \frac{1}{3}W_B(1 - M_W) \tag{2-20}$$

式中　C、F、K、Si——单方混凝土中水泥、粉煤灰、矿渣粉和硅灰的用量，kg；

W_B——胶凝材料达到标准稠度时的用水量，kg；

M_W——复合胶凝材料的泌水系数。

（2）计算法

通过以上计算求得水泥、粉煤灰、矿渣粉和硅灰的准确用量后，按照胶凝材料的需水量比通过加权求和计算得到检测外加剂时胶凝材料标准稠度所需水量 W_B，计算见下式：

$$W_B = (C + F \cdot \beta_F + K \cdot \beta_K + Si \cdot \rho_{Si})\frac{W_0}{100} \tag{2-21}$$

扣除泌水量后，拌和混凝土中胶凝材料的合理用水量 W_1 见式（2-20）。

2. 胶凝材料拌和用水量确定的依据

工程项目的施工方式不同，对混凝土工作性的要求也不同。根据施工时坍落度的大小，可以分为零坍落度的混凝土、30～80mm 的干硬性混凝土、80～120mm 的塑性混凝土、120～160mm 的流动性混凝土、160～220mm 的大流动性混凝土和 220～260mm 的自密实混凝土。而胶凝材料中的水分分为化学反应用水和粘结用水，无论坍落度如何改变，胶凝材料化学反应用水是不变的，均为标准稠度用水量的三分之二，即 $W_1 = \frac{2}{3}W_B$。因此，不同的坍落度变化的是黏结用水量。

当配制零坍落度混凝土时，胶凝材料完全化学反应的水化产物通过挤压成型或者碾压成型，水化产物的黏结依靠的是外部压力，无需黏结用水，因此胶凝材料的拌和用水量 $W_1 = \frac{2}{3}W_B$，这类混凝土主要包括机场跑道、大坝混凝土和道路混凝土。

当配制坍落度为 30～80mm 的干硬性混凝土、80～120mm 的塑性混凝土、120～160mm 的流动性混凝土、160～220mm 的大流动性混凝土和 220～260mm 的自密实混凝土时，考虑到胶凝材料的用量以及混凝土的泌水，胶凝材料的拌和用水量 W_1，计算见下式：

$$W_1 = \frac{2}{3}W_B + \frac{1}{3}W_B(1 - M_W) \tag{2-22}$$

3. 泵送剂用量的确定

通过以上计算求得的用水量，以推荐掺量进行外加剂的最佳掺量（$c_A\%$）试验，泵送剂的调整以胶凝材料标准稠度用水量对应的水胶比为基准。由于泵送剂减水率每增加 1%，胶凝材料的净浆流动扩展度增加 10mm，混凝土坍落度也增加 10mm，要控制混凝土拌合物坍落度值，则控制掺泵送剂的复合胶凝材料在推荐掺量下净浆流动扩展度。

外加剂品种的选用：配制零坍落度和 30～80mm 的低坍落度干硬性混凝土时，无需添加减水剂；配制坍落度为 80～120mm 的塑性混凝土，只需添加减水率为 6%～8%的普通减水剂；配制坍落度为 120～160mm 的流动性混凝土和 160～220mm 的大流动性混凝土时，只需添加减水率为 10%～18%的泵送剂；配制坍落度为 220～260mm 的自密实混凝土时，需添加减水率为 18%～25%的泵送剂。

泵送混凝土出机坍落度控制在 220mm 以上时，使用萘系减水剂，建议净浆流动扩展度为 220～230mm；使用脂肪族减水剂，建议净浆流动扩展度为 230～240mm；使用聚羧酸减水剂，建议净浆流动扩展度为 240～250mm。泵送剂用这样掺量（$c_A\%$）配制的混凝土，可以保证拌合物不离析、不泌水。这种复合胶凝材料需水量与泵送剂检验的科学方法，解决了外加剂与胶凝材料适应性之间的矛盾，通过以上方法对外加剂进行调整，将水泥、掺合料、泵送剂、水分与混凝土的工作性之间紧密结合起来，计算见下式：

$$A=(\mathrm{C}+\mathrm{F}+\mathrm{K}+\mathrm{Si})\cdot c_A\% \tag{2-23}$$

六、砂子用量的确定

1. 砂子用量的确定

测出配合比设计所用砂子的紧密堆积密度和石子的空隙率 P，1m^3 混凝土中砂子的准确用量为砂子的紧密堆积密度乘以石子的空隙率。要实现砂浆对石子的包裹，当混凝土配制使用的砂子和石子的技术参数确定后，1m^3 混凝土中砂子的用量是固定的，与混凝土的强度等级没有关系。砂子用量计算式如下：

$$S=\frac{\rho_S\cdot P}{1-H_G} \tag{2-24}$$

式中 S——单方混凝土砂子用量，kg；

ρ_S——砂子的紧密堆积密度，kg；

P——石子的空隙率，%；

H_G——砂子的含石率，%。

2. 砂子润湿用水量的确定

（1）机制砂

根据水泥标准胶砂检测方法，水泥检测用的水一部分用于水泥，使之达到标准稠度，另一部分用于润湿标准砂，使砂子表面润湿，这样做出来的水泥胶砂强度为水泥标准强度。在混凝土配合比设计过程中，胶凝材料实际上是一种复合水泥，在标准稠度条件下，只要干砂润湿使用的水与标准砂润湿使用的水对应，水泥的强度和混凝土的强度就是对应的。可以通过标准砂的润湿用水量求得混凝土干砂用水量的合理取值范围，由于预拌混凝土生产企业使用的水泥主要有普通水泥、矿渣水泥和复合水泥，因此我们以这三种水泥为对比基准进行润湿砂子合理用水量取值范围的计算，见表 2-2。

表 2-2 砂子用水量计算依据

水泥品种	需水量	水泥用水	水/水泥	标准砂用水	润湿水/标准砂（%）
普通水泥	27	121.5	0.27	103.5	7.7
矿渣水泥	30	135	0.30	90	6.7
复合水泥	33	148.5	0.33	76.5	5.7

注：检测时使用 450g 水泥，1350g 标准砂，225g 水。

根据水泥检验数据的计算推导可知，采用机制砂的时候，润湿砂子不影响混凝土强度的合理用水量范围在5.7%～7.7%之间，以下限5.7%作为混凝土中干砂子用水量最小值计算的基准，砂子合理的最小润湿水量等于5.7%乘以干砂子用量；以上限7.7%作为混凝土中干砂子用水量最大值计算的基准，砂子合理的最大润湿水量等于7.7%乘以干砂子用量，计算式如下：

$$W_{2\min} = (5.7\% - H_W) \cdot S \tag{2-25}$$

$$W_{2\max} = (7.7\% - H_W) \cdot S \tag{2-26}$$

式中 S——机制砂的用量，kg；

$W_{2\min}$——机制砂的最小用水量，kg；

$W_{2\max}$——机制砂的最大用水量，kg；

H_W——机制砂的含水率，%。

（2）天然砂

采用天然砂的时候，当砂子含水率在6%～8%之间时，砂子不产生溶胀现象，这样的含水率不影响混凝土强度，因此天然砂配制混凝土砂子的合理用水量范围在6%～8%之间，以下限6%作为混凝土中干砂子用水量最小值计算的基准，砂子合理的最小润湿水量等于6%乘以干砂子用量；以上限8%作为混凝土中干砂子用水量最大值计算的基准，砂子合理的最大润湿水量等于8%乘以干砂子用量，计算式如下：

$$W_{2\min} = (6\% - H_W) \cdot S \tag{2-27}$$

$$W_{2\max} = (8\% - H_W) \cdot S \tag{2-28}$$

式中 S——天然砂的用量，kg；

$W_{2\min}$——天然砂的最小用水量，kg；

$W_{2\max}$——天然砂的最大用水量，kg；

H_W——天然砂的含水率，%。

（3）再生细骨料

再生骨料在工程中已经大量使用，但再生细骨料不符合标准砂的技术指标，因此采用压力吸水率Y_W来确定再生细骨料的用水量，具体计算方法为再生细骨料的用量S乘以再生细骨料的压力吸水率Y_W，计算式如下：

$$W_2 = S \cdot Y_W \tag{2-29}$$

式中 W_2——再生细骨料的合理用水量，kg；

S——再生细骨料的用量，kg；

Y_W——压力吸水率，%。

七、石子用量的确定

1. 石子用量的确定

根据多组分混凝土理论，计算过程不考虑含气量。在1m³中，扣除砂子和胶凝材料的体积以及胶凝材料水化用水的体积得到石子体积，用石子体积乘以石子的表观密度，即可求得1m³混凝土石子的准确用量。为了保证强度同时实现砂浆对石子的包裹，当混凝土配制使用的砂子和石子的技术参数确定后，1m³混凝土中石子的用量随着混凝土强度等级的提高，胶凝材料体积的增加，石子的量是减少的。即使用了同一批的砂石料，从C10～C100

的各强度等级混凝土，$1m^3$ 混凝土使用的石子用量越来越少，这个结果与以前的观点完全不同，则石子用量计算式如下：

$$G=(1-V_C-V_F-V_K-V_{Si}-V_W-V_S)\cdot\rho_{g表观} \tag{2-30}$$

也可以用下式计算：

$$G=\rho_{g堆积}-(V_C-V_F-V_K-V_{Si}-V_W)\cdot\rho_{g表观} \tag{2-31}$$

式中　G——石子用量，kg；

V_C、V_F、V_K、V_{Si}——分别为水泥、粉煤灰、矿渣粉和硅灰体积，m^3；

V_W——化学反应形成固体的水的体积，m^3，$V_W=\frac{2}{3}(W_B/\rho_W)$；

V_S——砂子体积，m^3；

$\rho_{g堆积}$——石子的堆积密度，m^3/kg；

$\rho_{g表观}$——石子的表观密度，m^3/kg。

2. 石子润湿用水量的确定

现场测量石子的堆积密度 $\rho_{g堆积}$、空隙率 P 和吸水率 X_W，用石子用量乘以吸水率 X_W 即可求得润湿石子的合理用水量，计算式如下：

$$W_3=G\cdot X_W \tag{2-32}$$

自 2000 年计算软件问世以来，我们采用该理论模型和软件进行配合比设计配制的 C10～C100高性能混凝土、大体积混凝土、防辐射混凝土、纤维防裂混凝土和自密实混凝土已经成功在中国国家大剧院、鸟巢、水立方、国家体育馆、首都机场三号航站楼、京津城际铁路、老山自行车馆、五棵松文化体育中心、杭州湾跨海大桥、山东海阳核电站、石济客专、营口港、南水北调和西气东输等重点工程应用，验证了多组分混凝土强度理论数学模型的正确性和结合混凝土体积组成石子填充模型用于混凝土配合比设计编制的软件的实用性，取得了良好的技术效果，表 2-3 为北京双桥地铁和京沈高速连接段施工过程中采用多组分混凝土理论和计算软件配制的部分混凝土生产检验数据（其中砂子含石率 23%）。

表 2-3　采用多组分混凝土理论和本计算软件配制的混凝土生产检验数据

混凝土强度统计														
强度等级	配合比（kg）							各龄期强度（MPa）						
	C	K	F	S	G	Y	$W_{2+3}+W_1$	3d	7d	14d	21d	28d	31d	35d
C20	181	51	86	952	913	7.95	88+94	18	31	39	43	45	46	46
C30	236	60	79	1019	786	7.5	54+150	16	29	34	38	39	42	45
C40	271	79	72	952	744	8.44	88+118	24	38	48	50	50	56	55
C50	306	99	89	1019	575	9.88	54+129	39	45	56	66	65	62	64
C50	306	99	89	1019	575	7.9	54+149	33	47	52	60	66	62	66
C60	371	144	39	1019	484	9.97	54+139	37	56	64	68	76	75	78
C60	403	117	53	1029	404	9.74	95+108	40	54	—	—	69	73	72
C60	363	117	53	1029	470	9.06	95+107	37	48	—	—	60	73	67

通过以上数据可以发现，用标准稠度用水量对应的水胶比配制混凝土可以实现混凝土拌合物的工作性、强度的协调统一，适用于配制工作强度等级的混凝土。

第三节　固定胶凝材料调整混凝土配合比

一、存在的问题及产生的原因

近年来由于水泥行业的大规模兼并重组，我国的水泥企业越来越大，设备越来越先进，生产的水泥产品相对而言质量比以前稳定。矿物掺合料的生产由于资源的相对集中，生产企业设备的大型化，产品质量也比以前稳定。外加剂作为一种化工合成的产品，由于各厂家都采用现场试验的方法验收，质量是稳定的。随着建设规模的增大以及环境治理力度的增加，砂石骨料的供应渐趋紧张，导致砂子的质量波动非常大，严重影响混凝土的质量。

在当前混凝土的生产过程中，除了根据原材料技术参数设计配合比，大多数混凝土生产企业都已经有固定的配合比，当原材料质量稳定的时候，生产过程是稳定的，混凝土产品的质量也是稳定的。当原材料的质量发生变化时，如果配合比没有调整，就会引起混凝土质量的变化。经过近几年现场调研和分析，当前混凝土生产过程中影响混凝土质量的最主要原因是砂子质量的波动，主要表现在紧密堆积密度的变化、含石率的变化、吸水率的变化以及级配的变化。

根据多组分混凝土理论和数字量化混凝土技术原理可知，当前砂子紧密堆积密度变化的主要原因是矿山资源的多元化，母岩密度的变化以及机制砂中石粉含量的波动。砂子含石率的变化主要原因是由于砂子生产、运输及堆垛过程中砂子离析引起的。在混凝土生产过程中，铲车总是先铲取外围含粗颗粒的砂子，最后使用中间细粉较多的砂子，导致混凝土生产过程中粒径 4.75mm 以上小石子含量不同。砂子吸水率的变化主要是由于制造砂子的母岩开口空隙率不同、砂子含粉量不同以及砂子含水率不同引起的。砂子级配不好的主要原因是由于在堆垛过程中砂子的离析引起的。

二、技术原理和方法

为了解决由于砂子质量波动引起的混凝土质量问题，在固定胶凝材料的情况下，根据多组分混凝土理论和数字量化混凝土实用技术原理，通过现场测量砂石技术参数以及科学计算的方法调整混凝土配合比，以满足工程设计的要求。具体的方法是，首先对砂石进行测量：石子的测量，主要是堆积密度、空隙率和吸水率以及表观密度的计算；砂子的测量，主要是紧密堆积密度测量压力值 72kN、200kN 确定的依据，采用 4.75mm 筛子确定含石率的测量方法。在配制混凝土的时候，天然砂用水量控制在 6%～8%，主要考虑的是砂的溶胀；机制砂用水量控制在 5.7%～7.7%，主要考虑的是与水泥检测使用的标准砂对应；对于再生骨料，不考虑含水率，配合比设计过程水的用量是通过压力吸水法测得的吸水率作为依据。然后根据砂石检测出来的参数，采用数字量化混凝土配合比设计方法进行配合比调整计算。

三、固定胶凝材料调整混凝土配合比计算方法

1. 混凝土原配合比及原材料参数

（1）混凝土原材料代表符号见表 2-4。

表 2-4　混凝土原材料代表符号

名称	水泥	粉煤灰	矿渣粉	硅灰	砂子	石子	水	外加剂	强度
符号	C	F	K	Si	S	G	W	A	R_{28}

（2）胶凝材料代表符号见表 2-5。

表 2-5　胶凝材料代表符号

名称	水泥	粉煤灰	矿渣粉	硅灰
表观密度符号	ρ_C	ρ_F	ρ_K	ρ_{Si}
需水量符号	W_0	β_F	β_K	β_{Si}

（3）现场检测砂子的代表符号见表 2-6。

表 2-6　现场检测砂子的代表符号

名称	紧密堆积密度（kg/m^3）	含石率（%）	含水率（%）	压力吸水率（%）	含泥量（%）
符号	ρ_S	H_G	H_W	Y_W	H_n

（4）现场检测材料石子的代表符号见表 2-7。

表 2-7　现场材料石子的代表符号

名称	堆积密度（kg/m^3）	表观密度（kg/m^3）	空隙率（%）	吸水率（%）
符号	$\rho_{g堆积}$	$\rho_{g表观}$	P	X_W

2. 混凝土配合比调整计算步骤

（1）胶凝材料体积的计算式如下：

$$V_{胶凝材料} = \frac{C}{\rho_C} + \frac{K}{\rho_K} + \frac{F}{\rho_F} + \frac{Si}{\rho_{Si}} \tag{2-33}$$

式中　$V_{胶凝材料}$——胶凝材料的体积，m^3。

（2）胶凝材料标准稠度用水量的计算式如下：

$$W_B = (C + K \cdot \beta_K + F \cdot \beta_F + Si \cdot \beta_{Si}) \times \frac{W_0}{100} \tag{2-34}$$

式中　W_B——胶凝材料标准稠度用水量，kg。

① 胶凝材料计算式如下：

$$B = C + K + F + Si \tag{2-35}$$

② 泌水系数计算式如下：

$$M_W = \frac{C + F + K + Si}{300} - 1 \tag{2-36}$$

③ 胶凝材料拌和用水计算式如下：

$$W_{胶凝材料拌合用水量} = W_B \times \frac{2}{3} + W_B \times \frac{1}{3} \times (1 - M_W) \tag{2-37}$$

（3）胶凝材料浆体体积的计算如下式：

$$\begin{aligned} V_{胶凝材料浆体体积} &= V_{胶凝材料} + V_W \\ &= V_{胶凝材料} + \frac{2}{3} \times \frac{W_B}{\rho_W} \end{aligned} \tag{2-38}$$

（4）砂子用量及用水量计算如下式：

砂子用量：
$$S=\frac{\rho_S \cdot P}{1-H_G} \tag{2-39}$$

式中　P——石子的空隙率，%。

① 机制砂或天然砂用水量计算如下式：

$$\begin{cases} W_{砂子最少用水量}=(5.7\%-H_W)\cdot S \\ W_{砂子最大用水量}=(7.7\%-H_W)\cdot S \end{cases} \tag{2-40}$$

② 再生骨料用水量计算如下式：

$$W_{砂子用水量}=Y_W \cdot S \tag{2-41}$$

式中　Y_W——再生骨料的压力吸水率。

（5）石子用量及用水量计算如下式：

$$G=(1-V_{胶凝材料浆体体积}-V_S)\cdot \rho_{g表观}-H_G \cdot S \tag{2-42}$$

式中　V_S——砂子的体积。

$$W_{石子用水量}=G \cdot X_W \tag{2-43}$$

式中　X_W——石子吸水率

（6）骨料用水量

① 机制砂或天然砂用水量计算如下式：

$$\begin{cases} W_{砂石骨料最少用水量}=W_{砂子最少用水量}+W_{石子用水量} \\ W_{砂石骨料最大用水量}=W_{砂子最大用水量}+W_{石子用水量} \end{cases} \tag{2-44}$$

② 再生骨料用水量计算如下式：

$$W_{砂石骨料用水量}=W_{砂子用水量}+W_{石子用水量} \tag{2-45}$$

（7）调整后的混凝土原材料代表符号见表 2-8

表 2-8　调整后的混凝土原材料代表符号

名称	水泥	矿渣粉	粉煤灰	硅灰	砂子	石子	外加剂	拌合水	预湿水
符号	C	K	F	Si	S	G	A	W_1	W_{2+3}

四、试配及现场调整

采用调整后的配合比进行试配，会出现以下结果：工作性达到预期效果；混凝土工作性不好。

根据试配现场存在的问题，必须在现场进行总结和调整处理。对于大多数企业，经过调整计算得到的配合比工作性均能够达到预期效果，可以直接用于生产。但是对于出现混凝土拌合物工作性不好，加入水分调整，混凝土拌合物出现泌水现象；加入外加剂调整，混凝土拌合物出现泌浆现象的情况。经过仔细分析，是砂子中缺少细颗粒引起的，可以将砂子级配中 0.15mm、0.30mm 和 0.60mm 三级分计筛余调整到 20%就可以达到预期的工作性。对于混凝土拌合物工作性不好，加入水分调整，混凝土拌合物看起来很稀，测量时出现有坍落度没有流动性的现象，加入外加剂调整，外加剂掺量成倍增加，掺量达到一定值后出现明显的离析泌浆现象，经过仔细分析，是砂子中缺少粗颗粒引起的，可以将砂子级配中 0.60mm 和 1.18mm 二级分计筛余调整到 20%就可以达到预期的工作性。对于调整后工作性符合要求的混凝土拌合物测量实际表观密度，对于设计中不足或超过的数量，用等比例加减砂石量的办法调整。

第四节　利用一组已知数据调整混凝土配合比

一、存在的问题及产生的原因

随着工程建设的快速发展，技术人员的培养跟不上建设速度，特别是三四线城市、高速公路和高速铁路的现场搅拌站，混凝土技术人才奇缺，现场技术资料匮乏，考虑施工环境和施工速度，许多技术人员到达现场后只能拿到一组混凝土配合比及强度数据，由于施工部位的不同，施工现场需要一系列不同的混凝土的配合比，如果重新开始试配，时间就不够用，严重影响施工进度；如果直接出配合比，凭感觉出具的配合比，又没有科学的计算依据，无法保证混凝土质量。

产生这种问题的根本原因就是施工现场技术人员配备不足，没有技术资料积累的过程，技术管理滞后。为了解决这一个困扰施工现场的难题，在保证施工所用原材料与已知配合比原材料参数一致的情况下，可以利用已知混凝土配合比和强度，结合多组分混凝土理论和数字量化混凝土实用技术，通过调整计算，设计出一系列符合工程设计要求的混凝土配合比。

这一调整计算方法的基础是原材料技术参数不变，即水泥的强度、需水量和密度不变；砂子的级配、紧密堆积密度、含石率、含泥量和压力吸水率不变；石子的空隙率、表观密度和吸水率不变；外加剂的掺量和减水率不变；生产工艺和原来一致。调整计算的理论基础是多组分混凝土理论和数字量化混凝土实用技术。

二、技术原理和方法

为了实现利用一组已知数据，调整计算得到一系列满足工程设计要求的混凝土配合比，在配合比调整计算的过程中，由于粉煤灰的活性较低，不考虑它的反应活性，在包裹性方面，将粉煤灰按照胶凝材料计算，在强度贡献方面把粉煤灰按照细砂子计算，而水泥、矿渣粉和硅灰按照具有活性的胶凝材料计算。在计算过程中，首先计算出为混凝土提供 1MPa 强度所使用的水泥、矿渣粉和硅灰用量，然后按照等比例的用量求出设计所需强度对应的水泥、矿渣粉和硅灰用量，粉煤灰用量不变，再求出胶凝材料的体积、标准稠度用水量和拌和用水量，等比例添加外加剂，剩余的体积等比例用砂石补足。如果条件允许，砂石可以在现场测量后准确计算确定。

三、利用一组已知数据调整混凝土配合比计算方法

1. 已知混凝土配合比及原材料参数

（1）混凝土原材料代表符号见表 2-4。

（2）胶凝材料代表符号见表 2-5。

（3）现场检测砂子代表符号见表 2-6。

（4）现场检测石子代表符号见表 2-7。

2. 混凝土配合比调整计算步骤

（1）调整基准：

原配合比中胶凝材料为：水泥 C，需水量 W_0，表观密度 ρ_C；粉煤灰 F，需水量比 β_F，表观密度 ρ_F；矿渣粉 K，需水量比 β_K，表观密度 ρ_K；硅灰 Si，需水量比 β_{Si}，表观密度 ρ_{Si}；混凝土 28d 实际强度 R_{28}。在配合比调整的过程中，不考虑粉煤灰对强度的贡献。

① 胶凝材料对强度的贡献计算如下式：

$$R_0=\frac{\mathrm{C}+\mathrm{K}+\mathrm{Si}}{R_{28}} \tag{2-46}$$

② C（N^*）混凝土的胶凝材料用量计算如下式：

$$B_0=1.15\times \mathrm{N}\cdot R_0 \tag{2-47}$$

③ C（N）混凝土的水泥用量计算如下式：

$$\mathrm{C}=\frac{\mathrm{C}}{\mathrm{C}+\mathrm{K}+\mathrm{Si}}\cdot B_0 \tag{2-48}$$

④ C（N）混凝土的矿渣粉用量计算如下式：

$$\mathrm{K}=\frac{\mathrm{K}}{\mathrm{C}+\mathrm{K}+\mathrm{Si}}\cdot B_0 \tag{2-49}$$

⑤ C（N）混凝土的硅灰用量计算如下式：

$$\mathrm{Si}=\frac{\mathrm{Si}}{\mathrm{C}+\mathrm{K}+\mathrm{Si}}\cdot B_0 \tag{2-50}$$

（2）胶凝材料体积的计算见式（2-33）。

（3）胶凝材料标准稠度用水量的计算见式（2-34）。

① 胶凝材料计算见式（2-35）。

② 泌水系数计算见式（2-36）。

③ 胶凝材料拌和用水计算见式（2-37）。

（4）胶凝材料浆体体积的计算见式（2-38）。

（5）砂子用量及用水量计算见式（2-39）。

① 机制砂或天然砂用水量计算见式（2-40）。

② 再生骨料水量计算见式（2-41）。

（6）石子用量计算见式（2-42），石子用水量计算见式（2-43）。

（7）骨料用水量

① 机制砂或天然砂用水量计算见式（2-44）。

② 再生骨料用水量计算见式（2-45）。

（8）用已知数据调整设计的混凝土配合比见表 2-8。

（9）试配及现场调整

注：N^* 是混凝土的强度等级。

采用调整后的配合比进行试配，会出现以下四种情况：

①工作性达到预期效果，强度达到设计要求；

②工作性达到预期效果，强度达不到设计要求；

③混凝土工作性不好，加入水分调整，混凝土拌合物出现泌水现象，加入外加剂调整，混凝土拌合物出现泌浆现象；

④混凝土工作性不好，加入水分调整，混凝土拌合物看起来很稀，测量时出现有坍落度没有流动性的现象，加入外加剂调整，外加剂掺量成倍增加，掺量达到一定值后出现明显的离析泌浆现象。

根据试配现场存在的问题，必须在现场进行总结和调整处理：对于大多数企业，经过调整计算得到的配合比其工作性和强度均能够达到预期效果，可以直接用于生产；经过调整计算得到的配合比其工作性能够达到预期效果，强度达不到设计要求的，可以采用第五节提出的方法调整；对于出现混凝土拌合物工作性不好，加入水分调整，混凝土拌合物出现泌水现象，加入外加剂调整，混凝土拌合物出现泌浆现象的情况，经过仔细分析，是砂子中缺少细颗粒引起的，可以将砂子级配中 0.15mm、0.30mm 和 0.60mm 三级分计筛余调整到 20％就可以达到预期的工作性，并进行强度推定验证后使用。对于混凝土拌合物工作性不好，加入水分调整，混凝土拌合物看起来很稀，测量时出现有坍落度没有流动性的现象，加入外加剂调整，外加剂掺量成倍增加，掺量达到一定值后出现明显的离析泌浆现象，经过仔细分析，是砂子中缺少粗颗粒引起的，可以将砂子级配中 0.60mm、1.18mm 二级分计筛余调整到 20％就可以达到预期的工作性，对于实测表观密度不足或超过的部分，采用等比例调整砂石用量办法解决，并进行强度推定验证后使用。

第五节 依据砂子含泥量调整混凝土配合比

一、砂子含泥产生的问题

随着外加剂的大量使用以及砂石质量的不断劣化，减水剂在混凝土生产应用过程中出现了许多新问题。当砂石含泥量较高时，经常出现外加剂在做水泥净浆流动度试验时效果很好，但当用相同掺量配制混凝土时，混凝土拌合物流动性很差，或者干脆不流，在检测混凝土强度的时候，混凝土强度降低。为了使混凝土拌合物满足泵送施工要求，同时保证强度，有的单位将外加剂的掺量成倍增加，影响混凝土生产企业的生产成本和直接经济效益；有的单位采用多加水的办法来解决混凝土拌合物流动性不足的问题，导致混凝土实际用水量变大，严重影响混凝土的强度。

二、砂石含泥量对混凝土工作性的影响

1. 砂子含泥量对外加剂适应性和拌合物工作性的影响

砂子含泥量对外加剂掺量和混凝土工作性影响的原因分析，根据试验数据分析与现场观察，砂子含泥量高会造成混凝土拌合物初始坍落度小，坍落度经时损失大。在其他材料没有变化的情况下，砂子含泥量增加，由于泥本质是黏土质的细粉末，与胶凝材料具有相同的吸水性能，在配合比设计时，没有考虑这些粉料的吸水问题，因此增加的黏土粉需要等比例的

水量才能达到表面润湿，同时润湿之后的黏土质材料也需要等比例的外加剂达到同样的流动性。这就是相同配比的条件下，当外加剂和用水量不变时，含泥量增加，混凝土初始流动性变差、坍落度经时损失变大、外加剂掺量成倍增加的根本原因。

2. 石子含泥量及吸水对外加剂适应性和拌合物工作性的影响

石子含泥量及吸水对外加剂掺量和混凝土工作性影响的原因，石子含泥量对外加剂的适应性和混凝土拌合物工作性的影响与砂子相同。石子吸水对外加剂适应性和混凝土工作性的影响主要表现在坍落度损失方面，配制的混凝土拌合物初始坍落度不受影响，但是当混凝土拌合物从搅拌机中卸出时，几分钟之内就失去了流动性，并且石子的表面粘有很多砂浆的颗粒，加水之后仍然没有流动性，强度明显降低。

产生这种现象的原因主要是由于石子吸水引起的。当混凝土的原材料按比例投入搅拌机后，在搅拌机内快速旋转，水泥砂浆的搅拌过程就像洗衣机的甩干过程一样，砂浆在搅拌机内做切线运动，水分无法进入石子内部，流动性很好。一旦停止搅拌，混凝土拌合物处于静止状态，则水泥混合砂浆中的水分就像洗衣机甩干桶中甩出的水分再次渗入衣服一样，快速渗入石子的孔隙中，由于外加剂全部溶解到水里，石子吸收了多少水，外加剂也等比例的被吸收，造成砂浆中的拌合水量快速减少，混凝土拌合物很快失去流动性，同时外加剂在胶凝材料中的浓度也是快速降低。最终出现混凝土拌合物在搅拌过程中的流动性很好，初始坍落度很大，停止搅拌后几分钟之内混凝土拌合物完全失去流动性。经过现场试验，石子吸水引起外加剂被浪费接近六分之一。

三、砂石含泥量对混凝土强度的影响

泥土吸附水的时候自身体积最高可以膨胀 7 倍，在混凝土配制过程含泥量过高，水泥化学反应受热环境中这部分水分会在混凝土凝结后蒸发掉，形成孔洞，混凝土密实度降低，导致强度降低。这是因为泥常包裹在砂子的表面，湿泥失去水分后，会大大降低砂与水泥石间的界面黏结力，使混凝土的强度降低，同时泥的比表面积大，增加拌和用水量和水泥用量导致混凝土的干缩与徐变，使混凝土的耐久性降低。砂石含泥量对混凝土强度的影响主要表现在以下几个方面：（1）对水泥水化产物的冲淡、阻隔和削弱作用。（2）在骨料表面容易出现泥浆包裹层，削弱界面强度。（3）泥团或大量泥浆占据的空间，干燥后产生巨大孔洞。

在砂石标准中，泥的定义是天然砂中粒径小于 0.075mm 的颗粒。根据成分分析，在砂子中粒径小于 0.075mm 的颗粒包括了石粉和黏土质成分，其中的石粉对混凝土起到填充作用，在混凝土凝固后稳定存在，不影响混凝土强度，也不吸附外加剂。黏土质成分才是泥，在配制混凝土的过程中吸附水分和外加剂，在混凝土凝固后黏土质成分失水体积变小，形成孔洞，影响混凝土强度。含泥量对强度的影响有一定的规律，经过现场试验，将含泥量大于10%的天然砂水洗，得到含泥量小于1%的砂子，然后两种砂子互掺，得到不同含泥量的砂子。试验结果表明，随着含泥量的增加，强度增加，含泥量达到8%时强度最高。然后混凝土强度随着含泥量的增加急剧下降。这是因为洗净的砂子级配不好，水分将黏土质细颗粒冲走了，不溶于水的石粉留在砂子里，一定范围内的石粉起到补充砂子细粉填充空隙的作用，掺入后起到增加强度的作用，当细颗粒中黏土质成分含量超过填充所需要的临界值，其中黏土质成分的增加削弱了浆体和骨料的界面，直接影响混凝土强度。

四、砂石引起工作性及强度不足的解决思路

1. 单独加水思路

只保证工作性，不考虑强度的情况下，我们可以通过增加水的办法解决。加水的量分为两部分：一部分为润湿黏土所需水，可以根据配合比设计水胶比乘以黏土的质量求得；另一部分为黏土所需外加剂减水对应的水。这种方法是施工现场经常采用的方法，由于成本低廉，操作随意，没有专业人员指导，经常导致混凝土强度不能满足设计要求。

2. 单独增加外加剂思路

为了保证混凝土用水量不变，且必须满足强度和工作性的要求，许多混凝土生产企业采用只增加外加剂的方法解决这一问题。这时外加剂量的增加量分为两部分：一部分是为了补充与胶凝材料同样重量的黏土所需的外加剂；另一部分为润湿黏土所需的水，使用减水剂通过减水实现，需要增加减水剂掺量，这种方法既保证了混凝土的强度，实现了混凝土设计要求坍落度和扩展度，但是配制的混凝土黏度太大，经常出现离析、抓地、扒地和泵送困难等问题，并且成本较高，企业难以承受。

3. 加水同时掺加适量外加剂思路

为了保证混凝土的强度，同时满足混凝土的施工性能，可以加水同时掺加适量外加剂的办法解决这个问题。加水的量为润湿黏土所需水，可以根据配合比设计水胶比乘以黏土的质量求得，外加剂掺加量用黏土的质量乘以外加剂的推荐掺量即可求得，这种方法是混凝土生产企业技术人员可以采用的合理科学方法。

4. 石子含泥量及吸水问题的解决思路

解决这一问题的根本思路，就是采用表面润湿的石子作为混凝土的粗骨料，一方面可以减少石子吸水引起的混和砂浆失水，使混凝土增加流动性；另一方面减少石子吸水，还可以有效提高外加剂在胶凝材料中的利用率，从而增加混凝土的流动性。

5. 预湿骨料生产工艺

（1）砂石料场冲洗预湿方案

砂石作为混凝土的主要骨料，占混凝土体积的比例很大，因此为了解决这一问题，就必须从实际出发。在条件许可的情况下，一方面可以采用建立砂石冲洗生产线预湿骨料的方案，确保冲洗后砂石的含泥量达到国家标准规定的范围；另一方面，冲洗的过程可以让砂石达到表面润湿状态，实现减少混凝土坍落度损失、节约减水剂用量、保证混凝土质量的目的。

（2）上料皮带喷淋冲洗预湿骨料方案

对于现有的混凝土搅拌站，由于场地的限制，大多数单位都无法建设砂石冲洗场。在多次现场调研和实践的基础上，提出了在混凝土搅拌站上料皮带增加一个小喷头喷水预湿骨料的办法，实现砂子中泥的冲洗和石子润湿饱水的问题，从而达到外加剂用量最少、坍落度损失最小、混凝土强度最高、技术经济效果最佳的目的。

6. 依据含泥量对强度影响调整配合比的思路

由于含泥量对混凝土强度的影响主要是密实度，混凝土凝固后水分蒸发，润湿的泥收缩体积变小形成孔洞，降低了混凝土的密实度，强度降低。为保证混凝土达到设计强度，在调整混凝土配合比时可以考虑扣除含泥量的3%用于填充，超过这一值的泥为了抵消泥带入的

孔洞引起的强度降低值，在配合比设计的过程中通过增加同样体积的活性胶凝材料提高混凝土强度，达到设计确定的标准值。

五、依据砂子含泥量调整混凝土配合比计算方法

1. 原配合比及原材料参数

（1）混凝土原材料代表符号见表 2-4。

（2）胶凝材料代表符号见表 2-5。

（3）砂子主要代表符号见表 2-6。

（4）现场检测石子代表符号见表 2-7。

2. 混凝土配合比调整计算步骤

（1）形成孔洞的泥的体积计算如下式：

$$V_{\mathrm{n}}=\frac{S\times(H_{\mathrm{n}}-3\%)}{\rho_{\mathrm{n}}} \tag{2-51}$$

式中　V_{n}——形成孔洞泥的体积；

ρ_{n}——泥的密度；

H_{n}——砂子的含泥量；

S——含泥砂的质量。

（2）水泥用量的计算见下式：

$$C=C_{(原)}+\rho_{\mathrm{C}}\cdot V_{\mathrm{n}} \tag{2-52}$$

（3）胶凝材料体积的计算见式（2-33）。

（4）胶凝材料标准稠度用水量的计算见式（2-34）。

① 胶凝材料计算见式（2-35）。

② 泌水系数计算见式（2-36）。

③ 胶凝材料拌和用水计算见式（2-37）。

（5）再生骨料用水量计算见式（2-45）。

（6）调整后的配合比见表 2-8。

（7）试配及现场调整

采用调整后的配合比进行试配，混凝土工作性达到预期效果，强度均要达到设计要求。

第三章　混凝土的机器人试配技术

第一节　智能化混凝土试配系统

智能化混凝土试配系统简称试配机器人，研究和应用的目的是为了科学合理地利用各种原材料配制出优质的混凝土产品，减少配合比设计的计算量，提高混凝土试配的成功率和混凝土质量的稳定性，降低混凝土的生产成本，保证混凝土的品质，提高客户的满意度，适应不同地区的砂石骨料，预防质量事故的发生的产品。下面详细介绍智能化混凝土试配系统。

一、设备组成

混凝土试配机器人组成：一个 1L 砂子压实仪（图 3-1）、一个 10L 石子密度测量桶（图 3-2）、一个 20L 不锈钢石子漏桶（图 3-3）、一套多分组混凝土智能试配机（图 3-4）、一台多组分智能计算机、一套搅拌预湿骨料设备。

(a)　　(b)

图 3-1　1L 砂子压实仪

(a)　　(b)

图 3-2　10L 石子密度测量桶

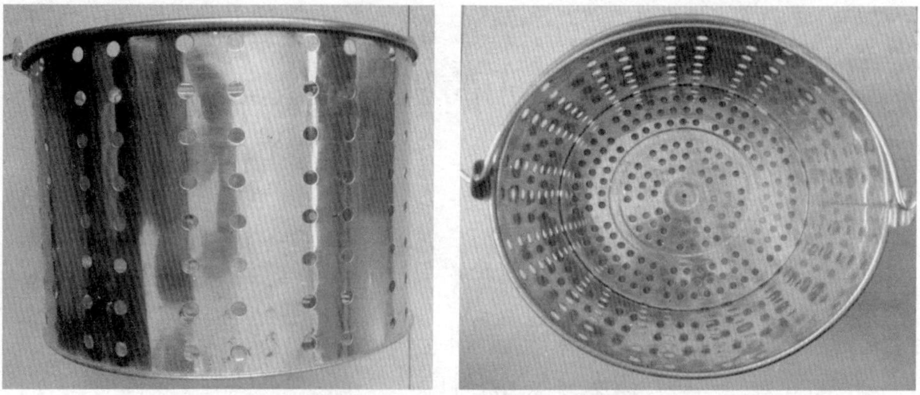

(a)　(b)

图 3-3　20L 不锈钢石子漏桶

图 3-4　多分组混凝土智能试配机

二、智能混凝土配比计算系统

智能混凝土配比计算系统操作步骤如下：

① 打开电源，显示界面如图 3-5 所示。

② 点击“进入登录界面”按钮，显示界面如图 3-6 所示。

图 3-5　系统显示界面

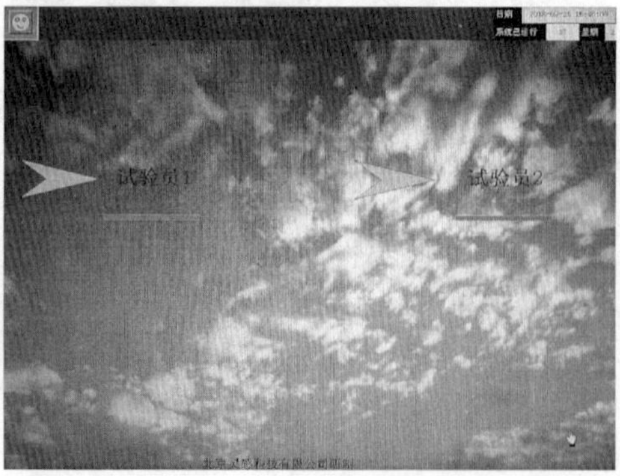

图 3-6　进入登录界面

③ 点击所选择的登录用户（试验员 1、试验员 2），显示界面如图 3-7 所示。

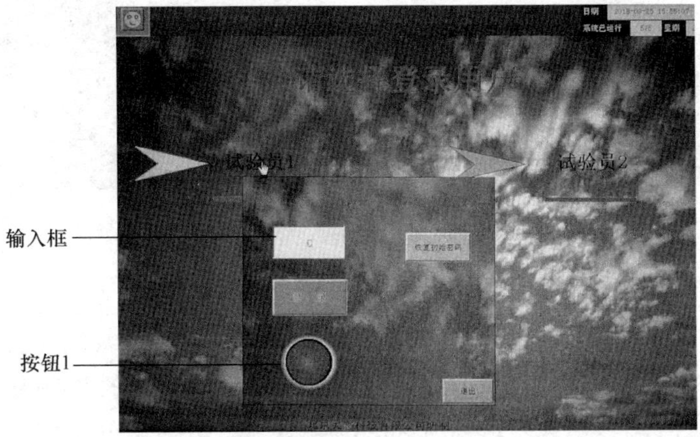

图 3-7 选择用户登录后的界面

④ 在输入框中输入密码（试验员 1 初始密码：111111；试验员 2 初始密码：222222）

若密码正确，点击登录按钮，按钮 1 变为绿色，如图 3-8 所示，左方并有“进入系统”提示，点击按钮 1，进入配合比设计与调整计算系统。

若密码错误，点击登录按钮，输入框上方会有“密码错误”提示，如图 3-9 所示。

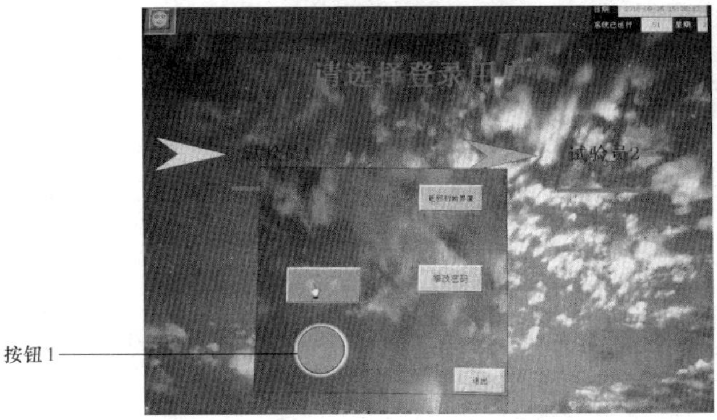

图 3-8 密码正确界面

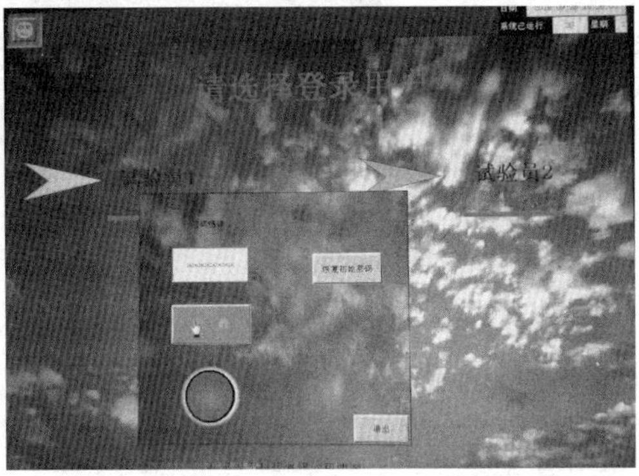

图 3-9 密码错误提示

三、混凝土试配需要的参数

1. 胶凝材料参数及净浆试验

胶凝材料参数包括水泥的强度、需水量和密度；粉煤灰和矿渣粉的对比强度、需水量比和密度；硅灰的比表面积、需水量比和密度。

注：这几个参数通过国家标准测试方法取得。

净浆试验流动扩展度为 240～260mm（图 3-10、图 3-11）。

2. 砂子骨料参数

砂子的参数主要包括紧密堆积密度 ρ_S、含石率 H_G（%）、含水率 H_W（%）以及分计筛余。其中，含石率、含水率以及分计筛余的参数按照国家标准方法检测取得。

图 3-10　净浆试验搅拌

图 3-11　净浆试验测量

砂子紧密堆积密度 ρ_S 的测量：首先将砂子装入二节高的 1L 的砂子压实仪（图 3-12），用压力机将砂子压至 72kN 或 200kN，测出 1L 砂子的质量（kg）（图 3-13），计算砂子的紧密堆积密度 ρ_S；然后用 4.75mm 的筛子将粒径大于 4.75mm 的粗颗粒筛出并称得质量（kg），测出砂子的含石率 H_G（%），最后将这些砂子烘干，计算砂子的含水率 H_W（%）。

图 3-12　砂子压实

图 3-13　砂子称量

3. 石子骨料参数

石子的参数主要包括堆积密度 $\rho_{g堆积}$、空隙率 P、吸水率 X_W（%）。

参数的测量方法：首先测出 10L 石子的质量（kg）（图 3-14），计算出石子的堆积密度 $\rho_{g堆积}$；然后将水加入桶中，使石子的空隙完全填满，测出石子和水的总质量（kg），计算出石子的空隙率 P 和石子的表观密度 $\rho_{g表观}$；最后将水控掉（图 3-15），测出湿石子的质量（kg），计算石子的吸水率 X_W（%）。

图 3-14　石子称量

图 3-15　石子控水

四、配合比设计计算与调整计算

配合比设计与调整系统目录界面如图 3-16 所示。界面分为两块内容：配合比设计、配合比调整。

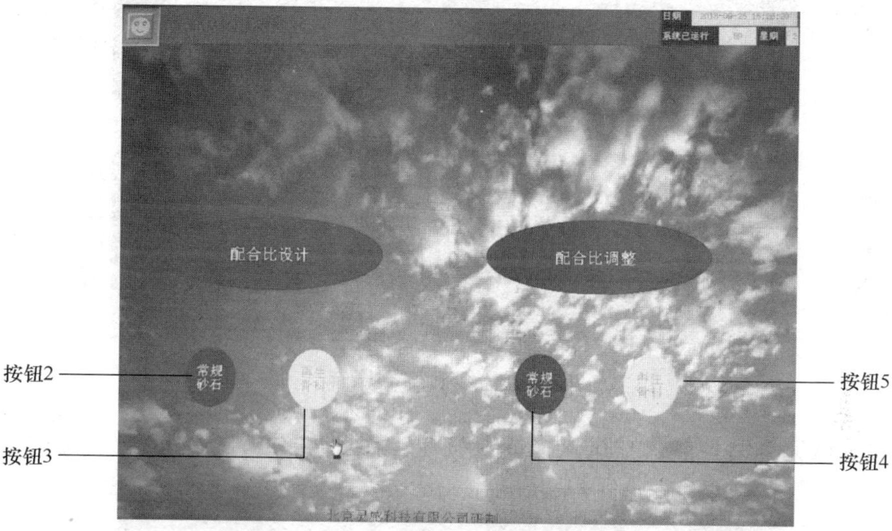

图 3-16　配合比设计与调整系统目录界面

① 点击按钮 2，进入配合比设计常规砂石界面，如图 3-17 所示。

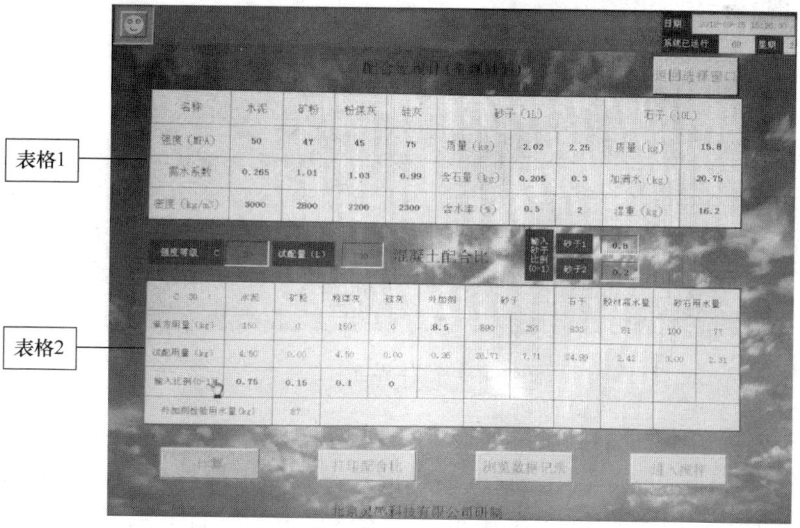

图 3-17　配合比设计常规砂石界面

表格 1 为所有参数，要求的强度等级、需要做的试配用量；表格 2 为外加剂单方用量，胶材的比例及砂子的比例需要输入，输入完毕后，点击界面下方的“计算”按钮，会自动计算出配合比。点击“打印配合比”按钮并点击“确认”按钮，打印当前配合比。点击“取消”按钮，返回界面再进行参数调整，如图 3-18 所示。

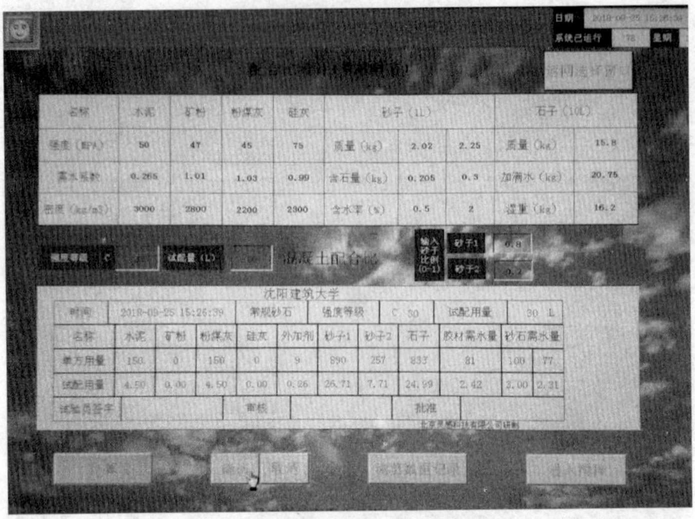

图 3-18　参数调整界面

② 参数确认完毕后，点击“进入搅拌”按钮，界面如图 3-19 所示。

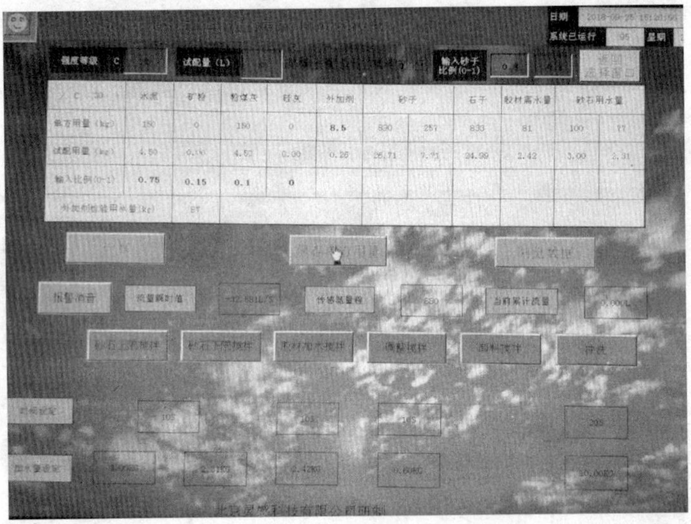

图 3-19　搅拌界面

搅拌界面中的按钮作用说明：

a. 砂石上限搅拌、砂石下限搅拌、胶材加水搅拌：先设定搅拌时间（一般为 10～15s）加水量无需设定，为配合比中对应的试配用水量，然后点击“砂石上限搅拌”“砂石下限搅拌”“胶材加水搅拌”按钮。

b. 调整搅拌（此时加入外加剂）：设定搅拌时间和加水量（看情况判断是否需要补水），然后点击“调整搅拌”按钮。

c. 卸料按钮：搅拌完毕后点击“卸料搅拌”按钮，此时搅拌方向反转，此时如需要打开卸料阀门，观察卸料情况，完毕后再次点击“卸料搅拌”按钮，搅拌机停止搅拌，注意，此项没有时间控制，需人为控制启停。

d. 冲洗：试验完毕后，需对搅拌机进行冲洗，设定搅拌时间和冲洗用水量，完毕后卸料。

在搅拌期间可以随时对搅拌进行停止，如点击“砂石上限搅拌”按钮，时间设为 10s，搅拌 5s 后再次点击“砂石上限搅拌”按钮，搅拌停止。“砂石下限搅拌”“胶材加水搅拌”“调整搅拌”“冲洗”功能一样。

在图 3-13 搅拌界面，对强度等级、试配用量、外加剂单方用量、胶材比例及砂子比例进行调整，调整后需点击“计算”按钮，然后点击“保存单方用量”按钮，保存当前配比中的单方用量，点击“浏览数据”按钮可对存盘数据进行浏览，界面如图 3-20 所示。

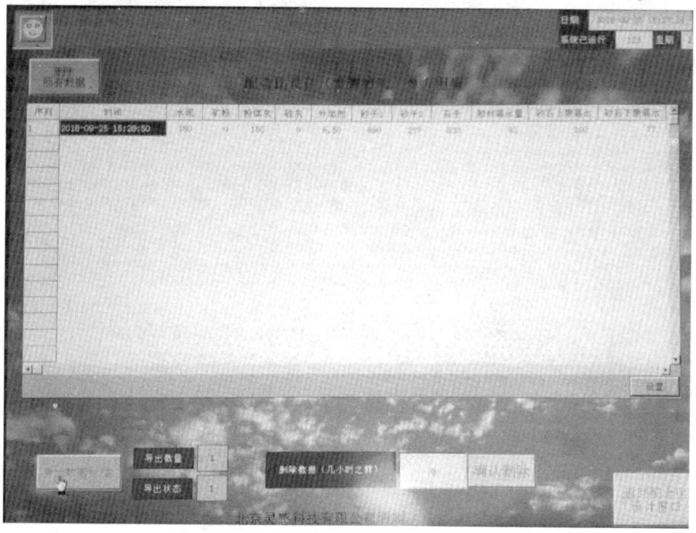

图 3-20　数据浏览界面

③ 数据的导出。在浏览数据界面可按条件查询存盘数据，点击表格中的“设置”按钮，弹出的对话框如图 3-21 所示。

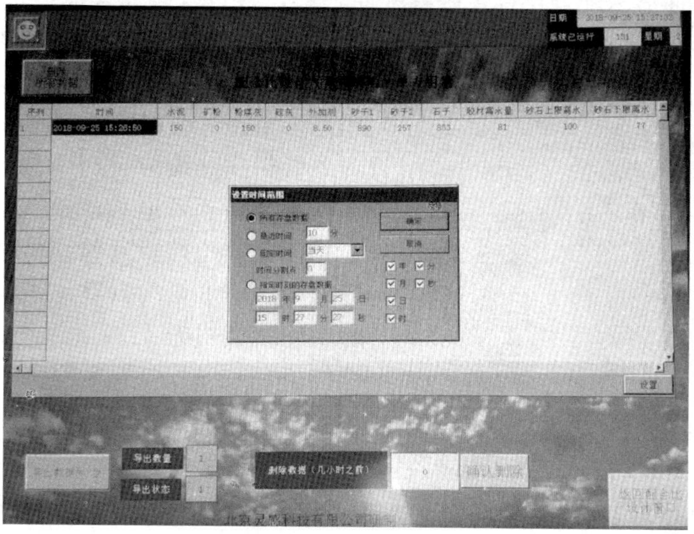

图 3-21　“设置时间范围”对话框

设置好时间后，插入U盘后，等待约10s，点击“导出数据到U盘”按钮，按钮右边显示导出的数据数量；启动导出设置时，导出状态会显示0，导出完毕后会自动显示为1。

若显示“−1”时，请检查是否插入了U盘；若显示“−2”时，当前没有数据可以导出；若显示“−4”时，请检查U盘容量是否足够。

点击图3-21界面中的表格左上方的“删除数据”按钮，可删除所有存盘数据，界面如图3-22所示。点击界面下方的“删除数据”按钮，输入时间，然后点击“确认”按钮删除，此项功能为了保证存储空间，需要删除近一月或两月之前的所有存盘数据。

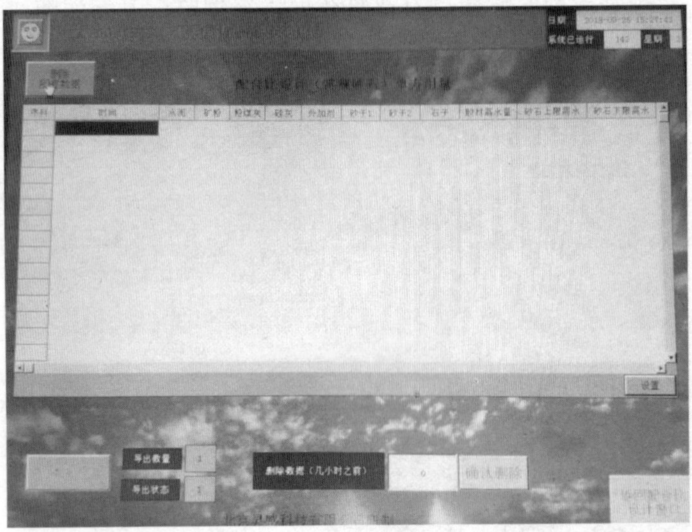

图3-22　删除数据后的界面

五、混凝土搅拌试配及试件留检

1. 备料

试验员根据界面显示配合比称量好各种原材料，砂石直接加入搅拌机（图3-23），胶凝材料进入喂料盘等待，外加剂进入杯子等待，水装满计量容量桶，通过流量控制仪计量。

图3-23　砂石入搅拌机

2. 搅拌

（1）预湿骨料搅拌部分

骨料搅拌系统有两个按钮：一个是上限加水，一个是下限加水，选择其中一个启动骨料搅拌按钮，搅拌机开始搅拌砂石。水泵直接向砂石喷水，水量为计算出的预湿用水量，预湿骨料时间为10～15s（图3-24），搅拌机停止搅拌。

（2）胶凝材料搅拌部分

将胶凝材料加入到搅拌机中，启动胶凝材料搅拌按钮（图3-25），搅拌机开始搅拌混合料，水泵直接向搅拌机中喷水，人工将外加剂投入到混合料中，水量为计算出的胶凝材料标准稠度对应的用水量，混合均匀时间为15～20s，搅拌机停止搅拌。

图 3-24　骨料预湿

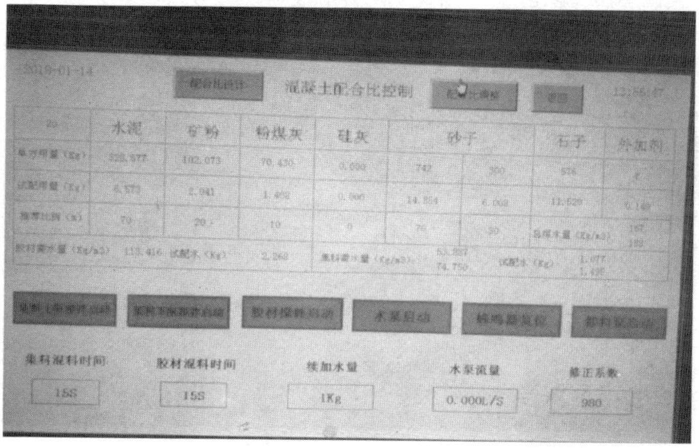

图 3-25　多组分混凝土智能计算机控制

（3）工作性判断，人工观察

当混凝土坍落度值等于或者接近设计值时（正负 10mm），直接卸料（图 3-26）；当坍落度值小于设计值时，人工设定加水量，称量补充的外加剂，启动水泵搅拌，人工加入外加剂，水自动加入并搅拌，20s 后停止，混凝土拌合物坍落度值（测量如图 3-27 所示）达到设计要求时可以卸料。

图 3-26　卸料

(a)

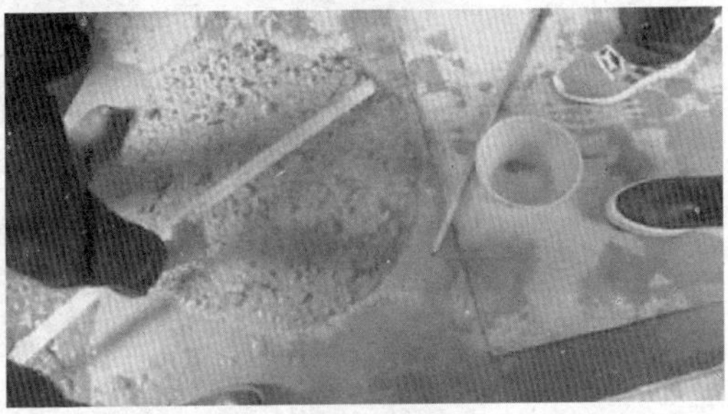
(b)

图 3-27　流动度及坍落度的测量

3. 试件留检

测量混凝土拌合物的性能指标，制作试件留检（图 3-28）。

图 3-28　制作试件留检

用混凝土试配机器人配制自密实的混凝土，混凝土拌合物中石子是“悬浮”状态且均匀分布。成型后的试件在初凝前收面时用食指伸进混凝土中，指甲盖不能进入混凝土浆体，可以明显感觉到石子悬浮于浆体中，浆体厚度为 5mm，砂子表面粘 1～2mm 胶凝材料浆体，指头肚正好能够摸着石子。这样的混凝土匀质性正好，不离析、不分层，凝固后强度最高，抗渗、抗冻指标最佳，基本不用振捣。总胶凝材料与混凝土配制强度成正比、胶凝材料用水量、外加剂的相容性及掺量取标准稠度对应的水量，外加剂不能用于减水，只用于增加混凝土的流动性，控制混凝土的坍落度，坍落度损失通过外加剂和胶凝材料现场试验确定，砂石骨料的用水量按照砂石骨料达到表面润湿时本身的吸水率确定，这样就可以准确地把握胶凝材料、水和外加剂量之间的对应关系。

六、预湿骨料设备安装图

预湿骨料设备包括恒压供水系统和定量预湿骨料设备安装图如图 3-29 所示。

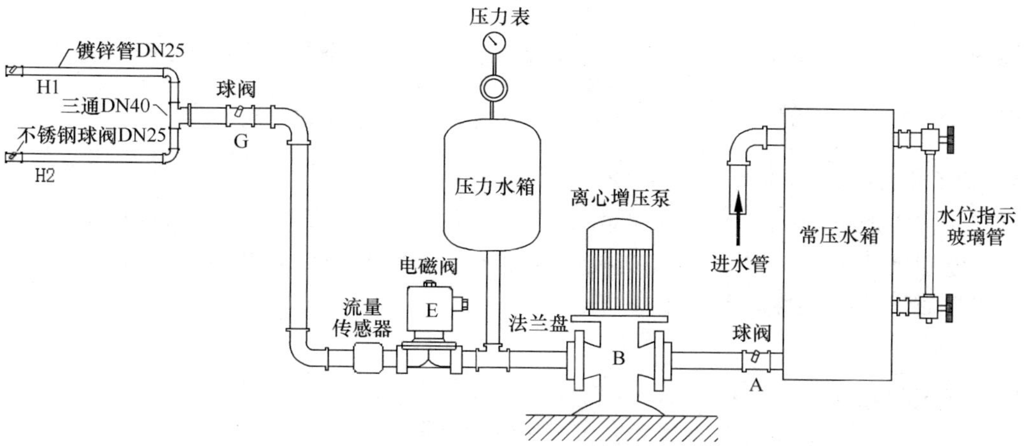

图 3-29　预湿骨料设备安装图

第二节　多组分混凝土理论应用实例——广东佛山

数字量化混凝土实用技术的主要内容是通过水泥的强度、密度和需水量计算为混凝土提供 1MPa 强度所需水泥的用量计算方法，通过矿渣粉、粉煤灰和硅灰试验的对比强度准确计算掺合料替代水泥的活性换算系数的方法，通过胶凝材料的比表面积和表观密度计算填充系数的方法，以及胶凝材料合理用水量的计算方法，外加剂的调整方法。砂石骨料的检测方法以及设计用技术参数的计算。本节以 C30 和 C60 为例进行了胶凝材料的计算，列出了砂石骨料计算的公式和步骤并到试验室进行实际操作培训。一个是石子的测量，主要掌握石子堆积密度、空隙率和吸水率的测量方法，技术参数的计算方法。另一个是砂子的测量，主要是掌握砂子紧密堆积密度测量压力值 72kN 和 200kN 确定的依据，采用压力机测试的过程，以及用 4.75mm 筛子确定含石率的测量方法。在配制混凝土的时候，天然砂用水量为 6%～8%，是考虑砂的溶胀；机制砂用水量控制为 5.7%～7.7%，是考虑与水泥检测使用的标准砂对应；对于再生细骨料用水量的确定不考虑含水率，配合比设计过程水的用量是通过压力吸水法测得的吸水率作为依据。进行实际操作检测砂石，根据砂石检测出来的参数，采用数字量化混凝土配合比设计方法进行配合比设计计算，得到 C30 和 C60 各两组不同的配合比。针对四组不同配合比，在现场进行外加剂掺量的确定和配合比试验，其中两组 C60 效果非常好，实现了一盘搞定的目标；两组 C30 采用佛山学员带来的低品质石子试配，试拌一盘后，调整的两盘达到可以使用的目的。

一、砂、石的测量

1. 细砂的测量

紧密堆积密度为 1808kg/m^3，含石率为 0，含水率为 0。

2. 石粉砂的测量

堆积密度为 2100kg/m^3，含石率为 22.3%，含水率为 0。

3. 石子的测量

堆积密度为1650kg/m³，表观密度为2797kg/m³，空隙率为41%，吸水率为1%。

二、C30配合比调整

1. 调整目的

原配合比中胶凝材料：水泥为280kg，需水量为27.5，密度为3000kg/m³；粉煤灰为80kg，需水量比为1.05，密度为2200kg/m³；外加剂为10.1kg，掺量为2.8%。用以上细砂和石粉砂对半使用代替优质砂配制混凝土。

2. 调整计算

（1）胶凝材料体积的计算

$$V_{胶凝材料}=280/3000+80/2200$$
$$=0.129\ (m^3)$$

（2）胶凝材料用水量的计算

$$W_{胶凝材料用水量}=280\times0.275+80\times0.275\times1.05$$
$$=100\ (kg)$$

（3）胶凝材料用水量体积的计算

$$V_{胶凝材料用水量体积}=100/1000$$
$$=0.10\ (m^3)$$

（4）胶凝材料浆体体积的计算

$$V_{胶凝材料浆体体积}=0.129+0.10$$
$$=0.229\ (m^3)$$

（5）砂子用量及用水量

$$S_{砂子用量}=1808\times41\%\times0.5$$
$$=371\ (kg)$$
$$W_{砂子用水量}=371\times(5.7\%\sim7.7\%)$$
$$=(21\sim28.6)\ kg$$

（6）石粉用量及用水量

$$S_{石粉用量}=2100\times41\%/(1-22.3\%)\times0.5$$
$$=554\ (kg)$$
$$W_{石粉用水量}=554\times(5.7\%\sim7.7\%)$$
$$=(31.5\sim42.6)\ kg$$

（7）石子用量及用水量

$$S_{石子用量}=1650-0.229\times2797-554\times22.3\%$$
$$=886\ (kg)$$
$$W_{石粉用水量}=886\times1\%$$
$$=8.86\ (kg)$$

（8）骨料用水量

$$W_{砂石骨料用水量}=(21+31.5+8.86)-(28.6+42.6+8.86)$$
$$=(61-80)\ kg$$

（9）C30 调整后的配合比（表 3-1）

表 3-1　C30 调整后的配合比　　单位：kg

名称	水泥	粉煤灰	砂子	石粉	石子	外加剂	胶凝材料用水	骨料用水
用量 1	280	80	371	554	886	10.1	100	61
用量 2								80

三、C60 配合比调整

1. 调整目的

原配合比中胶凝材料：水泥为 500kg，需水量为 27.5，密度为 3000kg/m^3；粉煤灰为 50kg，需水量比为 1.05，密度为 2200kg/m^3，外加剂为 15.4kg，掺量为 2.8%。用以上细砂和石粉砂对半使用代替优质砂配制混凝土。

2. 调整计算

（1）胶凝材料体积的计算

$$V_{胶凝材料}=500/3000+50/2200$$
$$=0.189\ (m^3)$$

（2）胶凝材料用水量的计算

$$W_{胶凝材料用水量}=(550\times0.275+50\times0.275\times1.05)\times[2+(2-550/300)]/3$$
$$=110\ (kg)$$

（3）胶凝材料用水量体积的计算

$$V_{胶凝材料用水量体积}=110/1000$$
$$=0.11\ (m^3)$$

（4）胶凝材料浆体体积的计算

$$V_{胶凝材料浆体体积}=0.189+0.11$$
$$=0.299\ (m^3)$$

（5）砂子用量及用水量

$$S_{砂子用量}=1808\times41\%\times0.5$$
$$=371\ (kg)$$
$$W_{砂子用水量}=371\times(5.7\%\sim7.7\%)$$
$$=(21\sim28.6)\ kg$$

（6）石粉用量及用水量

$$S_{石粉用量}=2100\times41\%/(1-22.3\%)\times0.5$$
$$=554\ (kg)$$
$$W_{石粉用水量}=554\times(5.7\%\sim7.7\%)$$
$$=(31.5\sim42.6)\ kg$$

（7）石子用量及用水量

$$S_{石子用量}=1650-0.299\times2797-554\times22.3\%$$
$$=690\ (kg)$$
$$W_{石粉用水量}=690\times1\%$$

=6.9（kg）

（8）骨料用水量

$$W_{砂石骨料用水量}=(21+31.5+6.9)\sim(28.6+42.6+6.9)=(59\sim78)\text{ kg}$$

（9）C60调整后的配合比（表3-2）

表3-2　C60调整后的配合比　　单位：kg

名称	水泥	粉煤灰	砂子	石粉	石子	外加剂	胶凝材料用水	骨料用水
用量1	500	50	371	554	690	15.4	110	59
用量2								78

四、试配及结果

用以上数据进行试配一次成功，解决了混凝土离析、抓地、扒底以及废弃材料代替砂子的难题。根据现场测量和计算的配合比，采用预湿骨料工艺进行试配，由于胶凝材料较少，虽然在搅拌机中停止搅拌即可实现自流平，采用3号青石子（1138kg）配制的混凝土卸料流速平稳，停止流动后在拌合物顶部有石子外露的现象，用铲子铲混凝土拌合物时，浆体本身的流动性好，因此根据现场调整思路，采用直接增加粉煤灰50kg，降低50kg石子来实现砂浆对石子包裹的办法进行调整，调整后试配的混凝土卸料出机过程浆体饱满，流速稳定，拌合物均匀连续，无断料现象，实际状态见试配视频（混凝土科技网）；在钢板上检测，混凝土拌合物技术指标均满足设计和实际使用的各项技术要求。

采用4号黄石子（1074kg）配制的混凝土包裹性较好，从搅拌机卸料时流速平稳，停止流动后在拌合物顶部有少许石子外露，用铲子铲混凝土拌合物，混凝土看起来很黏，但是铲起来很轻，流动性达到了设计要求，骨料和浆体不分离，整个拌合物无离析、泌水、扒底和抓地现象，上表面有光泽。实际状态见试配视频（见混凝土科技网）。

使用这两种石子配制的混凝土工作性满足设计和使用要求，证明采用数字量化混凝土设计技术配制混凝土，可以扩大石子的选材范围，利用工业废弃物，降低生产成本，提高企业的市场竞争力。

通过现场计算和试配，即可配制出符合设计要求的混凝土的方法。对降低试配劳动量、提高混凝土动态质量控制，保证质量，节约社会资源，发挥巨大的作用。这个方法解决了高强混凝土离析、抓地、扒底以及泵送的难题，解决了废弃材料代替砂石的技术难题。

第三节　多组分混凝土理论应用实例——山东铁正检测中心

为了掌握混凝土配制过程中存在的各种问题，在中铁十四局山东铁正检测中心进行了混凝土试配，试配以数字量化混凝土实用技术为基础。使用的胶凝材料为水泥和粉煤灰，试验室提供的参数：水泥的强度为49MPa，需水量为27，密度为3000kg/m^3；粉煤灰的活性指数为90，需水量为34.6，密度为2200kg/m^3，外加剂现场配制。根据这些参数计算可知，水泥的质量强度比为 7.8kg/MPa，粉煤灰的活性系数为 0.67，配合比设计水泥基准用量 34.9×7.8=272（kg），按照水泥 65%，粉煤灰 35%分配胶凝材料比例，水泥用量为 272×0.65=177（kg）；粉煤灰用量 272×0.35/0.67=142（kg）；实测胶凝材料标准稠度用水量为 34.6kg，计算的胶凝材料用水量为 110kg。现场主要检测了砂子紧密堆积密度 ρ_S、含石率 H_G和压力吸水率 Y_W；石子主要检测了堆积密度 $\rho_{g堆积}$、空隙率 P 和石子的吸水率 X_W。

一、砂石的测量

1. 砂子的测量

① 将现场的砂子装入双层压砂桶，在 200kN 压力作用下压实，去掉上部的一节，找平压实并刮平，测得 1L 砂子的质量为 1.95kg，再用 4.75mm 方孔筛子进行筛分，测出砂子的含石量为 0kg，计算出砂子的紧密堆积密度 ρ_S=1950kg/m^{3}和含石率 H_G=0。

② 称取 3.2kg 现场的砂子，加水至能够捏出水分，装入双层压砂桶，在 200kN 压力作用下压实挤出多余的水分，用抹布擦掉挤出的水分，称出吸饱水的砂子的质量为 3.49kg，计算出砂子的压力吸水率 Y_W=9%。

2. 石子的测量

用 10L 的桶去皮装满石子刮平上部，称量为 15.35kg，加满水浸泡石子至不冒水泡称量为 20.05kg，然后将石子倒入不锈钢漏桶，在石子不再滴水时称量为 15.80kg，计算出石子的堆积密度为 1535kg/m^3、空隙率为 47%、吸水率为 2.9%和表观密度为 2896kg/m^3。

二、配合比调整计算及试验结果

根据检测结果设计了配合比，试配后包裹性良好，外加剂减水率不足，现场直接调整了掺量进行试配试验，出机状态均满足设计要求，其中第一盘用一种砂子和石子，混凝土坍落度和扩展度均满足设计要求，坍落度损失较大；第二盘使用级配石子，包裹性改善，混凝土出机效果良好；第三盘增加胶凝材料 80kg 配制的混凝土状态良好。成型的试件 28d 强度满足设计要求。数据见表 3-3。

表 3-3　配合比调整数据

<table>
<tr><th>序号</th><th>水泥（kg）</th><th>粉煤灰（kg）</th><th>外加剂</th><th>砂子（kg）</th><th>石子（kg）</th><th>工作性能</th><th>3d</th><th>7d</th><th>28d</th></tr>
<tr><td rowspan="2">1</td><td>177</td><td>142</td><td>11.2</td><td>917</td><td>860</td><td rowspan="2">自流平</td><td rowspan="2">3.8</td><td rowspan="2">14.5</td><td rowspan="2">26.9</td></tr>
<tr><td colspan="2">用水量 110</td><td>3.5%</td><td colspan="2">用水量 107</td></tr>
<tr><td rowspan="2">2</td><td>177</td><td>142</td><td>11.2</td><td>917</td><td>860</td><td rowspan="2">自流平</td><td rowspan="2">7.5</td><td rowspan="2">16</td><td rowspan="2">28.5</td></tr>
<tr><td colspan="2">用水量 110</td><td>3.5%</td><td colspan="2">用水量 107</td></tr>
<tr><td rowspan="2">3</td><td>247</td><td>133</td><td>13.5</td><td>917</td><td>774</td><td rowspan="2">自流平</td><td rowspan="2">13.4</td><td rowspan="2">25.4</td><td rowspan="2">40.4</td></tr>
<tr><td colspan="2">用水量 120</td><td>3.5%</td><td colspan="2">用水量 105</td></tr>
</table>

第四节 多组分混凝土理论应用实例——天津大学

本次混凝土试配对比调整试验单方使用的水泥为180kg，矿渣粉为125kg，粉煤灰为70kg，防冻剂为11.3kg。水泥共三种：天津当地提供的散装P·O42.5和散装P·S42.5；学校试验室存放的袋装P·S42.5。砂子和石子采用天津地区常用的几种，现场主要检测了砂子的紧密堆积密度、含石率和压力吸水率，石子主要检测了堆积密度、空隙率和石子的吸水率。

一、砂、石的测量

1. 砂子的测量

① 将现场的砂子装入双层压砂桶，在200kN压力作用下压实，去掉上部的一节，找平压实并刮平，测得1L砂子的质量，然后用4.75mm方孔筛子进行筛分，测出砂子的含石量，计算出砂子的紧密堆积密度和含石率。

② 称取3.1kg现场的砂子，加水至能够捏出水分，装入双层压砂桶，在200kN压力作用下压实挤出多余的水分，用抹布擦掉挤出的水分，称出吸饱水的砂子的质量，计算出砂子的压力吸水率。对于土建工程，压力控制在72kN。

2. 石子的测量

用10L的桶去皮装满石子刮平上部称量，加满水浸泡石子至不冒水泡称量，然后将石子倒入不锈钢漏桶，在石子不再滴水时称量，计算出石子的堆积密度、空隙率、吸水率和表观密度。

本次上午试验石子的堆积密度为1606kg/m^3，空隙率为42%，吸水率为2.6%，表观密度为2722kg/m^3。下午试验石子的堆积密度为1616kg/m^3，空隙率为40.7%，吸水率为1.7%，表观密度为2725kg/m^3。

二、配合比调整计算及试验结果

1. 上午试验配合比及试验结果

使用天津当地散装水泥P·O42.5调整的配合比见表3-4。

表3-4 散装水泥P·O42.5调整的配合比

名称	水泥（P·O42.5）	矿渣粉	粉煤灰	砂子	石子	外加剂	34d强度
用量	180	125	70	871	865	8.4	44.9
用水量	94			58.6	22.5		

调整后采用同样的配合比进行了两盘试配试验，两盘出机状态都达到设计要求，由于试验使用的是防冻剂，当时没有做外加剂的适应性试验，其中第一盘外加剂使用了11.3kg。第二盘降低了外加剂掺量，出机坍落度满足设计要求，坍落度损失较大，需要通过调整外加剂缓凝成分解决这个问题。

2. 下午配合比及试验结果

① 使用天津当地散装水泥P·S42.5调整的配合比见表3-5。

表 3-5　散装水泥 P·S42.5 调整的配合比

名称	水泥（P·S42.5）	矿渣粉	粉煤灰	砂子	石子	外加剂	34d 强度
用量	180	125	70	856	837	8.4	47.4
用水量	94			55.2	11.3		

② 使用学校现存的袋装水泥 P·S42.5 调整的配合比见表 3-6。

表 3-6　学校现存的袋装水泥 P·S42.5 调整的配合比

名称	水泥（P·S42.5）	矿渣粉	粉煤灰	砂子	石子	外加剂	28d 强度
用量	180	125	70	856	837	8.4	33.8
用水量	94			55.2	11.3		

下午进行了两盘试配试验，出机状态均满足设计要求，其中第一盘用一种砂子和石子，混凝土坍落度和扩展度均满足设计要求，坍落度损失较大；第二盘使用另外一种砂子和石子，混凝土出机效果良好。

通过现场试验，参与学习和交流的技术人员掌握了水泥、矿渣粉、粉煤灰、硅灰、外加剂、砂子和石子技术指标数字量化计算的方法，混凝土配合比设计计算所采用的多组分混凝土理论，以及配合比设计石子填充法。第二天现场进行的混凝土配合比调整计算，大家了解了混凝土配合比调整计算方法和预湿骨料技术，懂得了预湿骨料技术节约外加剂的原理、试配方法以及生产操作思路。熟悉了预湿骨料技术提高混凝土强度的原理、试验方法以及生产配套工艺。

第五节　多组分混凝土理论应用实例——菏泽城建

为了解决混凝土配制过程中存在的各种问题，1 月 30 日我们应约在菏泽城建鹏远混凝土公司进行了数字量化混凝土配合比调整技术实际操作，总共进行了 4 盘试配用于对比，其中 2 盘为原配合比，2 盘为调整后的配合比，经过现场调整观察，调整后的混凝土工作性明显改善，得到现场的外加剂厂、砂浆厂和混凝土公司技术人员的一致好评。

一、原始配合比及存在的问题

本次混凝土试配对比试验采用 C30 和 C50 两组配合比，原配合比设计见表 3-7。

表 3-7　C30 和 C50 原配合比　　单位：kg

	水泥	粉煤灰	矿渣粉	砂子	小石	大石	水	防冻剂
C30	230	80	60	840	200	760	183	12.58
C50	330	70	95	660	250	820	168	15.35

在外加剂厂、砂浆厂和混凝土搅拌站技术人员的共同参与下，用以上配合比进行了试配，试配的混凝土坍落度、扩展度和含气量均符合国家标准要求，说明菏泽城建鹏远混凝土公司的配合比设计满足设计和施工要求，根据现场观察，大家提出混凝土流动速度较慢，成型混凝土振捣后浆体有上浮现象，因此有必要用现有材料通过改善配合比提高混凝土拌合物的流动性，通过改善混凝土拌合物的黏聚性提高混凝土产品匀质性，减少混凝土的质量波动。

为了解决以上问题，我们采用数字量化技术对配合比进行调整，现场检测了砂子紧密堆积密度、含石率和压力吸水率；石子主要检测了堆积密度、空隙率和石子的吸水率。

二、砂石的测量

1. 砂子的测量

① 将现场的砂子装入双层压砂桶，在 200kN 压力作用下压实，去掉上部的一节，找平压实并刮平，测得 1L 砂子的质量为 2.01kg，然后用 4.75mm 方孔筛子进行筛分，测出砂子的含石量为 0.12kg，计算出砂子的紧密堆积密度为 2010kg/m^{3}和含石率为 5.97%。

② 称取 3.2kg 现场的砂子，加水至能够捏出水分，装入双层压砂桶，在 200kN 压力作用下压实挤出多余的水分，用抹布擦掉挤出的水分，称出吸饱水的砂子的质量为 3.37kg，计算出砂子的压力吸水率为 5.3%。

2. 石子的测量

用 10L 的桶去皮装满石子刮平上部称量为 16.02kg，加满水浸泡石子至不冒水泡称量为 20.30kg，然后将石子倒入不锈钢漏桶，在石子不再滴水时称量为 16.35kg，计算出石子的堆积密度为 1602kg/m^3、空隙率为 42.8%、吸水率为 2.1%和表观密度为 2800kg/m^3。

三、调整后的配合比及试验结果

根据砂石测试参数调整的 C30 配合比及强度见表 3-8。

表 3-8　调整的 C30 配合比和强度

名称	水泥（kg）	矿渣粉（kg）	粉煤灰（kg）	砂子（kg）	石子（kg）	外加剂（kg）	85 度快测强度（MPa）
用量	230	60	80	871	865	12.58	36.3
用水量	100			15～34			32.9（对比）

根据砂石测试参数调整的 C50 配合比及强度见表 3-9。

表 3-9　调整的 C50 配合比和强度

名称	水泥（kg）	矿渣粉（kg）	粉煤灰（kg）	砂子（kg）	石子（kg）	外加剂（kg）	85 度快测强度（MPa）
用量	330	95	70	871	865	15.35	41.6
用水量	105			48～65			50.8（对比）

通过砂石骨料的检测，调整了混凝土的配合比，然后进行了两盘试配，两盘混凝土出机状态都达到设计要求，C50 混凝土流动性非常好，在场的技术人员全部经过动手感受到这种改善，同时测量混凝土的排空时间只有 3s，扩张度达到 600mm，达到自密实自流平优质标准。C30 混凝土出机后流动性非常好，需要添加一些外加剂增加流动性，在场的技术人员全部提出增加外加剂掺量就可以解决流动性不足的问题，测量混凝土的排空时间只有 4s，扩张度达到 590mm，正常情况下掺加一些外加剂就可以达到预期的效果。由于试验使用的是防冻剂，所以外加剂掺量偏高，快速检测的强度符合设计要求。

通过现场对混凝土配合比的调整，现场技术人员了解了水泥、矿渣粉、粉煤灰、硅灰、外加剂、砂子和石子参数对混凝土性能的影响，现场进行的混凝土配合比调整计算指导，使现场的技术人员了解了混凝土配合比调整计算方法和预湿骨料技术，懂得了预湿骨料技术节约外加剂的原理、试配方法以及生产操作思路。认识到实现一盘配制出优质混凝土的方法，降低成本的方法以及节约水泥和外加剂的思路，现场交流取得圆满的成功。

第六节 多组分混凝土理论应用实例——华新水泥混凝土荆门站

一、华新水泥混凝土

1. 荆门站采用的原材料现状

采用的原材料如下：

① 水泥：华新宜昌 P. O 42.5；

② 粉煤灰：荆门国电Ⅱ级粉煤灰/华能热电Ⅱ级粉煤灰；

③ 矿粉：荆州万山 S95 矿渣粉；

④ 江砂：钟祥江砂/荆州江砂；

⑤ 机制砂：钟祥子陵镇建泉石料厂；

⑥ 碎石：钟祥子陵镇建泉石料厂/钟祥冷水镇鸿兴石料厂；

⑦ 外加剂：荆州恒利 HL-8000 聚羧酸高性能减水剂。

2. 原材料检测数据

原材料检测数据如下：

① 水泥：3d强度为 31.5MPa，28d 强度为 49.6MPa，密度为 3040kg/m^3 需水量为 27；

② 矿渣粉：密度为 2800kg/m^3，活性指数为 90，需水量比为 1.0；

③ 粉煤灰：细度为 13.2%，密度为 2400kg/m^3，需水量比为 1.05，流动度为 220mm，显微镜观察玻璃体良好。

二、砂石骨料及外加剂现场检测数据

砂石骨料及外加剂现场检测数据如下：

① 江砂：细度为 1.0；

② 机制砂：细度为 3.6～4.0，MB 值为 2.2；

③ 混合后砂的紧密堆积密度为 2000kg/m^3，压力吸水率为 7.3%；

④ 碎石：压碎值为 14%，含泥量为 1.5%，堆积密度为 1587kg/m^3，表观密度为 2779kg/m^3，空隙率为 42.9%；

⑤ 外加剂：含固量为 12%，掺量为 1.8%。

三、存在的问题及解决方法

1. 存在的问题

荆门站目前使用的粉煤灰质量较稳定，江砂细度偏低，机制砂细度偏大且质量波动大，按比例（1∶1）混合砂级配不连续，碎石因环保整治资源紧张质量波动较大；导致混凝土配合比设计过程中胶凝材料用量偏大，外加剂掺量偏大，成本较高。据统计 2017 年 12 月份 C30 平均胶凝材料总量为 378.5kg/m^3，超出目标值 23kg/m^3，外加剂掺量偏高，12 月份外加剂 C30 平均掺量为 1.85%，单方外加剂成本为 14.8 元/m^3，混凝土出机状态容易离析泌水，28d 强度不稳定。

2. 调整思路及试配

为改善荆门站配合比使用现状，用数字量化混凝土实用技术对荆门站现用配合比全部重新设计试配验证，试配的技术理论：确定水泥强度与混凝土强度对应关系并确定水泥用量；以标准稠度用水量对应的胶凝材料用水作为胶凝材料用水量；以砂石紧密密度下吸水率来确定砂石所需用水量；以掺合料等活性替代和等填充替换确定掺合料用量；以胶凝材料加推荐掺量外加剂净浆流动度达到260mm确定外加剂最佳掺量；砂子用量以石子的空隙率和砂子的紧密堆积密度来确定；石子的用量以石子的密度、空隙率和胶凝材料体积确定，如图3-30所示。调整出合理的配合比进行试配，有效地改善了混凝土的工作性能，避免了混凝土出现离析、抓底、泌水状态，降低了胶凝材料的用量和外加剂掺量；大大降低了原材料单方成本。调整前、后状态对比如图3-31所示。

图3-30 石子的测量

四、试配强度检测结果

调整后试配的混凝土经工作性检测后成型，检测试配混凝土强度等级为C30～C50共5个等级，每个等级分别试配单掺和双掺，试配出机混凝土状态均良好，无离析泌水现象，具体的混凝土强度检测数据见表3-10。

表3-10 试配后混凝土强度检测数据

序号	等级	水	水泥	矿渣粉	煤灰	机砂	江砂	石子	外加剂		强度（MPa）			
		(kg)	(kg)	(kg)	(kg)	(kg)	(kg)	(kg)	(kg)	(%)	3d	7d	28d	
1	C30	175	280	0	80	429	429	960	5.22	1.45	16.9	25.5	38.6	无图
2	C30	180	220	0	80	429	429	960	4.86	1.35	16.1	25.1	37.6	图3-31(a)
3	C30	180	220	50	80	429	429	960	5.55	1.59	13.4	21.7	36.6	图3-31(b)
4	C35	175	300	0	80	429	429	960	5.51	1.45	18.5	25.9	44.2	图3-31(c)
5	C35	180	250	50	80	429	429	960	5.7	1.50	16.8	29.0	38.5	图3-31(d)
6	C35	180	250	50	100	429	429	940	6.2	1.55	14.1	27.4	39.4	图3-31(e)
7	C40	182	330	0	100	429	429	940	7.1	1.65	21	31.1	45.0	图3-31(f)
8	C40	180	280	50	100	429	429	940	7.1	1.65	19.1	27.0	39.6	图3-31(g)
9	C40	180	280	50	100	429	429	970	7.1	1.65	18.8	27.6	44.8	图3-31(h)
10	C45	180	320	100	80	429	429	920	8.75	1.75	21.5	36.2	54.3	图3-31(i)
11	C45	185	320	100	80	429	429	920	8.25	1.65	20.4	29.0	47.4	图3-31(j)
12	C45	175	350	100	60	429	429	910	8.67	1.70	26.1	40.6	57.2	图3-31(k)
13	C50	185	380	100	30	429	429	910	8.67	1.71	26.0	36.3	57.2	图3-31(l)
14	C50	175	380	100	30	429	429	910	9.44	1.85	29.5	39.4	56.6	图3-31(m)
15	C50	180	380	100	30	429	429	910	7.65	1.50	31.7	45.7	59.2	图3-31(n)

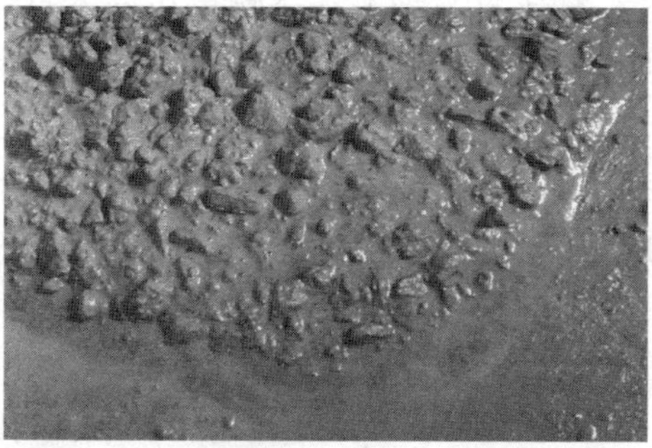

(a) 调整前状态：有离析泌水现场，且混凝土较重较黏

(b) 调整后状态：无离析泌水，包裹性流动性良好

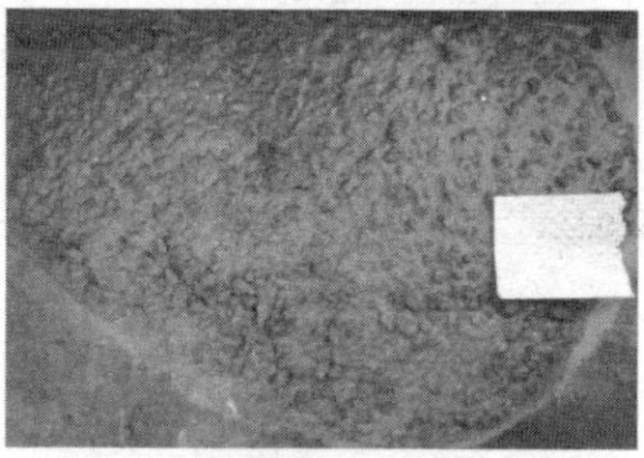

(c) 调整后状态 1

(d) 调整后状态 2

(e) 调整后状态 3

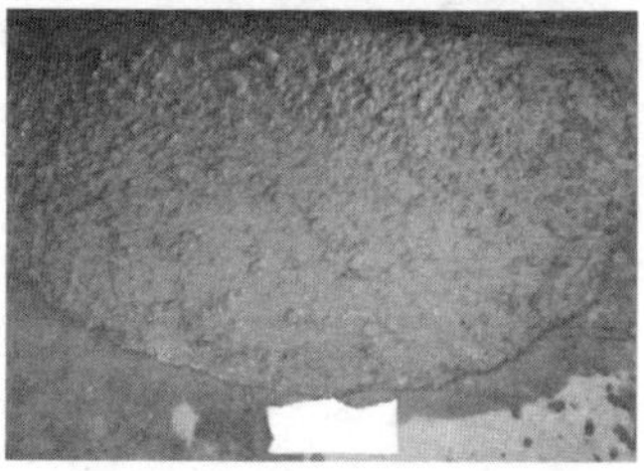

(f) 调整后状态 4

(g) 调整后状态 5

(h) 调整后状态 6

(i) 调整后状态 7

(j) 调整后状态 8

(g)

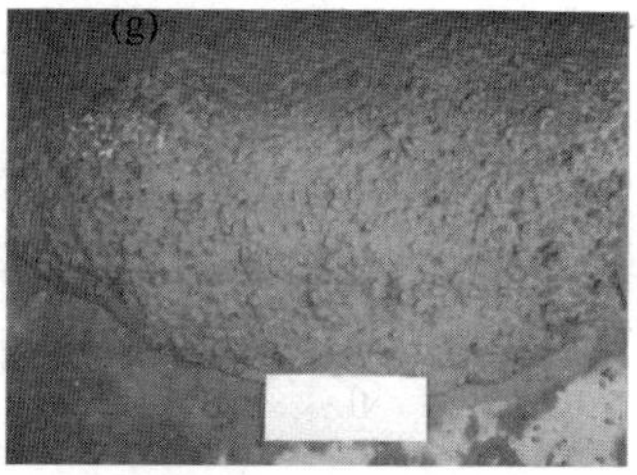

(k) 调整后状态 9

(l) 调整后状态 10

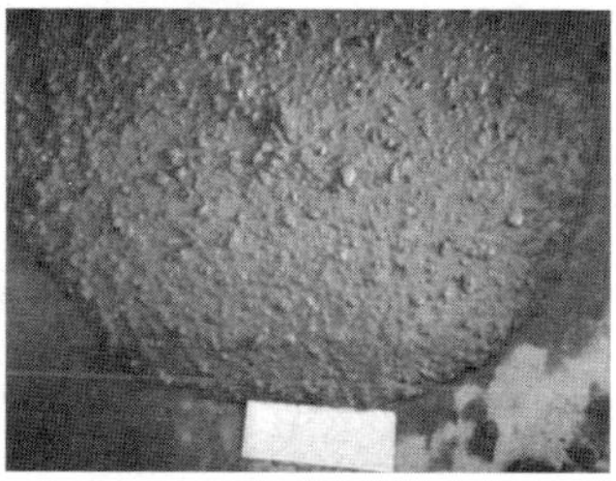

(m) 调整后状态 11

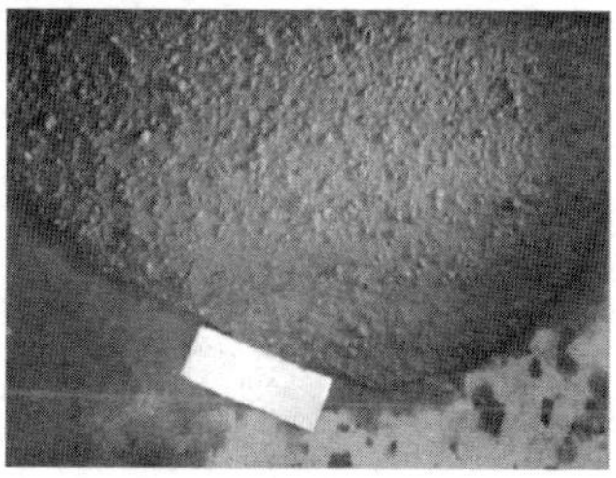

(n) 调整后状态 12

图 3-31　调整前、后状态的对比图

通过试配验证，使用数字量化混凝土实用技术配制的混凝土拌合物出机状态良好，从7d强度可以确定C30、C35、C40单掺煤灰试配强度较优，目前已将现用配合比调整为新配合比生产，通过新配合比生产改善了混凝土的工作性能，降低了胶凝材料的用量和外加剂的用量；按最新1m^3原材料价格核算：使用优化后配合比C30单方原材料成本降低8.3元/m^3；C35单方原材料成本降低12.6元/m^3；达到了预期效果。

第四章　掺助磨剂水泥的性能研究

第一节　水泥复合催化剂的研究与应用

为了有效地推广矿渣和粉煤灰在建材工业中的应用，有关部门进行了大量的研究工作，但是由于这些废渣成分的复杂性和现有技术及设备条件的限制，应用于建材工业中的废渣仍然只有很少的一部分。因此，研究和开发高性能的混合材催化剂，提高矿渣和粉煤灰在建材工业中，特别是水泥生产中的利用率和掺量，对于减少环境污染，减低水泥单位生产成本，节约能源具有十分重要的意义。

一、试验用原材料

1. 水泥熟料

为使本研究的结果具有普遍适用性，选取原材料时，分别从沈阳、鞍山、大连、本溪的不同厂家取来样品。各种水泥熟料的矿物组成、化学成分及率值详见表 4-1。

表 4-1　各种水泥熟料的矿物组成、化学成分及率值

编号	矿物组成（%）				化学成分（%）							率值		
	C_3S	C_2S	C_3A	C_4AF	SiO_2	Al_2O_3	Fe_2O_3	CaO	MgO	SO_3	烧失量	KH	n	p
1号	58.19	12.10	9.54	10.51	19.30	6.07	3.85	63.01	3.58	1.86	0.37	0.93	1.94	1.51
2号	51.32	19.70	6.85	15.30	18.51	6.71	3.54	62.15	2.78	1.40	0.50	0.85	1.81	1.49
3号	57.21	11.47	9.37	11.61	21.29	5.32	4.91	59.21	3.21	1.65	0.42	0.94	1.71	1.59
4号	49.11	24.81	8.41	14.39	19.80	6.01	3.62	61.54	3.41	1.39	0.58	0.89	1.65	1.47
5号	53.81	17.69	11.30	13.71	19.71	5.91	4.75	62.05	3.02	1.57	0.41	0.92	1.98	1.75

2. 矿渣

为了最大程度地使用矿渣，本研究选用了排渣量大，性能比较稳定的鞍钢水渣、本钢水渣以及抚钢水渣。具体技术指标：质量系数 $K \geqslant 1.2$；碱性系数 $M_o \geqslant 1.0$；活性系数 $M_a \geqslant 0.12$。其矿物组成、化学成分及碱度详见表 4-2。

表 4-2　水渣的矿物组成、化学成分及碱度

编号	矿物组成（%）				化学成分含量（%）							碱度	
	C_3S	C_2S	RO	C_2F+CF	SiO_2	Al_2O_3	CaO	FeO	MgO	Fe_2O_3	P_2O_5	f-CaO	f-MgO
1号	39.70	18.20	27.30	1.20	11.40	3.13	43.13	9.71	9.86	10.37	0.35	1.29	3.54
2号	41.60	19.50	28.10	1.10	12.59	1.96	47.2	5.49	7.50	10.41	0.26	2.36	3.67

3. 粉煤灰

本研究采用沈海热电厂干排粉煤灰，经光学仪器检测，其中含有部分结晶体、玻璃体及少量未燃尽的煤炭，颗粒较细，活性较高。其化学成分及烧失量见表4-3。

表4-3　粉煤灰的化学成分及烧失量（%）

编号	CaO	SiO_2	Al_2O_3	FeO	MgO	Na_2O	K_2O	f-CaO	烧失量LOl
1号	3.98	46.90	31.13	11.52	0.75	0.28	1.44	4.35	3.17
2号	2.93	53.73	24.22	7.46	1.30	0.43	1.80	1.80	7.06

4. 磷石膏

为了充分利用化工废料，本研究选用沈阳化肥总厂排放的磷石膏。其化学成分见表4-4。

表4-4　磷石膏的化学成分（%）

P_2O_5	SiO_2	Al_2O_3	Fe_2O_3	CaO	MgO	SO_3	Na_2O	K_2O	结晶水
0.63	3.49	0.81	0.24	3.51	0.47	46.62	0.61	0.16	17.1

5. 复合催化剂（简称SQ剂）

根据水泥的水化反应机理，在水泥水化反应的过程中发生复杂的物理化学变化。凡能加速这些化学反应促使钙矾石生成和水化硅酸钙胶形成的化合物，均可作为混合材及水泥的催化剂。依照这一原理，本研究配制了SQ剂，主要组成为三乙醇胺0.03%、硫酸钠0.5%、石膏0.47%和粉煤灰0.5%。其化学成分见表4-5。

表4-5　SQ剂的化学成分（%）

CaO	SiO_2	Al_2O_3	MgO	FeO	SO_3
32.40	13.40	0.60	0.20	0.11	35.01

二、SQ剂在水泥生产中的物理力学性能试验

1. 小磨试验

试验步骤如下：

① 按原材料要求准备好矿渣、粉煤灰、磷石膏、水泥熟料、SQ剂。

② 确定好配料比，并准确称量各种原材料，在料盘中搅拌均匀，倒入球磨机，粉碎至细磨为0.08mm方孔筛筛余5%～8%后，盛放到水泥样品铁桶中。

③ 按GB 175—2007，GB 1345—2005方法进行测试，试验结果见表4-6。

表4-6　采用SQ生产的水泥物理力学性能

项目	水泥配比（%）					细度（%）	凝结/h∶min		安定性	抗折强度（MPa）		强度（MPa）	
	名称编号	熟料	混合材	石膏	SQ		初凝	终凝		3d	28d	3d	28d
1号水泥熟料	010	95	—	5.0	—	7.5	1∶15	3∶10	合格	6.1	8.9	35.7	63.2
	011	65	30	5.0	—	7.4	1∶30	3∶23	合格	5.6	6.9	21.5	51.2
	012	55	40	3.5	1.5	6.9	1∶51	3∶40	合格	5.7	6.8	22.4	49.7
	013	45	50	3.5	1.5	7.1	1∶49	3∶45	合格	5.6	6.7	24.7	49.2
	014	35	60	3.5	1.5	7.2	1∶54	3∶51	合格	5.5	6.5	21.4	49.4

续表

项目	水泥配比（%）					细度（%）	凝结/h∶min		安定性	抗折强度（MPa）		强度（MPa）	
	名称编号	熟料	混合材	石膏	SQ		初凝	终凝		3d	28d	3d	28d
2号水泥熟料	020	95	—	5.0	—	7.6	0∶45	2∶56	合格	6.2	7.4	32.7	59.3
	021	65	30	5.0	—	7.5	1∶15	3∶15	合格	5.7	6.9	20.2	49.6
	022	55	40	3.5	1.5	7.2	1∶17	3∶20	合格	5.8	7.2	19.1	48.9
	023	45	50	3.5	1.5	7.3	1∶23	3∶27	合格	5.5	6.8	19.8	49.1
	024	35	60	3.5	1.5	7.6	1∶19	3∶19	合格	5.7	7.2	18.4	48.8
3号水泥熟料	030	65	30	5.0	—	7.2	1∶23	2∶53	合格	5.6	6.8	17.4	47.6
	031	35	60	3.5	1.5	6.9	1∶42	3∶01	合格	5.7	7.1	18.1	49.9
4号水泥熟料	040	65	30	5.0	—	7.1	1∶07	2∶51	合格	5.6	6.9	17.4	47.9
	041	35	60	3.5	1.5	7.2	1∶35	3∶21	合格	5.8	7.2	18.1	49.9
5号水泥熟料	050	65	30	5.0	—	7.3	1∶18	3∶13	合格	5.9	7.1	19.6	49.3
	051	35	60	3.5	1.5	6.9	1∶42	3∶42	合格	5.8	6.9	18.9	48.9

2. 试验结果分析

通过数据对比可知，采用SQ剂之后，可以提高混合材在水泥配料中的百分比，其具体特点如下：

① 使用SQ剂后，水泥配料中混合材掺量增加10%～35%，水泥的细度基本不变，初凝时间推迟约30min，终凝时间推迟约40min，水泥的安定性明显得到改善。

② 从1号水泥熟料和2号水泥熟料的试验可知，采用同一水泥熟料，使用SQ剂后混合材掺量的增加使水泥的3d抗折强度略有降低，但强度基本不变，甚至有提高的趋势。这说明SQ剂对混合材催化后可以使混合材的活性达到或超过水泥熟料的活性，产生与水泥熟料相近的强度。

③ 由水泥熟料1号到5号同配料比的试验可知，对不同厂家的水泥熟料，使用SQ剂后混合材掺量增加，但水泥的强度指标与对比样的强度指标相近，说明SQ剂对各种水泥熟料均具有极强的适应性。

三、工业化生产

1. 工业性生产试验

根据小磨试验结果，我们选用2号水泥熟料生产厂家进行同配料比工业性生产试验，具体生产方法与正常生产相同，在试验稳定出料时，抽取了四组样品进行检测，与对比样品的检测结果比较，数据见表4-7。

表4-7　工业性生产试验的结果

项目	水泥配比（%）					细度（%）	凝结（h∶min）		安定性	抗折强度（MPa）		强度（MPa）	
	名称编号	熟料	混合材	石膏	SQ		初凝	终凝		3d	28d	3d	28d
对比样	01	62	30	5.0	—	7.1	1∶30	3∶15	合格	5.9	7.4	16.3	48.3
	02	65	30	5.0	—	6.9	1∶15	3∶20	合格	5.7	7.1	14.9	49.3

续表

项目	水泥配比（%）					细度（%）	凝结（h：min）		安定性	抗折强度（MPa）		强度（MPa）	
	名称编号	熟料	混合材	石膏	SQ		初凝	终凝		3d	28d	3d	28d
试验样品	03	40	55	3.5	1.5	6.1	1：35	3：31	合格	5.7	7.2	18.3	51.2
	04	40	55	3.5	1.5	6.3	1：25	3：41	合格	5.6	7.3	17.1	47.3
	05	40	55	3.5	1.5	6.2	1：27	3：29	合格	5.8	7.2	19.7	50.2
	06	40	55	3.5	1.5	6.1	1：30	3：40	合格	5.5	7.1	18.4	49.1

2. 工业性生产试验的结果分析

根据表4-7试验数据可知，由于生产环境的改善，水泥混合分散更均匀，因此效果比小磨试验更理想。水泥细度与对比样相近，初凝时间推迟15～20min，终凝时间推迟40min左右，水泥安定性得到改善，3d强度略低于对比样的强度，28d强度多数高于对比样的强度。因此，SQ剂可以应用于大批量水泥的工业化生产，能提高混合材的掺量。

3. 原理分析

在SQ剂的工作原理主要有以下几个方面：

（1）超细增强原理

加入混合材激发剂，混合材的易磨性得到改善，SQ剂具有强力分散作用。在水泥生产过程中，熟料、矿渣、粉煤灰、沸石、石膏这些原料颗粒都存在结构缺陷和微裂纹，经混合进入球磨机后，复合催化剂的加入就如同楔子一样进入缺陷和微裂纹部位。在原料内部形成强大的膨胀应力，当球磨机运转时，研磨体撞击和挤压这些水泥原料颗粒。由于内外应力的共同作用，使水泥更加容易磨细，从而提高水泥的比表面积，改善了水泥的颗粒级配，最终提高了水泥的强度和稳定性。

（2）相似相溶增强原理

SQ剂由多种无机及有机物经化学反应制成，分子晶体结构中存在各种类似于熟料、矿渣、沸石、粉煤灰、石膏的晶种。在水泥水化反应过程中，由于固相反应生成的固溶胶结构与晶种相似，互相溶解，分散吸收了大量中间产物及自由水，减少了溶胶颗粒的离散性及自由水蒸发引起的空隙、孔洞及结构缺陷，使整个水泥石内部趋于密实、均匀、连续，提高了水泥强度。

（3）优化组合叠加增强机理

采用立窑熟料、旋窑熟料、矿渣、沸石、石膏、粉煤灰和SQ剂混合生产水泥，其中任意两种材料之间，在加水水化后都能相互激发、相互反应，形成大量的柱状AFT，层片状$Ca(OH)_2$晶体以及网状、纤维状的水化CSH凝胶。这些产物彼此填充，互相缠绕，将水泥牢固地粘结成一个整体，组成一座含有大量凝胶孔的密实大厦，同时各种组分晶格在逐步水化时还能沿不同方向增长，有效地补偿了不够密实的部位，减少了单一组分成分水化不能弥补的缺陷，起到了互相结合，有效地利用各自优势的补强作用，产生结构叠加效应，提高了水泥强度。

四、结论

① 水泥复合催化剂可以在保持水泥性能和各种技术指标不变的条件下，增加混合材的掺量10%～35%，有效地激发了混合材的活性，充分利用了工业废渣。

② 水泥复合催化剂可以减少水泥配料中的熟料掺量10%～35%，有效地降低了水泥的生产成本。

③ 水泥复合催化剂用于水泥生产，操作简单，无需增加新设备，便于生产控制和管理，特别适合于各大小水泥生产企业在技改项目中的应用。

④ 使用水泥复合催化剂后生产的水泥可以广泛应用于工业与民用建筑和道桥工程。

第二节　水泥助磨剂与混凝土减水剂相容性的研究

随着水泥助磨剂在水泥生产中的广泛应用，助磨剂在降低能耗、节约能源、提高粉磨效率等方面做出贡献的同时，其与混凝土外加剂的适应性问题越来越突出。我国的水泥助磨剂多以三乙醇胺、三异丙醇胺等醇胺类为主，其功效显著，但也有其不足，如性能稳定性差，对于掺量的变动敏感，成本较高等，本研究中的改性三乙醇胺就是针对这些不足，对三乙醇胺进行化学合成改性后的一种水溶性化合物。本节选择了三乙醇胺、三异丙醇胺、改性三乙醇胺、复合助磨剂四种水泥助磨剂，通过试验研究其对水泥的助磨效果和性能的影响，重点探讨其与混凝土减水剂的相容性问题。

一、原材料与试验方法

1. 主要原材料

主要原料如下：

① 熟料：北京水泥厂硅酸盐水泥熟料。

② 石膏：天然二水石膏（$CaSO_4 \cdot 2H_2O$）。

③ 混合材：粉煤灰（北京金能电厂）；矿渣（河北宣化钢渣）。

④ 助磨剂：三乙醇胺（TEA）：工业品。

三异丙醇胺（TIPA）：工业品。

改性三乙醇胺（改性TEA）：工业品。

复合水泥助磨剂：以TEA、TIPA和改性TEA为重要组分复配，工业品。

⑤ 减水剂：聚羧酸减水剂（浓度为50%）

⑥ 骨料：天然中砂；碎石（最大粒径为30mm）。

⑦ 掺合料：粉煤灰（北京金能电厂）。

2. 试验方法

（1）性能研究

采用四种助磨剂分别按不同掺量进行小磨粉磨。其中，水泥物料的配比为：熟料70%＋粉煤灰20%＋矿渣5%＋石膏5%。每次粉磨3kg，粉磨时间为25min，出磨时间为5min。

经过0.08mm方孔筛过筛，对粉磨后的水泥从细度、比表面积、激光粒度分布、胶砂强度、标准稠度用水量、凝结时间、安定性等七个方面进行测试，了解助磨效果及其对水泥性能的影响规律，确定出四种助磨剂的最佳掺量。

（2）与混凝土减水剂相容性

使用掺加助磨剂粉磨制得的水泥与减水剂做水泥净浆流动扩展度以及混凝土工作性试验，评价助磨剂与混凝土减水剂的相容性。

二、试验数据分析

1. 性能试验结果与讨论

（1）助磨效果分析

掺加四种助磨剂粉磨后的水泥进行细度、比表面积和激光粒度等试验结果见表 4-8。

表 4-8　助磨效果的试验结果

助磨剂种类	掺量（%）	细度（45μm 筛余）	比表面积（m²/kg）	粒度分布（%）				
				≤3μm	3～32μm	32～65μm	≥65μm	≥80μm
空白	0	13.5%	428.14	4.91	57.68	33.67	3.74	0.63
三乙醇胺（TEA）	0.01	10.0%	419.73	4.01	60.62	31.60	3.76	0.81
	0.015	11.8%	440.71	3.94	59.42	33.38	3.26	0.55
	0.03	7.9%	426.78	4.16	62.90	31.09	1.86	0.25
	0.04	7.1%	434.96	3.55	59.42	31.05	5.98	1.73
三异丙醇胺（TIPA）	0.01	9.3%	440.17	3.74	60.79	31.63	3.84	0.77
	0.015	8.0%	429.83	3.68	57.24	31.42	7.66	2.74
	0.03	7.9%	424.73	3.95	63.35	31.18	1.52	0.10
	0.04	7.3%	415.63	3.68	62.14	32.30	1.88	0.13
改性 TEA	0.01	8.4%	426.31	4.06	59.67	32.17	4.10	0.75
	0.015	8.4%	415.21	1.58	68.70	27.94	1.79	0.13
	0.03	7.7%	428.33	3.95	63.38	31.05	1.62	0.11
	0.04	8.2%	421.34	3.80	61.87	31.21	3.12	0.36
复合助磨剂	0.08	11.0%	428.75	4.77	62.82	31.06	1.34	0.10
	0.10	10.3%	440.92	4.60	59.85	30.76	4.78	1.17
	0.12	7.8%	440.48	5.00	62.17	32.03	0.80	0.01
	0.15	9.5%	433.84	4.75	61.15	32.22	1.88	0.19

从图 4-1 可以明显看出，在细度方面，加入助磨剂后的水泥细度均优于不加助磨剂的空白水泥，筛余量显著降低，这说明各助磨剂均表现出一定的助磨效果，在水泥的粉磨中起到了良好的分散作用，使水泥得到充分的研磨。其中，在细度方面，各助磨剂效果最好的分别是 TEA-0.04%细度为 7.1%；TIPA-0.04%细度为 7.3%；改性 TEA-0.03%细度为 7.7%；复合助磨剂-0.12%细度为 7.8%。另外，从表 4-8 可以注意到，对 TEA、TIPA 和复合这三种助磨剂，细度随其掺量的变化波动较大，对掺量较敏感，而改性 TEA 表现出较好的稳定性，细度随掺量波动较小。

比表面积方面（图 4-2），掺加助磨剂的水泥表现较复杂，比表面积有些大于空白，而有些小于空白，且波动较大。由于比表面积受水泥中的过细颗粒（如≤1μm）的影响较大，而不能准确地反映颗粒的粒径分布，因此比表面积只能粗略地反映水泥的细度和助磨效果。

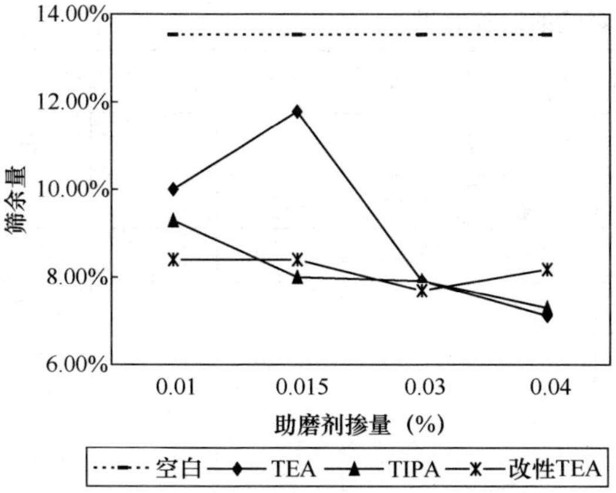

图 4-1　水泥细度对比图

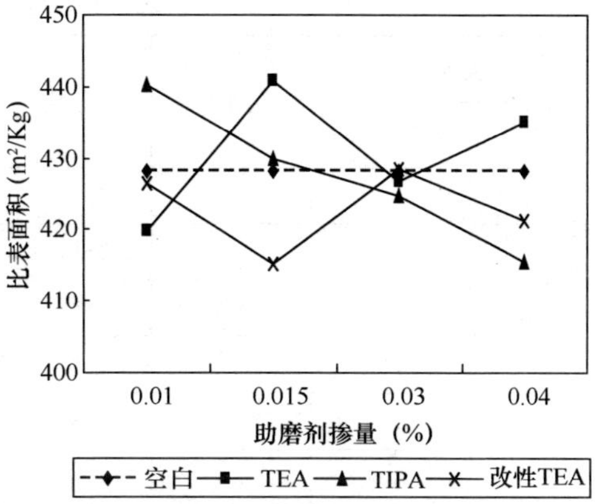

图 4-2　水泥比表面积对比图

粒度分布方面（图 4-3），由于水泥中 3～32μm 范围的颗粒对强度起主要作用，所以对表 4-8 中的粒度分布，主要关注 3～32μm 的颗粒含量的变化。与空白水泥（57.68%）相比，掺加助磨剂的水泥中 3～32μm 的颗粒含量明显提高，而且同时降低了≤3μm 的细颗粒和≥65μm 的粗颗粒含量。这表明助磨剂的加入很好地改善了水泥颗粒的级配。其中，各助磨剂中效果最好的掺量分别是 TEA-0.03%为 62.90%；TIPA-0.03%为 63.35%；改性 TEA-0.015%为 68.70%；复合助磨剂-0.12%为 62.17%，这与后面的力学性能结果基本相一致，得到了很好的验证。

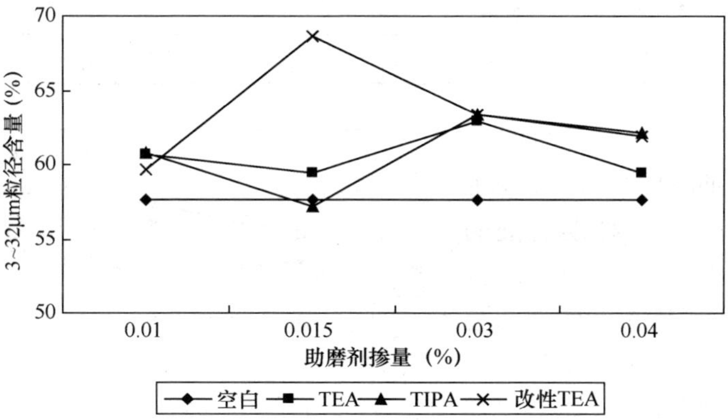

图 4-3　水泥粒度分布对比图

总体而言，助磨剂的加入均表现出一定的助磨性能，在粉磨中起到了良好的分散作用，提高了水泥的细度，改善了水泥的颗粒级配等，助磨效果明显。另外，要注意到醇胺类助磨剂对掺量的变动较敏感，每种助磨剂都有其最佳掺量，少则达不到助磨效果；多则不仅浪费，而且起到相反作用甚至造成生产事故。

（2）对水泥性能的影响分析

对水泥的胶砂强度、标准稠度用水量、凝结时间和安定性等常规性能检测试验结果见表 4-9。

表 4-9　对水泥性能影响的试验结果

助磨剂		标准稠度用水量（%）	安定性	凝结时间（min）		抗折强度（MPa）		强度（MPa）	
种类	掺量（%）			初凝	终凝	3d	28d	3d	28d
空白	0	28.59	合格	155	215	5.50	8.54	22.94	45.00
三乙醇胺（TEA）	0.01	28.59	合格	140	185	5.86	9.00	26.08	48.59
	0.015	28.59	合格	157	212	6.23	8.90	27.23	51.63
	0.03	28.04	合格	150	222	6.23	8.20	27.66	47.75
	0.04	28.59	合格	145	198	6.51	7.90	26.30	48.94
三异丙醇胺（TIPA）	0.01	29.15	合格	156	203	5.69	8.20	25.05	45.28
	0.015	28.04	合格	157	204	5.57	8.40	24.52	45.61
	0.03	28.59	合格	165	226	5.96	8.70	25.59	48.70
	0.04	28.41	合格	162	222	6.28	8.50	27.41	52.92
改性 TEA	0.01	28.04	合格	148	206	6.10	8.55	26.40	48.41
	0.015	28.59	合格	145	202	6.40	7.90	26.53	48.02
	0.03	28.59	合格	143	194	6.63	8.80	28.75	53.58
	0.04	28.59	合格	156	205	6.95	8.30	28.67	56.25
复合助磨剂	0.08	28.41	合格	140	208	5.65	8.00	23.53	45.52
	0.10	28.59	合格	137	205	5.75	7.90	24.45	46.89
	0.12	28.41	合格	149	201	6.03	7.75	25.61	48.09
	0.15	28.59	合格	151	206	5.85	7.60	25.10	48.94

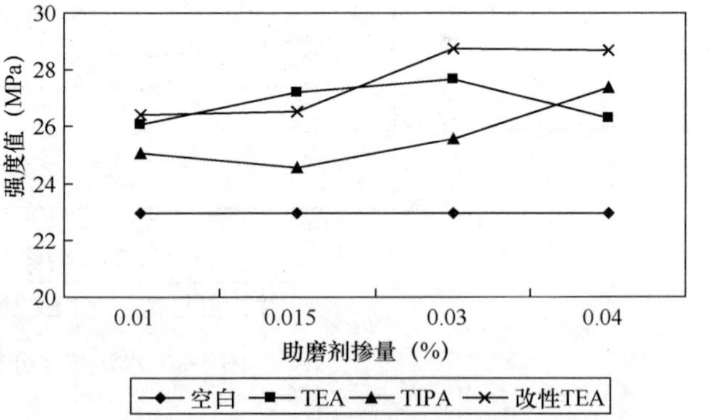

图 4-4　水泥 3d 强度对比图

力学性能上，与空白水泥相比，在合适的掺量下，四种助磨剂都表现出一定的增强效果，但各种助磨剂的增强作用又有较大的差别，总体而言，改性 TEA＞TEA＞TIPA＞复合助磨剂（图 4-4、图 4-5）。改性 TEA 不论是在早期（3d）还是后期（28d），都表现出优异的增强作用，改性 TEA-0.03％掺量的 3d 强度为 28.75MPa（比空白水泥的强度提高 5.81MPa），28d 强度为 53.58MPa（比空白水泥的强度提高 8.58MPa）；改性 TEA-0.04％的 3d 强度为 28.67MPa（比空白水泥的强度提高 5.73MPa），28d 强度为 56.25 MPa（比空白水泥的强度提高 11.25MPa）。这说明改性 TEA 不仅提高水泥早期强度，而且还能提高水泥后期强度，这一方面与改性 TEA 提高 3～32μm 的颗粒含量有关；另一方面还与其能诱导水泥水化，促进水泥充分水泥的作用有关。而 TEA、TIPA 和复合助磨剂主要作用在提高水泥 3d 早期的强度，3d 后的强度基本没多大提高，这说明28d后期强度提高不大。

在其他性能上，由表4-9可知，标准稠度用水量影响基本不大，水泥安定性均合格。凝结时间的影响也不是很大，与空白水泥相比，总体上凝结时间稍提前一些，有的水泥添加助磨剂缩短了初终凝的时间。

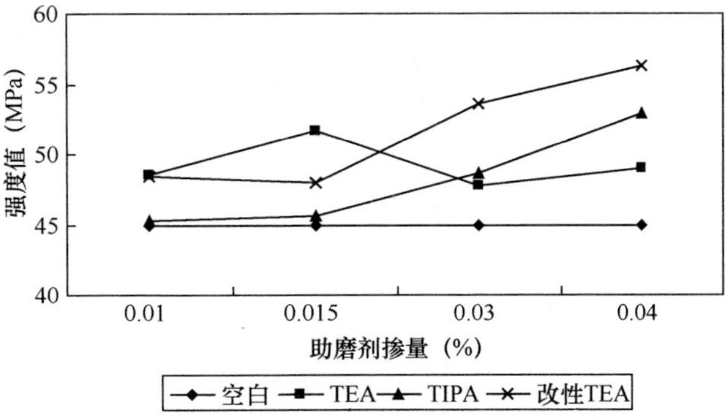

图4-5　水泥28d强度对比图

综上所述，从助磨效果、物理力学性能、成本和经济效益等方面综合考虑，确定出四种助磨剂的最佳掺量分别为：TEA-0.03%、TIPA-0.03%、改性TEA-0.03%、复合助磨剂-0.12%。采用这四种最佳掺量的助磨剂进行后面的混凝土试验。

2. 对水泥净浆流动度试验的结果与讨论

（1）聚羧酸减水剂的试验掺量的确定

先采用空白水泥（即不掺助磨剂）与聚羧酸减水剂的不同掺量（表4-10）来测定水泥初始净浆流动度（图4-6），以确定水泥净浆流动度试验时聚羧酸减水剂的试验掺量。

表4-10　空白水泥与聚羧酸减水剂的初始净浆流动度

聚羧酸掺量（%）	净浆初始流动度（mm）	聚羧酸掺量（%）	净浆初始流动度（mm）
0.10	130	0.30	260
0.20	180	0.35	285
0.25	215	0.40	300

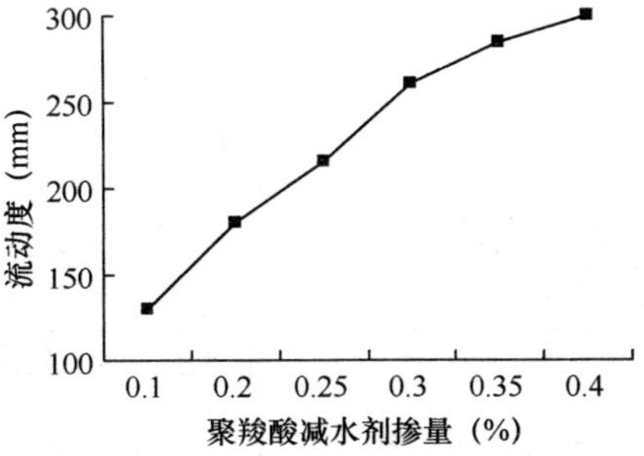

图4-6　空白水泥净浆初始流动度

从表4-10确定，水泥净浆流动度试验中采用的聚羧酸减水剂的试验掺量为0.3%。

（2）净浆流动度的影响分析

掺加四种助磨剂粉磨后，水泥净浆流动度的试验结果见表4-11，如图4-7和图4-8所示。

表4-11　水泥净浆流动度的试验结果

助磨剂种类	助磨剂掺量（%）	水泥净浆流动度（mm）			泌水情况
		初始	30min	60min	
空白	0	260	248	235	不泌水

续表

助磨剂种类	助磨剂掺量（%）	水泥净浆流动度（mm）			泌水情况
		初始	30min	60min	
三乙醇胺（TEA）	0.01	255	249	243	不泌水
	0.015	260	258	255	不泌水
	0.03	260	260	255	不泌水
	0.04	255	250	250	不泌水
三异丙醇胺（TIPA）	0.01	250	265	270	少量泌水
	0.015	255	255	260	少量泌水
	0.03	235	235	240	不泌水
	0.04	260	235	240	不泌水
改性三乙醇胺（改性 TEA）	0.01	250	245	235	不泌水
	0.015	270	255	247	不泌水
	0.03	230	225	230	不泌水
	0.04	240	245	227	不泌水
复合助磨剂	0.08	240	227	217	不泌水
	0.010	268	258	257	不泌水
	0.012	254	247	245	不泌水
	0.015	262	254	248	不泌水

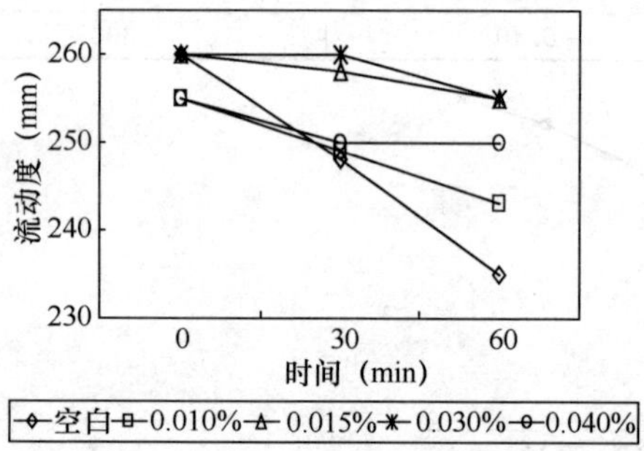

图 4-7　掺三乙醇胺粉磨后的水泥净浆流动度

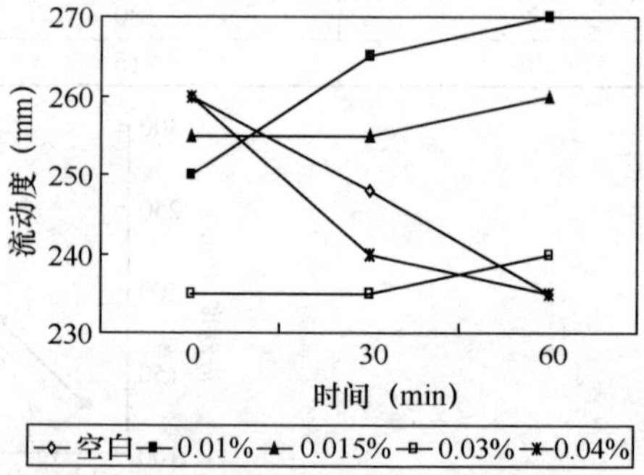

图 4-8　掺三异丙醇胺粉磨后的水泥净浆流动度

根据表 4-11 和图 4-7 可以看出，①掺加三乙醇胺粉磨后的水泥与空白水泥相比，掺量为 0.015%和 0.03%，水泥净浆流动度效果较好，两者不仅初始流动度高，且在 1h 内流动度的损失更小，曲线稳定性更好，0.03%掺量效果最好。②掺加三异丙醇胺粉磨后的水泥与空白水泥相比，水泥净浆流动度效果较差。四个掺量的初始流动度均比空白水泥低，掺量为 0.01%和 0.015%的水泥虽然在 1h 内流动度有增大，但其有泌水现象，其他掺量虽不泌水，但流动度均不如空白水泥。③掺加改性三乙醇胺粉磨后的水泥与空白水泥相比，只有掺量为 0.015%水泥净浆流动度的效果较好，不仅初始净浆流动度比空白水泥的净浆流动度大，而且 1h 损失也比空白水泥小。其他掺量的流动度均不如空白水泥（图 4-9）。④掺加复合助磨剂粉磨后的水泥与空白水泥相比，只有掺量为 0.080%水泥净浆流动度效果不如空白水泥的，其他掺量均优于空白水泥的（图 4-10）。

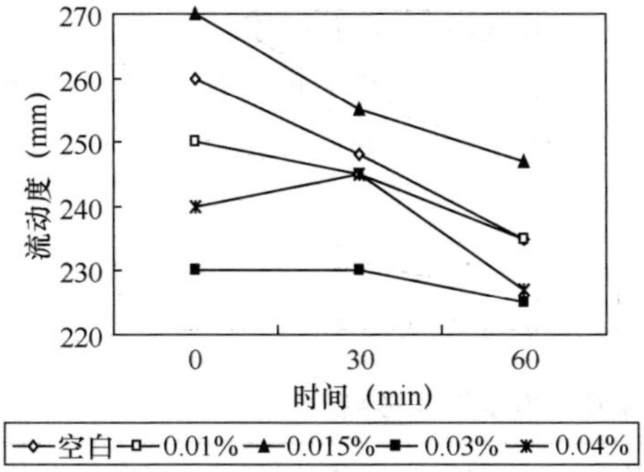

图 4-9 掺改性三乙醇胺粉磨后的水泥净浆流动度

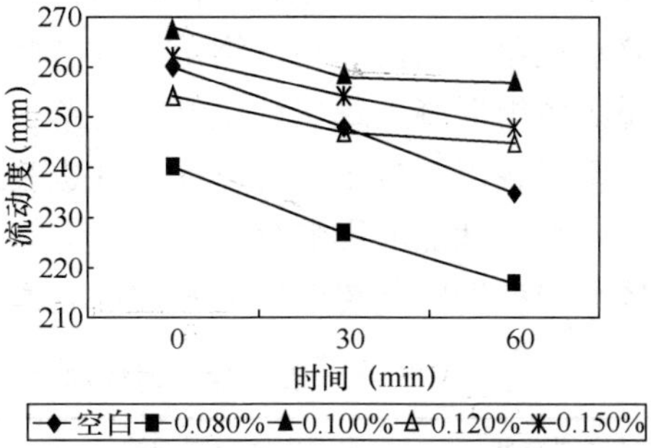

图 4-10 掺复合助磨剂粉磨后的水泥净浆流动度

其中，掺加量对水泥净浆流动度效果比较：掺量为 0.10%>掺量为 0.15%>掺量为 0.12%>空白>掺量为 0.080%。

综合而言，三异丙醇胺对水泥净浆流动度的不利影响较大，另外三种助磨剂在合适的掺量下，对水泥净浆流动度影响不大，甚至还可以改善水泥的净浆流动度。

3. 混凝土试验的结果与讨论

（1）混凝土配合比确定（表 4-12）

表 4-12 C40 混凝土配合比（kg/m³）

	石子	砂	水泥	粉煤灰	水	减水剂
计算配合比	1030	795	260	120	152	3.8
试验配合比	1030	820	260	120	130	3.8

注：①设计坍落度为 200mm；②水胶比为 0.34；③砂率为 44.30%；④减水剂掺量为 0.05%。

（2）工作性的影响分析

掺加四种助磨剂粉磨后的水泥的混凝土的工作性试验结果见表 4-13 和图 4-11。

表 4-13 对掺加聚羧酸减水剂混凝土工作性影响

助磨剂类型	水泥中助磨剂的掺量	坍落度（mm）	扩展度（mm）	是否泌水
空白试样	0	200	350	不泌水
三乙醇胺（TEA）	0.03%	205	320	不泌水
三异丙醇胺（TIPA）	0.03%	205	330	轻微
改性三乙醇胺（改性 TEA）	0.03%	200	330	不泌水
复合助磨剂	0.12%	195	320	不泌水

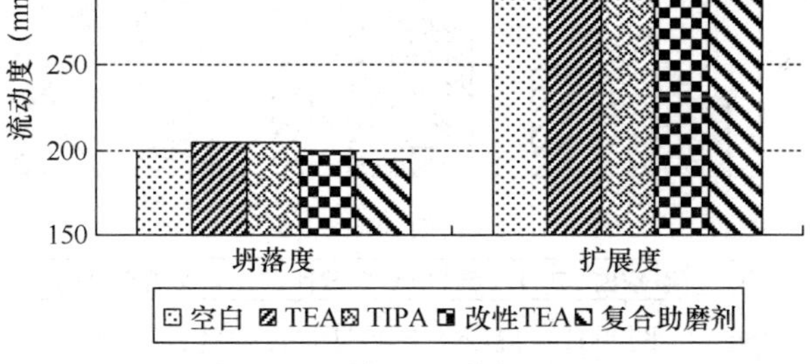

图 4-11 混凝土工作性对比图

从表 4-13 可以看出，与空白组相比，掺加助磨剂的各组混凝土的坍落度并无太大改变，扩展度比空白组的扩展度有少许降低。只有三异丙醇胺出现轻微泌水现象，其他三种助磨剂均无泌水现象。用捣棒在已坍落的拌合物锥体侧面轻轻敲打，锥体逐渐下沉，未出现崩塌现象，说明各组混凝土黏聚性良好。坍落度桶提起后，无稀水泥浆自底部析出，但有骨料轻微外漏，说明各组混凝土拌合物保水性也良好。

（3）力学性能的影响分析

掺加四种助磨剂粉磨后的水泥的混凝土力学性能试验结果见表 4-14。

表 4-14　对掺加聚羧酸减水剂混凝土力学性能影响

助磨剂类型	水泥中助磨剂的掺量	3d 强度（MPa）	7d 强度（MPa）	28d 强度（MPa）
空白	0	27.05	34.1	49.5
三乙醇胺	0.03%	31.2	38.1	57.1
三异丙醇胺	0.03%	31.8	34.9	48.8
改性三乙醇胺	0.03%	32.9	39.0	56.2
复合助磨剂	0.12%	29.7	37.5	56.9

从表 4-14 得出，四种助磨剂对粉磨后的水泥混凝土的力学性能基本上均有增强作用，但各助磨剂表现不同。3d 强度方面：改性三乙醇胺＞三异丙醇胺＞三乙醇胺＞复合助磨剂＞空白；7d 强度方面：改性三乙醇胺＞三乙醇胺＞复合助磨剂＞三异丙醇胺＞空白；28d 强度方面：三乙醇胺＞复合助磨剂＞改性三乙醇胺＞空白＞三异丙醇胺。

改性三乙醇胺促进混凝土强度的发展，增强作用最显著，3d 强度为 32.9MPa（比空白水泥的强度高 5.85MPa），7 天强度为 39.0 MPa（比空白水泥的强度提高 4.9MPa），28d 强度为 56.2MPa（比空白水泥的强度提高 6.7MPa）。但是这主要体现在早期强度上，对后期 28d 强度的提高幅度不是很大。

三乙醇胺效果比改性三乙醇胺效果稍低，影响规律也与其相似。复合助磨剂 3d 早期强度提高较小，但 28d 后期强度还基本可以。而三异丙醇胺效果最差，对强度发展不利，虽然能较明显地提高 3d 早期强度，但后期强度有倒缩现象，28d 强度倒缩的程度比空白还低，如图 4-12 所示。

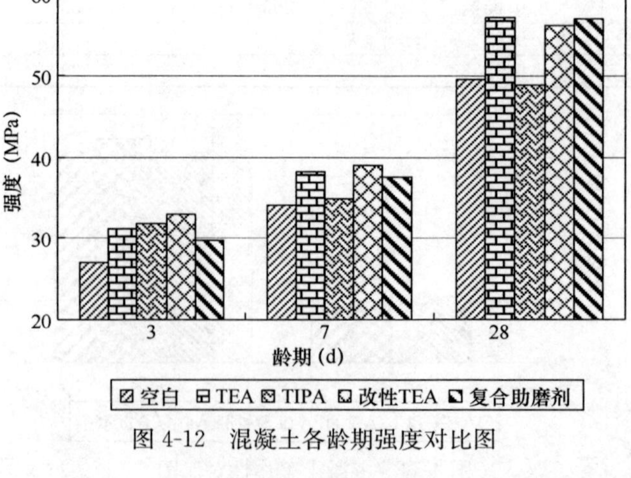

图 4-12　混凝土各龄期强度对比图

三、结论

（1）助磨效果方面

四种助磨剂的加入在水泥粉磨中起到了良好的分散作用，提高了水泥的细度，改善了水泥的颗粒级配（明显提高 3～32μm 的颗粒含量）等，助磨效果较明显。各助磨剂中助磨效果（3～32μm 的颗粒含量）最好的掺量分别是 TEA-0.03%为 62.90%，TIPA-0.03%为 63.35%，改性 TEA-0.015%为 68.70%，复合助磨剂-0.12%为 62.17%（空白为 57.68%）。

（2）水泥性能方面

总体而言，从胶砂强度效果比较：改性 TEA＞TEA＞TIPA＞复合助磨剂。效果最好的为改性 TEA，改性 TEA-0.04%的 3d 强度为 28.67MPa（比未掺加助磨剂的水泥强度提高 5.73MPa），28d 强度为 56.25MPa（比未掺加助磨剂的水泥强度提高 11.25MPa）。而 TEA、TIPA 和复合助磨剂主要作用在提高水泥 3d 早期强度，3d 之后强度效果不明显，这说明 28d 后期强度提高不大。

在其他性能上，标准稠度用水量和凝结时间影响基本不大，水泥安定性均合格。

（3）净浆流动度方面

三异丙醇胺对水泥净浆流动度的不利影响较大，另外三种助磨剂在合适的掺量下，对水泥净浆流动度影响不大，甚至还可以改善水泥的净浆流动度。

（4）混凝土工作性方面

助磨剂对混凝土坍落度并无太大改变，扩展度有少许降低。只有三异丙醇胺混凝土出现轻微泌水现象，其他三种助磨剂的混凝土均无泌水现象，工作性良好。

（5）混凝土力学性能方面

改性三乙醇胺促进混凝土强度的发展，增强作用最显著，3d 强度为 32.9MPa（比空白水泥的强度提高 5.85MPa），7 天强度为 39.0 MPa（比空白水泥的强度提高 4.9MPa），28d 强度为 56.2MPa（比空白水泥的强度提高 6.7MPa）。主要体现在水泥早期强度上，对后期 28d 强度的提高幅度不是很大。三异丙醇胺效果对强度发展不利，虽然能较明显提高 3d 早期强度，但后期强度有严重的倒缩现象。

（6）综合各个方面

三异丙醇胺与混凝土减水剂相容性较差，会使混凝土的工作性和力学性能等降低，最终会导致助磨剂效果不好，故建议液体助磨剂中使用三异丙醇胺时应慎重。

第五章　聚羧酸减水剂的合成及性能

第一节　常用免加热聚羧酸减水剂配方及合成工艺

常用免加热聚羧酸减水剂配方有12种，下面分别介绍配方及合成工艺。

一、配方1（30℃）

1. 配方

原材料配比表见表5-1。

表5-1　配方1原材料配比表（30℃）　单位：g

名称	异戊烯基聚氧乙烯醚	丙烯酸	马来酸酐	甲基丙烯磺酸钠	过硫酸铵	丙烯酸	硫代硫酸钠
作用	大单体	聚合单体	聚合单体	分子量调节剂	氧化剂	聚合单体	还原剂
用量（g）	60	1.5	4	0.8	0.6	1	0.8
工艺水（g）	90					10	10
顺序	进反应釜	直接进大单体溶液				滴定用	滴定用

2. 工艺流程

将60g异戊烯基聚氧乙烯醚溶解于90g水中并充分搅拌使之完全溶解；加入1.5g丙烯酸、4g马来酸酐聚合单体及0.8g甲基丙烯磺酸钠分子量调节剂和0.6g过硫酸铵氧化剂，搅拌令其混合均匀，在2～3h内滴加1g丙烯酸聚合单体和0.8g硫代硫酸钠还原剂使其聚合，期间温度不要超过40℃，滴定完毕后继续搅拌20min；加入7g40%氢氧化钠溶液进行中和并使其熟化升温，当温度不再升高时继续搅拌30min即得成品。

二、配方2（25℃）

1. 配方

原材料配比表见表5-2。

表5-2　配方2　原材料配比表（25℃）　单位：g

名称	异戊烯基聚氧乙烯醚	丙烯酸	甲基丙烯磺酸钠	过硫酸铵	吊白块
作用	大单体	聚合单体	分子量调节剂	氧化剂	还原剂
用量（g）	60	4.5	0.8	0.6	0.5
工艺水（g）	80				10
顺序	进反应釜	直接进大单体溶液			滴定用

2. 工艺流程

将 60g 异戊烯基聚氧乙烯醚大单体溶解于 80g 水中并充分搅拌使之完全溶解；加入 4.5g 丙烯酸聚合单体及 0.8g 甲基丙烯磺酸钠分子量调节剂和 0.6g 过硫酸铵氧化剂，搅拌令其混合均匀，在 2～3h 内滴加 0.5g 吊白块还原剂使其聚合，期间温度不要超过 40℃，滴定完毕继续搅拌 20min；加入 7g40％氢氧化钠溶液进行中和并使其熟化升温，当温度不再升高时继续搅拌 30min 即得成品。

三、配方 3（20℃）

1. 配方

原材料配比表见表 5-3。

表 5-3　配方 3　原材料配比表（20℃）　　单位：g

名称	异戊烯基聚氧乙烯醚	丙烯酸	马来酸酐	乙酸乙酯	高锰酸钾	草酸	液碱
作用	大单体	聚合单体	聚合单体	分子量调节剂	氧化剂	还原剂	40％
用量（g）	60	3.5	1	1.2	0.5	0.3	0.7
工艺水（g）	60					10	
顺序	进反应釜	直接进大单体溶液				滴定用	中和用

2. 工艺流程

将 60g 异戊烯基聚氧乙烯醚大单体溶解于 60g 水中并充分搅拌使之完全溶解；加入 3.5g 丙烯酸、1g 马来酸酐聚合单体，1.2g 乙酸乙酯分子量调节剂及 0.5g 高锰酸钾氧化剂，搅拌令其混合均匀，在 2～3h 内滴加 0.3g 草酸还原剂使其聚合，期间温度不要超过 40℃，滴定完毕继续搅拌 20min；加入 7g40％氢氧化钠溶液进行中和并使其熟化升温，当温度不再升高时继续搅拌 30min 即得成品。

四、配方 4（15℃）

1. 配方

原材料配比表见表 5-4。

表 5-4　配方 4　原材料配比表（15℃）　　单位：g

名称	异戊烯基聚氧乙烯醚	丙烯酸	乙酸乙酯	重铬酸钾	丙烯酰胺	硫酸亚铁
作用	大单体	聚合单体	分子量调节剂	氧化剂	聚合单体	还原剂
用量（g）	60	5	1.4	1	2	0.4
工艺水（g）	60				15	15
顺序	进反应釜	直接进大单体溶液			滴定用	滴定用

2. 工艺流程

将 60g 异戊烯基聚氧乙烯醚大单体溶解于 60g 水中并充分搅拌使之完全溶解；加入聚合单体 5g 丙烯酸及 1.4g 分子量调节剂乙酸乙酯和 1g 氧化剂重铬酸钾，搅拌令其混合均匀，在2～3h内滴加聚合单体2g丙烯酰胺和0.4g还原剂硫酸亚铁使其聚合，期间温度不要超过40℃，滴定完毕继续搅拌20min；加入7g40％氢氧化钠溶液进行中和并使其熟化升温，当温度不再升高时继续搅拌30min即得成品。

五、配方5（30℃）

1. 配方

原材料配比表见表5-5。

表5-5　配方5　原材料配比表（30℃）　单位：g

名称	烯丙基聚氧乙烯醚	丙烯酸	马来酸酐	乙酸乙烯酯	双氧水	丙烯酰胺	吊白块
作用	大单体	聚合单体	聚合单体	分子量调节剂	氧化剂	聚合单体	还原剂
用量（g）	70	1	5.2	0.4	1.4	2	0.4
工艺水（g）	50					15	15
顺序	进反应釜	直接进大单体溶液				滴定用	滴定用

2. 工艺流程

将70g烯丙基聚氧乙烯醚溶解于50g水中并充分搅拌使之完全溶解；加入聚合单体1g丙烯酸、5.2g马来酸酐及0.4g分子量调节剂乙酸乙烯酯和1.4g氧化剂双氧水，搅拌令其混合均匀，在2～2.5h内滴加聚合单体2g丙烯酰胺和0.4g还原剂吊白块使其聚合，期间温度不要超过40℃，滴定完毕继续搅拌20min；加入7g40％氢氧化钠溶液进行中和并使其熟化升温，当温度不再升高时继续搅拌30min即得成品。

六、配方6（20℃）

1. 配方

原材料配比表见表5-6。

表5-6　配方6　原材料配比表（20℃）　单位：g

名称	烯丙基聚氧乙烯醚	丙烯酸	马来酸酐	乙酸乙烯酯	双氧水	丙烯酸	马来酸酐	吊白块
作用	大单体	聚合单体	聚合单体	分子量调节剂	氧化剂	聚合单体	聚合单体	还原剂
用量（g）	70	1.4	5	1	0.6	1.5	1.8	0.8
工艺水（g）	70					15	15	15
顺序	进反应釜	直接进大单体溶液				滴定用		

2. 工艺流程

将70g烯丙基聚氧乙烯醚溶解于70g水中并充分搅拌使之完全溶解；加入聚合单体1.4g丙烯酸、5g马来酸酐及1g分子量调节剂乙酸乙烯酯和0.6g氧化剂双氧水，搅拌令其混合均匀，在2～3h内滴加聚合单体1.5g丙烯酸、1.8g马来酸酐和0.8g还原剂吊白块使其聚合，期间温度不要超过40℃，滴定完毕继续搅拌20min；加入7g40％氢氧化钠溶液进行中和并使其熟化升温，当温度不再升高时继续搅拌 30min 即得成品。

七、配方 7（20℃）

1. 配方

原材料配比表见表 5-7。

表 5-7 配方 7 原材料配比表（20℃） 单位：g

名称	丁烯基聚氧乙烯醚	丙烯酸	乙酸乙烯酯	高锰酸钾	过硫酸铵	丙烯酸	草酸
作用	大单体	聚合单体	聚合单体	分子量调节剂	氧化剂	聚合单体	还原剂
用量（g）	60	3.5	1.2	0.8	0.6	2.3	0.3
工艺水（g）	60					10	10
顺序	进反应釜	直接进大单体溶液				滴定用	滴定用

2. 工艺流程

将 60g 丁烯基聚氧乙烯醚溶解于 60g 水中并充分搅拌使之完全溶解；加入聚合单体 3.5g 丙烯酸、1.2g 马来酸酐及 0.8g 分子量调节剂高锰酸钾和 0.6g 氧化剂过硫酸铵，搅拌令其混合均匀，在 2～3h 内滴加聚合单体 2.3g 丙烯酸和 0.3g 还原剂单酸使其聚合，期间温度不要超过 40℃，滴定完毕继续搅拌 20min；加入 7g40％氢氧化钠溶液进行中和并使其熟化升温，当温度不再升高时继续搅拌 30min 即得成品。

八、配方 8（10℃）

1. 配方

原材料配比表见表 5-8。

表 5-8 配方 8 原材料配比表（10℃） 单位：g

名称	丁烯基聚氧乙烯醚	丙烯酸	丙烯酰胺	2-丙烯酰胺基-2-甲基丙磺酸	高锰酸钾	丙烯酸	草酸
作用	大单体	聚合单体	聚合单体	分子量调节剂	氧化剂	聚合单体	还原剂
用量（g）	70	4	1.2	0.7	0.8	2.6	0.4
工艺水（g）	70					15	15
顺序	进反应釜	直接进大单体溶液				滴定用	滴定用

2. 工艺流程

将 70g 丁烯基聚氧乙烯醚溶解于 70g 水中并充分搅拌使之完全溶解；加入聚合单体 4g 丙烯酸、1.2g 丙烯酰胺及 0.7g 分子量调节剂 2-丙烯酰胺基-2-甲基丙磺酸和 0.8g 氧化剂高锰酸钾，搅拌令其混合均匀，在 2～3h 内滴加聚合单体 2.6g 丙烯酸和 0.4g 还原剂草酸使其聚合，期间温度不要超过 40℃，滴定完毕继续搅拌 20min；加入 7g40％氢氧化钠溶液进行中和并使其熟化升温，当温度不再升高时继续搅拌 30min 即得成品。

九、配方 9

1. 原材料配比表（5000g，表 5-9）

表 5-9 配方 9 原材料配比表

配比	大单体	双氧水	丙烯酸	巯基乙酸	抗坏血酸
兑水（g）	1950	0	250	670	
用量（g）	3600	15	380	16	36
滴定条件	大单体完全溶解后加入双氧水搅拌 5min 后开始				
滴定时间	0		3.0h	3.5h	
反应时间	滴定结束后继续搅拌 30min				
稀释时间	加入 3050kg 水搅拌 15min				
检测及调整	低于 40℃检测				

2. 工艺流程（表 5-9 中数值缩小 1/10）

① 配制物料 A：在干燥洁净的烧杯中加入 38g 丙烯酸，25g 去离子水。混合均匀，备用。

② 配制物料 B：在干燥洁净的烧杯中加入 3.6g 抗坏血酸，67g 去离子水，混合均匀后加入 1.6g 巯基乙酸混合均匀，备用。

③ 向干净的 500mL 三口烧瓶加入 360g 大单体，195g 去离子水。充分溶解后备用。

④ 向三口烧瓶中加入 1.5g（27.5%）双氧水，搅拌 5min。加入 360g 大单体，195g 去离子水。

⑤ 向三口烧瓶中同时滴加入 A 和 B 物料，A 料 3h 滴完，B 料 3.5h 滴完。

⑥ 所有物料滴完后继续搅拌 30min。

⑦ 向三口烧瓶中加入 305g 水，搅拌 15min。

十、配方 10（保坍）

1. 原材料配比表（5000g，表 5-10）

表 5-10 配方 10 原材料配比表

配比	大单体	次亚磷酸	硫酸亚铁	双氧水	吊白块	羟丙乙酯	丙烯酸
兑水（g）	1335	75		35	60	50	
用量（g）	1650	40	1	24	14	25	225
滴定条件	大单体完全溶解后加入次亚磷酸，搅拌 10min 后加入硫酸亚铁，0.5h 后滴定后三种材料						
滴定时间	0			2h	2h	2h	
反应时间	滴定结束后继续搅拌 30min						
稀释时间	加入片碱 33.75 和 75kg 水搅拌 15min						
检测及调整	低于 40℃检测						

2. 工艺流程

将 1650g 大单体溶解于 1335g 水中并充分搅拌使之完全溶解；然后加入 40g 次亚磷酸

（用 75g 水溶解），10min 后加入硫酸亚铁 1g，30min 后开始滴定，聚合单体 225g 丙烯酸＋25g 丙羟乙酯＋50g 水，双氧水 24g＋35g 水，C 吊白块 14g＋60g 水，在 2～3h 滴定完毕，保温搅拌 60min 即得成品。

十一、配方 11（保坍 25℃）

1. 原材料配比表（表 5-11）

表 5-11　配方 11　原材料配比表

名称	甲基烯丙基聚氧乙烯醚	双氧水	丙烯酸	抗坏血酸	巯基乙酸
作用	大单体	氧化剂	聚合单体	分子量调节剂	
用量（g）	390	17	185	6	5
兑水（g）	400			47	
顺序	进反应釜	直接进大单体溶液		滴定用 2.0h	

2. 工艺流程

将 390g 甲基烯丙基聚氧乙烯醚大单体溶解于 400g 水中并充分搅拌使之完全溶解；加入 17g 氧化剂双氧水，然后加入聚合单体 185g 丙烯酸，最后加入 6g 抗坏血酸和 5g 巯基乙酸，搅拌反应 2h，保温 1h 即得成品。

十二、配方 12（保坍）

1. 原材料配比表（表 5-12）

表 5-12　配方 12　原材料配比表

名称	甲基烯丙基聚氧乙烯醚	双氧水	丙烯酸	抗坏血酸
作用	大单体	氧化剂	聚合单体	分子量调节剂
用量（g）	450	15	40	2
兑水（g）	280			
顺序	进反应釜	直接进大单体溶液		

2. 工艺流程

将 450g 大单体溶解于 280g 水中并充分搅拌使之完全溶解；加入 15g 氧化剂双氧水，然后加入聚合单体 40g 丙烯酸，最后加入 2g 分子量调节剂抗坏血酸，搅拌反应 2h，保温 1h 补水 200g 降温即得成品。

第二节　减水剂生产质量事故原因分析及处理方法实例

一、存在的问题

昆明某建材有限公司主要产品是速凝剂和聚羧酸减水剂，其中速凝剂为成型产品，质量比较稳定，为了解决减水剂母料采购中存在的问题，降低成本，保证质量，公司在近期投资兴建了 5 吨聚羧酸母料生产线两条，并于 2018 年 6 月 2 日开始投产。当天生产的聚羧酸减水剂母料出现了黏度大且不减水的问题，经过延长搅拌时间，二次加水均没有解决这个问题，同时生产出的产品数量少于投料数量，因此需要我们找到产生问题的准确原因。

二、合成配比及工艺（5000kg）

（1）将1100kg水加入塑料反应罐，投入1700kg HPEG溶化后，再向反应罐中加入12.5kg水并搅拌均匀。

（2）开始滴加A料和B料。

A料：200kg丙烯酸＋500kg水，2.5h滴完。

B料：3kg抗坏血酸＋8kg巯基丙酸＋650kg水，3h滴完。

（3）滴完后保温反应1h后，补水550kg。

（4）中和滴定：40kg片碱＋250kg水。

三、问题的分析

1. 原材料

本次试生产的减水剂所用原材料有奥克思达大单体HPEG、双氧水、丙烯酸、抗坏血酸、巯基丙酸和片碱。全部是原装产品，没有过期和其他质量问题。

2. 工艺流程

在本次生产过程中，生产工艺合理，经调查不存在误操作的问题。

3. 水质问题

由于聚羧酸减水剂合成是化学反应的过程，电导率要求低于10。本次生产使用的是自来水，电导率达到500，金属阳离子过多，与聚羧酸合成材料发生反应，形成絮凝状凝胶体，使反应体系黏度过大，阻止了聚羧酸减水剂与原材料之间的反应，因此水质较差是产生质量事故的一个重要原因。

4. 工艺水的温度

虽然合成工艺为常温工艺，由于生产当天水温10℃左右，因此大单体进入反应罐后溶化特别慢，等完全溶解时反应体系的初始温度低于10℃，导致整个反应体系无法充分反应，不能形成足够多的减水剂分子进行减水。

5. 数量不足的原因

经过以往经验的总结，结合本次生产的实际，导致聚羧酸减水剂产品数量不足的主要原因是大单体升华引起的。常温合成工艺使用的是凉水，当大单体进入反应罐时水温较低，大单体是一种密度较小的非晶体，漂浮在水的上面，搅拌过程中剧烈的运动导致大单体表面分子跟着运动，上表面的大单体直接由固体升华为气体，随着气流进入空气中。当大单体全部溶解时，开始滴定其他材料，但参与化学反应的大单体减少了，生产的产品数量不足。同时，由于参与化学反应的大单体数量不足，生成的减水剂浓度降低，减水率下降，同时导致合成产品的过程中其他组分过剩，影响外加剂产品的质量。

四、生产调整技术方案及应用效果

1. 生产调整技术方案

根据现场观察和原因分析，可以从三个方面解决这一问题：

① 采用去离子水作为合成反应的工艺水，保证聚羧酸减水剂合成材料不被水中的杂质所干扰，实现反应环境的纯净，预防大黏度凝胶体的产生。

② 在每一次生产过程中，对溶解大单体的工艺水进行加热，使水温达到 60℃，然后进入反应罐，这时将大单体投入反应罐，大单体很快就溶解，当大单体完全溶解时，形成的大单体溶液温度稳定在 30℃，一方面确保反应体系开始反应的温度都保持在 30℃。达到每一次反应的初始温度相同，如果使用的原材料相同，生产工艺相同，那么生产出来的产品质量就一样，不会因为不同季节环境温度的变化影响产品质量，确保产品质量的长期稳定性。另一方面，由于大单体进入热水后溶解速度加快，缩短了大单体的溶解时间，降低了大单体升华的数量，确保投入反应罐的大单体最大限度地参与了化学反应，提高了减水剂成品的有效浓度，增加了减水率，使聚羧酸减水剂生产所得的产品与投入反应的料接近，解决了成品数量不足的问题。

③ 取消中和过程，由于聚羧酸减水剂主要用于复配泵送剂，虽然 pH 值较低，但是经过复配和稀释后，中和对 pH 的影响可以忽略不计，因此建议取消中和滴定。

2. 生产应用

根据以上技术思路，公司首先安装了去离子水反渗透设备，制作了纯净水，然后把水加热到 60℃进行试验。配比表见表 5-13。

表 5-13　60℃的配比表

配比	HPEG	双氧水	巯基丙酸	V_C	丙烯酸
兑水（kg）	375		130		100
用量（kg）	340	12.5kg	1.6	0.6	40
滴定时间	0	10min	3h		2.5h
保温时间	1.0h				

注：检测合格即卸料。

3. 检测聚羧酸减水剂母料（表 5-14）

表 5-14　减水剂母料表

水泥（g）	水（g）	减水剂母料（g）	价格（元）	初始值	备注
300	87	0.6	5000	260×275	
300	87	0.75	5000	260×275	
300	87	0.9	5000	260×300	

4. 泵送剂配方及成本（表 5-15）

表 5-15　泵送剂配方及成本

序号（掺量）	水泥（g）	减水剂（g）	葡萄糖酸钠（g）	水（g）	初始值大于	1h 值大于	成本（元）
1（2.0%）	300	100	12.5	887.5	240	220	550
2（2.5%）	300	80	12.5	907.5	240	220	450
3（3.0%）	300	67	12.5	920.5	240	220	385

五、罐中不合格料的解决办法

1. 调整试验

从反应罐提取500g减水剂，通过引入葡萄糖酸钠改善聚羧酸减水剂进行对比试验。试验结果见表5-16。

表5-16　葡萄糖酸钠减水剂的效果

名称	水泥（g）	水（g）	减水剂（g）	葡萄糖酸钠（g）	扩展度
第一组（当天）	300	87	1.56	0	150
第二组（次日）	300	87	1.52	0	200
第三组（次日）	300	87	1.368	0.152	280

通过试验可知，采用葡萄糖酸钠可以将大黏度低减水聚羧酸减水剂进行调整。具体思路就是做水泥净浆流动扩展度试验，葡萄糖酸钠的用量是聚羧酸减水剂的10%，如果这时达到改善流动性的效果，证明葡萄糖酸钠可以通过接枝共聚引入到大黏度低减水聚羧酸减水剂分子上。考虑到反应罐容积较大，葡萄糖酸钠加入使得大黏度低减水聚羧酸减水剂的反应非常充分，调整用葡萄糖酸钠取小试验用量的一半即可达到效果。

2. 生产反应罐调整流程表（表5-17）

表5-17　反应罐调整流程表

配比	HPEG	双氧水	巯基丙酸	V_C	丙烯酸	火碱
兑水	1100kg		650kg		500kg	250kg
用量	1700kg	12.5kg	8kg	3kg	200kg	40kg
滴定时间	0	10min	3h		2.5h	0
保温时间	3.0h					
加碱时间						
葡萄糖酸钠	加入250kg搅拌30min，检测合格即卸料					

3. 加入5%葡萄糖酸钠生成的减水剂进行检验（表5-18）

表5-18　加入5%葡萄糖酸钠生成的减水剂效果

水泥（g）	水（g）	减水剂（g）	初始值	价格（元）
300	87	1.52	280×280	5000

4. 泵送剂配方及成本（水泥用量300g，表5-19）

表5-19　泵送剂配方及成本

序号（掺量）	水泥（g）	减水剂	水	初始值大于	1h值大于	价格（元）
1（2.0%）	300	260	740	240	220	1300
2（2.5%）	300	210	790	240	220	1050
3（3.0%）	300	173	827	240	220	865

第三节 固体聚羧酸减水剂配方及工艺

固体聚羧酸减水剂配方有 6 种，配方原材料配比及工艺如下：

一、配方 1

1. 配方

原材料配比见表 5-20。

表 5-20 配方 1 原材料配比表

名称	烯丙基聚氧乙烯醚（2000）	甲基丙烯磺酸钠	甲基丙烯酸	偶氮二异庚腈	备注
作用	聚合主体	氧化剂	聚合单体	引发剂	大单体熔解后依次加入后三种材料，时间间隔为 20min
小试验用量（g）	100	4.74	21.6	6.21	
生产一吨用量	—	—	—	—	
顺序	直接进反应釜	进大单体	进混合液	最后进反应釜	

2. 工艺流程

将 100g 分子量为 2000 的烯丙基聚氧乙烯醚加热至 50℃以上搅拌使之完全溶解；加入 4.74g 甲基丙烯磺酸钠氧化剂搅拌 20min，加入 21.6g 甲基丙烯酸聚合单体搅拌 20min，最后加入 6.21g 偶氮二异庚腈引发剂，搅拌令其混合均匀，升温至 75℃后搅拌反应 2～3h，从反应釜中抽出冷却至 25℃即得成品。

二、配方 2

1. 配方

原材料配比见表 5-21。

表 5-21 配方 2 原材料配比表

名称	异丁烯基聚氧乙烯醚（2400）	巯基丙酸	甲基丙烯酸	甲基过氧化二苯甲酰	备注
作用	聚合主体	氧化剂	聚合单体	引发剂	大单体熔解后依次加入后三种材料，时间间隔为 10min
小试验用量（g）	96	3.18	9.29	0.48	
生产一吨用量	—	—	—	—	
顺序	直接进反应釜	进大单体	进混合液	最后进反应釜	

2. 工艺流程

将 96g 分子量为 2400 的异丁烯基聚氧乙烯醚加热至 50℃以上搅拌使之完全溶解；加入 3.18g 巯基丙酸氧化剂搅拌 10min，加入 9.29g 甲基丙烯酸聚合单体搅拌 10min，最后加入 0.48g 苯甲基过氧化二苯甲酰引发剂，搅拌令其混合均匀，升温至 95℃后搅拌反应 2～3h，从反应釜中抽出冷却至 40℃即得成品。

三、配方 3

1. 配方

原材料配比见表 5-22。

表 5-22 配方 3 原材料配比表

名称	甲氧基聚乙二醇甲基丙烯酸酯（1000）	烯丙基磺酸钠	丙烯酸	马来酸酐	偶氮二异丁酯	备注
作用	聚合主体	氧化剂	聚合单体	聚合单体	引发剂	大单体熔解后依次加入后三种材料，时间间隔为 10min
小试验用量	100	0.72	1.8	12.25	1.64	
生产一吨用量	—	—	—	—	—	
顺序	直接进反应釜	进大单体	进混合液	进混合液	最后进釜	

2. 工艺流程

将 100g 分子量为 1000 的甲氧基聚乙二醇甲基丙烯酸酯加热至 60℃以上搅拌使之完全溶解；加入 0.72g 烯丙基磺酸钠氧化剂搅拌 10min，加入 1.8g 丙烯酸聚合单体搅拌 10min，加入 12.25g 马来酸酐聚合单体搅拌 10min，最后加入 1.64g 偶氮二异丁酯引发剂，搅拌令其混合均匀，升温至 85℃后搅拌反应 1.5～2h，从反应釜中抽出冷却至 30℃即得成品。

四、配方 4

1. 配方

原材料配比见表 5-23。

表 5-23 配方 4 原材料配比表

名称	异戊烯基聚氧乙烯醚（3000）	巯基乙酸	丙烯酸	衣康酸	过氧化二碳酸二环已酯	备注
作用	聚合主体	氧化剂	聚合单体	聚合单体	引发剂	大单体熔解后依次加入后三种材料，时间间隔 10min
小试验用量(g)	120	1.47	19.65	3.55	3.44	
生产一吨用量	—	—	—	—	—	
顺序	直接进反应釜	进大单体	进混合液	进混合液	最后进反应釜	

2. 工艺流程

将 120g 分子量为 3000 的异戊烯基聚氧乙烯醚加热至 50℃以上搅拌使之完全溶解；加入 1.47g 巯基乙酸氧化剂搅拌 10min，加入 19.65g 丙烯酸聚合单体搅拌 10min，加入 3.55g 衣康酸聚合单体搅拌 10min，最后加入 3.44g 过氧化二碳酸二环已酯引发剂，搅拌令其混合均匀，升温至 90℃后搅拌反应 3.5～4.5h，从反应釜中抽出冷却至 35℃即得成品。

五、配方 5

1. 配方

原材料配比见表 5-24。

表 5-24　配方 5　原材料配比表

名称	甲氧基聚乙二醇丙烯酸酯（1500）	巯基丙酸	丙烯酸	富马酸	过氧化二苯甲酰	备注
作用	聚合主体	氧化剂	聚合单体	聚合单体	引发剂	大单体熔解后依次加入后三种材料，时间间隔为 10min
小试验用量（g）	90	1.91	6.49	20.89	3.63	
生产一吨用量	—	—	—	—	—	
顺序	直接进反应釜	进大单体	进混合液	进混合液	最后进反应釜	

2. 工艺流程

将 90g 分子量为 1500 的甲氧基聚乙二醇丙烯酸酯加热至 50℃以上搅拌使之完全溶解；加入 1.91g 巯基丙酸氧化剂搅拌 10min，加入 6.49g 丙烯酸聚合单体搅拌 10min，加入 20.89g 富马酸聚合单体搅拌 10min，最后加入 3.63g 苯甲基过氧化二苯甲酰引发剂，搅拌令其混合均匀，升温至 80℃后搅拌反应 4～5h，从反应釜中抽出冷却至 35℃即得成品。

六、配方 6

1. 配方

原材料配比见表 5-25。

表 5-25　配方 6　原材料配比表

名称	异丁烯基聚氧乙烯醚（2000）	甲基丙烯磺酸钠	甲基丙烯酸	偶氮二异丁腈	备注
作用	聚合主体	氧化剂	聚合单体	引发剂	大单体熔解后依次加入后三种材料，时间间隔为 20min
小试验用量（g）	100	0.63	17.2	2.63	
生产一吨用量	—	—	—	—	
顺序	直接进反应釜	进大单体	进混合液	最后进反应釜	

2. 工艺流程

将 100g 分子量为 2000 的异丁烯基聚氧乙烯醚加热至 50℃以上搅拌使之完全溶解；加入 0.63g 甲基丙烯磺酸钠氧化剂搅拌 20min，加入 17.2g 甲基丙烯酸聚合单体搅拌 20min，最后加入 2.63g 偶氮二异丁腈引发剂，搅拌令其混合均匀，升温至 85℃后搅拌反应 5～6h，从反应釜中抽出冷却至 35℃即得成品。

第四节　特殊水泥中减水剂的适应性

我国水泥产量大，生产企业多，材料来源广。不同水泥矿化成分复杂，加之混合材品种多，外加剂用于不同品种水泥技术效果区别很大。因此，外加剂对不同水泥存在着相溶性（适应性）问题。这是长期以来困扰施工技术人员的技术难题。本书对解决外加剂与几种特殊水泥适应性的问题措施作一些探讨。

一、高碱的水泥

水泥中的可溶性碱通常以 Na_2O 当量表示，它主要来源于生产水泥的黏土及混合材中，适量的可溶性碱有利于促进水泥水化，更有利于混凝土早期强度的发展。试验证明，水泥混凝土流动性随着碱含量的增加而提高。但是到达一定量后，水泥会急剧水化，水泥浆流动性大幅度下降。掺入减水剂后，塑化效果也明显降低。减水剂用于商品混凝土及泵送混凝土施工，坍落度经时损失率增大。

产生上述现象的原因一般认为，水泥中的碱对铝酸三钙（C_3A）的溶出产生了促进作用，此时水泥在调凝剂 $CaSO_4$ 参与下很快形成了一定的 AFt 晶体，并包裹在 C_3A 表面，抑制了 C_3A 直接水化形成铝酸钙，改善了水泥浆的流动性。若水泥中碱含量过高，初始就会有大量 AFt 晶体形成，使水泥的流动度下降，减水剂用于上述水泥适应性必然会降低。适应性降低主要表现在减水率不够，塑化效果差，坍落度经时损失率高。

在使用高碱水泥时，如采用低硫酸盐含量的减水剂，使用效果差。而如果采用硫酸盐含量较高的减水剂（硫酸钠含量 20%以上）使用效果却会明显改善。这主要因为低浓度减水剂所含 $CaSO_4$ 是在合成中和时产生的，水溶性极好，在水泥中，石膏尚未溶解时就大量溶于水中，当较高的碱加快 C_3A 溶出时，因水中已有大量 SO_3 存在，与 C_3A 反应，形成 AFt，从而阻止了因形成铝酸钙而导致的流动性下降，并减小了坍落度的损失。不难看出，硫酸钠含量高的减水剂更能适应高碱水泥。

许多聚羧酸减水剂 pH 值较低，如与柠檬酸等酸性缓凝剂合用对高碱水泥难以适应。主要是酸性外加剂掺入高碱水泥后，会迅速产生酸碱中和放热反应，温度急剧上升，不但促使水泥迅速水化，大量水化热更会产生恶性循环，所配制的混凝土不但流动性差，坍落度很可能在极短的时间内消失。但如果采用其他碱性缓凝剂则可避免上述现象的产生。

二、低碱缺硫的水泥

水泥中可溶性碱最佳含量一般认为应该是 0.4%～0.6%。通常将碱含量低于 0.4%的水泥称为低碱水泥。而水溶性碱多以碱的硫酸盐存在，所以也将低碱水泥称为缺硫或欠硫水泥。

缺硫水泥掺入减水剂通常会使混凝土的流动性变差，而增大减水剂用量虽然有一定效果，但也会增大混凝土泌水，所配制的混凝土匀质性差，坍落度损失快，因此常用减水剂很难适应，即使将缓凝剂用量成倍增加也毫无作用。

不难看出，缺硫水泥产生上述不适应现象的根本原因是由于水泥中 SO_3 不够，降低了抑制水泥中 C_3A 的水化效果，C_3A 迅速大量地吸附外加剂也降低了减水剂的塑化功能。因此，只有补充可溶性碱（硫酸盐）对解决低碱缺硫水泥适应性问题有效。而常用的增大缓凝剂用量的方法效果并不明显。

三、C_3A 含量高的水泥

水泥的主要成分为 C_3S、C_2S、C_3A 及 C_4AF，这些矿化成分的吸附活性顺序通常认为应该是 $C_3A>C_4AF>C_3S>C_2S$，其中，C_3A 对减水剂的吸附量最大，因此在减水剂中掺量一定时，混凝土流动性随着 C_3A 含量增大而降低；坍落度经时，损失率也随之增大。这主要是由于掺入减水剂大多会被 C_3A 吸附，而占主要的矿化成分 C_3S 却没有足够的减水剂去吸附分散，而使水泥浆流动性降低。多次试验看出，水泥中 C_3A 含量超过 8%，即会对混凝土的流动性产生不利影响。

试验证明，补充水泥浆中 SO_3 即采用硫酸盐含量高的减水剂有一定效果。同掺一定数量的羟基羧酸盐缓凝剂也能抑制 C_3A 的吸附水化，而采用多元醇等缓凝剂效果不明显。还可以采用价格低廉的减水剂并适当增大掺用量，满足 C_3A 吸附并有较多剩余减水剂去改善 C_3S 等矿化成分的流动性。此类减水剂价格低廉，不会增大混凝土使用成本。

四、高混合材用量的水泥

根据我国水泥标准，水泥中可以大量掺入混合材。目前，使用较多的混合材为粉煤灰、火山灰、矿渣及磨细石灰石等。这些混合材其活性、需水性、矿化成分及对外加剂的吸附性能区别较大，影响了外加剂对水泥的适应性。

优质的粉煤灰应该是活性强（即活性 SiO_2 及 Al_2O_3 含量高）、烧失量小、细度低、需水量小。其中，烧失量对外加剂相溶性影响最大。

烧失量即粉煤灰中未燃尽的碳的含量。烧失量越大，未燃尽碳含量越高，与外加剂相溶性越差。较高的碳含量更会劣化混凝土性能。未燃尽碳多为多孔颗粒，易吸水，在混凝土中需水量高，溢出后更会增大混凝土泌水，并会增大混凝土收缩变形，还会影响水泥浆与集料界面的粘结性能。碳遇水后，还可能在颗粒表面形成一层憎水膜，阻碍了水分进一步渗透，影响了粉煤灰的活性。研究也发现，粉煤灰中的碳有较强的吸附能力，减水剂掺入粉煤灰后，它会与水泥争相吸附，影响了水泥浆的流动性。

解决高烧失量粉煤灰、火山灰水泥与外加剂相溶性目前常用的办法，主要是增加外加剂的掺用量，并同掺一定数量的优质引气剂。

矿渣由于含铝酸盐较多，因此，需更多的石膏调凝剂，而按普通硅酸盐水泥工艺生产的矿渣水泥更容易出现缺硫现象。因此，采用高硫酸盐含量的减水剂较为适应，同掺优质引气剂，微小细密的气泡也一定程度地减小铝酸盐对减水剂的吸附作用，但需增大掺用量。

五、掺水溶性较差石膏的水泥

石膏是作为水泥的调凝剂使用的，它的掺用量基本与水泥中 C_3A 含量相匹配。加水后，石膏在水泥中形成一定数量的钙矾石，吸附在 C_3A 中并控制 C_3A 的水化，起到调节水泥凝结时间的作用。常用石膏中二水石膏（$CaSO_4 \cdot H_2O$）水溶性最好，水泥生产多采用二水石膏。但石膏在水泥生产中多与水泥熟料同磨，在研磨时温度过高会使大量二水石膏转变成半水石膏$\left(CaSO_4 \cdot \frac{1}{2}H_2O\right)$或无水石膏（$CaSO_4$）即硬石膏。也有些水泥厂会直接采用无水石膏或使用一些工业废石膏如氟石膏、脱硫石膏、磷石膏等。硬石膏及上述废石膏水溶性较差，在水中溶解较慢，在外加剂中通常会加入性价比较高的木钙或糖钙等缓凝减水剂，而这些减水剂的掺入更会影响石膏的溶解性。由于石膏不能迅速溶解，水泥中 C_3A 会迅速水化，产生大量铝酸钙晶体，造成混凝土假凝（即少量水泥已凝结而大量水泥颗粒尚未水化凝结，水泥浆失去流动性）。

为防止掺硬石膏水泥或掺其他水溶性较差的石膏的水泥产生假凝，最好不使用木钙、木钠、糖钙等影响石膏溶解的减水剂。试验证明，控制上述减水剂的用量有一定效果，还可以同掺大量能补充水泥中 SO_3 的外加剂也能控制假凝。

六、新鲜水泥及比表面积较大的水泥

水泥出窑储放时间及比表面积也会影响外加剂的适应性。通常我们将制成后储放时间较短的水泥称为“新鲜水泥”。新鲜水泥储放时间短，水泥温度较高，水泥水化速度极快，加之水泥在研磨过程中产生电荷，颗粒之间相互吸附影响了减水剂的分散作用，增大了混凝土坍落度损失率。

延长水泥储放时间，待温度降至50℃以下，有利于改善与外加剂的相溶性，如无法延长水泥储放时间，增加缓凝剂的掺用量也有一定效果。

水泥的比表面积对外加剂的适应性有一定的影响。比表面积较大的水泥需水量较大，达到一定流动性所需掺入的外加剂较多，通常认为水泥较适合的比表面积为500m^2/kg左右，较大比表面积水泥早期强度发展较快，但对混凝土后期强度及保坍性能会产生不利影响。使用比表面积较大的水泥时，应增大外加剂掺用量，考虑到不增加使用成本，可采用价格低廉的减水剂并适当增加减水剂及缓凝剂的掺用量，也可达到较好的技术经济效益。

水泥熟料及混合材的矿化成分与形态复杂，对减水剂的相溶性影响因素太多，很难用一种简易的办法解决所有减水剂对水泥适应性的问题，研究表明，目前正大力推广应用的聚羧酸盐高性能减水剂虽然对水泥适应性相对好于常用的各种高效减水剂，但仍存在一定的适应问题。国内外常用改变减水剂的掺入时间及掺加方法来改善水泥的适应性，但用于一些特殊水泥仍有相溶问题，对于减水剂与水泥适应性的研究是一项较为复杂的问题，目前仍需进行深入细致的研究。

第五节　外加剂的复配

用于商品混凝土的复合泵送剂应能有效地控制新拌混凝土的坍落度损失、减少泌水和离析、改善拌合物的工作性，满足远距离运输、泵送、浇筑（现浇或水下浇筑）、振捣（振捣或不振捣自密实）等施工工艺的要求。复合泵送剂包括高效缓凝减水剂、高效缓凝引气减水剂、多功能复合防水剂、高效复合防冻剂和超缓凝减水剂等。根据商品混凝土的类型、强度和抗渗等级、原材料组成和配合比，施工工艺和环境条件，正确选择复合泵送剂的品种和成分是确保高工作性和施工质量的关键问题。通常，复合泵送剂由高效减水剂、缓凝剂、引气剂和辅助剂组成。可以根据混凝土原材料组成、配合比、工作性要求和环境温度等参数实现复合泵送剂的组成和配方设计。复合泵送剂对水泥适性问题与水泥的矿物组成、含碱量、可溶性SO_3含量、比表面积、颗粒组成和形貌，矿物细掺料的品种和掺量，以及混凝土的原材料和配合比有关。

一、混凝土拌合物坍落度损失

配制流态混凝土、商品混凝土、泵送混凝土和高性能混凝土时，为了满足施工工艺要求必须控制新拌混凝土的坍落度损失，主要控制初始坍落度和入泵前的坍落度，坍落度损失快时不能满足施工工艺的要求。如果初始坍落度较大，同时要求坍落度不损失，这样会使混凝土凝结较慢、拌合物长时间保持大流动状态容易造成泌水和离析或使表面产生干缩裂缝。因此，对于流态混凝土是根据施工工艺的要求控制坍落度损失，而不是坍落度不损失或损失越

慢越好。因为对于泵送和浇筑工艺以坍落度为200～240mm更有利。现将不同类型的混凝土所要求的初始坍落度列入表5-26。

表5-26　各种混凝土所要求的坍落度

混凝土类型	干硬性混凝土	塑性混凝土	泵送混凝土	自密实混凝土
初始坍落度（mm）	30～80	80～140	140～250	250～260

影响混凝土坍落度损失的因素包括水泥的矿物组成、游离水分的含量、混合材与矿物细掺料的品种和掺量、混凝土的配合比和强度等级、环境因素的影响。

1. 水泥成分的影响

水泥矿物组成、含碱量、混合材品种和掺量、石膏的形式和掺量、水泥粒子的形貌、颗粒分布和比表面积等都会影响坍落度损失的速度。其基本规律是：

① C_3A含量高(大于8%)、碱含量高（大于1%)、比表面积高的水泥的坍落度损失速度快。

② 掺硬石膏作调凝剂的水泥或在水泥粉磨过程中使部分二水石膏转变成半水石膏或无水石膏，以及三氧化硫含量不足时，使坍落度损失难以控制或损失较快。

③ 水泥中含活性大或需水量大的混合材使坍落度损失较快，反之则损失较小（如石灰石粉、矿渣及粉煤灰等)。

④ 水泥的形貌、颗粒组成及分布不合理（指磨机类型和粉磨工艺）使坍落度损失较快。

⑤ 出厂温度较高的水泥（指散装水泥）使坍落度损失较快。

2. 游离水分含量的影响

水泥浆体中存在结合水、吸附水和游离水，游离水的存在使浆体具有一定的流动性。这三种水的比例在水泥水化过程中是变化的。水泥加水后，C_3A开始水化并消耗大量水产生化学结合水。初期水化会产生大量凝胶，使分散体的比表面积大大增加，由于表面吸附作用产生大量的吸附水（凝胶水)。结合水和吸附水的产生使游离水减少，浆体的流动性逐渐降低，产生流动性经时损失。通过复合泵送剂产生分散作用和控制水化过程可以使结合水和吸附水量减少，而游离水相应增多，因此能减少混凝土流动度损失。

3. 矿物细掺料的影响

矿物细掺料对流态混凝土坍落度损失的影响主要有3个方面：

① 矿物细掺料的需水量比应小于100%，否则流态混凝土坍落度损失较快。

② 矿物细掺料的活性适中，活性大时使流态混凝土坍落度损失较快。

③ 矿物细掺料的细度应适中，比表面积太大使混凝土用水量增大、坍落度损失加快。

4. 混凝土配合比及砂率的影响

在配制流态混凝土时，合适的砂率能保证好的工作性和强度，必须按石子空隙率计算得到最佳砂率。而传统配合比设计方法认为砂率越低强度越高，显然不能满足流态混凝土对工作性的要求。另外，试验证明砂率低时，流态混凝土保水性差，容易产生泌水、离析和板结。砂率高时，坍落度损失较快，不能满足工作性要求。

各种因素对砂率的影响如下：

① 砂率随着砂子密度的增大而增大。

② 砂率随着胶凝材料浆体体积增加而减小。

③ 砂率随着石子空隙率的增大而增大。

5. 环境温度的影响

温度影响水泥水化和硬化速度，随着温度的升高，水泥水化和硬化速度加快。因此，环境温度影响流态混凝土坍落度损失的速度。其表现为：

① 气温低于10℃时，流态混凝土坍落度损失较慢或几乎不损失。

② 气温在15～25℃时，由于气温变化大使坍落度损失难以控制。

③ 气温在30℃以上时，水泥的凝结时间未进一步加快，同时气温变化范围小，因此坍落度损失反而容易控制。

6. 延缓坍落度损失的方法

① 增加高性能减水剂掺量，提高混凝土的初始坍落度。

② 调整复合泵送剂中缓凝组分的组成和剂量。

③ 采用木质素减水剂配制泵送剂时，其掺量不得超过0.15%，并且同时掺加稳泡剂。

④ 采用高效缓凝引气减水时，应同时掺加稳泡剂。

⑤ 发现欠硫化现象时，应补充可溶性SO_3。

⑥ 能延迟水化诱导期的早强剂也能控制混凝土坍落度损失。

⑦ 调整砂率至最佳可延缓坍落度损失。

以上延缓坍落度损失的方法可单独使用或复合使用，但是复合泵送剂的等效减水系数和等效缓凝系数必须满足流态混凝土的工作性要求。

二、复合泵送剂的配方设计考虑的因素

商品混凝土应用的复合泵送剂不同于一般的高效减水剂，它在满足大的初始坍落度要求时，还能控制混凝土坍落度损失，减小混凝土泌水和离析。商品混凝土首先必须有好的工作性，否则不能进行正常施工。通常复合泵送剂的主要成分包括高效减水剂、缓凝剂、引气剂、稳定剂等。

复合泵送剂的组成和掺量取决于胶凝材料的组成和混凝土配合比。在相同原材料构成系列（C20～C60）流态混凝土时，因为用水量的变化较大，所以复合泵送剂掺量变化范围也较大。对于一定的混凝土体系所要求的缓凝组分的成分和剂量是相对固定的。这样，在变化的掺量与相对固定的缓凝组分之间产生了矛盾。外加剂生产厂为了满足工程应用的要求需频繁调整外加剂配方。复合泵送剂配方设计是针对一定的混凝土体系的，能较好地解决“变化与固定”的矛盾，得到适应性好的复合泵送剂配方。

复合泵送剂配方设计参数是由商品混凝土的原料性质、配合比、施工工艺和环境温度等确定的。

① 设计复合泵送剂的减水率主要考虑基准混凝土的初始坍落度值和混凝土拌合物坍落度的设计值。

外加剂的减水率设计值n=(混凝土拌合物坍落度的设计值T－基准混凝土的初始坍落度值T_0)/10

式中　n——外加剂的减水率设计值；

T——混凝土拌合物坍落度的设计值；

T_0——基准混凝土的初始坍落度值。

② 复合泵送剂的掺量（c）。

外加剂的减水率达到设计值n时对应的掺量。

③ 等效缓凝系数（N_t）。等效缓凝系数是以 20℃标准养护为基准，温度每升高 1℃胶凝材料增加 0.01%葡萄糖酸钠，配制的混凝土与标准养护的混凝土达到相同的凝结时间。

复合泵送剂配方设计可用于缓凝减水剂、缓凝高效减水剂、超缓凝高效减水剂、高效泵送剂、高效引气减水剂等的配方计算，并且可用于外加剂系列产品的配方设计。复合泵送剂配方设计的研究、开发和应用十多年，取得了良好的技术经济效益。

第六节　水泥与外加剂适应性的科学检验及应用

影响水泥与外加剂适应性的因素主要包括化学成分和物理接触两个方面。

化学成分引起的外加剂与水泥的适应性差：一方面是铝酸三钙和石膏含量的不匹配，根据化学反应式计算可得，能有效降低 C_3A 水化反应确保外加剂与水泥相适应时，C_3A 和 SO_3 的合理质量比为 270∶96，近似于 3∶1。当 C_3A 和 SO_3 的质量比小于 3∶1 时，水泥表现为缓凝和急凝，与外加剂的适应性差。另一方面为石膏的脱水，表现形式为假凝。

物理接触引起的外加剂与水泥的适应性差主要指水泥比表面积过大引起的需水量增加引起的浆体初始流动性差和经时损失大。科学分析和检验外加剂，对降低混凝土生产成本，控制混凝土质量起到至关重要的作用。

一、水泥中的 SO_3 对适应性的影响

1. 石膏的缓凝机理

石膏的缓凝机理指石膏在 $Ca(OH)_2$ 饱和溶液中与 C_3A 作用，生成溶解度极低的钙矾石，覆盖于 C_3A 颗粒表面并形成一层薄膜，阻滞水分子及离子的扩散，延缓了水泥颗粒特别是 C_3A 的进一步水化。因此，防止了快凝现象，随着石膏扩散作用的继续进行，在 C_3A 表面又生成钙矾石，当固相体积增加所产生的结晶压力达到一定数值时，钙矾石薄膜就会局部胀裂，而使水化继续进行，接着又生成钙矾石，直至溶液中的 SO_4^{2-} 离子消耗完为止。因此，石膏的缓凝作用是在水泥颗粒表面形成钙矾石保护膜，阻碍水分子移动的结果。

2. 石膏的最佳掺量

试验表明，当 C_3A 含量固定时，石膏对水泥凝结时间的影响，并不与掺量成正比，并带有突变性。石膏掺量（以 SO_3 计）小于 1.3%时，不足以阻止快凝，当 SO_3 含量继续增加，才有明显缓凝作用；而石膏掺量超过 2.5%时，对凝结时间的影响不大。因此，石膏最佳掺量是决定水泥凝结时间的关键。所谓石膏最佳掺入量是指使水泥凝结正常、强度高、安定性良好的掺量。许多学者认为石膏最佳掺入量的原则是水泥加水 24h 石膏刚好被耗尽的数量。经过计算可知，C_3A 和 SO_3 的合理质量比为 270∶96，近似于 3∶1。因此，保证混凝土外加剂与水泥适应性较好的石膏掺量折合为 SO_3 应该是 C_3A 的三分之一。准确检验水泥中的 C_3A 和 SO_3，当水泥中 C_3A 含量为 6%～8%时，控制水泥中 SO_3 含量为 2%～2.5%，可以有效地解决欠缺 SO_3 引起的外加剂适应性问题。

（1）水泥假凝的原因

二水石膏对水泥有缓凝作用，当水泥生产中二水石膏脱水或者使用了半水石膏时，水泥加水拌和后半水石膏能快速吸水形成二水石膏。石膏是气硬性胶凝材料，遇到空气就会凝固，引起水泥假凝，导致水泥与外加剂的适应性不好。

（2）水泥超常缓凝的原因

二水石膏对水泥有缓凝作用，由于磷石膏中含有一定量的磷酸盐，当水泥生产中使用了磷石膏时，水泥加水拌和后，磷酸盐包裹在水泥颗粒表面形成厚厚的包裹层，阻碍了水泥的水化，引起水泥超常缓凝。

二、标准稠度用水量对适应性的影响

1. 比表面积对适应性的影响

在水泥水化过程中，水泥粉磨得越细，比表面积就越大，与水接触的面积也越大，需水量越大，对外加剂的吸附越多。在其他条件相同的情况下，比表面积越大，水化反应会越快，表现为外加剂与水泥的适应性越差。此外，细磨时还会使水泥内晶体产生扭曲、错位等缺陷而加速水化，导致外加剂与水泥的适应性变差，增大细度，迅速水化生成的产物层包裹了外加剂，从而阻碍了外加剂的进一步分散，所以增加水泥的细度，只能提高早期水化速度，但降低了外加剂与水泥的适应性。因此，准确检测水泥的比表面积，可以有效地解决水泥与外加剂的适应性。

2. 水泥标准稠度用水量对适应性的影响

水泥水化合理的水胶比为水泥标准稠度对应的水胶比，因为这一水胶比对应的水有两个作用：其一是保证水泥充分发生化学反应；其二是保证水泥浆体具有很好的匀质性。水胶比在较小范围内变化时，适当增大水胶比，可以增加浆体的流动性。若水胶比过小，达不到标准稠度所需水分。配制浆体的流动性很差，表现为水泥和混凝土外加剂的适应性差。

三、外加剂的科学检验

如今对外加剂的检验主要采用砂浆减水率和代用法，砂浆减水率试验检测得到的减水率是准确的，但配制混凝土时，采用此减水率值却没有可比性；代用法因简单快捷而被外加剂和混凝土生产企业广泛使用，但有时测量净浆流动很好，但配制的混凝土拌合物不流动；有时测量净浆流动很差，但配制的混凝土拌合物流动性很好。在检验过程中，国家标准推荐的水胶比为0.29～0.35，但是许多企业采用0.29单一水胶比检验，经常出现外加剂与水泥的适应性差，质量波动大的问题。笔者认为混凝土外加剂的检验应该采用水泥标准稠度对应的水胶比检验是合理的，固定水胶比是欠妥的。表5-27列举不同标准稠度用水量的水泥采用水胶比为0.29和合理水胶比检验的不同结果。

试验使用不同需水量的水泥，水泥用量为600g，外加剂采用泵送剂，掺量为2%。第一种检验方法采用固定水胶比为0.29进行检验，第二种检验方法采用标准稠度对应的水胶比进行检验。

1. 固定水胶比检验结果

表5-27　常规方法检测外加剂的不同结果

水泥品种	P·O 42.5	P·S 42.5	P·C 42.5	P·P 32.5	P·F 32.5
水泥用量（g）	600	600	600	600	600
需水量（%）	27	29	31	33	35
检验用水（g）	174	174	174	174	174

续表

水泥品种	P·O 42.5	P·S 42.5	P·C 42.5	P·P 32.5	P·F 32.5
0h 扩展度（mm）	260	240	200	180	160
1h 扩展度（mm）	240	220	160	150	130
黏聚性	轻微泌水	正常	正常	正常	正常

采用固定水胶比检验外加剂时，要保证水泥颗粒充分润湿发生化学反应，剩余的水用于提高水泥浆体的匀质性。需水量小（25）的水泥达到很好的匀质性后水分有剩余，掺加的泵送剂完全起到了增加流动性的作用，因此检验的结果表现为轻微泌水。需水量接近标准稠度用水量（27～30）的水泥，为了达到很好的匀质性后水分没有剩余，掺加的泵送剂完全起到了增加流动性的作用，因此检验的结果表现为适应性较好。需水量较大（31～35）的水泥，加入的水首先要保证水泥颗粒充分润湿发生化学反应，剩余的水不能满足水泥浆体达到匀质性所需的水分，掺加的泵送剂起到通过减水使浆体达到较好的匀质性的作用，剩余的泵送剂起到了增加流动性的作用，剩余泵送剂的量小于浆体达到合理流动度时的需求值，因此检验的结果表现为适应性差。

2. 采用标准稠度用水量对应水胶比检验结果（表 5-28）

表 5-28　标准稠度用水量对比水胶比检验结果

水泥品种	P·O 42.5	P·S 42.5	P·C 42.5	P·P 32.5	P·F 32.5
需水量	25	27	29	31	33
水泥用量	600	600	600	600	600
检验用水（g）	162	174	183	198	210
0h 扩展度（mm）	240	245	240	235	245
1h 扩展度（mm）	235	240	230	230	230
黏聚性	正常	正常	正常	正常	正常

采用水泥标准稠度对应的水胶比检验外加剂，既保证了水泥充分发生化学反应，又保证了水泥浆体具有很好的匀质性，掺加的泵送剂起到了增加流动性的作用，因此检验的结果相近，表现为外加剂和水泥的适应性很好，科学合理地检测了混凝土外加剂。

四、当前水泥与外加剂适应性检验与应用的困惑及解决思路

1. 外加剂应用现状

当前混凝土生产企业一般采用固定水胶比的办法检验外加剂，对于需水量较大的水泥一般采用加大外加剂掺量的办法改善水泥与外加剂的适应性。从现象看，做水泥净浆试验时，水泥净浆的流动扩展度满足检验标准，初始流动扩展度变大，经时损失变小；提高外加剂掺量后配制的混凝土拌合物的初始坍落度变大，经时损失变小，得到增加外加剂掺量就可以解决水泥与外加剂适应性的结论。这一观点在实际生产过程中被普遍采用。

2. 存在的问题

外加剂可以增加使用掺量，做水泥净浆检验时，水泥净浆的流动扩展度满足检验标准，但水泥浆粘结在玻璃板上，刮刀用力才能把浆体从玻璃板上清理干净；试配时，在强制式搅拌机筒壁粘结 5～10mm 厚的浆体，当筒壁旋转到中间线以上部位后，这些浆体形成黏稠的

流体一滴一滴向下滴，同时混凝土搅拌机的轴粘结了一层水泥砂浆，简单讲就是出现了浆体在搅拌机内的挂壁和抱轴现象，使搅拌机的清理工作非常困难。当混凝土拌合物卸出搅拌机后，初始坍落度很大，但拌合物很快出现离析的情况，这时成型试件，出现扒底和抓地的现象。利用这一掺量的外加剂进行混凝土生产时，搅拌机也出现挂壁和抱轴现象。当混凝土拌合物经搅拌运输车运送到现场时，卸料过程中罐车前八分之一出现大石子，俗称罐头，容易赌泵；中间的四分之三工作性很好；罐车后八分之一出现较干的砂浆，俗称罐底，也经常出现赌泵，导致混凝土泵工现场随意加水，严重影响混凝土质量。

3. 合理化建议

建议外加剂的检验用水量应该以标准稠度用水量为准，这样得到的外加剂掺量在做水泥净浆试验时，初始流动扩展度大，经时损失小，不出现粘结玻璃板的现象。配制的混凝土拌合物搅拌过程中不挂壁、不抱轴，从搅拌机卸出后和易性良好，在状态上表现为既不离析又不泌水。坍落度损失与净浆的损失一一对应，在运输车里不粘罐，卸料过程不出现罐头大石子，罐底干砂浆的现象，有效预防了堵泵现象的发生。

第七节　几种水泥促凝物对水泥凝结时间的影响

速凝剂可以迅速使混凝土材料凝结硬化，是喷射混凝土工程中不可缺少的一种外加剂。速凝剂的使用在锚喷工程中产生的直接效果是使喷射料迅速凝结，从而增加一次性喷射厚度，减少回弹，降低粉尘污染，提高混凝土的早期强度，以便及时提供支护能力和满足特殊工程的需要。近年来，国内学者研究重点多着眼于无碱速凝剂的制备以及其综合性能的评价，而对速凝剂中各组分单独使用对凝结时间的影响的研究较少。笔者通过测定每种物质不同掺量下的初凝时间和终凝时间，可以检验每种物质的促凝效果，为速凝剂的开发和使用提供依据。本节主要讲解氟化钠、甲酸钙、三乙醇胺对水泥的促凝作用的影响。

一、原料及试验方法

1. 原材料

水泥：冀东水泥有限公司生产的盾石牌普通硅酸盐水泥 P·O42.5。

选用时应该注意：选用的原材料是新鲜的，无结块的水泥。水泥将用于全部试验项目。

促凝物：氟化钠、甲酸钙、三乙醇胺，均为分析纯，试验掺量均为水泥用量质量比。

2. 试验方法

试验方法参照《喷射混凝土用速凝剂》JC 477—2005 的规定。

二、结果与讨论

1. 促凝组分的促凝性能

（1）氟化钠的促凝特性

氟化钠掺量对凝结时间的影响见图 5-1。

由图 5-1 可知，水泥凝结时间随氟化钠掺量的增加而减少，当氟化钠用量为 6%时，凝结时间最短，初凝时间为 3.5min，终凝时间为 16.5min，但由于氟化钠溶解度较小，掺量继续增加，水泥凝结时间不再缩短。

氟化钠的促凝作用可能在于它与硅酸钙水化产物 $Ca(OH)_2$ 作用生成 CaF_2，CaF_2 可以加速 C_3A 与 $CaSO_4$ 的反应加快水泥水化硬化。此外，F^- 离子极化率较高，易被吸附在水泥熟料矿物颗粒及水化产物微粒的表面上，提高熟料分散度，而大量的 Na^+、F^- 的存在，就使得这些水泥熟料矿物成分的溶解度变大，加速了溶解过程及水泥的初期反应速度。

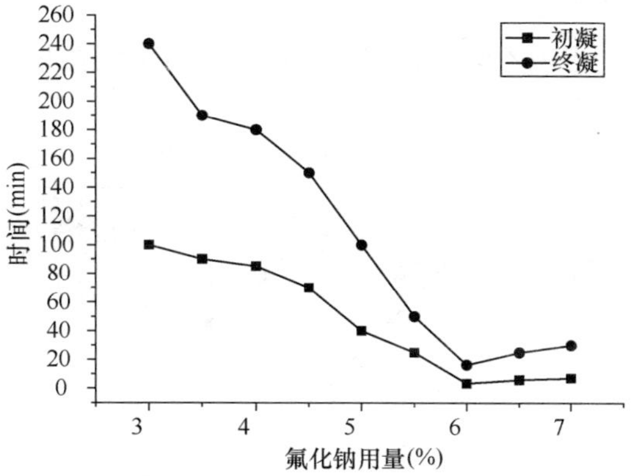

图 5-1　不同掺量氟化钠的凝结时间

（2）甲酸钙的促凝特性

甲酸钙掺量对水泥凝结时间的影响见图 5-2。

由图 5-2 可以看出，甲酸钙能够加快水泥的凝结，甲酸钙掺量越大，水泥凝结时间越短。当甲酸钙掺量为 4%时，水泥初凝与终凝时间分别为 20min 与 35min，但随着甲酸钙掺量的继续增大，初凝、终凝时间均增加。

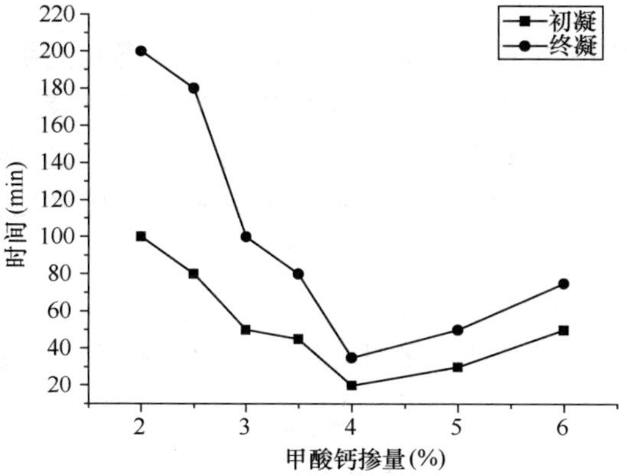

图 5-2　掺量甲酸钙的凝结时间

甲酸钙的促凝作用可能是由于其能够促进 C_3A 的水化，生成大量钙矾石（AFt），同时随着水泥水化的继续进行，由于甲酸钙呈弱酸性，$HCOO^-$ 与 OH^- 反应，从而交联相邻的硅酸盐群体。pH 降低，促进 C_3S 的水化，$HCOO^-$ 能够渗透到 C_3S 和 C_2S 的水化层，从而加速 $Ca(OH)_2$ 的沉淀以及硅酸钙的分解，加快水泥的凝结与硬化。

（3）三乙醇胺的促凝特性

三乙醇胺掺量对水泥凝结时间的影响见图 5-3。

三乙醇胺对水泥的促凝作用较复杂。随着三乙醇胺掺量增大，水泥的凝结时间缩短，当三乙醇胺的掺量为 2%时，初凝和终凝时间均缩短为最短。随着三乙醇胺掺量继续增大，水泥的凝结时间反而增加。这可能是由于三乙醇胺掺量较小时，能够促进 C_3A 的水化，加速石膏与铝酸盐之间的反应，同时络合反应降低了液相中 Ca^{2+}、Al^{3+} 的浓度，进一步又可促进 C_3S 的水化，使水泥浆体凝结加快；但当掺量达到足够大时，三乙醇胺被吸附在水泥熟料表面抑制 C_3S 的水化，凝结时间被延缓。

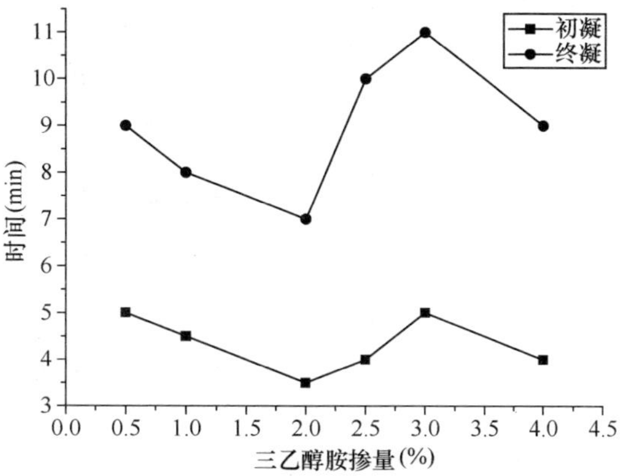

图 5-3　三乙醇胺用量对水泥的凝结的影响

2. 促凝组分复合对水泥凝结时间的影响

（1）氟化钠与三乙醇胺复合

当氟化钠掺量为 6%时，氟化钠与三乙醇胺混合，三乙醇胺掺量对凝结时间的影响见图 5-4。

当三乙醇胺掺量为 2%时，与不同掺量的氟化钠混合，氟化钠掺量对凝结时间的影响见图 5-5。

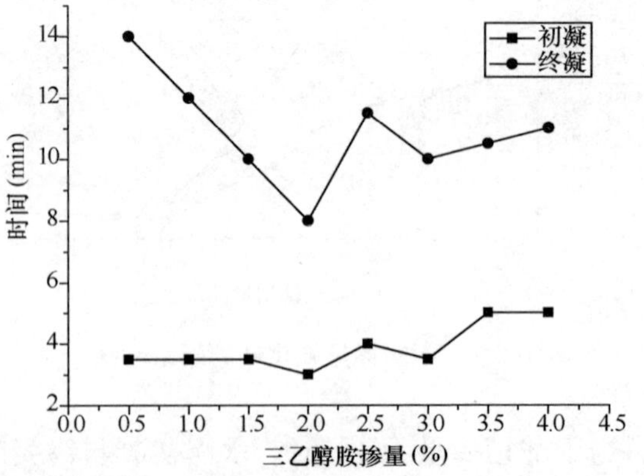

图 5-4　氟化钠与三乙醇胺混合对凝结时间的影响

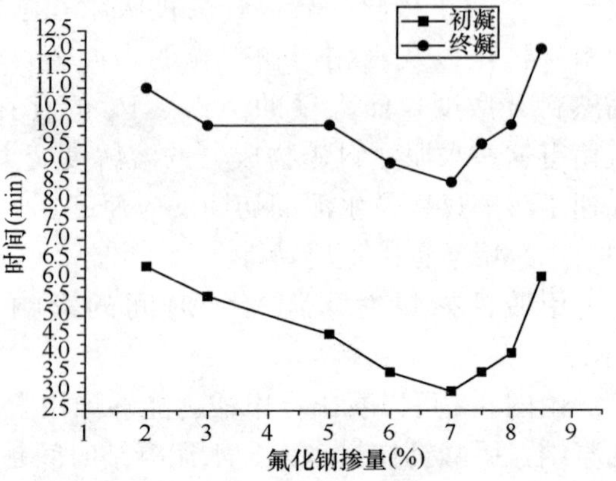

图 5-5　氟化钠与三乙醇胺混合对凝结时间的影响

氟化钠与三乙醇胺复合使用比任一物质单独使用都可以缩短凝结时间，初凝时间缩至 3min，终凝时间缩至 8min，两种物质之间存在交互作用。由图 5-4 可知，当氟化钠掺量为 6%时，三乙醇胺对初凝时间影响不大，对终凝时间影响较大。从图 5-5 可知，当三乙醇胺掺量为 2%时，氟化钠掺量为 7%时凝结时间最短，且较单独掺加氟化钠或三乙醇胺凝结迅速。

(2) 氟化钠、三乙醇胺和甲酸钙复合

当氟化钠掺量为 6%与三乙醇胺 2%的条件下，甲酸钙掺量对凝结时间的影响见图 5-6。

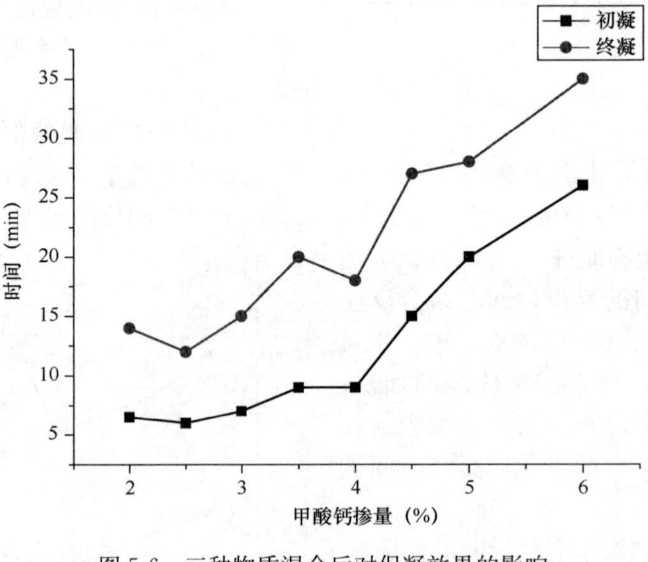

图 5-6　三种物质混合后对促凝效果的影响

由图 5-6 可知，氟化钠、三乙醇胺和甲酸钙三种物质混合使用，对凝结时间有促进作用，但促凝效果不显著。随着甲酸钙掺量的增加，凝结时间逐渐延缓，与氟化钠和三乙醇胺复合使用促凝效果相比，甲酸钙的加入对氟化钠和三乙醇胺的二元体系无促进作用。

三、结论

① 随着氟化钠、甲酸钙掺量的增加，盾石水泥的初、终凝结时间均缩短，当加入氟化钠的质量为6%时，水泥的初凝、终凝时间最短，当再继续添加氟化钠的量，凝结时间不再缩短；甲酸钙掺量为4%时，水泥初凝与终凝时间分别为20min与35min，但在之后水泥的凝结时间又增加，初凝效果不明显；三乙醇胺掺量增加，水泥的凝结时间先减后增，掺量为2%时，凝结时间最短，初凝时间为3.5min，终凝时间为7min，符合速凝的效果。

② 氟化钠、甲酸钙与三乙醇胺使用时，水泥的凝结时间延长，效果不如单独掺任一组成物质速凝效果好。

第六章　速凝剂的研究与应用

第一节　速凝剂应用综述

水泥速凝剂也称为促凝剂，是一种能促进水泥或混凝土快速凝结的化学外加剂，在井巷、隧道等工程锚喷支护，以及堵漏和抢修工程中得到广泛应用。最早的一种速凝剂西卡(Sika)是由瑞士和奥地利制造商研制生产的，至今已有八十多年的历史。速凝剂的使用使得喷射混凝土成为现实，对抢修工程以及锚固技术的创立起到了重要作用。衡量速凝剂优劣的性能指标主要包括：速凝剂本身物理化学性质和状态、速凝效果、早期强度、后期强度、体积稳定性、耐久性等基本性能，以及分散均匀性、扬尘、喷射回弹率和应用毒性等喷射作业的特性。速凝剂种类繁多，根据速凝剂的性质和状态，大致可以分为碱性粉状、无碱粉状、(低)碱性液态和无碱液态四大类。

程建坤指出我国速凝剂存在的缺点：腐蚀性强；混凝土后期强度低；影响混凝土的耐久性；浆料粘结性能差；粉尘大，污染环境；价格较高。所以研制速凝、低掺量、低腐蚀、高强度、综合性能优良、价格合理的无碱液态速凝剂是有重要意义的。除此之外，张正安认为液态速凝剂的稳定性也是一个比较重要的问题。Erik C N 认为碱性条件下，存在潜在的碱骨料反应的可能性，碱含量需要限制。速凝剂正朝着无氯、无腐蚀的方向发展。

社会需求和作业需要对速凝剂的成分提出了更高的要求。速凝剂成分的不同，速凝机理也可能随其成分的不同而变化。李学峰等认为速凝剂主要分为有碱和无碱两大类，无碱速凝剂的主要作用机理是通过形成钙矾石而实现速凝；有碱速凝剂主要是通过形成氢氧化钙晶体和无定形态的物质而实现速凝。笔者认为速凝剂的主要作用机理可以通过反应初期速凝剂与哪种成分作用而产生的强度来分类，主要有两种：一种是初始与水泥熟料成分作用而产生强度。另外一种是初始不与水泥熟料作用而产生强度。下面以国内外速凝剂发展状况以及对速凝剂机理的认识为主线引出速凝剂的演变规律，并且为以后研究新型速凝剂提供依据。

一、传统速凝剂概况

依据速凝剂的主要成分的不同，传统的速凝剂分为铝酸盐类、碳酸盐类和硅酸盐类的速凝剂。通过将主要成分与其他一些无机盐复合之后就制成了速凝剂。大部分铝酸盐类的速凝剂掺加含有氟离子、氯离子等离子化合物。Kurt A 等曾经用氢氧化钾、碳酸钾、铝酸钾制备了一种液体速凝剂，虽然速凝效果较好，但碱性较强，发生碱骨料反应的可能性增加，并且腐蚀性增强，就停止了使用。我国比较典型的速凝剂是红星一号，其主要成分为铝氧熟料、碳酸盐和氧化钙。大部分传统的速凝剂都是粉末状的，如红星一号、711 型、尧山型等。

二、新型速凝剂的探究

传统的速凝剂具有一些缺点，如传统速凝剂有的呈现粉末状，导致在作业过程中出现扬尘灰渣，对操作工人有一定的伤害。硅酸盐（水玻璃类）类的速凝剂在一定程度上减弱了混凝土的后期强度。添加的氟离子、氯离子虽然效果非常好，但是氟离子具有一定的毒性，氯离子对钢筋腐蚀起到了促进作用。传统速凝剂的碱性较高，对操作人员的腐蚀性较大，碱骨料反应可能性增大，回弹量增加后期强度损失较大，等等。

基于传统速凝剂的诸多缺点，通过开发新型速凝剂来解决这些致命的缺点。为此美国、日本、瑞士等发达国家的专利层出不穷，旨在研发新型速凝剂，以吻合生产实践的要求。为此我国也做了不少工作，但相比国外还是有所欠缺。

Mehta 等对速凝剂做如下总结，速凝剂成分与凝结时间的关系如图 6-1 所示。

速凝剂的组成和分类：第Ⅰ类：$CaSO_4 \cdot 2H_2O$；第Ⅱ类：$CaCl_2$、$Ca(NO_3)_2$、$Ca(SO_4)_2 \cdot 0.5\ H_2O$；第Ⅲ类：$K_2CO_3$、$Na_2CO_3$、$NaSiO_3$；第Ⅳ类：碳氢链上带有的极性基团的表面活性剂（如：葡萄糖酸钠、木质素磺酸盐和糖），磷酸盐、硼酸盐、草酸盐和氢氟酸盐，锌盐和铅盐；第Ⅴ类：乙酸盐和三乙醇胺类。

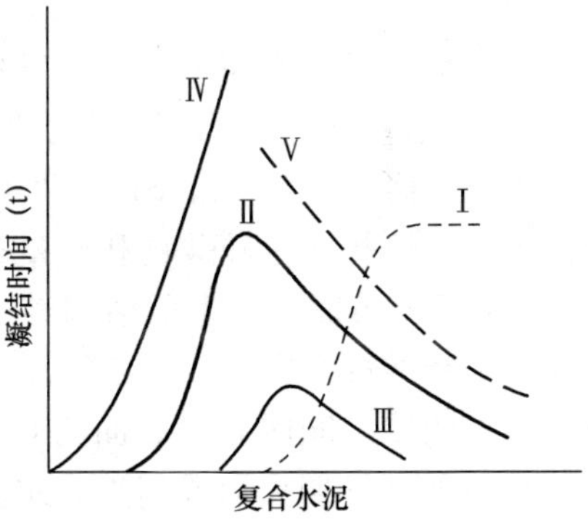

图 6-1　速凝剂成分与凝结时间的关系

在图 6-1 中可知，第Ⅴ类是典型的早强速凝剂，而第Ⅱ类和第Ⅲ类随着掺量的提高也会变成早强速凝剂。

1. 克服腐蚀性

Bernard 发明了用水泥质量的 0.5%～5%的碱性铝酸盐与 0.05% ～ 2%的羟基有机酸进行混合制备的一种速凝剂。这种速凝剂没有腐蚀效应，但缺点就是金属铝酸盐的工作性能受温度的影响比较大，温度低时就失去了工作性能。但是可以加入一些羟基有机酸、盐、酯来增加其流动性，羟基有机酸包括酒石酸、柠檬酸、葡萄糖、苹果酸、乳酸、水杨酸及其盐。其中，酒石酸的效果最好，并且对温度的适应性也不错。

2. 制备无碱、无氯、无毒性、稳定性好的速凝剂

Thomas H 采用的硫酸铝为 3%～12%（以氧化铝计算），无定形态的氢氧化铝低于 30%，胺类低于 15%，消泡剂低于 0.06mol/kg。无氯、无腐蚀，稳定性好。Marcel S 等研制的无碱无氯速凝剂是由水溶性的氟化铝酸盐［水溶性的氟化铝酸盐是通过具有铝相官能团的（无定形氢氧化铝、晶态氢氧化铝、氧化铝）化合物和氢氟酸反应制得的］、水溶性的硫酸铝盐、络合剂以及胺类组成，它的 pH 值在 2～8 之间，缩短凝结时间，强度提高较大。Theodor A 等制作了一种无碱金属无氯的速凝剂，指出速凝剂中至少有一种高价态的硫酸盐，一般从一些基本的铝盐中进行选择，比如铝酸钙、硫铝酸钙等。如果高价态的水溶性的硫酸盐是硫铝酸盐，硝酸根在低温下是比较好的速凝剂，因亚硝酸钙的毒性而叫停使用。但制成的速凝剂在低温、室温、较高温度下具有较好的效果。另外就是无氯无亚硝酸盐，并且添加的链烷基醇胺并不具有腐蚀作用，对钢筋也没有破坏作用。该速凝剂的主要成分为四种：有一种硫氰酸盐组分的质量分数 1%～20%；有一种链烷基醇胺的质量分数为 1%～35%；有一种 α-羟基（氨基）羧酸的质量分数为 1%～25%；有一种硝酸盐（亚硫酸盐）组

分的质量分数为1%～40%。Terje A 发明的无碱速凝剂的组成是溶解于水中的硫酸铝和无定形态的氢氧化铝，添加胺类，添加至少一种稳定剂比如二元醇酸，然后添加消泡剂。

3. 速凝剂成分的粒径效应

经研究发现某些速凝剂成分的粒径对速凝效果有较大的影响。程建坤做了硫酸铝和硝酸铝分别作为速凝剂时对水泥的速凝效果，采用聚合硫酸铝[$Al(OH)_x(SO_4)_y(H_2O)_z$]速凝剂，其固含量高，速凝效果好。速凝效果好的最佳比例为硫酸铝：氢氧化铝胶体=1.71：1.26，并且要将其磨细，过筛。由于聚合硫酸铝不稳定，需要加稳定剂。Hiroyoshi K 等研制的新型的水泥速凝剂的主要成分是氢氧化钙颗粒，其平均粒径是2.5μm或者更小；掺量为0.05%～10%之间。其制备是在潮湿环境下，钙盐与碱性氢氧化物反应生成氢氧化钙颗粒，并对氢氧化钙粉末进行分散。

三、速凝剂的作用机理

速凝剂的成分不同，其速凝机理也尚未定论。速凝剂主要有以下几种作用机理：

1. 缩短了硅酸三钙诱导期而速凝

李琼等研究了 SL-1、SL-2 两类速凝剂的速凝机理。对于 SL-1 发现，在水化 5min 时，有大量的针柱状水化硅酸钙和少量钙矾石晶体生成，SL-1 型速凝剂能使 C_3S 的诱导期缩短或消失，C_3S 表面的双电层结构难以形成，且水化产物（C—S—H）的 Ca/Si 值较小，使得水分能不断透过 C—S—H 向 C_3S 内部扩散。由于水分的不断渗入，导致 C_3S 的诱导期消失。SL-1的掺入能使 C_3S 表面的双电层难以形成，消除了 C_3S 的诱导期。SL-2 型速凝剂也能使 C_3S 的诱导期变短或消失。水分能不断透过 C—S—H 凝胶向 C_3S 内部扩散，使 C_3S 的诱导期消失，不会生成双电层结构。初期 C/S 比较高，形成的 C—S—H 凝胶空隙较大而形成的早强也有氯化钙和甲酸钙。富文权认为氯化钙（$CaCl_2$）是一种较好的早强剂，其促硬作用机理认为氯离子半径较小，活动能力强，容易穿透水泥离子的包覆膜，从而加速扩散过程（这与氟离子 F^- 作为促凝剂的主要组分是相对应的）。硅酸盐水化初期，钙硅比（Ca/Si）比较大，形成的水化硅酸钙凝胶成絮状［C—S—H(I)］，孔结构较大，利于钙离子渗透。

2. 桥架抗分散作用

刘波等研制出的 IVA 由多种易溶中性盐、中性水溶性聚合物 M 和阴离子表面活性剂等组成。研究其机理可知：M 分子相互连接，吸附在两个或多个水泥粒子上起到“架桥”作用，使浆体更容易形成远程凝聚结构，这种吸附“架桥”作用使体系产生流变，克服粒子间的阻力增加，宏观上表现为极限剪切应力的升高。另外，添加剂参与粒子间液相膜空间网络的形成，随液相的延展增加浆体的黏度，并与表面活性剂共同作用具有对水泥粒子的“捕捉”作用。J Plank 通过研究 PEO 和萘系减水剂的协同增黏效应，指出由于 PEO 与萘系芳环的电子效应使其与水泥颗粒与颗粒之间产生桥架（PEO）作用，增加黏度，使其速凝，也可以降低回弹。

3. 消耗水分而产生凝结效应

T P Dinoia 等指出无碱液态速凝剂主要是通过速凝剂成分与水反应生成钙矾石，用硫酸根、钙离子、铝离子和水反应就可以生成钙矾石和氢氧化铝。其反应式与 C_3A 生成钙矾石进行比较。

$$3C_3A+3CaSO_4+32H_2O=\!=\!=3C_3A\cdot 3CaSO_4\cdot 32H_2O$$

$$Al_2(SO_4)_3+6Ca(OH)_2+32H_2O=3C_3A\cdot 3CaSO_4\cdot 32H_2O+Al(OH)_3$$

通过该式可知无碱液态速凝剂的主要成分。该速凝剂对水泥水化初期的放热影响较大。水泥的种类、矿物成分的不同以及活性大小都会影响速凝剂的效果。

C. Maltere 等认为硫酸铝型的无碱液态速凝剂的作用机理就是迅速形成钙矾石，而每个钙矾石至少有 32 个结合水，所以使其固态/液态比值增大，其黏度增加，从而加速凝结。他们还讨论了水泥成分与速凝剂之间的反应，当水泥熟料中含有β-半水石膏时，其凝结时间会增加，产生这一现象的原因是β-半水石膏的分解速度降低，影响到了钙矾石晶体的形态、数量以及成长。除生成钙矾石带水较多之外，Minoja 等，Gallegos 等在速凝剂中添加了二价锰离子，比如：硫酸锰，让其结合较多的水，达到速凝效果。硅灰是一种活性非常高，粒径非常小的火山灰质材料，使用过程中除非使用高效减水剂，否则会增加需水量，并且硅灰可以不降低早强性能，还能抑制碱骨料反应。由此可见，速凝剂可以在活性掺合料上做一定的工作。既可以降低成本，又可以达到所需的要求。

4. 促进铝酸三钙水化

J Harald 发现小掺量（水泥含量的 0.02%～0.03%）的邻苯二酚可以导致水泥闪凝，从而促进水泥凝结。其闪凝机理笔者认为是邻苯二酚抑制了石膏的溶解，使石膏的缓凝作用消失，从而使 C_3A 快速水化，导致凝结。张冠伦认为生成水化铝酸钙而达到速凝。对于“红星一号”，速凝剂中的碳酸钠和氧化钙遇到水之后会生成溶解度更低的碳酸钙以及氢氧化钙。碳酸钠会与硫酸钙生成碳酸钙和硫酸钠。偏铝酸钠水解成氢氧化铝和氢氧化钠，或者偏铝酸钠与氧化钙生成水化铝酸三钙和氢氧化钠。初期生成的氢氧化钠又会与硫酸钙反应，但数量较少，不足以全部与硫酸钙反应，但是这些残余的硫酸钙不足以生成钙矾石。所以水化初期之后，氢氧化钙、碳酸钙和少量水化铝酸钙（C_3AH_6）产生凝结效应。

5. 改变双电层厚度而速凝

张冠伦等通过双电层理论解释了调凝剂的调凝作用。溶液中的离子强度对双电层的扩散层有着相当大的影响，离子强度增大，则扩散层受强度影响厚度变小，此时 zeta 电位变小，即电解质对扩散层具有压缩作用。高价离子能迅速增加离子强度，并且可能将一部分反价离子压到胶团紧密层中，导致扩散层厚度明显下降。若水泥浆体中加入足够数量的一价金属电解质，则一价金属离子（钾离子、钠离子）能从吸附层上交换出二价离子，而交换的低价离子的解离度又高于二价离子，这样又会从吸附层中解离出来进入扩散层，使 zeta 电位提高，水泥浆体变稀。反之则变稠。

陈建奎指出凝聚作用的离子应该具有与胶粒相反的电荷：带负电的胶体，应当在阳离子作用下产生凝聚；带正电的胶体在阴离子作用下产生凝聚。凝聚作用的离子价数越高其凝聚作用越强。同价阳离子或者阴离子的凝聚性能也不相同。其凝聚性能顺序（感胶离子序）为：

阳离子顺序：$Al^{3+}>Ba^{2+}>Ca^{2+}>Mg^{2+}>K^{+}>Na^{+}>Li^{+}$；

阴离子顺序：$SO_4^{2-}>F^{-}>IO_3^{-}>BrO_3^{-}>Cl^{-}>ClO_3^{-}>Br^{-}>NO_3^{-}>CNS^{-}$

感胶离子序并不是严格不变的，随溶液的 pH 值、浓度以及温度等条件变化的。多价阳离子（Al^{3+}、Fe^{3+}）不仅能使 zeta 电位降低产生凝聚作用，而且会使 zeta 电位符号变反。

柯达认为离子的作用大小与离子的迁移率和扩散率有关。扩散率决定了水化速度，加入电解质之后提供扩散反粒子。凡是能加速水化的离子都能压缩为双电层，降低 zeta 电位，促进C—S—H凝胶形成。双电层越薄，离子靠近越紧密，孔隙率越小，黏度越高。

四、展望

速凝剂以现实作业需要为基础，向着无碱、无氯、无毒、无腐蚀性、无粉尘效应、价格便宜、制备方便的方向发展。但是就目前来看，速凝剂在低温下的作用效果比较差，虽然硝酸根和氯离子具有一定的低温作用效果，但是都有各自的缺点，使用较少。目前开发较多的是添加锂盐类物质来达到速凝效果，但是笔者认为开发低温适应性强的速凝剂是比较重要的。随着粉煤灰、硅灰、煤矸石等活性掺合料在水泥中的相继使用，笔者认为速凝剂中掺入活性掺合料既可以降低成本，又可以增加速凝效果。就目前来看某些效果较好的速凝剂（如：硫铝酸盐类）中主要成分的粒径对速凝剂的效果有着较大的影响，并且制成液态时，其稳定剂以及分散剂的选择也是比较重要的。速凝剂使用后，后期强度的保持一直是一个重要的问题，可以通过增加黏度来增加后期强度、降低回弹。最近报道较多的是添加氢氧化铝和氢氟酸的达到速凝效果，但是氢氧化铝的晶型对速凝效果却有较大的影响，目前认为多以无定形态为优，并且以氢氧化镁取代氢氧化铝的速凝剂也开始出现。

第二节 新型液体无碱速凝剂的性能研究及其促凝机理

喷射混凝土技术已广泛应用于地下、地表的各种软弱、破碎地层，成为及时支护不可分割的重要手段。长期以来，喷射混凝土施工中所使用的速凝剂主要是以高碱、粉体的速凝剂为主，这些速凝剂主要是以铝酸盐、碳酸盐为主与其他无机盐复合或以硅酸钠为主再与其他无机盐复合。由于这一系列的速凝剂碱性较大，喷射混凝土的后期强度明显降低，同时还极易发生碱骨料反应，造成混凝土破坏。另外，高碱速凝剂对施工人员的身体也有一定的伤害。而液体无碱速凝剂则可以提高喷射混凝土的后期强度、抗渗能力，因此现在国际上速凝剂正朝着无碱液态的方向发展。

我们对液体无碱速凝剂的配制进行了试验研究，合成出了一种液体无碱速凝剂，其各项性能均能满足标准要求，并对无碱速凝剂的促凝机理进行了初步的探讨。

一、试验用原材料

1. 水泥

水泥选用基准水泥。

2. 无碱速凝剂 NC-S

NC-S由实验室人工合成，灰白色半透明液体，pH值为1～3，密度为1.4g/cm^3，固含量为40%～50%。

3. 砂

砂选用厦门产ISO标准砂。

二、试验方法

掺速凝剂的水泥凝结时间和水泥砂浆强度的测试参照《喷射混凝土用速凝剂》JC 477—2005中规定的试验方法进行。

1. 无碱速凝剂的制备

在常温下，将无碱速凝剂添加剂、硫酸铝、有机增强剂、pH 调节剂按一定比例依次加入水中溶解完全并搅拌均匀，得到淡绿色半透明液体或灰白色半透明液体即为无碱速凝剂，该过程无需加热。

2. 无碱速凝剂的配方选择

采用正交设计进行了无碱速凝剂的配方选择试验。选用四因素三水平正交表进行试验，正交设计因素水平表见表 6-1。

表 6-1　正交设计因素水平表

水平	硫酸铝（A）（%）	无碱速凝剂添加剂（B）（%）	有机增强剂（C）（%）	pH 调节剂（D）（%）
1	40	15	5	0
2	45	10	2.5	1.5
3	50	5	0	3

三、试验结果与分析

1. 无碱速凝剂制备效果

由于液体无碱速凝剂的制备过程无需加热，在无碱速凝剂添加剂的作用下，硫酸铝在水中的溶解度比较高，按照 50%的比例加入水中也能完全溶解，且比较稳定。得到的无碱速凝剂产品放置 30d 以上也不会产生分生分层现象，没有沉淀。该无碱速凝剂的固含量为 45%。

2. 无碱速凝剂配方选择的正交试验结果

考虑到速凝剂的促凝效果要有比较明显的差别，选取了 6%的掺量，采用基准水泥进行试验。试验结果见表 6-2。

表 6-2　无碱速凝剂配方选择的正交试验结果

序号	硫酸铝（A）	无碱速凝剂添加剂（B）	有机增强剂（C）	pH 调节剂（D）	初凝时间（min）	终凝时间（min）
1	40	15	5	0	2′10″	4′10″
2	40	10	2.5	1.5	3′04″	5′06″
3	40	5	0	3	6′32″	10′37″
4	45	15	2.5	3	2′21″	3′32″
5	45	10	0	0	8′15″	58′44″
6	45	5	5	1.5	3′20″	5′50″
7	50	15	0	1.5	3′23″	6′22″
8	50	10	5	3	1′52″	3′20″
9	50	5	2.5	0	4′32″	12′07″

从表 6-2 可见，在正交表设计的试验方案中，有 3 个试验结果不符合标准 JC 477—2005

中对速凝剂凝结时间的要求的，其余 6 个都能满足标准中的要求。进一步的结果分析见表 6-3和表 6-4。从表 6-3 可知，对初凝时间来说，最优组合是 A3B1C1D2，即硫酸铝为 50%，无碱速凝剂添加剂为 15%，有机增强剂为 5%，pH 调节剂为 1.5%。从表 6-4 可知，对终凝时间来说，最优组合是 A1B1C1D2，即硫酸铝为 40%，无碱速凝剂添加剂为 15%，有机增强剂为 5%，pH 调节剂为 1.5%。

表 6-3　初凝时间的正交试验结果分析

K_{j1}	11.77	7.9	7.37	14.95
K_{j2}	13.93	13.19	9.95	9.78
K_{j3}	9.78	14.39	18.16	10.75

表 6-4　终凝时间的正交试验结果分析

K_{j1}	19.89	14.07	13.33	75.02
K_{j2}	68.09	67.16	20.75	17.3
K_{j3}	21.82	28.57	75.72	17.48

3. 无碱速凝剂的掺量对凝结时间的影响

一般来说，水泥凝结时间随速凝剂掺量的增加而缩短。选用基准水泥时，无碱速凝剂的掺量对水泥凝结时间的影响见表 6-5。从表 6-5 可知，无碱速凝剂掺入水泥中，凝结时间随掺量的增加而缩短，当无碱速凝剂的掺量为 4%时，初凝时间超过 5min，终凝时间超过 12min，均不符合标准要求。掺量增大，凝结时间也越短，当掺量为 11%时，凝结时间最短，但速凝剂掺量为 12%时，凝结时间反而开始延长，但试验结果仍然符合标准中的要求。

表 6-5　无碱速凝剂的掺量对基准水泥凝结时间的影响

序号	无碱速凝剂掺量（%）	初凝时间（min）	终凝时间（min）
1	4	7′30″	>12′
2	5	2′38″	6′30″
3	6	2′22″	5′32″
4	7	1′21″	4′36″
5	8	1′18″	2′28″
6	9	1′10″	2′33″
7	10	1′09″	2′00″
8	11	57″	1′30″
9	12	1′03″	1′42″

4. 无碱速凝剂对基准水泥强度的影响

新型无碱速凝剂早期强度比较高，28d 强度几乎无损失，表 6-6 是无碱速凝剂对基准水泥强度的影响。随无碱速凝剂掺量的增加，强度是逐步提高的趋势，且 28d 强度比均高于 100，说明无碱速凝剂不会降低后期水泥砂浆强度。但是，当掺量大于 9%时，随掺量的继续增大，其强度反而会降低；当掺量为12%时，28d强度比只有74%，已经不符合标准中的要求。

表6-6　无碱速凝剂对基准水泥砂浆强度的影响

序号	无碱速凝剂掺量（%）	1d强度（MPa）	28d强度（MPa）	28d强度比（%）
1	0	7.2	38.8	100
2	4	4.6	48.2	124
3	5	9.3	45.9	118
4	6	9.0	45.9	118
5	7	9.7	47.2	122
6	8	10.2	49.4	127
7	9	10.8	35.8	92
8	10	11.6	37.5	97
9	11	12.6	34.1	88
10	12	12.4	28.6	74

我们也试验了高碱速凝剂的掺量对水泥砂浆强度的影响，结果见表6-7。从表6-6和表6-7的对比可知，高碱速凝剂因为存在较多的铝酸钠、硅酸钠等高碱性物质，所以水泥砂浆的后期强度保留率较低。

表6-7　高碱速凝剂的掺量对基准水泥砂浆强度的影响

序号	高碱速凝剂掺量（%）	1d强度（MPa）	28d强度（MPa）	28d强度比（%）
1	0	7.2	38.8	100
2	2	8.4	34.3	88
3	3	10.6	29.2	75
4	4	10.1	32.0	82

5. 无碱速凝剂与减水剂的适应性研究

采用基准水泥进行了无碱速凝剂与减水剂的适应性研究，试验时的速凝剂掺量为11%，用水量去掉了速凝剂和减水剂中含有的水。减水剂的掺量考虑了不同减水剂的减水率，其试验结果列于表6-8。从结果来看，该无碱速凝剂与各类型减水剂的适应性较好。在同样减水率的条件下，减水剂对掺加速凝剂的水泥净浆初凝时间的影响较小，而终凝时间提前，说明减水剂的掺入不会影响速凝剂的促凝效果。

表6-8　无碱速凝剂与减水剂的适应性研究

序号	减水剂	减水剂的掺量（%）	初凝时间（min）	终凝时间（min）
1	—	—	1′51″	5′36″
2	聚羧酸高性能减水剂	0.5	1′23″	2′10″

续表

序号	减水剂	减水剂的掺量（%）	初凝时间（min）	终凝时间（min）
3	萘系高效减水剂	0.75	1′15″	2′32″
4	脂肪族高效减水剂	1.5	1′20″	2′15″
5	氨基磺酸盐高效减水剂	1.0	1′17″	1′50″

四、无碱速凝剂的促凝机理探讨

关于速凝剂的促凝机理，专家学者们进行了大量的研究。李国新等认为，我国近几年研究开发的液体速凝剂均是以与石膏反应生成钙矾石而消除石膏的缓凝作用，促进 C_3A 快速反应而实现速凝的。速凝剂可促进早期水泥浆体中钙矾石晶体的生成。这些钙矾石晶体外形呈短柱状，随机取向，无序分布于整个硬化体空间，大量的水化硅酸钙凝胶填充在钙矾石空间网格周围，水泥石结构较为致密，这可能是导致水泥浆体快速凝结和影响水泥浆体强度的原因。

闫文等认为，掺加无碱速凝剂的水泥浆体在水化早期生成大量的 AlO_2^{2-} 和 SO_4^{2-}，再通过化学反应迅速在整个水泥浆体中析出大量的短柱状的钙矾石，这些新生成的钙矾石晶体相互交错形成一个紧密的网状结构而使水泥迅速凝结，并与硅酸盐矿物水化后生成的 C—S—H 凝胶共同作用，提高水泥的早期强度。

李琼的研究认为，无碱速凝剂中的 R^- 和 SO_4^{2-} 能消耗一部分 Ca^{2+}，Al^{3+} 能消耗一部分 OH^- 离子，并且能降低 $Ca(OH)_2$ 的结晶壁垒，使 C_3S 表面的双电层难以形成；由于 Ca^{2+} 被消耗，生成的 C—S—H 的 C/S 值较小，渗透性增加，水分能透过 C—S—H 向 C_3S 内部扩散，且水化产物易向 C—S—H 外部迁移。在上述两种原因的共同作用下，使 C_3S 的诱导期消失；速凝剂中的有机物能降低 AFt 的成核势垒，反应生成的次生石膏能与 C_3A 反应使 AFt 迅速生成，从而加速了 C_3A 的水化。同时，速凝剂中的有机物能加速 C_3S 的水化反应。C_3S 的迅速水化放热、C_3A 的迅速水化放热、水化产物的迅速结晶放热，这些放热反应集合在一起，使水泥浆体的温度急剧升高，进一步促使水泥水化反应的进行；水化产物的形成，结合了大量的游离水，使水泥迅速失去流动性，水化产物的结晶不断长大并交叉形成网络结构，而使水泥浆体迅速凝结并硬化。

五、结论

研制出的新型液体无碱速凝剂，其各项技术指标均符合《喷射混凝土用速凝剂》JC 477—2005 标准中速凝剂合格品的技术指标要求。随着无碱速凝剂掺量的增大，其速凝效果越好，水泥砂浆强度逐步提高，但是当掺量过大时，凝结时间反而会延长，28d 强度比降低。液体无碱速凝剂与各种高效减水剂的适应性较好，减水剂的掺入不会影响速凝剂的促凝效果。

无碱速凝剂的促凝机理可能是，速凝剂中的 R^- 和 SO_4^{2-} 能消耗一部分 Ca^{2+}，Al^{3+} 能消耗一部分 OH^- 离子，促使 C_3S 的水化诱导期消失，同时加速了 C_3A 的水化，在水泥浆体中生成大量的钙矾石，从而使水泥浆体迅速凝结并硬化。

第三节 液体无碱速凝剂在检测过程中应注意的问题

速凝剂是一种使水泥快速凝结的化学外加剂，能够使水泥在很短的时间内凝结硬化。它主要应用于矿山、隧道、井下等的喷射混凝土和喷射砂浆工程中。这些速凝剂主要是以铝酸盐、碳酸盐为主与其他无机盐复合或以硅酸钠为主再与其他无机盐复合，大多数是高碱性的，它们对混凝土的后期强度发展很不利，会引起倒缩；而且传统的干法喷射混凝土工艺施工时，环境中弥漫粉尘，对施工人员的健康也会有很大的伤害。近年来，随着技术的进步，湿法喷射混凝土工艺由于其回弹量低而不致于严重破坏施工环境以及施工效率高等优点，正逐步取代传统的干喷工艺。与之相适应的，速凝剂的研究与生产也正向着无碱化液态化的方向发展，即液体无碱速凝剂。

液体无碱速凝剂与传统的速凝剂产品相比，在原材料、生产工艺及性状等方面都有很大的差异，而且目前液体无碱速凝剂的生产工艺还不太成熟，各个厂家的配方、产品的颜色、pH 值、固体含量等方面是五花八门，各不相同。因此，在使用前，准确检测液体无碱速凝剂的各项质量指标是十分重要的。目前，国内检测速凝剂的标准为《喷射混凝土用速凝剂》JC 477—2005，本节依据该标准，并结合对液体无碱速凝剂的检测试验，总结了一些在检测过程中应注意的问题，以利于提高对液体无碱速凝剂的检测技术水平。

一、液体无碱速凝剂的取样

按批检验时，正确的取样使检验样品更具有代表性，是检测结果准确的基础，对于液体无碱速凝剂来说更是如此。目前，很多厂家生产的液体无碱速凝剂的固体含量比较高，往往在 40%以上，存储时易出现分层、沉淀等现象，因此取样时如何保证均匀性和代表性就显得尤其重要。

速凝剂通常以不超过 20t 为一个检验批，取样部位应能体现随机性和均匀分布的特点。液体无碱速凝剂一般用一定规格的塑料桶包装，样品需从不同的桶中抽取。考虑到液体无碱速凝剂可能出现的分层、沉淀现象，取样前，每个桶中的产品应充分搅拌，使其各组分尽量分散均匀，取出足量样品并充分混合均匀。不能为了方便，只从一个桶中取样或不搅拌取样，这样极有可能导致所取样品的固体含量、密度因人为原因与产品不一致，从而影响其他项目的检测结果。取样总量不少于 4kg，可分为两等份，其中一份用作试验，另一份密封保存，以备有问题时复验或仲裁。

二、pH 值检测

目前来看，大部分液体无碱速凝剂都是呈明显的酸性。对来自全国的十多个厂家的液体无碱速凝剂进行检验，得出 pH 值最高的为 3.05，最低的仅为 0.12，这与混凝土的碱性环境是截然相反的，会影响混凝土的耐久性。我们按《喷射混凝土用速凝剂》JC 477—2005 标准中第 6.6 条的强度试验方法中确定的液体无碱速凝剂与拌合水的比例，测试了液体无碱速凝剂与拌合水混合液的 pH 值，结果见表 6-9。

表 6-9　液体无碱速凝剂与拌合水混合液的 pH 值

序号	拌合水的 pH 值	液体无碱速凝剂的 pH 值	速凝剂的固体含量（%）	速凝剂掺量（%）	混合液的 pH 值
1	7.16	3.05	57.37	8.0	3.84
2	7.16	2.60	49.42	7.0	3.62
3	7.16	0.42	44.43	7.0	1.86
4	7.16	0.12	50.24	6.0	1.30

可见，液体无碱速凝剂的 pH 值过低，会使拌合水的 pH 值大幅度下降，低于《混凝土用水标准（附条文说明）》JGJ 63—2006 中规定的 pH 最低值 4.5。因此，有工程设计方提出了使用的液体无碱速凝剂的 pH 值应大于 4.0，这也是很多生产厂家在技术上需要解决的问题，仅仅简单地提高 pH 值，往往会影响液体无碱速凝剂的速凝效果。所以，现阶段在使用液体无碱速凝剂时，应重视并加强对 pH 值的检测，设法在不影响其他性能的前提下提高其 pH 值，避免使用 pH 值过低的产品。

液体无碱速凝剂 pH 值的检测应依据《混凝土外加剂匀质性试验方法》GB/T 8077—2012 中关于液体外加剂 pH 值的试验方法，采用酸度计配合相应的电极进行检测，而不能简单用 pH 试纸测一下了事。酸度计应定期用 pH 标准缓冲溶液进行校正，采用三点校正法，即使用三种不同 pH 值的标准缓冲溶液进行校正。读数时应待到酸度计的度数稳定 1min 后再记录数据。试验次数为两次，用两次试验结果的平均值表示测定结果。检测样品时的温度应尽量和仪器校正时的温度保持一致，并应保证在（20±3)℃的范围内。

三、固体含量检测

固体含量的准确测定是检测液体无碱速凝剂净浆凝结时间和砂浆强度的前提，因为这两项的试验方法中都要求拌和用水量去掉液体速凝剂中的水量。由于液体无碱速凝剂的掺量往往较大（一般在 6%及以上，有的甚至达到 10%），固体含量偏差过大，必然影响凝结时间和强度试验的加水量，也必然会影响其检测结果的准确性。鉴于液体速凝剂固体含量和凝结时间、强度的这种相关性，建议将固体含量列为液体速凝剂的必检项目，在检测报告中必须体现其检测结果。

液体无碱速凝剂固体含量的检测应依据《混凝土外加剂匀质性试验方法》GB/T 8077—2012，其准确性取决于取样的均匀性。由于液体无碱速凝剂易分层、易沉淀，在称取样品进行试验前，应将样品充分摇匀。称量试样量 3.0000～5.0000g，装入已经恒量的带盖称量瓶内，放入烘干箱中，在 100～105℃的温度下烘干，置于干燥器内冷却 30min 后称量，重复烘干、冷却、称量的步骤直至恒量。烘干、冷却、称量时，称量瓶应带盖操作，烘干时应开启瓶盖，冷却时应盖上瓶盖。天平应用分度值为 0.0001g 的分析天平，恒量则是指连续两次称量之差应小于 0.0005g。干燥器内盛放变色硅胶，当变色硅胶颜色变淡时应及时更换或烘干。试验应平行进行两次，以平均值表示测定结果。

四、净浆凝结时间试验

速凝剂净浆凝结时间在标准中作为强制性检测项目，是衡量产品速凝效果和评定产品质量的关键项目。

试验前应确认实验室温度控制在（20±2）℃的范围内，保证试验所用材料和器具都与实验室温度保持一致。因为温度对凝结时间的影响比较大：随着材料温度的升高，则凝结时间会逐渐缩短。为了消除温度的影响，通常应提前将试验用的所有材料、器具在实验室条件下放置至少 24h，以调节其温度。

称量好水泥和拌合水后，先将水泥和水搅拌均匀，再按推荐掺量加入液体速凝剂，同时应启动秒表开始计时。加入液体速凝剂时，要保证速凝剂能够又快又完全地加入。用烧杯是无法满足这一点的，黏在杯壁上的速凝剂必然造成加入量的损失和不准确，特别是固体含量大的液体无碱速凝剂。为了解决这一问题，可以采用如去了针头的针筒注射器一类的容器。

液体速凝剂加入水泥浆体中，迅速搅拌 25～30s，立即装入圆模。搅拌要充分，建议采用净浆搅拌机快速搅拌。标准要求试验结果以两次结果的算术平均值表示，且两次试验结果的差值不大于 30s，否则本次试验无效。而人工搅拌无法保证两次搅拌效果完全一致，应严格控制搅拌时间：搅拌时间过短，液体速凝剂很难在水泥浆体中均匀分散，导致不同测试点的测试结果差别很大，多次试验结果的重复性也很差；搅拌时间过长，会使速凝剂与水泥浆体形成的网状交叉结构的水化物被打断，从而使凝结时间的试验结果延长。

从加入液体速凝剂算起到装模完成，操作时间不应超过 50s，否则也会造成凝结时间的试验结果延长。净浆装入圆模中，严禁插捣，以免破坏已形成的网状交叉结构，只需人工振动数次，使净浆充满圆模即可。这里的振动次数和幅度在两次试验中应尽可能少并保持一致，以减小重复性试验的误差。多余的净浆应削去，而非强制性抹平，以免扰动模内净浆的内部结构。

五、砂浆强度试验

砂浆强度在标准中也是作为强制性检测项目，分为 1d 强度和 28d 强度比。试验前同样确保材料、器具等与实验室温度保持一致。

在加入液体速凝剂后，标准明确规定了“人工迅速搅拌 40～50s”。可见此处是不能用搅拌机来代替搅拌的。应严格按照规定时间充分搅拌，以确保速凝剂能均匀地分散在砂浆中。

振实设备应采用符合《水泥胶砂强度检验方法（ISO 法）》GB/T 17671—1999 规定的水泥胶砂振动台，其振幅和频率应经检定合格，振动时间不应超过标准规定的 30s。

掺速凝剂的砂浆在刮去多余部分抹平时，应注意不损伤试体。如砂浆凝结较快时，多余的砂浆应削去，而不是强制刮去抹平。

养护分为 24h 带模养护和 28d 湿气养护。带模养护时对湿度没有要求，但应严格保证温度。温度是影响强度的关键因素，特别是有些液体无碱速凝剂对温度很敏感，温度稍低，其 1d 强度会大幅下降。另外，在检测工作中发现，湿度对液体无碱速凝剂还是有所影响的，湿度低，对其 1d 强度是有好处的。湿气养护除了保证温度，还应保证湿度在 95%以上。养护期间温度、湿度应每天检查强度并记录。

28d 强度比用的对比砂浆的搅拌、振实和养护过程及强度试验等条件应和掺速凝剂的砂浆完全一致。拆模时，由于对比砂浆的强度很低，应注意不要使试体受损断裂。

检测液体无碱速凝剂时，有时用厂家推荐的掺量，凝结时间达不到标准要求，厂家往往会要求调整掺量。但由于液体无碱速凝剂对不同水泥的适应性不同，其最佳掺量可能也会有所差异，因此，在检测报告中应注明凝结时间和强度检测结果所对应的掺量，使工程方能够更清楚地了解产品的真实性能。

六、碱含量检测

控制混凝土原材料中的碱含量是为了防止可能发生的碱骨料反应，控制液体无碱速凝剂中的碱含量具有特殊的意义。传统速凝剂的高碱含量除了可能引发碱骨料反应外，还对混凝土后期强度不利，而液体无碱速凝剂却有可能同时解决这两个问题。从检测接触的液体无碱速凝剂来看，除了低碱、无碱外的特点外，大部分液体无碱速凝剂都能不损伤甚至增强砂浆的 28d 强度，有的 28d 强度比高达 145%。从这一点上来说，控制液体无碱速凝剂的碱含量就显得更加重要。

碱含量的检测依据《混凝土外加剂匀质性试验方法》GB/T 8077—2012 的规定，通常采用火焰光度法。本试验首先应配置氧化钾、氧化钠标准溶液，并分别绘制氧化钾及氧化钠的工作曲线。配置标准溶液所用的试剂是光谱纯级的氯化钾和氯化钠，决不能用基准试剂或分析纯试剂，否则工作曲线将失去意义。

样品经处理除去沉淀后，溶液移入 100mL 容量瓶中，应冷却至室温后，再用盐酸中和，用蒸馏水定容。因为溶液较热时，容量瓶也受热膨胀，此时定容会使实际的溶液体积偏大。

火焰光度计点火时，如果长时间没能点着，甚至已经闻到燃气的味道，应马上停止点火，关闭燃气，打开燃烧室，使其中的燃气散去再行点火。防止燃烧室内燃气浓度过高，突然点着火焰引起危险。

测定时，根据火焰光度计操作规程调整仪器，先粗测一个结果，然后选择与粗测结果相近的标准溶液进行校准后，再换上待测样品溶液燃烧，测得其精确结果。同时应进行空白试验，排除蒸馏水引入的误差。

试验应平行进行两次，用两次试验结果的平均值表示测定结果。

试验过程中应避免火焰光度计长时间空烧。测试完成后，关机前应用去离子水进样十几秒，再空烧几秒，然后再关机，这样可以清洗进样室和燃烧室，并保持燃烧室干燥，不至于影响下次点火。

液体外加剂的碱含量一般是以折固后的结果来表示，这样才可以对不同产品碱含量的高低加以比较。因此，液体无碱速凝剂的碱含量测定结果也应根据其固体含量加以折固，用折固后的结果来表示，并在检测报告中应注明是否折固。

七、结论

① 液体无碱速凝剂是一种新型的速凝剂产品，在其检测的过程中，应该严格执行国家标准，减少由于操作人员、环境条件、仪器设备等引入的误差，保证检测结果的准确性。

② 在检测工作中应不断总结经验，深入理解液体无碱速凝剂的检测方法，才能够更准确地掌握液体无碱速凝剂的各项性能指标，为液体无碱速凝剂的广泛使用提供可靠的依据，使液体无碱速凝剂及喷射混凝土的质量得到有效的保障和提高。

第七章　免养护混凝土

第一节　免养护混凝土技术的研究

一、概述

1. 研究与开发免养护混凝土的意义

随着现代建筑物高度的增加以及施工进度的加快，施工的人力成本也不断提高，混凝土的养护工作往往被忽视。混凝土的开裂和回弹强度低已成为混凝土行业的通病，也是所有搅拌站最为之头疼的难题。造成这个问题的主要原因为混凝土的养护不到位，导致混凝土早期产生裂纹，然后开裂，在后期验收时回弹强度不达标。据统计，全国 80％以上的建筑工程的养护都不到位，所以通过养护技术减少混凝土早期开裂产生的裂缝问题非常必要。在混凝土配合比设计时加入免养护剂，混凝土拆模后不需要养护，可以有效地预防混凝土开裂，减少混凝土碳化，提高混凝土表面的回弹强度。

2. 技术原理和路线

（1）技术原理

通过在混凝土中掺加免养护剂，使混凝土拌合物凝固前免养护剂漂浮到混凝土表面，在混凝土上表面形成一层薄薄的膜，这层膜在空气中快速硬化，使水分无法在上表面蒸发散失。拆除模板后，侧面和底部的混凝土表面由于免养护剂的渗透作用，渗透到拆模后的混凝土外表形成一层隔离膜，并很快硬化，使混凝土表皮封闭起来，水分无法蒸发。对于水泥和胶凝材料水化过程中出现的小缺陷，免养护剂会快速渗透到该部位修补使其愈合，使水泥水化体系在较长时间内保持较高的内部相对湿度，即保证了水泥水化的持续进行又抑制了混凝土界面的早期干燥，这样就有效地预防了混凝土的塑形收缩和化学缩减引起的开裂。保证混凝土拆模后，免养护混凝土比标准养护的混凝土具有更好的抗裂性和提高回弹强度的作用。同时，在减少 40kg 水泥用量的基础上加入免养护剂的混凝土和基准配合比的混凝土达到相同的工作性能、力学性能及耐久性能。

（2）技术路线

掺加免养护剂可以有效地预防混凝土开裂，使混凝土实体回弹强度与标准养护试件强度一致。具体技术路线：在配合比设计上，确定采取预湿骨料和调整砂率相结合的技术措施，解决砂石含泥量高、石粉量高以及吸水率大导致的混凝土拌合物初始坍落度小、坍落度经时损失大以及外加剂掺量高的技术难题，采用掺加免养护剂的方法解决混凝土开裂和回弹强度低的问题。针对搅拌站砂石料特定的条件，每一批砂石料都有一个最佳砂率，首先通过试验求出最佳砂率；其次求得胶凝材料混合后搅拌达到标准稠度时的用水量，然后经试验求得润湿砂石所用水量用于生产即可实现控制质量、降低成本的目标。对不同强度等级混凝土掺入不同品种和用量的免养护剂的方法确定解决混凝土开裂和回弹强度低的科学方法。

在具体的操作过程中，研究在搅拌站砂石料皮带头位置增加一套喷淋设备，使喷水过程和砂石的生产过程同步进行，以便节约时间，使砂石料进入搅拌机之前实现表面润湿和内部空隙的饱水状态。在生产时，外加剂和水分全部用于润湿胶凝材料以及改善工作性，提高初始坍落度，减少坍落度经时损失，达到节约减水剂，保证工作性，预防坍落度损失，降低混凝土成本以及实现混凝土免养护的目的。

二、试验方案

1．试验要求

采用常规生产工艺，利用山东地区常用砂、石和 P·O42.5 水泥，选择适宜的外加剂和掺合料，配制不同 C20～C60 的泵送免养护混凝土，其性能指标要求如下：

① 试配强度：$f_{cu,28} \geqslant f_{cu,k} + 1.645\delta$ MPa。

② 坍落度：(220±30)mm。

③ 扩展度：$D \geqslant 500$mm。

④ 2h 内混凝土坍落度损失：≤10%。

2．方案设计

根据试验的要求，考虑试验的目的，试验方案设计如下：

① 对外加剂、掺合料等原材进行选择性试验。

② 对免养护剂的物理力学性能检测并优选出合理的免养护剂。

③ 试配免养护混凝土，进行工作性能、力学性能和耐久性能检测，优选出免养护剂在混凝土中的最佳掺入量。

④ 进行验证性试验。

⑤ 工程中应用此免养护剂。

3．试验设备及相关条件

① 设备：60L 强制式搅拌机。

② 搅拌时间：2min。

③ 成型方式：机械振捣。

④ 养护条件：标准养护、同条件养护。

⑤ 龄期：3d、7d、28d。

三、试验研究

1．原材料的选择

（1）水泥

北京灵感科技有限公司常用的几种水泥的主要技术数据见表 7-1。

表 7-1　常用的水泥的主要技术数据

水泥品种	细度（%）	表观密度（kg/m^3）	标准稠度（%）	抗折强度（MPa）		强度（MPa）	
				3d	28d	3d	28d
鲁碧 P·O42.5	7.1	3014	27.2	6.6	9.7	30.5	55.7
宝山 P·O42.5	7.5	2950	28.3	6.9	9.5	33.1	53.2
万华 P·O42.5	6.8	3045	27.4	7.2	9.4	31.5	55.0

经过试验对比，本研究初步确定从鲁碧、宝山和万华三种水泥中选择28d抗压和抗折强度好、质量性能稳定的P·O42.5水泥。分别采用这三种不同的水泥，同一种外加剂的三种不同掺量进行流动度对比试验，根据净浆流动度对比试验结果，选用鲁碧P·O42.5水泥，其性能见表7-2。

表7-2　鲁碧P·O42.5水泥性能

化学成分	C_3A（%）	R_2O（%）	Cl^-（%）	SO_3（%）	C_4AF（%）
含量	15.2	0.84	0.0004	2.56	9.3

物理性能	烧失量（%）	标准稠度（%）	凝结时间（h）		抗折强度（MPa）		强度（MPa）	
			初凝	终凝	3d	7d	3d	28d
	2.02	27.2	2∶10	3∶55	6.6	9.7	30.5	55.7

通过对水泥的表观密度、标准稠度用水量、28d胶砂强度，数字量化强度和水泥用量（表7-3）的关系，得出单位强度需要的水泥用量。

表7-3　水泥性能指标的用量

检测指标	标稠用水量（%）	表观密度（kg/m^3）	28d胶砂强度（MPa）	水泥强度贡献（kg/MPa）
实测值	27.2	3014	55.7	7.1

（2）细骨料

细骨料采用洁净的中砂，细度模数为2.6～3.0。砂的技术指标见表7-4。

表7-4　砂的技术指标

细度模数	表观密度（kg/m^3）	堆积密度（kg/m^3）	含泥量（%）	泥块含量（%）
2.8	2010	1550	1.0	0.8

（3）粗骨料

粗骨料采用质地坚硬、级配良好、界面条件较好的机制碎石，针片状含量低，石子的粒径为5～25mm。碎石的技术指标见表7-5。

表7-5　碎石的技术指标

公称粒径（mm）	表观密度（kg/m^3）	堆积密度（kg/m^3）	含泥量（%）	针片状含量（%）	压碎指标（%）
5～25	2630	1550	0.3	5.6	12

（4）拌合水

采用自来水。

（5）外加剂

通过净浆流动度法检验外加剂和水泥的适应性，本试验采用自配聚羧酸系减水剂，最佳掺量为2%。它具有无氯、低碱、高效等特点，能非常明显地改善混凝土的和易性及黏聚性，提高混凝土的密实性和耐久性等。减水剂的技术指标见表7-6。

表 7-6 减水剂的技术指标

减水率（%）	25.0	
碱含量（%）	0.37	
比重（20℃）	1.04	
pH 值	7.1	
固含量%	9.8	
对钢筋锈蚀	无	
强度比（%）	标准值	本品值
1d	≥140	165
3d	≥130	—
7d	≥125	130
28d	≥120	130

（6）矿渣粉

采用鲁碧粒化高炉矿渣粉，其物理力学性能指标及化学成分见表 7-7、表 7-8。

表 7-7 矿渣粉的物理力学性能指标

项目			级别			实测值
			S105	S95	S75	
密度（g/cm^3）		≥	2.8			2.85
比表面积（m^2/kg）		≥	350			420
活性指数（%） ≥	7d		95	75	55	98
	28d		105	95	75	102
流动度比（%）		≥	85	90	95	93
烧失量（%）		≥	3.0			1.0
氯离子（%）			—			0.01

表 7-8 矿渣粉的化学成分

化学成分	SiO_2	Al_2O_3	Fe_2O_3	CaO	MgO	K_2O	Na_2O	TiO_2
含量（%）	33.56	11.4	0.33	40.39	11.20	0.57	0.57	1.34

通过胶砂强度，计算出矿渣粉的活性指数和取代系数见表 7-9。

表 7-9 矿渣粉的技术指标

检测指标	流动度比（%）	表观密度（kg/m^3）	28d 胶砂强度（MPa）	活性指数（%）	取代系数
实测值	93	2800	56.9	102.1	1.04

（7）粉煤灰

粉煤灰能改善混凝土的施工性能和力学性能，减少混凝土的需水量，避免混凝土拌合物的离析、泌水，改善混凝土的工作性，减少混凝土坍落度的损失；本试验使用的粉煤灰各项技术指标见表 7-10。

表 7-10 粉煤灰的技术指标

技术指标	分级标准		华电	非华电
	Ⅰ级	Ⅱ级		
细度（0.045mm 方孔筛筛余，%）	12	20	18	19.3
需水量比（%）	95	105	94	103
烧失量（%）	5	8	1.89	3.46
SO_3（%）	3	3	0.68	0.96

通过胶砂强度，计算出粉煤灰的活性指数和取代系数见表 7-11。

表 7-11 粉煤灰的活性指数和取代系数

检测指标	需水量比（%）	表观密度（kg/m^3）	28d 胶砂强度（MPa）	活性指数（%）	取代系数
实测值	101	2230	40	71.7	0.062

2. 免养护剂品种的选择

（1）试验设计

免养护剂技术有自身养护，提高强度，有效预防开裂，减小碳化等优点。原材在选择的时候，采集了 5 种免养护剂 A、B、C、D、E，通过试验优选出最佳的免养护剂应用于混凝土试验和生产中。

以 C30 为试验基准进行配合比设计及试验，对现有混凝土配合比方案进行优选，配合比见表 7-12。

表 7-12 现有混凝土的配合比 单位：kg

免养护剂	C30 配合比								
	水泥	矿渣粉	粉煤灰	石	砂	预湿水	拌合水	外加剂	免养护剂
A	230	90	50	860	960	74	96	9.0	1
B	230	90	50	860	960	74	96	9.5	1
C	230	90	50	860	960	74	96	9.5	1
D	230	90	50	860	960	74	96	9.5	1
E	230	90	50	860	960	74	96	9.5	1

（2）新拌混凝土性能试验

混凝土拌合物的工作性能实测值见表 7-13，经时坍落度损失如图 7-1 所示。

表 7-13 免养护混凝土拌合物工作性能 单位：mm

免养护剂	初始状态	T_{0h}	T_{1h}	D_{0h}	D_{1h}
A	和易性好，流动性好	230	200	600	560
B	和易性好，流动性好	230	210	590	550
C	和易性好，流动性好	240	220	600	540
D	和易性好，流动性好	240	220	610	560
E	和易性好，流动性好	240	220	590	550

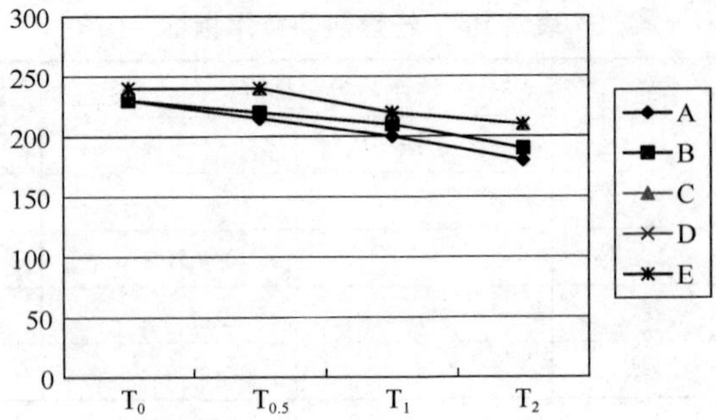

图 7-1　混凝土坍落度随时间损失图

（3）硬化混凝土力学性能试验

按照已确定的配合比进行试件立方体强度的试验，试验结果见表 7-14。

表 7-14　免养护混凝土的强度及回弹强度　　单位：MPa

免养护剂	3d 强度	3d 回弹强度	7d 强度	7d 回弹强度	28d 强度	28d 回弹强度
A	18.9	22.0	27.4	31.0	38.8	37.5
B	17.4	20.5	23.3	27.5	33.9	35.0
C	20.6	23.8	27.5	30.5	38.3	37.0
D	21.3	23.5	28.8	30.4	38.3	38.5
E	15.6	18.5	20.5	26.5	26.0	29.5

通过试验对比，最终确定试验和生产用的免养护剂为 D。

3. 免养护剂掺入量的试验

（1）试验设计

在设计免养护混凝土中免养护剂的最佳掺量时，应设计不同的免养护剂在混凝土中的掺入量，对混凝土的工作性能、力学性能、耐久性能，以及混凝土早期的开裂情况，计算 3d、7d、28d 回弹强度值和标准养护试件的强度值的差值，综合混凝土的质量稳定性和成本。并通过试验，合理地选择免养护剂的掺入量。

在本试验中，同时设计了 C25～C35 多个强度等级的混凝土进行试验，免养护剂的掺入量取单方混凝土中加入 0.3kg、0.5kg、1.0kg、1.5kg、2.0kg 和基准配合比进行对比，优选出最佳掺量，再进行一组减少 40kg 水泥用量掺入免养护剂的试验。试验设计的免养护混凝土配合比见表 7-15。

表 7-15　免养护混凝土的配合比　　单位：kg

混凝土强度等级	水泥	矿渣粉	粉煤灰	石	砂	预湿水	拌合水	外加剂	免养护剂
C25	160	70	80	860	1000	80	90	9.3	0
	160	70	80	860	1000	82	90	9.8	0.3
	160	70	80	860	1000	82	90	10.0	0.5
	160	70	80	860	1000	82	90	9.5	1.0
	160	70	80	860	1000	82	90	9.5	1.5
	160	70	80	860	1000	82	90	10.0	2.0
	120	70	80	860	1040	82	90	9.5	1.0

续表

混凝土强度等级	水泥	矿渣粉	粉煤灰	石	砂	预湿水	拌合水	外加剂	免养护剂
C30	190	70	90	860	960	80	90	10.5	0
	190	70	90	860	960	80	90	10.7	0.3
	190	70	90	860	960	80	90	10.7	0.5
	190	70	90	860	960	80	90	10.7	1.0
	190	70	90	860	960	80	90	10.7	1.5
	190	70	90	860	960	80	90	10.7	2.0
	150	70	90	860	1000	80	90	10.7	1.0
C35	200	90	70	860	950	74	98	10.5	0
	200	90	70	860	950	74	98	10.5	0.3
	200	90	70	860	950	74	98	10.5	0.5
	200	90	70	860	950	74	98	10.5	1.0
	200	90	70	860	950	74	98	10.8	1.5
	200	90	70	860	950	74	98	11.0	2.0
	160	90	70	860	950	74	98	10.5	1.0

（2）统计试验中各试件的各个龄期的强度和回弹强度

各试件的各个龄期的强度和回弹强度值见表7-16。

表7-16　各试件的各个龄期的强度和回弹强度值　　单位：MPa

混凝土强度等级	免养护剂（kg）	3d强度	3d回弹强度	7d强度	7d回弹强度	28d强度	28d回弹强度
C25	0	12.4	18.5	20.0	24.8	28.2	29.0
	0.3	12.3	18.1	21.3	25.6	28.8	27.5
	0.5	14.3	17.9	21.8	24.5	27.4	30.0
	1.0	15.6	20.3	22.3	26.8	30.0	30.5
	1.5	14.9	19.7	22.0	25.8	30.2	28.5
	2.0	15	18.9	20.8	25.3	25.7	30.6
减40kg水泥	1.0	14.5	17.5	20.4	23.8	29.8	30.0
C30	0	20.7	22.0	29.4	29.1	36.0	32.5
	0.3	18.6	21.4	25.2	28.6	37.7	34.5
	0.5	18.0	22.5	25.9	29.0	34.5	30.5
	1.0	18.8	23	27.1	29.7	38.6	35.5
	1.5	17.3	20.3	24.9	28.8	35.3	34.0
	2.0	17.9	20.0	24.5	27.4	35.4	32.5
减40kg水泥	1.0	17.0	19.8	24.2	27.0	34.6	34.2

续表

混凝土强度等级	免养护剂（kg）	3d 强度	3d 回弹强度	7d 强度	7d 回弹强度	28d 强度	28d 回弹强度
C35	0	22.5	24.5	29.7	33.0	39.1	38.5
	0.3	20.3	23.8	28.5	31.2	38.8	38.0
	0.5	21.4	24.5	30.4	32.3	39.4	40.2
	1.0	22.9	25.0	31.1	33.4	42.3	40.5
	1.5	20.8	23.3	29.5	32.8	38.1	39.5
	2.0	22.2	24.0	27.9	31.8	36.8	37.0
减 40kg 水泥	1.0	20.9	23.1	29.0	32.0	37.4	38.4

（3）总结分析

在本次试验数据结果中，从不同强度等级的混凝土和不同养护剂的掺入量可以得出，掺入免养护剂 0.3kg、0.5kg 的混凝土状态不受影响，但是强度波动不稳定，在实体施工中质量难以保证。免养护剂掺入量为 1.5kg、2.0kg 混凝土的和易性良好，流动性扩展度降低，施工难度增加，强度和掺入 1.0kg 的差不多。经多方面综合考虑，选择单方掺入量 1.0kg 的免养护剂。

4. 验证性试验

（1）验证性调整试验

上述试验已经确定在免养护混凝土中单方加入 1kg 免养护剂的配合比是最合理的，以 C30 配合比为基准重复进行了 10 次立方体强度的试验，验证该配合比的稳定性。试验配合比见表 7-17，试验结果见表 7-18。

表 7-17　C30 免养护混凝土的配合比　　单位：kg

混凝土强度等级	C30 配合比								
	水泥	矿渣粉	粉煤灰	石	砂	预湿水	拌合水	外加剂	免养护剂
C30	190	70	90	860	960	80	90	10.5	1.0

表 7-18　免养护混凝土的强度及回弹强度

类别	强度值（MPa）							
3d 强度	18.7	19.4	20.2	17.9	22.0	17.9	16.8	21.3
3d 回弹强度	22.0	23.4	19.8	21.5	24.7	22.6	20.8	25.0
7d 强度	26.4	27.1	25.9	27.5	26.9	25.9	27.3	27.0
7d 回弹强度	28.0	29.0	27.5	31.0	30.5	28.5.0	29.5	30.6
28d 强度	35.2	37.7	36.4	34.5	33.6	36.8	37.2	32.9
28d 回弹强度	36.5	38.0	37.5	36.5	36.0	38.0	38.5	35.5

从试验结果可以看出，采用免养护技术配合比配制出的混凝土，不用养护 C30 的 28d 强度能稳定地达到设计标准，且回弹强度和标准养护强度接近，回弹强度和试件强度高于基准配合比，加入免养护剂能有效地解决混凝土不养护而导致混凝土强度低的问题，并且还节省了养护的人力成本。

（2）强度发展规律

免养护混凝土进行 3d、7d、28d 立方体强度试验和回弹强度试验，由表 7-17 可以看出加入免养护剂的混凝土的强度和回弹强度值接近，加入免养护剂减少了内部水分的流失，使混凝土实体回弹强度与标准养护试件强度一致。试验结果表明，混凝土中加入一定量的免养护剂后，28d C30 免养护混凝土回弹强度和强度很接近，甚至高于强度。

5. 耐久性能试验

（1）收缩性能

混凝土的收缩性能是指混凝土在规定的温度、湿度条件下，不受外力作用引起的长度变化。在成型了 100mm×100mm×515mm* 的免养护混凝土试件 5 组中选取 1 组作为对比样。为了测定混凝土的早期收缩，分别在水中养护 1d 和 3d；再放在温度为（20±3)℃，相对湿度为（60±5)％的恒温恒湿室中测量其长度变化，收缩试验曲线如图 7-2 所示。

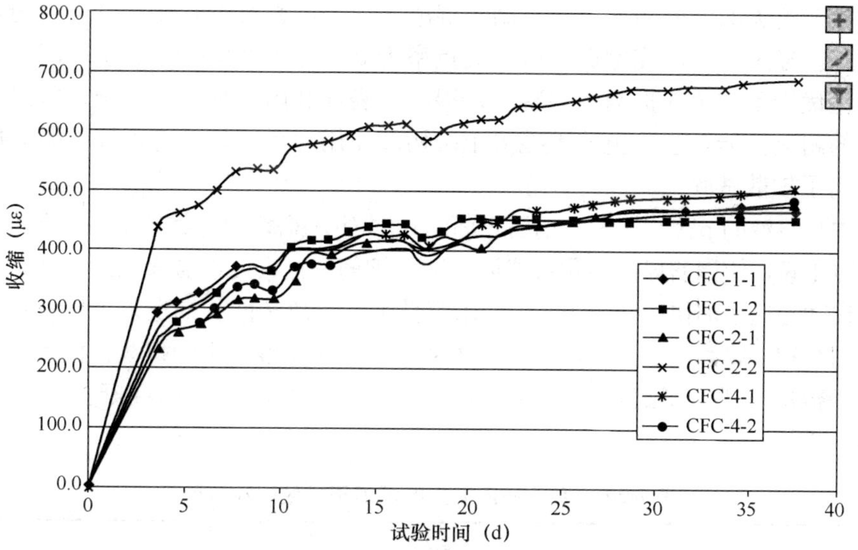

图 7-2 收缩试验曲线

试验结果表明：由于免养护混凝土中加入了免养护剂，使混凝土在自然环境中具有自养护的功能，提高混凝土的强度的同时，减少了混凝土早期因养护不到位引起的收缩开裂，同时减少了混凝土内部水分的流失，从而收缩率变小。

（2）抗渗性能

混凝土的抗渗性能是反映混凝土耐久性的重要指标之一。为了验证免养护混凝土的抗渗性能，按照标准试验方法进行抗渗性试验。试验表明，由于免养护混凝土中掺入了部分矿物掺合料，具有良好的密实性，同时加入的免养护剂使混凝土的内部和表层均完全水化致密，抗渗等级可达到 P35 以上，适合于地下工程结构和自防水结构。

（3）抗冻性能

混凝土的抗冻性能是指其在饱和状态下遭受冰冻时，抵抗冰冻破坏的能力。它是评定混

* 收缩性试件。

凝土耐久性的重要指标，以抗冻等级（F）表示。将成型了 100mm×100mm×400mm 的免养护混凝土试件进行快冻法试验，试验结果见表 7-19。

表 7-19 C30 免养护混凝土快冻法试验结果

强度等级	D50 次冻后				D100 次冻后				D200 次冻后			
	相对动弹模（%）	平均（%）	失重率（%）	平均（%）	相对动弹模（%）	平均（%）	失重率（%）	平均（%）	相对动弹模（%）	平均（%）	失重率（%）	平均（%）
C30	94.5	95.4	0.00	0.00	95.5	95.8	0.00	0.00	93.0	93.2	0.00	0.00
	95.4		0.00		95.9		0.00		92.0		0.00	
	96.3		0.00		96.1		0.00		94.6		0.00	

试验结果表明，由于免养护混凝土自身具有养护功能，且能减少内部水分的流失，从而减少了内部水分流失而产生的通道，提高了混凝土内部的密实度，使混凝土结构致密，所以抗冻融性能好。经过 200 次冻融循环后，失重率为 0，相对动弹模仍保持 93.2%，在不养护的条件下远远优于不加免养护剂的混凝土，混凝土表面和内部水化更完全，所以免养护混凝土具有良好的耐久性能，这种免养护混凝土结构的使用寿命更长，有更好的耐久性。

（4）氯离子扩散试验

混凝土中孔溶液的 pH>10 时，钢筋表面的孔溶液中氯离子浓度超过某一定值，就会破坏钢筋表面的钝化膜，使钢筋局部活化形成阳极区。钢筋一旦失钝，氯离子的存在就会使钢筋局部酸化，导致锈蚀速率加快。因为 $FeCl_2$ 的水解性强，氯离子能长期反复地起作用，从而增大孔溶液的导电率和电腐蚀电流。所以，氯离子的渗透性对于混凝土的耐久性极为重要。

对免养护混凝土进行了氯离子扩散试验，并和 C30 基准配合比混凝土进行了对比。试验结果见表 7-20。

表 7-20 免养护混凝土的氯离子扩散试验结果

强度等级	氯离子扩散系数（$\times10^{-8}cm^2/s$）			
	1	2	3	平均值
C30 基准	2.47	2.83	2.83	2.71
C30 免养护	1.35	1.65	1.61	1.54

（5）混凝土的碳化试验

空气中的 CO_2 不断向混凝土内部扩散，并溶于毛细孔的孔隙水中，呈弱酸性；溶于水的 CO_2 与水泥碱性水化物 $Ca(OH)_2$ 发生反应，生成不溶于水的 $CaCO_3$，使混凝土孔溶液的 pH 值降低，这种现象称为中性化，又称为碳化。当混凝土的 pH<10 时，钢筋的钝化膜被破坏，钢筋要发生锈蚀。钢筋生锈后的体积要比原来钢筋的体积膨胀 2.5 倍，因此会导致混凝土开裂，与钢筋的粘结力降低，混凝土保护层剥落，钢筋断面积发生缺损，严重影响混凝土结构的耐久性。

本试验成型了 5 组免养护混凝土试件，按照规定龄期放入 CO_2 浓度为（20±3）%、温度为（20±5）℃、湿度为（70±5）%的碳化箱中加速碳化，测得 3d、7d 混凝土的碳化深度均为零，14d、28d 混凝土的碳化深度均小于 3mm，试验数据见表 7-21。试验结果证明免养护混凝土的密实性好，具有较高的抗碳化能力。

表 7-21　免养护混凝土的碳化试验结果

组数	碳化龄期（3d）碳化深度（mm）	碳化龄期（7d）碳化深度（mm）	碳化龄期（14d）碳化深度（mm）	碳化龄期（28d）碳化深度（mm）
1	0	0	1	2
2	0	0.5	1.5	2.5
3	0	0	1	2
4	0	0	1	2
5	0	0	1	2

四、试验结论

① 本试验利用常规材料掺加免养护剂配制成功的免养护混凝土，流动性好、坍落度经时损失小，适合于高层建筑和大型混凝土结构的泵送施工。

② 免养护混凝土由于自身具有养护的功能，内部水分流失少，拆模后结构致密、没有开裂的现象，有效地预防了混凝土的塑性开裂。

③ 免养护混凝土 28d 强度和回弹强度平均高于基准配合比混凝土的 2～4MPa，实现了免养护混凝土回弹强度值和强度值与标准养护试件对比的一致。

④ 免养护混凝土在基准配合比的基础上可以减少 40kg 水泥，力学性能不变，既保证强度和工作性能满足要求，又节约能源、保护环境、降低制造成本，符合可持续发展战略，具有较强的市场竞争力。

⑤ 免养护混凝土水化完全、碳化值低、收缩率小、对钢筋保护性好、耐久性优异，抗渗等级可达到 P35 以上，可用于自防水混凝土结构工程，可以有效地预防因养护引起的一系列工程质量问题。

第二节　免养护混凝土工程应用

一、工程概况

恒大龙奥御苑是由济南一建集团总公司施工的恒大龙奥御苑二期项目，9 号楼采用山东华舜混凝土公司生产的 C30 免养护混凝土进行三层东单元楼板顶板、剪力墙、楼梯和柱的浇筑，现场要求混凝土的和易性、流动性和保水性优良，有利于泵送的施工顺利，浇筑完成后按照龄期拆除模板后，按照山东华舜混凝土公司的要求未对混凝土进行养护，同时施工三层西单元楼板顶板、剪力墙、楼梯和柱，使用山东华舜混凝土公司 C30 普通混凝土浇筑，进行强度对比。

二、免养护混凝土的试生产

1. 免养护混凝土试生产的要求

① 原材料的计量必须由专人负责，并记录计量结果。计量精度允许偏差如下：水泥为

±1%；掺合料为±1%；砂石为±2%；外加剂为±0.5%；水为±1%；免养护剂为±0.1%。

② 必须先进行物料的均化。

③ 生产过程由专人负责，抽检不合格及时通知相关部门有关领导进行处理。

2. 原材料的选用

① 水泥：P·O 42.5级。

② 石子：粒径为5～25mm的济南产碎石。

③ 砂：选用中砂，模数为2.6，含泥量为0.8%，泥块含量为0，属于B类低碱活性骨料。

④ 外加剂：W2。

⑤ 免养护剂：D。

⑥ 矿物掺合料：矿渣粉，粉煤灰。

⑦ 水：符合国家标准的饮用水。

3. 配合比

采用实验室理论配合比进行试拌，根据原材料含水率确定施工配合比。

三、免养护混凝土性能

1. 拌合物性能

对所配制的免养护混凝土拌合物坍落度及其损失值、凝结时间、含气量等进行检测，结果见表7-22。

表7-22　免养护混凝土拌合物性能应用试验结果

混凝土强度等级	坍落度（mm）				扩展度 mm	含气量（%）	排空时间（s）
	0	1h	1.5h	2.0h			
C30	250	240	235	230	580	2.6	8

2. 力学性能

免养护混凝土运输到施工现场后，我们同时留置了3d、7d、28d、边长为100mm的25组立方体试件，送法定检测机构进行强度检测。根据检测报告提供的28d强度数据进行统计分析和评定，免养护混凝土评定结果见表7-23。

表7-23　免养护混凝土强度评定结果

组数	强度均值	均方差	验收函数A	验收界限B	结果
	μ_{fcu}	S_{fcu}	$\mu_{fcu}-\lambda_1 S_{fcu}$	[$0.90\times f_{cu,k}$]	A>B
25	36.7	3.2	31.9	27	
			$f_{cu,min}$	[$0.85\times f_{cu,k}$]	A>B
			34.6	25.5	
结论	强度合格				

四、工程应用情况

自2016年7月9日至10月10日，在恒大龙奥御园工程中进行了C30免养护混凝土的实际应用。根据实际的具体情况，试验人员合理选用原材和外加剂，使得混凝土初始坍落度为220～240mm，扩展度为550～650mm，经过1.5h，当免养护混凝土由搅拌运输车运输到达施工现场时，坍落度保留值仍为220～230mm，工作性能优异、和易性好、易于振捣，混凝土泵送正常，不离析、不泌水、黏聚性好。混凝土拆模后表面光洁，无裂缝缺陷，外观质量明显优于不掺免养护剂的混凝土，同条件养护试件强度合格，回弹强度高于不掺免养护剂试件的2～4MPa，负责现场的监理和甲方技术人员非常满意。与施工单位在现场依据规范要求共同取样留置试件并分别编号，同条件养护至规定龄期分别送检，共留置28d试件25组，强度平均值为38.7MPa，根据《混凝土强度检验评定标准》GB 50107—2010中规定评定为合格。

五、经济效益和社会效益

（1）经济效益（表7-24）

表7-24　免养护混凝土经济效益分析表

序号	项目名称	应用效果	单站效益	生产线或产量	年综合效益（万元）
1	降低粉尘	除尘设备寿命延长2年	7万元/条·年	8条	56
2	工作性好，减少退灰	提高成品合格率1%	2.00元/立方米	200万立方米	400
3	节约电费	降低电耗0.033千瓦·时/立方米	0.033元/立方米	200万立方米	6.6
4	延长设备寿命	减少维修，量延长搅拌设备寿命1.5年	3万元/条·年	8条	24
5	节约外加剂	降低单方外加剂2kg	4元/立方米	200万立方米	800
6	提高强度	平均2.5MPa节约水泥20kg	5元/立方米	200万立方米	1000
7	免养护	不开裂，回弹与标准养护一致	—	—	96
8	减少水泥用量	单方减少20kg水泥	5.6元/立方米	200万立方米	112
9	减少养护水的浪费	节约水资源	—	—	—
10	高层建筑无法进行人工养护	降低安全系数，保证工人养护施工安全	—	—	—
11	减少养护人力物力的浪费	专门的养护的2人，每个月每人工资3000元左右	6000元/月	—	57.6
合计					2552.2

（2）社会效益

① 在掺加免养护剂并采用预湿骨料技术生产混凝土后，降低了砂石进入中间仓时粉尘的数量，使皮带与料仓周围粉尘降低，改善了环境。

② 混凝土出机坍落度和施工现场泵送坍落度较为稳定，可减少混凝土工作性的调整次数、混凝土退灰造成的环境污染，降低了混凝土的泵压、施工现场的噪声。搅拌机电流峰值降低，可节省混凝土电耗，间接降低了温室气体的排放。

③ 减轻搅拌叶片和衬板的生产磨损，节约了钢铁资源、水泥和外加剂，满足了国家去产能化的要求。

④ 生产免养护混凝土可以节约大量水资源，绿色环保。

⑤ 生产免养护混凝土节省了人力物力，避免了养护不到位而导致质量纠纷和工程事故，同时在高危工程中，降低了工人对混凝土人工养护施工的操作，人身安全得以保证。

⑥ 免养护混凝土提高了同条件件实体回弹强度，有效地预防了开裂，同时改善了混凝土的耐久性能，大幅度地降低了企业的额外开支。

六、混凝土实体工程照片

（1）免养护混凝土拆模后图片

图 7-3～图 7-5 为加入免养护剂的 C30 混凝土。

（2）未掺加免养护剂混凝土拆模后的图片（图 7-6～图 7-7）

图 7-3　掺加免养护剂 C30 混凝土的楼板

图 7-4　掺加免养护剂 C30 混凝土的剪力墙

图 7-5　掺加免养护剂 C30 混凝土的梁和板

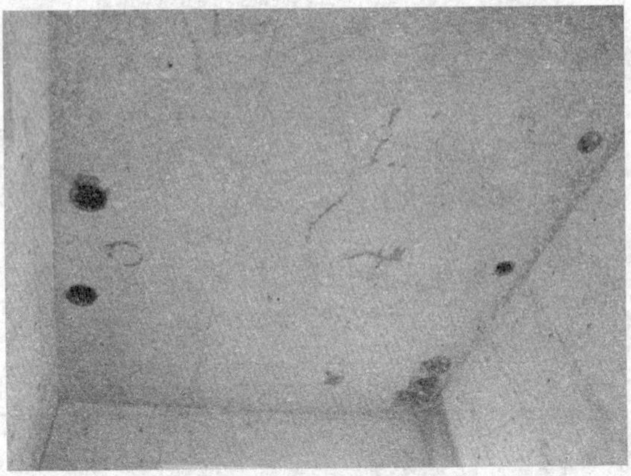

图 7-6　未掺加免养护剂 C30 混凝土的楼板

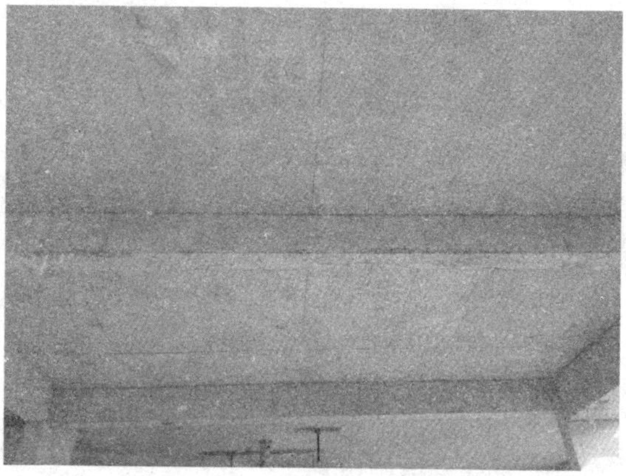

图 7-7　未掺加免养护剂 C30 混凝土的梁

从实体照片中可以看出，免养护混凝土实体颜色较常规混凝土深，说明免养护混凝土表面润湿，减少了水分的丢失。同时，浇筑的未掺加免养护剂的混凝土楼板有渗水裂纹的现象；掺加免养护剂的混凝土实体未出现开裂渗水现象，说明免养护混凝土能有效地预防混凝土开裂的现象。

七、工程应用结论

采用免养护混凝土技术配制的混凝土不需要养护，由于混凝土的成本达到最低，工作性达到最佳，混凝土强度满足设计要求，耐久性优异，特别是拌合物稳定的工作性和施工过程的免养护，深受施工企业的欢迎。在高层建筑对于养护相对较为困难的部位，更加突出了不需要养护的重要性，可以降低工人高层养护带来的人身安全以及水资源的浪费，并且保证了强度达到设计要求，因此混凝土的市场前景广阔。

综上所述，在采用免养护混凝土技术后，生产的混凝土具有明显的技术效果，具有很高的经济效益和良好的社会效益。

第三节　混凝土免养护剂在路桥混凝土工程中的应用

混凝土作为主要的建筑材料已广泛应用于工业与民用建筑之中，混凝土的裂缝问题成为设计单位、混凝土公司、施工单位头疼而又不得不面对的问题。如今，预拌混凝土在结构工程施工中被普遍采用，预拌混凝土生产又普遍采用富浆生产工艺，混凝土配制高胶凝材料用量、大砂率、低水胶比。施工中混凝土的浇筑过程工序质量控制基本由工人操作控制，混凝土要求大流动性、大坍落度，使得混凝土的变形变化（温度、收缩、不均沉降）变大，使得混凝土发生开裂的内在潜在风险增大。施工单位为了缩短施工周期和模板周转周期，以及成本控制的目的，较少考虑现代混凝土的特性，过早拆模，早期养护、振捣不到位等施工工艺不匹配，以及结构工程设计人员过度地从结构强度出发，未能充分考虑混凝土的自身收缩特性，未采取主动有效的预防措施，导致现在混凝土早期裂缝问题越来越严重，特别是在高层建筑地下室墙板等大体积混凝土构件中，当地下水位较高时，还会引起渗漏等问题，严重影响混凝土混凝土耐久性。

耐久性是混凝土最重要的质量性能指标，养护是保证混凝土耐久性的最重要措施之一，但有些基层中个别建筑从业人员质量意识、社会责任感、技术素养的下降，造成只重视混凝土工作性能和力学性能，轻视耐久性能成为当下混凝土行业的通病。收缩是混凝土的固有属性，由于收缩造成的混凝土裂缝对混凝土的耐久性能造成了严重的负面影响，严重时可使混凝土丧失使用功能。调节混凝土的内部湿度可以有效地降低混凝土的收缩，提高混凝土的耐久性和安全性。

一、技术原理与路线

本节采用在生产过程中加入高分子聚合物材料，它起到调节混凝土内部湿度的作用；在混凝土拌合物阶段可以起到调整混凝土合理的工作性及保坍作用，达到混凝土拌合物从出厂到浇筑完毕，和易性基本不变，以保证实体混凝土的配合比与生产配合比的一致。在硬化混凝土阶段起到既保证了水泥水化的持续进行又抑制了混凝土界面的早期干燥，显著地降低混凝土的自收缩率以及干缩率，改善混凝土内部结构，使之更加致密；还可预防混凝土失水引起的开裂、减少甚至消除塑性裂缝、降低碳化深度、提高界面的光洁度以及混凝土的硬度，提高混凝土的回弹强度，改善混凝土的耐久性。

二、试验及结果分析

1. 试验用的原材料

（1）水泥

选用陕西安康尧柏江华水泥有限公司的 P·O42.5 水泥，水泥的物理性能见表 7-25。

表 7-25　水泥的物理性能

比表面积 (m^2/kg)	标准稠度用水量 (%)	凝结时间（min）		安定性	抗折强度（MPa）		强度（MPa）	
		初凝	终凝		3d	28d	3d	28d
344	27.2	153	188	合格	5.4	7.9	28.8	46.7

（2）矿渣粉

选用陕西安康汉阴县天元工业废渣科技开发有限公司的 S95 矿渣微粉，矿渣粉的物理性能见表 7-26。

表 7-26　矿渣粉的物理性能

比表面积（m^2/kg）	流动度比（%）	烧失量（%）	含水量（%）	活性指数（%）	
				7d	28d
397	96	2.8	1.0	80	96

（3）粉煤灰

选用陕西安康某有限公司的Ⅱ级粉煤灰，粉煤灰的物理性能见表 7-27。

表 7-27　Ⅱ级粉煤灰物理性能

品种	细度 (45um 筛余,%)	烧失量 (%)	需水量 (%)	活性	
				3d	28d
Ⅱ级粉煤灰	22.5	8.0		44	79

（4）混凝土外加剂

选用陕西秦鑫新型环保建材有限公司外加剂厂生产的 QX-6 聚羧酸减水剂，减水率为 25%。

（5）免养护剂

选用北京灵感科技有限公司生产的 LG-016 混凝土免养护剂。

（6）细骨料

细度模数为2.1，含泥量为2.8%，泥块含量为0.5%。

（7）粗骨料

5～31.5mm的卵石，含泥量为0.5%，泥块含量为0.1%。

2. 混凝土配合比

试验采用C30混凝土，混凝土配合比设计按朱效荣教授提出的数字量化混凝土技术及预湿骨料方法技术进行配比（表7-28）设计计算，免养护剂用量按生产厂家推荐量掺加。

表7-28　混凝土配合比

水泥（kg）	粉煤灰（kg）	矿渣粉（kg）	外加剂（kg）	砂（kg）	石（kg）	免养护剂（kg）	水（kg）	强度（MPa）7d	强度（MPa）28d
224	42	104	7.4	786	1014	0	144	29.4	38.7
224	42	104	7.4	786	1014	1.0	144	26.4	41.6

3. 数据分析

标养试块均采用100mm×100mm×100mm规格的试样强度对比来考察免养护剂对混凝土力学性能的影响。混凝土拌合物性能按《普通混凝土拌合物性能试验方法标准》GB/T 50080—2016进行测试，混凝土力学性能按《普通混凝土力学性能试验方法标准》GB/T 50081—2002标准进行测试，混凝土的抗开裂性能按《普通混凝土长期性能和耐久性能试验方法标准》GB/T 50082—2009进行测试。从试验结果看，掺加推荐掺量免养护剂的混凝土标养试块混凝土7d强度有所下降，但28d强度提升比较明显。掺加免养护剂的混凝土拌合物的和易性、初始坍落度、扩展度和扩展度经时损失、抗开裂性都有明显改善。

三、工程应用效果

2016年11月至2017年2月分别在安康江北净水厂C30P6、安康福兴公寓C30、安康城市风景C40、安康水景湾二期C45工地使用掺加免养护剂的混凝土，工地拆模后对结构混凝土外观进行对比观察，掺加免养护剂比不掺加免养护剂混凝土的表面外观更加光滑，光洁度得到极大提高，并且无气孔，对混凝土自收缩引起的裂缝有明显的改善作用，混凝土的塑性裂缝基本消除。对混凝土标养强度、同条件强度、回弹强度进行对比发现，掺加免养护剂的混凝土标养强度比不掺加的有所提高，提高5%左右，同条件强度和回弹强度基本一致，得到业主、监理和施工单位的一致好评。

四、结论

使用免养护剂的混凝土具有明显的防裂抗渗效果，能明显改善混凝土的和易性，提高混凝土结构的表观质量，减少混凝土的表观缺陷。同条件养护的混凝土与标准养护的混凝土具有同样的抗裂性，能有效地降低养护条件对混凝土表观质量及混凝土开裂性的影响，提高混凝土的耐久性。

第四节　混凝土免养护剂在市政工程中的应用

建设工程中的楼板、梁柱和剪力墙等部位，在多风干燥、气候炎热的环境中，混凝土的失水速度很快，特别是暴露面积大的剪力墙，不易养护，表面失水速率更快。因此，混凝土裂缝较多，会影响外观质量，增加碳化深度，影响回弹强度值，对外观质量、强度指标和耐久性造成严重的后果。根据查找，有一种混凝土免养护剂可以显著降低混凝土的自收缩率以及干缩率，改善混凝土内部结构，使之更加致密。下面对样品进行相应的试验。

一、试验用原材料

1. 水泥

本试验选用唐山冀东水泥股份有限公司的P·O42.5水泥，其主要的物理力学性能见表7-29。

表 7-29　水泥主要的物理力学性能

细度（%）	标准稠度用水量（%）	安定性	凝结时间（h：min）		强度（MPa）		抗折强度（MPa）	
			初凝	终凝	3d	28d	3d	28d
1.1	28.6	合格	2：15	2：40	28.3	52.6	6.1	9.1

2. 粉煤灰

本试验选用华能德州电厂生产的Ⅱ级粉煤灰，其主要的技术性能指标见表7-30。

表 7-30　粉煤灰主要的技术性能指标

细度（%）	需水量比（%）	含水量（%）	烧失量（%）	活性指数（%）	三氧化硫含量（%）
15.6	99	0.42	4. 65	76	0.28

3. 矿渣粉

本试验选用天津产的矿渣粉。其主要技术指标见表7-31。

表 7-31　矿渣粉主要技术指标

密度（kg/m^3）	比表面积（m^2/kg）	流动度比	7d活性指数	28d活性指数
2.900	416	96	80	103

4. 天然砂

本试验选用的天然砂为石家庄产中砂。其主要技术指标见表7-32。

表 7-32　中砂主要技术指标

种类	细度模数	表观密度（kg/m^3）	含泥量（%）	泥块含量（%）
天然砂	2.3	2600	0.4	0.0

5. 石

本试验选用连续级配 5～20mm 的保定满城碎石。其主要品质指标见表 7-33。

表 7-33 碎石主要品质指标

类别	表观密度（kg/m^3）	针片状含量（%）	压碎指标（%）	含泥量（%）	泥块含量（%）
Ⅱ	2620	2.0	7.0	0.2	0

6. 外加剂

本试验使用江苏苏博特新材料股份有限公司聚羧酸高效减水剂，其主要性能指标见表 7-34。

表 7-34 聚羧酸高效减水剂主要的技术性能指标

生产厂家	密度（g/mL）	pH 值	固含量	减水率（%）
江苏苏博特新材料股份有限公司	1.074	7.2	12.0	25.6

7. 免养护剂的技术指标

免养护剂的技术指标见表 7-35。

表 7-35 免养护剂的技术指标

项 目	指 标
酸值（mgKOH/g）	小于等于 1
密度（25℃，g/mL）	1.24
羟值（mgKOH/g）	220～240
水分	小于 0.1

8. 水

本试验用水为洁净的自来水。

二、试验

1. 配合比设计思路

在相同的材料用量条件下，试验两个强度等级的混凝土：C30 和 C50，采取标养和放在屋顶露天养护（相对恶劣的条件）两种方式，检测不同龄期不加养护剂和加养护剂试件的回弹强度、碳化深度和强度的区别。

2. 配合比

试验所用的配合比见表 7-36。

表 7-36 试验所用的配合比 单位：kg/m^3

编号	强度	水泥	矿渣粉	粉煤灰	砂	石	水	减水剂	免养护剂
K01	C30	220	80	80	680	1165	170	8	0
K02	C30	220	80	80	680	1165	170	8	1.5
K03	C50	330	80	80	600	1160	160	10.5	0
K04	C50	330	80	80	600	1160	160	10.5	1.5

三、试验结果

(1) 露天养护 3d

露天养护 3d 试验结果见表 7-37。

表 7-37　露天养护 3d 试验结果

编号	强度等级	回弹强度	碳化深度(mm)	强度(MPa)
K01	C30	11.6	0	11.3
K02	C30	12.5	0	12.8
K03	C50	25.1	0	22.8
K04	C50	28.5	0	26.1

(2) 露天养护 7d

露天养护 7d 试验结果见表 7-38。

表 7-38　露天养护 7d 试验结果

编号	强度等级	回弹强度	碳化深度(mm)	强度(MPa)
K01	C30	15.2	2.0	19.3
K02	C30	19.6	1.5	22.6
K03	C50	27.5	0.8	37.6
K04	C50	30.0	0.5	38.1

(3) 标养 7d

标养 7d 试验结果见表 7-39。

表 7-39　标养 7d 试验结果

编号	强度等级	回弹强度	碳化深度(mm)	强度(MPa)
K01	C30	17.1	0	22.2
K02	C30	20.1	0	26.6
K03	C50	32.1	0	41.9
K04	C50	35.1	0	41.6

(4) 露天养护 14d

露天养护 14d 试验结果见表 7-40。

表 7-40　露天养护 14d 试验结果

编号	强度等级	回弹强度	碳化深度(mm)	强度(MPa)
K01	C30	20.4	2.5	22.9
K02	C30	22.0	2	26.7
K03	C50	31.3	1.3	42.5
K04	C50	34.4	0.8	44.5

四、免养护剂对混凝土性能的影响

（1）对工作性能的影响

加入免养护剂，混凝土的初始坍落度比基准混凝土稍大，混凝土的和易性好。

（2）免养护剂对混凝土力学性能的影响

由表 7-37～表 7-40 可以看出，相同龄期、相同养护条件，使用免养护的混凝土回填强度都高于未使用养护剂的混凝土；相同龄期、相同养护条件，使用免养护剂的混凝土强度都高于未使用养护剂的混凝土。

（3）免养护剂对混凝土碳化深度的影响

由表 7-37～表 7-40 可以看出，相同龄期露天养护，使用免养护剂的混凝土的碳化深度小于未使用养护剂的混凝土的碳化深度。

五、结论

① 使用免养护剂可以提高混凝土的回弹强度和强度。

② 使用免养护剂可以减小混凝土的碳化深度，提高混凝土的耐久性。

从短龄期的试验结果看，使用免养护剂可以提高混凝土的强度和耐久性。如果保持相同的强度，使用免养护剂的混凝土可适当降低胶凝材料的用量，综合成本相当，具有推广价值。

第八章　水下不分散混凝土

水下不分散混凝土是一种在遇水情况下骨料与水泥浆不发生分离或少量分离的混凝土。当混凝土具有这种特性后就可以直接在水下浇筑。达到这一目标的方法通常是在普通的水下混凝土中加入一种称作絮凝剂的物质——通常是水溶性的聚合物，从而赋予它水下不分散的高性能特性。将絮凝剂加入到混凝土后，不仅使混凝土具有很大的黏性以达到遇水不分散的效果，还会使混凝土具有高流态、自密实的特性。所以，在不能完成振捣成型的水下环境，使用水下不分散混凝土后依然能满足混凝土的密实性能，并具有一定的抗折性能。

一、工程概况

深圳市海上运动基地工程是2011年世界大学生运动会（简称大运会）帆船、帆板等水上项目的比赛场地，大运会之后深圳航海学校将继续使用。所以这是一项既关系国家形象，又关系民生大计的重点工程。该工程中有很多直接接触水面或需要直接浇筑在水下的部位。其中，有五条水下滑道主要用来提供拖拉或下滑帆船使用。这五条滑道有1/3的长度在水下，需要进行水下浇筑，同时要求必须具有一定的抗压和抗弯折的能力。所以根据施工现场情况有如下要求：

① 水下施工，免振捣成型，要具有高流态、自密实性。

② 达到C30Z4.0的强度等级。

③ 初凝结时间在12h左右，防止水位变动区在低潮的时候露出水面经过暴晒而龟裂。

二、试验材料

（1）水泥：塔牌P·O42.5R，28d强度49.0MPa。

（2）砂：东莞产中砂，细度模数2.7，含泥量0.5%，泥块含量0.2%。

（3）石子：深圳坪山产5～25mm连续级配粒级，针片状含量8%，含泥量0.4%，泥块含量0.2%。

（4）缓凝高效减水剂：深圳五山“N”型。

（5）絮凝剂：UWBⅡ型，其性能指标见表8-1。

表8-1　UWBⅡ型絮凝剂的性能指标

试验项目		性能指标
流动性	坍落度（mm）	230±30
	坍扩度（mm）	450±30
凝结时间	初凝	≥5h
	终凝	≤30h
抗分散性	水泥流失量（%）	<1.5
	pH值	<12

续表

试验项目		性能指标
水陆成型试件强度比（%）	7d	>60
	28d	>70
水陆成型试件抗折强度比（%）	7d	>50
	28d	>60

三、配合比设计试验

1. 用水量试验

（1）试验目的

首先确定水胶比。根据以往所涉及的 C30Z4.0 的混凝土来看，初步把水胶比设定为 0.45，并且根据推荐，UWBⅡ型絮凝剂的掺量设定为 2.5%，水泥用量不小于 380kg/m³。

（2）试验结果

试验结果见表 8-2。

表 8-2　用水量试验结果

编号	用水量（kg/m³）	水泥用量（kg/m³）	UWBⅡ掺量（%）	坍落度（mm）	坍扩度（mm×mm）
W1	170	380	2.5	0	0
W2	190	420	2.5	0	0
W3	210	460	2.5	200	400×400
W4	215	480	2.5	220	440×440

从 W1～W4 可以看出，与絮凝剂相关性最大的是水，用水量从 170～190kg，混凝土的状态未发生明显变化；当用水量达到 210kg 时，混凝土状态已初步具有自密实的特性了，但黏聚性太大；再将用水量增加到 215kg 后，混凝土状态已基本能满足自密实和泵送两项要求。这个变化反映出混凝土内部絮凝剂分子与水结合有个饱和度，当用水量超过这个饱和度时，多余的水在混凝土体系中使各个包裹着水泥颗粒和骨料的网状结构之间具有相互滑动的作用，从而具有流态，并在絮凝剂大分子的拉动和填充作用下，使混凝土内部密实。

2. 减水剂适应性试验

（1）试验目的

在这个试验中，要考虑到减水剂对混凝土结构体系的影响及影响的程度和絮凝剂对减水剂的影响及影响程度。

（2）试验结果

试验结果见表 8-3。

表 8-3　减水剂适应性试验结果

编号	水 (kg)	UWBⅡ掺量 (%)	N 型掺量 (%)	坍落度 (mm)	坍扩度 (mm×mm)
A1	190	2.5	2	0	0
A2	190	2.5	4	0	0
A3	215	2.5	0	220	440×440
A4	215	2.5	1	230	460×450

从表 8-3 中 A1 和 A2 可以看出，无论外加剂掺量多少，混凝土的状态不会发生改变，十分黏稠，基本表现不出坍落度。证明在混凝土微观体系中，水溶性聚合物通过氢键与部分拌合水结合，并以分子形式分散于拌合水中，因此拌合水被束缚于水溶性聚合物的网状结构里，从而变得非常黏稠，这种非常黏稠的水又包裹了水泥颗粒和骨料。而减水剂无法穿透网状结构，无法与水结合，达不到效果。A3 在未掺外加剂的情况下基本上能满足施工设计的要求，但当掺加 1%的减水剂后，和易性变好，说明混凝土体系中有游离水存在。所以我们选择掺加 1%的减水剂。

3. 凝结时间

（1）试验目的

由于水下不分散混凝土直接浇筑于水下，不存在覆盖保护的问题，当其直接暴露出水面和南方夏季的强阳光之下时，表面水分散失过快，极容易产生龟裂。若我们在水的高潮的时候浇筑于水下，水将对混凝土表面起保护作用。这个时间应在一个潮水周期内，即 12h 左右。

（2）试验结果

试验结果见表 8-4。

表 8-4　凝结时间试验结果

编号	用水量 (kg/m^3)	N 型掺量 (%)	水泥用量 (kg/m^3)	粉煤灰用量 (kg/m^3)	初凝时间 (h)	终凝时间 (h)
N1	215	0	480	0	7	8.5
N2	215	1	480	0	12	14
N3	210	0	430	50	9	10.5
N4	210	1	430	50	15	17

从表 8-4 中 N1 和 N2 可以看出，掺加缓凝减水剂对混凝土的凝结时间作用非常明显，再次充分证明了絮凝剂分子内部网状结构的特性，若把这种结构看作是一个一个的小集团，缓凝减水剂就附着在这些集团表面，所以产生的缓凝效果明显。另外粉煤灰对延缓内部温升有一定作用，所以当加入粉煤灰后，对凝结时间有一定的影响。鉴于工地的要求，最终选择了 N2 作为基准配合比。

4. 强度试验

经过多次试验，该配比的水泥流失量为 1.2%，表 8-5 为强度试验结果，图 8-1 和图 8-2 分别为混凝土不同龄期的强度和抗折强度变化曲线。

表 8-5　强度试验结果

试验项目		强度（MPa）				
		3d	7d	28d	60d	120d
陆上成型	强度	25.2	35.2	45.8	48.5	50.3
	抗折强度	3.4	4.5	5.9	6.0	6.1
水中成型	强度	20.4	29.6	39.7	42.7	44.3
	抗折强度	2.7	3.8	5.1	5.3	5.4

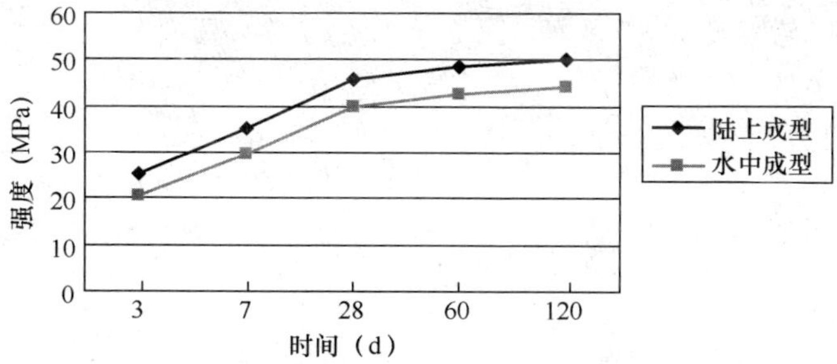

图 8-1　混凝土不同龄期的强度变化曲线

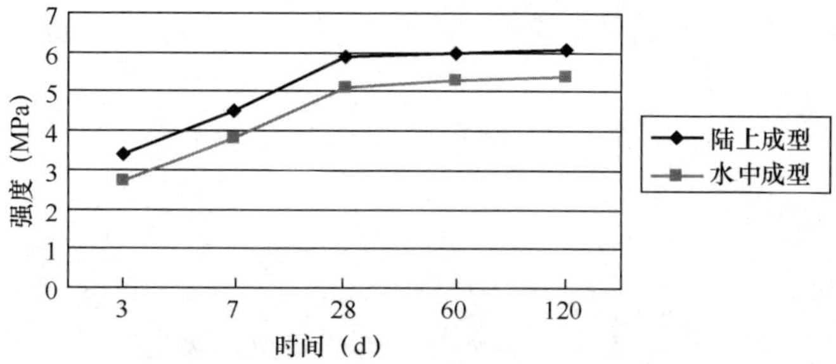

图 8-2　不同龄期的抗折强度

如表 8-5 和图 8-1、图 8-2 所示，当龄期达到 28d 后，其抗压和抗折强度都能满足施工设计要求，其抗折和抗压的水陆强度比达到了 87％和 86％，这个比值由于受直接接触水的影响，早期只有 81％，120d 后可达 89％。从图 8-1 和图 8-2 中可以看出，无论是强度还是抗折强度，其曲线基本符合混凝土的强度增长规律。

四、结论

经过试验，得出以下结论：

① 水下不分散混凝土是一种新型混凝土，在施工前必须进行试配。检验水下不分散剂（絮凝剂）的抗分散性能，调整混凝土和易性，使其不能产生离析、泌水，具有较好黏聚性和自流平性。

② 根据不同的施工工艺应确定不同的用水量，并根据强度等级确定水灰比。水下不分

散混凝土的流动性主要由用水量决定，减水剂在其中起着次要作用。

③ 在没有其他要求的情况下，缓凝剂和矿物掺合料均能够有效地延缓混凝土的凝结时间。

④ 水下不分散混凝土施工过程中要在静水中浇筑为原则，防止因水冲刷使水泥浆散失而降低强度。

第九章　不发火混凝土

普通混凝土在遭遇碰撞冲击和摩擦作用下有可能产生火花。在液化气站、煤气生产厂和乙醇生产厂等易燃品生产储存厂，以及可能产生粉尘爆炸危险源的厂区的施工工程中，对混凝土地面要求具有不发火性能。本章结合工程实例，研究了不发火混凝土原材料和配合比，并对不发火混凝土质量控制提出一点建议。

根据设计要求，当所有材料与金属或石块等坚硬物体发生摩擦、冲击或冲擦等机械作用时，不发生火花（或火星），致使易燃物引起发火或爆炸的危险，即为具有不发火性。

天津祥嘉流体控制系统有限公司高端阀门项目一期工程研发中心局部有一易燃品储藏库，单层结构，地面混凝土强度等级C20，设计采用不发火混凝土，建设单位要求使用商品混凝土。

一、原材料

不发火骨料是制备不发火混凝土的关键，全部采用白云石（图9-1）、白云石砂(图9-2)作为混凝土粗、细骨料进行不发火混凝土的配合比设计及试验的原料。

图9-1　白云石

图9-2　白云石砂

白云石骨料采购自河北省灵寿县，白云石破碎加工过程与磁选工序配合，防止破碎加工过程中混入金属材料。不发火骨料检测项目包括细度模数、颗粒连续级配、表观密度、含泥量等，检测依据和评定标准为《普通混凝土用砂、石质量及检验方法标准（附条文说明）》JGJ 52—2006，具体结果见表9-1。

表9-1　不发火骨料检测结果

项目	细度模数	连续级配	表观密度（g/m^3）	含泥量（%）	泥块含量（%）	针片状（%）
白云石砂	2.43	—	2.64	0.5	0.0	—
白云石	—	5～10mm	2.94	0.1	0.0	0

本试验采用其他原材料的技术要求：

1. 水泥

普通硅酸盐 P·O42.5，选用天津振兴水泥股份有限公司的正通牌。

2. 超细矿渣粉

选用天津京裕正大建筑材料有限公司 S95 级，密度为 2.83～2.90g/m³，7d 和 28d 活性分别为 80％和 100％，质量符合国家标准《用于水泥、砂浆和混凝土中的粒化高炉矿渣粉》GB/T 18046— 2017 的规定。超细矿渣粉的检测数据见表 9-2。

表 9-2　超细矿渣粉检测相关数据

SO_3（％）	安定性	凝结时间（h）		抗折强度（MPa）		强度（MPa）	
		初凝	终凝	3d	28d	3d	28d
2.47	合格	2∶55	3∶24	7.8	9.0	28.5	57.8

3. 粉煤灰

选用天津海得润滋投资集团的 F 类Ⅱ级，质量符合《用于水泥和混凝土中的粉煤灰》GB/T 1596—2017 的规定。

4. 外加剂

选用天津昶达科技有限公司的复合高效减水剂 HX，固含量为 40％，水泥净浆流动度为 220mm，掺量为 1.8％～2.5％。具有较好的减水、保塑和保水效果，与水泥的相容性良好。

二、试验方法

1. 不发火混凝土配合比及矿物掺合料比例的确定

通过胶砂试验确定矿物掺合料的强度，从而确定矿物掺合料最佳比例，执行《普通混凝土配合比设计规程》JGJ 55—2011。

2. 不发火混凝土试配及拌合物性能

不发火混凝土试配及拌合物性能的试验，执行《普通混凝土拌合物性能试验方法》GB/T 50080—2016。

3. 不发火性能的试验

（1）试验砂轮的标定

采用直径为 120mm 的手持电动砂轮，转速为 1500 转/分，试验中采取在暗室中用 150mmϕ6 普通建筑钢筋用力抵触转动着的砂轮，未发现火花，认定砂轮符合要求。

（2）不发火性能的试验

在现场为夜晚条件下，按每 100m³ 为一个检测范围，其中选取 300mm×300mm 的区域，用手持砂轮进行研磨混凝土面层 2～3mm，无火花为合格。

三、配合比设计

根据标准规范、设计要求、现场施工条件和环境条件，结合原材料试验结果和以往的经验配合比，进行配合比设计和计算。主要考虑以下因素：

① 矿物掺合料最佳比例的确定，通过胶砂强度确定之外，还应考虑混凝土地面工程施工工艺和使用的要求。

② 充分了解白云石骨料细度模数、表观密度和微观粒形的特点，通过试验确定不发火混凝土配合比砂率。

③ 不发火混凝土配合比用水量的确定，结合《普通混凝土配合比设计规程》JGJ 55—2011 中有关水胶比要求的同时，还应考虑白云石骨料的吸水率和微观粒形对不发火混凝土拌合物工作性能的影响。

④ 高效减水剂的配方和掺量，也应通过试验确定。

经过反复进行混凝土试验，调整矿物掺合料的比例、砂率和外加剂掺量，最终确定不发火混凝土配合比（表 9-3）。

表 9-3　高效减水剂配方和掺量试验相关数据

W/C	砂率（%）	单位体积材料用量（kg/m^3）						
		水泥	矿渣粉	粉煤灰	粗骨料	细骨料	外加剂	水
0.51	46	260	65	80	939	800	8.1	206

四、试验结果与分析

1. 不发火混凝土的试验结果

不发火混凝土的试验结果见表 9-4。

表 9-4　不发火混凝土的试验结果

混凝土拌合物工作性能		强度（MPa）		
坍落度	和易性	3d	7d	28d
180	良好	15.5	21.6	24.5

2. 试验过程遇到的情况

为了保证不发火混凝土拌合物的流动性和和易性，通过正交试验，对砂率、水胶比和外加剂掺量等几项进行调整，最终选取了最优配合比。试验过程中还发现，在外加剂配方变化不大的情况下，不发火混凝土实验室凝结时间较普通混凝土凝结时间延长 4～6h，但并不影响后期硬化与强度增长，可能因为白云石骨料的微观粒形造成保水性较普通天然骨料差。

五、生产质量控制

1. 原材料的进场验收

物资采购部负责采购白云石骨料，白云石骨料进场前，目测颗粒级配等指标，合格后，对原材料的品种、规格数量以及质量证明文件进行验收核查。按照批次进行试验委托抽样，并通知中心实验室试验员进行试验。白云石骨料应单独存放，防止混入金属类有害杂质。

2. 生产过程控制

生产前，应对搅拌设备进行检查，防止搅拌过程中可能混入的金属配件或残余混凝土块，同时派专人清理骨料仓和中途仓等部位，并做好监督检查记录；实际生产前，做好零点校核，原材料应严格按照配合比进行准确称量，最大允许偏差应符合规定（表 9-5），应特别注意骨料仓计量和落差值的设定。由实验室人员选取配合比，核对无误后，进行计量。混凝土放入搅拌车前，应叮嘱运输车辆司机一定要将罐体内可能的积水放净，保证混凝土质量稳定性。搅拌车到达现场时，应使罐体高速转动 20～30s，再将拌合物放出。

表 9-5　原材料配合比最大允许偏差数据

组成材料	计量允许偏差
水泥、掺合料	±1%
粗、细骨料	±2%
水、外加剂	±1%

六、工程应用

不发火混凝土正式生产前，由技术部门制订了质量控制措施，并对相关岗位人员进行了培训，严格按照质量控制要点生产。不发火混凝土运输到现场坍落度 180mm，和易性流动性良好，满足施工要求（图 9-3），经现场检测不发火混凝土性能符合要求。

图 9-3　不发火混凝土现场情况

七、结论

① 不发火骨料是生产不发火混凝土的关键材料，为保证不发火混凝土施工满足使用的要求，应避免不发火骨料生产、储存和使用的整个环节混入杂质，特别是铁质杂质。

② 不发火骨料的验收，遵循普通混凝土国家标准对骨料的技术要求。

③ 试验过程中发现不发火混凝土凝结时间较普通骨料配制混凝土凝结时间延长 4～6h，可能因为不发火骨料的微观粒形的差别造成，具体原因需要进一步开展试验确定。

④ 按照本节设计不发火混凝土配合比进行生产质量控制，满足施工和使用的要求。

第十章 喷射气密性混凝土

第一节 喷射气密性混凝土配合比设计

喷射气密性混凝土（以下简称喷射混凝土）是利用压缩空气或其他动力，将按一定配比拌制的混凝土混合物沿管路输送至喷头处，以较高速度喷射于受喷面，依赖喷射过程中水泥与骨料的连续撞击、压密而形成的一种混凝土。其集运输、浇筑及振捣为一体，施工方便灵活、工序简单，广泛应用于铁路隧道、水工隧道、矿山井巷、城市地铁等地下工程及边坡加固等防护工程。红山二号隧道根据围岩情况采用 C25 合成纤维喷射混凝土、施工工艺为湿喷法。

喷射混凝土配合比设计包括普通混凝土配合比设计和喷射混凝土现场喷射回弹率和实体强度验证；前一部分是依据喷射混凝土和工程施工的技术要求按照普通混凝土配合比设计的思路提出基准配合比，后一部分是在基准配合比的基础上在现场试喷、性能验证最终确定适合现场施工、可操作性强的理论配合比方案，两个步骤相辅相成、缺一不可。根据设计要求，喷射混凝土砂率宜为 45％～60％；胶凝材料用量不宜小于 400kg/m^3；1d 强度不低于 10MPa，喷射混凝土标准养护试件强度评定龄期为 28d。基于上述要求，配合比设计过程中，混凝土 1d 强度的验证采用后装拔出法；7d、28d 标准养护试件强度验证采用喷射大板试块切割成 100mm 立方体试件；试喷强度验证采用钻芯取样加工成圆柱体试件。

一、原材料的选定

根据现场湿喷法施工工艺要求，严格按照喷射混凝土技术指标选用适宜的原材料。

1. 水泥

通过对工程附近的水泥厂家生产水泥的质量稳定性、产量供应及价格进行综合评价，确定祁连山水泥有限公司生产的祁连山牌 P·O42.5 水泥质量稳定、供应充足、价格合理，各项技术指标满足铁建设〔2009〕152 号文中所要求的水泥技术指标。

2. 细骨料

选用质地坚硬耐久、细度模数大于 2.5 的中粗砂，砂中小于 0.075mm 颗粒含量不大于 20％的大通永泰河砂。

3. 粗骨料

根据喷射机输送管道的最小直径采用连续级配 5～10mm 的碎石，其碱活性低、含泥量及泥块含量均能满足铁建设〔2009〕152 号文中的技术指标。

4. 减水剂

选用陕西省建筑高新技术开发公司生产的 LGS-XC 聚羧酸高性能减水剂，掺量为 1.0％。减水剂对混凝土强度及混凝土与围岩的黏结力基本无影响；对混凝土和钢材无腐蚀作用；对混凝土的凝结时间影响不大；吸湿性差、易于保存、不污染环境，对人体无害。

5. 速凝剂

选用陕西省建筑高新技术开发公司生产的 LGN-8A 液体速凝剂。经相容性试验和水泥净浆凝结效果试验，其掺量控制在水泥用量的 4%。

6. 合成纤维

选用某工程材料有限公司生产的聚丙烯合成纤维，设计要求掺量为 0.9kg/m³；抗拉强度＞750MPa、断裂延长率＜15%、直径分布在 16～20μm 之间、丝长为 7～18mm，其性能指标能够满足工程设计的技术要求。掺入合成纤维对喷射混凝土黏滞性及回弹率起到良好的作用。

7. 水

选用乐都县饮用水。

二、配合比设计

1. 喷射混凝土配制强度的确定

混凝土配制强度必须超过设计强度标准值并满足强度保证率的要求，我国行业标准《普通混凝土配合比设计规程》JGJ 55—2011 中规定了普通混凝土强度保证率为 95%，即：

$$f_{cu,o} \geqslant f_{cu,k} + 1.645\sigma \tag{10-1}$$

式中　$f_{cu,o}$——混凝土的配制强度，MPa；

$f_{cu,k}$——混凝土设计强度的标准值，MPa；

σ——混凝土强度的标准差，经验选定为 6MPa。

所以，C25 喷射混凝土配制强度等级为：

$$f_{cu,o} = 25 + 1.645 \times 6 = 34.9(\text{MPa})$$

2. 用水量及水胶比的确定

根据喷射混凝土性能及普通混凝土配合比设计规程要求选定单位用水量为 165kg；水胶比选定 0.36、0.38、0.40 三个。

3. 混凝土砂率的确定

喷射混凝土是依赖喷射过程中水泥与骨料的连续撞击、压密而形成的一种混凝土，为了能够最大限度地吸收二次喷射时的冲击能量，所以它的砂率比普通混凝土的砂率高，它对喷射混凝土的稠度和黏滞性影响很大。洞挖工程的锚喷支护、侧墙和拱顶部位应采用较大的砂率，根据现场粗细骨料级配情况及普通混凝土配合比设计规程，初步拟选 46%、48%、50%三种砂率。

4. 喷射混凝土与普通混凝土的区别

喷射混凝土配合比设计与普通混凝土配合比设计的区别，其配合比设计要经过现场试喷确定。喷射混凝土试喷、调整应满足以下要求：

① 强度要求。满足工程设计喷射混凝土强度及 1d 强度不低于 10MPa 的要求。

② 可喷性要求。现场喷射混凝土有良好的附着性、较好的密实性，回弹量少，不发生管道堵塞。

③ 环保要求。现场喷射混凝土施工作业面粉尘少、粉尘浓度降低。

5. 配合比设计方案

初步拟定喷射混凝土的密度为 2350kg/m³。

（1）方案一

水胶比选定为0.36；砂率选定为46%、48%、50%。其理论配合比见表10-1。

表10-1　水胶比为0.36的理论配合比

水胶比	砂率（%）	原材料用量（kg/m³）						
		水泥	砂	碎石	水	减水剂	速凝剂	合成纤维
0.36	46	460	783	919	165	4.6	18.4	0.9
0.36	48	460	817	885	165	4.6	18.4	0.9
0.36	50	460	851	851	165	4.6	18.4	0.9

试拌及现场试喷结果：三种砂率中，混凝土拌合物流动性和黏聚性良好；其坍落度值分别为140mm、145mm、135mm（未掺入速凝剂之前）；混凝土力学性能指标见表10-2；现场试喷回弹率分别为13%、14%、17%；粉尘浓度满足环保要求。

表10-2　混凝土力学性能指标1

水胶比	砂率（%）	混凝土强度（MPa）			
		1d	7d	28d（标养）	28d（钻芯）
0.36	46	13.9	28.6	39.7	33.9
0.36	48	13.8	26.1	39.1	33.1
0.36	50	14.4	27.2	38.6	32.8

（2）方案二

水胶比选定为0.38；砂率选定为46%、48%、50%。其理论配合比见表10-3。

表10-3　水胶比为0.38的理论配合比

水胶比	砂率（%）	材料用量（kg/m³）						
		水泥	砂	碎石	水	减水剂	速凝剂	合成纤维
0.38	46	434	795	934	165	4.3	17.4	0.9
0.38	48	434	830	899	165	4.3	17.4	0.9
0.38	50	434	864	865	165	4.3	17.4	0.9

试拌及现场试喷结果：三种砂率中，混凝土拌合物流动性和黏聚性良好；其坍落度值分别为135mm、140mm、140mm（未掺入速凝剂之前）；混凝土力学性能指标见表10-4；现场试喷回弹率分别为13%、15%、16%；粉尘浓度满足环保要求。

表10-4　混凝土力学性能指标2

水胶比	砂率（%）	混凝土强度（MPa）			
		1d	7d	28d（标养）	28d（钻芯）
0.38	46	12.8	25.0	36.2	29.9
0.38	48	13.1	24.0	35.6	29.2
0.38	50	12.5	23.9	34.9	28.4

（3）方案三

水胶比选定为0.40；砂率选定为46%、48%、50%。其理论配合比见表10-5。

表 10-5　水胶比为 0.40 的理论配合比

水胶比	砂率（%）	材料用量（kg/m³）						
		水泥	砂	碎石	水	减水剂	速凝剂	合成纤维
0.40	46	412	806	946	165	4.1	16.5	0.9
0.40	48	412	841	911	165	4.1	16.5	0.9
0.40	50	412	876	876	165	4.1	16.5	0.9

试拌结果：三种砂率中，拌合物流动性和黏聚性良好；其坍落度值分别为 145mm、135mm、140mm；混凝土力学性能指标见表 10-6；现场试喷回弹率分别为 12%、15%、17%；粉尘浓度满足环保要求。

表 10-6　混凝土力学性能指标 3

水胶比	砂率（%）	混凝土强度（MPa）			
		1d	7d	28d（标养）	28d（钻芯）
0.40	46	9.6	20.5	31.9	26.6
0.40	48	9.0	19.7	31.1	26.1
0.40	50	9.4	19.1	30.3	25.0

比较三种喷射混凝土配合比设计方案：方案三喷射混凝土 1d 强度不满足要求、28d 标养强度不能满足配制强度要求；方案一与方案二相比，拌合物性能及混凝土强度均能满足要求，从经济性考虑，方案二水泥用量小；方案二中砂率为 46%的配合比在试喷中既能满足喷射要求回弹率又低，综合考虑此配合比为最佳喷射混凝土理论配合比。按照上述确定的理论配合比，在红山二号隧道 DK147＋660∽DK147＋710 段拱墙部位施工的喷射混凝土强度和回弹率均与配合比设计过程中的强度和回弹率比较吻合。

第二节　混凝土气密性影响因素研究

当前建设工程中，隧道穿越瓦斯地带是不可避免的问题，如果隧道衬砌层不够密实，煤层中的瓦斯以及其他有害气体将有可能透过隧道衬砌层而泄漏到洞内，当瓦斯气体聚集到一定浓度时就会引起爆炸，给隧道施工、车辆运行和旅客的生命财产造成极大的危害，因此必须要求隧道内的混凝土具有很好的气密性。除此以外，在垃圾掩埋站等某些仓储结构中，气密性也是评价混凝土质量的重要属性之一。

混凝土气密性取决于混凝土的孔结构，即孔隙率、孔径大小及孔结构特征。随着混凝土技术的发展，外加剂和矿物掺合料大量用于混凝土生产中，使混凝土内部结构发生变化，因此外加剂和矿物掺合料对混凝土气密性的影响有重要研究意义。本小节研究了水胶比，单掺混凝土气密剂、减水剂与硅灰复掺对混凝土气密性的影响；采用氮吸附法测混凝土孔结构，分析混凝土气密性与孔结构的关系。

一、原材料与试验方法

1. 原材料

水泥：选用四川亚东水泥有限公司 P·O42.5R 水泥，比表面积为 365 m²/kg，标准稠度需水量为28.9%，28d强度为50.4MPa；粗集料：5～31.5mm连续级配石灰石碎石；细集料：细度模数为2.8的石灰石质机制砂；气密剂：28d强度比分别为121%，掺量为3%；硅灰：活性指数为98%；减水剂：萘系高效减水剂，减水率为24%，28d强度比分别为124%，掺量为1%。

2. 试验方法

混凝土透气系数实验：采用HS-40A型混凝土渗透仪和空气压缩机改装成混凝土透气系数测试装置，按照《铁路瓦斯隧道技术规范（附条文说明）》TB 10120—2002中混凝土掺加气密剂后的透气系数测定方法测定混凝土的透气系数，测试压力为0.3 MPa，按式（10-2）计算其透气系数：

$$K=\frac{2LP_2\gamma}{(P_1^2-P_2^2)}\times\frac{Q}{A}\times10^{-2} \tag{10-2}$$

式中　K——透气系数，cm/s；

L——试件厚度，cm；

P_1——施压一侧气体压力，MPa；

P_2——测流一侧气体压力，MPa；

A——透气面积，cm^2；

Q——平均单位时间透气量，cm^3/s；

γ——空气单位容积重量，取$1.205\times10^{-5}N/cm^3$。

混凝土气密性试验装置示意图如图10-1所示。

孔结构测试方法：混凝土100mm×100mm×100mm立方体试块标准养护至28d，砸碎后筛取粒径5mm以下水泥石细颗粒，用无水乙醇浸泡终止水化，一天后取出，在60℃下烘干至恒重，采用美国Micromeritics公司的ASPS2020全自动比表面及孔隙度分析仪测定孔结构，其孔径分析范围为3.5Å～5000 Å。

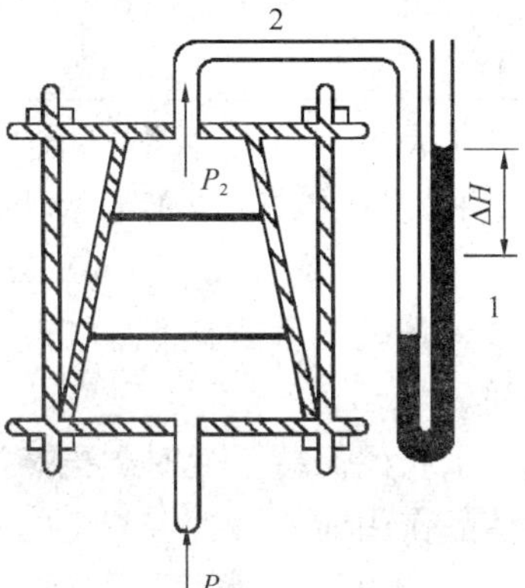

图10-1　混凝土气密性试验装置示意图

1—U形管；2—胶管；ΔH—透气量

二、试验结果与讨论

1. 水胶比对混凝土气密性影响

水胶比是影响混凝土气密性的主要因素之一，为研究水胶比对混凝土气密性的影响，测试了不同水胶比混凝土的透气系数，试验所采用的混凝土配合比以及测试结果见表10-7。

表10-7　混凝土配合比及试验结果

编号	水胶比	混凝土配合比	混凝土强度（MPa）		透气系数（cm/s）
		C∶S∶G∶W	7d	28d	
A1	0.67	285∶574∶1327∶190	26.9	33.6	6.90×10^{-11}
B1	0.57	335∶560∶1295∶190	31.6	37.1	4.40×10^{-11}
C1	0.51	375∶540∶1280∶190	36.8	41.6	1.27×10^{-11}
D1	0.41	465∶505∶1230∶190	42.1	49.7	4.15×10^{-12}

由表 10-7 可以看出，水胶比由 0.67 降低到 0.41 时，混凝土透气系数减小了一个数量级。在实际生产中，为满足施工操作要求，拌和混凝土所使用的水远超过水泥水化需要的水，随着混凝土内部多余水分不断迁移、蒸发，会在混凝土内部形成相互连通的毛细孔系统，无规则地分散在混凝土中。其他条件相同时，随着水胶比的增大，不仅水泥石总孔隙率增加，而且微分孔隙率即单位水泥石体积中按孔半径分布的孔体积也发生了重要变化，混凝土内部大孔和连续性孔都明显增多，导致混凝土气密性显著下降。混凝土孔隙率超过 30% 时，混凝土渗透系数随着孔隙率增大急剧上升。气密性混凝土的水胶比应尽可能小，目前对于气密性混凝土水胶比限值尚无明确规定，大量文献认为水胶比应控制在 0.55 以下。

2. 外加剂对混凝土透气性的影响

随着建筑工业的不断发展，混凝土外加剂逐渐成为了混凝土中不可缺少的“第五组分”，使用气密剂能显著提高混凝土的气密性。试验研究了单掺气密剂以及硅灰与减水剂复掺对混凝土透气系数的影响，所采用的混凝土配合比以及试验结果见表 10-8，其中外加剂 A 为单掺气密剂，掺量为 3.0%，外加剂 B 为硅灰与减水剂复掺，其中硅灰占水泥用量的 7%，减水剂掺量为 1.0%。

表 10-8　混凝土配合比及试验结果

编号	水胶比	每立方米混凝土材料用量（kg/m^3）					强度（MPa）		透气系数 (cm/s)
		水泥	砂	石	水	外加剂	7d	28d	
C1	0.51	375	540	1280	190	—	36.8	41.6	1.27×10^{-11}
C2	0.51	375	540	1280	190	A	38.0	44.3	6.44×10^{-12}
C3	0.51	375	540	1280	190	B	44.3	51.2	5.48×10^{-12}

从表 10-8 可以看出，单掺气密剂、硅灰与减水剂复掺均能提高混凝土的强度，降低混凝土的透气系数，改善混凝土的气密性。单掺气密剂时，相比空白组混凝土的强度提高了 6.5%，透气系数减小了 49.3%，而硅灰与减水剂复掺时，混凝土的强度相比空白组提高了 23.1%，透气系数减小了 56.8%。硅灰和减水剂复掺对混凝土气密性的改善优于单掺气密剂。

水胶比保持不变时，虽然混凝土总孔隙率变化不大，但气密剂减水组分的分散作用和抑制结晶作用能够改善混凝土的孔结构。除此以外，气密剂中的活性组分能够与水泥水化产物中的 $Ca(OH)_2$、水化铝酸钙、低硫型硫铝酸钙发生二次反应，生成水化硅酸钙凝胶、钙矾石，填充与堵塞毛细孔，并产生适量的膨胀，使水泥石密实，从而也使混凝土的孔结构得到显著改善。硅灰是一种高活性材料，掺入混凝土中能与水泥水化产物中的 $Ca(OH)_2$ 反应生成水化硅酸钙凝胶，改善和缩小硬化后混凝土的孔隙结构，同时能够促进硅酸三钙和硅酸二钙的水化反应，使混凝土孔隙结构得到充分填充。未水化的硅灰也能够作为微骨料填充在混凝土孔隙中，从而提高混凝土的气密性。

3. 氮吸附法测孔结构结果及分析

本试验中用到的 ASAP2020 全自动比表面及孔隙度分析仪采用静态吸附容量法，把烘干脱气处理后的样品置于一个已知体积的封闭恒温系统中，然后根据压力的变化推算吸附量。每次通过定量的加入或抽出吸附质气体，当达到吸附-脱附平衡之后记录样品在此平衡压力下的吸附量，从而得到吸附和脱附过程的平衡等温线。根据迟滞环的形状确定孔的形状，按不同的模型计算出比表面积、孔容积等孔结构参数。BET 吸附模型认为，在较低的相对压力下发生的吸附主要是单分子层吸附，然后是多层吸附。当压力达到足以发生毛细管凝聚时，吸附等温线上表现为一个突跃，孔径越大毛细管凝聚发生的压力越高。用氮吸附法测试混凝土孔结构，孔结构参数见表 10-9，水泥石吸附-脱附等温线见图 10-2。

表 10-9　氮吸附法测孔结构参数

编号	外加剂	孔结构参数		
		BET 比表面积（m^2/g）	孔容积（mL/g）	平均孔径（nm）
C2	A	7.4276	0.03147	9.5068
C3	B	4.0910	0.02158	8.7204

由表 10-9 和图 10-2 可以看出，硅灰与减水剂复合使用时，水泥石样品 BET 比表面积、孔容积以及平均孔径均明显小于单掺气密剂时，掺入硅灰以后测得的混凝土孔容积减小了约 31.4%。两组水泥石样品的吸附-脱附等温线都存在由毛细孔凝结引起的“磁滞回线”现象，相对压力大于 0.5 时，硅灰与减水剂复掺的水泥石的吸附量小于单掺气密剂，且其迟滞环也略小，这主要是由于混凝土中掺入硅灰后，硅灰的火山灰效应和填充效应使孔结构得到细化，平均孔径减小，并分割堵塞宏观大孔，从而起到改善混凝土气密性的作用。

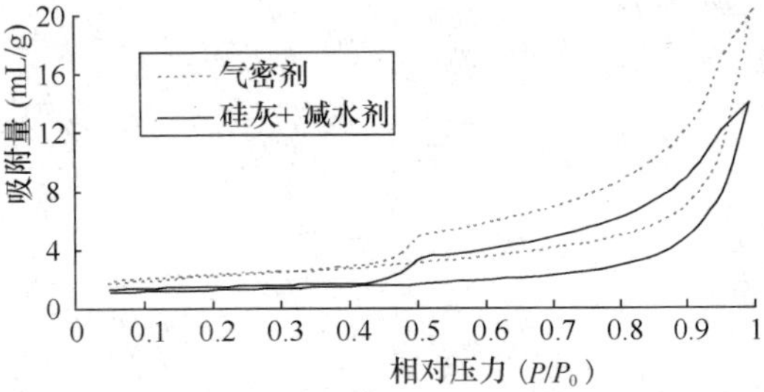

图 10-2　水泥石吸附-脱附等温线

图 10-3 为水泥石中孔径大于 5nm 孔分布图。由图 10-3 中可以看出，两组试样 25nm 以下孔径分布基本相当，但单掺气密剂时，水泥石中 25nm 以上孔明显多于硅灰与减水剂复掺，这说明混凝土中 25nm 以下孔的存在对混凝土气密性无不利影响。混凝土的渗透性与孔隙率有关，更重要的是与孔的形态、孔径分布密切相关。如果混凝土内部的孔隙都是封闭，彼此不连通，则混凝土的抗渗性较高。即使是不封闭的孔，只要孔径小到一定程度，气、液等介质也不容易通过。吴中伟教授将混凝土中的孔隙分为四级：孔径小于 20nm 为无害孔；孔径在 20～50nm 之间的为少害孔；孔径在 50～200nm 之间的为有害孔；孔径在 200nm 以上的为多害孔。Mehta 认为：混凝土的渗透性和孔径分布存在良好的关系，其中孔径大于 132nm 的大孔很大程度上决定了混凝土的渗透性。

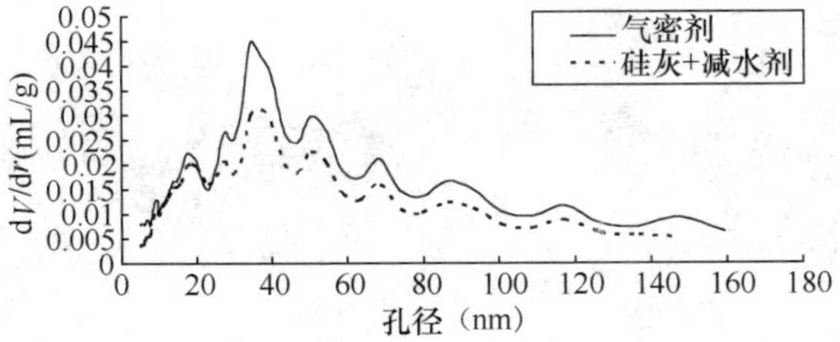

图 10-3　水泥石中孔径大于 5nm 孔分布图

三、结论

通过本试验，得出以下结论：

① 混凝土的透气系数随着水胶比的增大而减小。在本试验条件下，水胶比为 0.41 时配制的混凝土透气系数为 4.15×10^{-12} cm/s，气密性良好。

② 在混凝土中单掺气密剂或硅灰与减水剂复掺都能提高混凝土的气密性；硅灰与减水剂复掺改善混凝土气密性效果更佳。

③ 硅灰与减水剂复掺使用能降低水泥石中大孔和毛细孔孔隙率，使平均孔径减小，孔的比表面积也大幅度减小。

④ 混凝土中 25nm 以下孔的存在不会增大混凝土的透气系数。

第十一章 建筑垃圾再生骨料混凝土

第一节 再生骨料混凝土应用性分析

一、再生骨料的性能

1. 再生骨料的强度

由拆除既有混凝土构筑物经破碎加工而获得的混凝土碎块的成分十分复杂，再生骨料中仅含有设计强度等级高低不同的混凝土成分，而且含有许多低密度的建筑材料，如黏土砖、硬化石膏的碎块，甚至还含有用于混凝土表面的找平砂浆，用于找平砂浆表面的油漆或各种装饰涂料和其他有机物。混凝土结构的表面在自然界中已经发生了碳化，或者由于经过了其他腐蚀性气体的侵蚀后已经变得酥松。另外，在二十多年前施工的混凝土结构中，混凝土的最低设计强度等级相当于C7.5～C10。也就是说，再生骨料的强度可能还不足10MPa。经过近十多年的研究，现在再生骨料混凝土（以下简称再生混凝土）性能有了很大提高，混凝土强度可达到C60级，抗渗达到P12，抗渗可达到F200。

2. 再生骨料的吸水率与含水率

混凝土的密度一般比天然骨料的密度低，因此再生骨料的含水率与吸水率普遍高于天然骨料。从既有建筑拆除现场取得的再生骨料与天然骨料采集场的操作环境截然不同，经破碎后获得的再生骨料，除非进行水洗处理，否则因含有较多的泥土与泥块，也会增加其含水率与吸水率。由于再生骨料的上述特点，当用其配制混凝土时，搅拌用水要比采用天然骨料用水多5%左右，相应也要多用水泥5%左右。

二、再生混凝土的基本力学性能

1. 再生混凝土的强度

再生混凝土的强度是研究其应用价值的重要指标，鉴于强度在评价混凝土性能时的重要作用，关于再生混凝土强度的研究最为全面。Nixon分析了国外早期的相关研究成果，统计分析表明，再生混凝土的强度较普通混凝土低20%左右；日本BCSJ的试验表明，再生混凝土的强度比普通混凝土低14%～32%，而且随着再生粗骨料比例的增加，再生混凝土的强度具有降低的趋势。Ravindrarajah的试验发现，再生混凝土的强度较普通混凝土低8%～24%，Wesche对Buek，Malhtra和Frondistu-Yannas的试验结果进行了对比分析，得出的结论为再生混凝土的强度与普通混凝土的强度之间存在着一定的相关关系，即再生混凝土的强度比普通混凝土的强度低10%。然而，Hansen的研究则表明，再生混凝土的强度有高于普通混凝土强度的趋势。柯国军、黄显智、张亚梅等通过试验也发现再生混凝土的强度较普通混凝土的强度高。

再生混凝土的轴压强度试验呈现的破坏过程与普通混凝土存在一定的差别，主要表现为更大的脆性。由于再生混凝土材疏质脆，在轴向荷载的作用下，再生混凝土立方体试件横向约束作用较普通混凝土弱，导致再生混凝土立方体强度与棱柱体强度相比增加不多，表现为再生混凝土的轴压强度与立方体强度的比值较普通混凝土要高，许多试验都证实了这一点。

2. 再生混凝土的弹性模量

由于再生骨料混凝土骨料中存在较多的砂浆，与天然骨料相比弹性模量较低，因此再生骨料混凝土的弹性模量较天然骨料相比也会有一定的下降，Frondistu-Yannas 的试验表明，再生混凝土的弹性模量比普通混凝土的低 33%；Kakizaki 的试验结果表明，再生混凝土的弹性模量较普通混凝土的低 25%～40%，这主要取决于再生粗骨料的弹性模量和再生混凝土的强度。

3. 再生混凝土的抗拉和抗折强度

日本 BCSJ、Ravindrarajah 以及 Mukas 的试验均表明，再生混凝土的抗拉强度与普通混凝土没有很大的差别。BCSJ 的试验还发现再生混凝土的抗拉强度为其强度的 1/5～1/8，与普通混凝土比较类似。Ravindrarajah 的试验发现再生混凝土的抗折强度比普通混凝土的抗折强度低 10%左右。Malhotra 的试验结果也表明，再生混凝土的抗折强度比普通混凝土的抗折强度低。肖建庄和李佳彬研究了再生骨料取代率对混凝土抗折强度的影响，发现再生骨料对混凝土抗折强度的影响不大。

4. 再生混凝土的泊松比

再生混凝土的泊松比，苏联早期的试验发现：再生混凝土的泊松比与普通混凝土的泊松比比较变化不大，在 0.18～0.23 之间。近年来，颜聪试验的结果也得到了类似的结论。宋灿的试验发现，随着应力水平的增加，再生混凝土的泊松比变化规律与普通混凝土的泊松比变化规律比较一致，在应力水平较低的时候，再生混凝土的泊松比在 0.15～0.23 之间。

三、再生混凝土的应用前景

在欧美及日本等先进国家，对于废弃混凝土资源化再利用技术已达到成熟阶段，并有相当多的应用案例。国内尚处于起步阶段，实际应用水平与发达国家还有一定的差距。中国是一个资源匮乏型国家，人均资源拥有量远低于世界平均水平。改革开放以来，中国的经济始终保持高速增长，经济的发展离不开资源的支撑，传统的粗放型发展模式使中国资源不足的矛盾进一步显现，并制约着中国经济的发展。我国政府已经认识到环境与效益并举的重要性，并逐步制定了相应的措施。从经济上和政策上对固体废弃物的处理提出了要求；从技术层面上看，建筑废弃物再生利用过程中的技术问题正在逐步得到解决，建筑废弃物的再生利用正在从过去简单的填埋向生产再生混凝土、再生砂浆等产品的综合利用发展，相关的技术条件和技术规范正在酝酿之中。技术上的进步将提高再生产品的稳定性，降低再生产品的成本，提高再生产品的市场竞争力。综上所述，建筑废弃物的再生利用具有广阔的发展前景。

四、再生混凝土应用的环境效益和社会效益

废弃混凝土的再生利用可很好地解决资源、环境的协调发展问题，废弃混凝土的再生利用具有环境效益和社会效益，具体体现在以下几个方面：

(1) 混凝土作为最大宗的人造材料，对自然资源的占用及对环境造成的负面影响非常严重。而废弃混凝土的再生利用可以解决我国每年产生的大量废弃混凝土的处理难题和由其引

发的对环境的负面影响等问题，保护人类的生存环境。如再生混凝土的环境评价分析表明：利用废弃混凝土再生骨料生产混凝土时，可节省石灰石资源 62%，同时可减少 20%的 CO_2 排放量。高性能再生混凝土还可以综合利用粉煤灰、矿渣等工业废渣，同时还可以解决大量工业废渣的处理难题和由其处理造成的对环境的二次污染。

（2）废弃混凝土的再生利用，有利于保护耕地、保护生态环境，具有很重要的环保意义。如果直接将废弃混凝土运到郊外直接填埋就需要占用大量的土地，这给我国日益减少的耕地无疑是雪上加霜。如韩国、日本等国都通过对废弃混凝土的再生利用，有效地保护了环境和国土资源。

（3）我国天然骨料资源相对不紧缺，但自然资源并不是取之不尽、用之不竭的。将废弃混凝土再生利用，可以节约大量的天然砂石，减少天然砂石的开采，从根本上解决天然骨料的日益匮乏和大量砂石开采对生态环境的破坏，对保护我国的山体和河流具有重要的作用，有利于维持生态环境的平衡和社会的可持续发展。

（4）废弃混凝土再生利用可以减少城市垃圾的处理费用，减轻社会负担。

五、建议

为了推动我国建筑垃圾循环再生混凝土的发展，建议如下：

（1）应尽快制定限制建筑垃圾未经处理利用就异地排放的政策。

（2）应从政策和资金上鼓励加大对再生骨料的基本特性以及再生混凝土基本性能的基础研究，通过研究取得完整的理论分析和技术指标参数，从而组织研究制定《再生骨料品质技术规程》，这样不仅可以规范再生骨料的生产，保证质量，也便于加强再生骨料的质量检查，同时也应通过适当的途径提高再生骨料和再生混凝土的品质，使设计人员、业主更加放心地在工程中采用再生骨料。

（3）每个地区都应建有以处理混凝土废弃物为主的建筑垃圾再生加工厂，生产再生骨料，再生加工厂的数量和生产规模应能满足本地区废弃混凝土的处理能力。这样便于再生骨料的收集和工业化的制备，降低再生骨料的生产成本和提高再生骨料的品质，提高其与天然骨料的竞争实力，从而推动再生骨料和再生混凝土的发展。

（4）政府还应制定促使循环再生骨料发展的税收政策和补贴政策。在以上经济分析中可知，再生骨料的生产是微利甚至是无利或亏损，因此应制定相应的免税政策。从环境保护角度最好能给予一定的政策性补贴，例如对拆房重建的工地，如能使建筑垃圾异地排放率降低到一定比率以下，可以在城市建设维护税金中给予折扣，鼓励业主方积极处理、回收再生利用建筑垃圾。

第二节 废弃混凝土中原状骨料的机械分离方法研究

随着城市建设规模的不断扩大，拆除旧建筑物、构筑物产生的废弃混凝土越来越多，因占用大量土地，污染环境，已成为一大公害。如果将废弃混凝土完全再生利用，生产再生骨料并应用到建筑工程中，既节省天然资源、缓解供需矛盾，又减轻建筑废弃物对环境的污染，也使建筑及建材行业顺应可持续发展及循环经济的大趋势。然而，目前用废弃混凝土生产再生骨料时，大都将废弃混凝土当作均质材料进行简单的破碎。由于废弃混凝土是非均质材料，在破碎过程中受到严重“内伤”而导致再生骨料强度极低，只能用于配制低强度等级混凝土。目前方法是用废弃混凝土破碎成“骨料”的工艺，并非“再生”过程，这种骨料充其量算是“破骨料”。本节拟探索一条能使废弃混凝土中的原状粗细骨料最大程度分离出来的途径，使原状骨料在分离过程中遭受破坏最小，保留较高的残余强度。

一、试验

1. 原材料

① 水泥为 P·O 42.5 普通硅酸盐水泥，比表面积为 401m^2/kg，标准稠度用水量为 28.2%，28d 抗压强度为 56.7MPa。

② 废弃混凝土取自唐山市学院路某拆迁工地，实测强度为 39.6MPa。

③ 原生细骨料为遵化河砂（天然砂），细度模数为 2.8。

2. 试验方法

（1）原状粗骨料和再生细骨料

先用颚式破碎机预破，再放入取出研磨体的球磨机中，以“石打石”的方式进行研磨。按《普通混凝土用砂、石质量及检验方法标准（附条文说明）》JGJ 52—2006 进行筛分试验。按各粒级分计筛余随研磨时长的变化趋势作为分离效果的判断依据。

（2）再生混凝土

用分离出的原状粗骨料与原生细骨料配制混凝土，按《普通混凝土拌合物性能试验方法标准》GB/T 50080—2016 和《普通混凝土力学性能试验方法标准》GB/T 50081—2016 测定混凝土的性能。

二、试验结果及讨论

1. 废弃混凝土中原状骨料的机械分离方法研究

（1）预破后废弃混凝土块的级配

废弃混凝土经颚式破碎机预破之后，形成的混凝土碎块，用公称直径为 5mm 方孔筛将其分为再生粗骨料与再生细骨料，两者级配如图 11-1 所示。

由图 11-1 可知，再生粗骨料基本上是 5～40mm 连续级配碎石，再生细骨料的级配基本

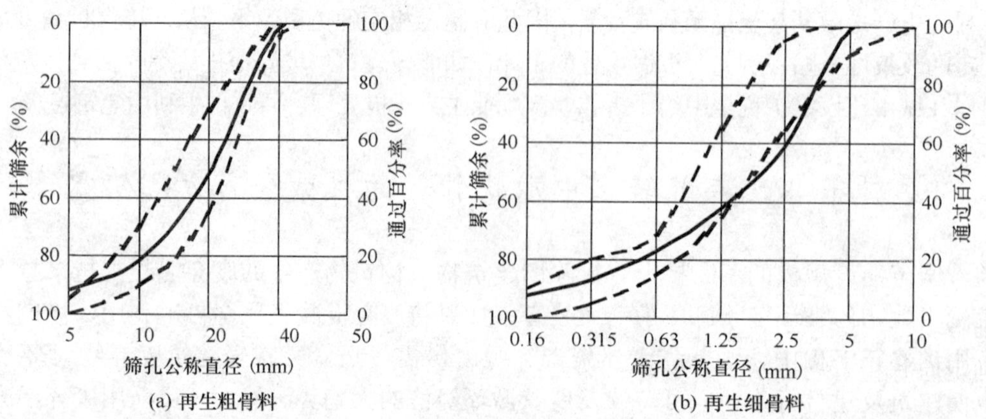

图 11-1　预破后废弃混凝土块的级配

在 0.16～5mm 细度模数为 3.58，属于粗砂。

（2）分计筛余随研磨时长的变化趋势

将预破后的废弃混凝土块放入取出研磨体的球磨机中，质量按填充球磨机容量的三分之一计，以“石打石”的方式研磨。每研磨 10min 后将料全部取出，做一次筛分试验，各粒级分计筛余随研磨时长的变化情况如图 11-2 所示。

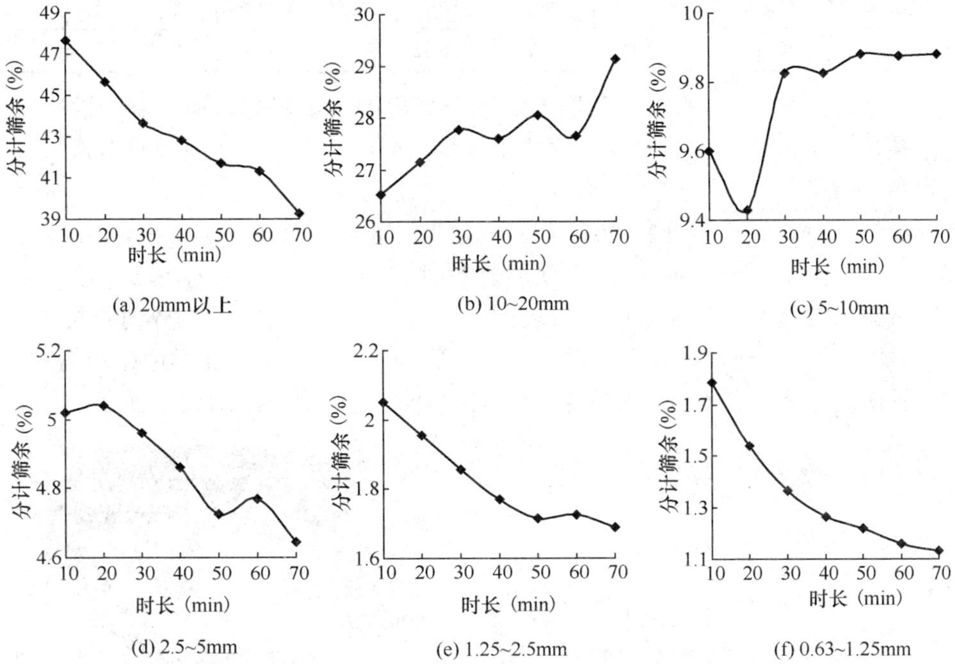

图 11-2　按不同时长研磨后分计筛余变化情况

由图 11-2 可以看出，由于各粒径的颗粒在球磨机中互相摩擦、碰撞的缘故，各粒级的分计筛余都在发生变化，说明黏附的水泥砂浆随着摩擦、振动而不停地脱落分离。随着时间的推移，多数粒级分计筛余变化趋势在 50min 左右出现拐点。可以推断，在这个时间段之后虽然仍有小部分的水泥砂浆继续脱落，但分离的程度已基本最大化，即原状粗骨料与细颗粒分离基本处于终点。其后随着研磨时间的延长，附着在原状粗骨料上的少量水泥砂浆难再撞击下来，裸露的原状粗骨料因自相撞击开始遭到破坏，石粉生成量逐渐增多。

（3）分离终点的确定

为防止分离终点的滞判，以图 11-2 中多条曲线拐点处的研磨时长（50min）及前推两个试验点（40min、30min），用三个研磨时长分离出的粗骨料和原生细骨料（天然砂）配制混凝土，以混凝土强度最高者确定原状粗骨料的分离终点。试验混凝土配合比及工作性见表 11-1，抗压强度发展情况如图 11-3 所示。

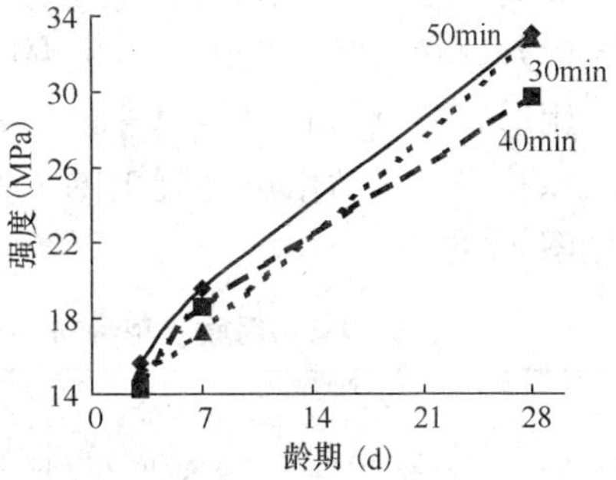

图 11-3　再生混凝土各龄期强度

表 11-1　用不同研磨时长再生粗骨料配制的混凝土

水灰比	水 (kg/m³)	水泥 (kg/m³)	天然砂 (kg/m³)	再生粗骨料		坍落度 (mm)	工作性			28d 强度 (MPa)
				研磨时长	用量 (kg/m³)		黏聚性	离析	泌水	
0.70	336	220.1	878.9	30min	1015	65	良好	无	无	32.8
0.70	336	220.1	878.9	40min	1015	80	良好	无	无	29.7
0.70	336	220.1	878.9	50min	1015	90	良好	无	无	33.0

由图 11-3 和表 11-1 可以看出，研磨 50min 分离出的再生粗骨料所配制的混凝土强度最高，且工作性最好，这个试验点可视为原状粗骨料的分离终点，即达到最佳分离效果情况下研磨时长为 50min。

达到分离终点时，原状粗骨料的级配见图 11-4，可见其级配属于 5～40mm 连续级配。从图 11-5 可以看出，研磨 50min 时，原状粗骨料外表只有凹面处残存 0.5%左右的水泥砂浆，其他区域露出的基本上是原来的岩石表面。此时，原状粗骨料的压碎值指标为 11.1%、吸水率为 4.2%，符合《建设用卵石、碎石》GB/T 14685—2011 对Ⅱ类原生粗骨料的要求，说明这种机械研磨分离工艺对原状粗骨料的破坏很小，能保留较高的残余强度。

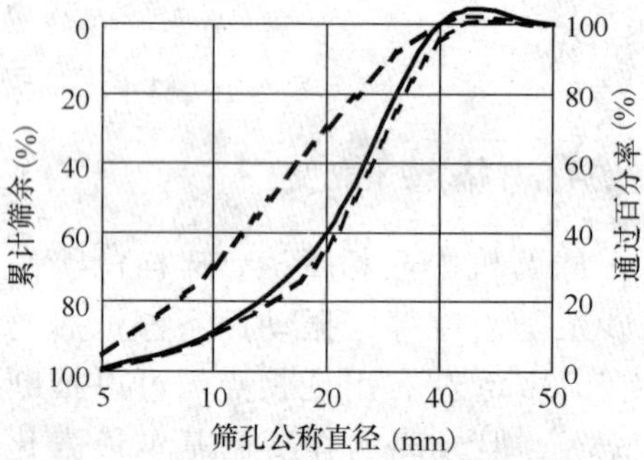

图 11-4　分离终点时原状粗骨料级配

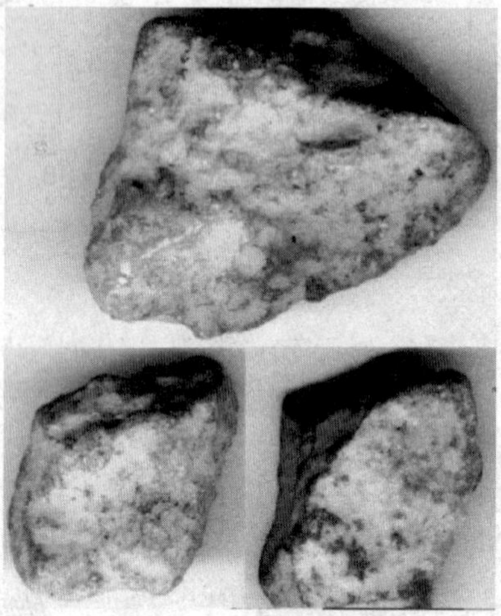

图 11-5　原状粗骨料外观

2. 原状粗骨料在再生混凝土中的应用

(1) 原状粗骨料适用于再生混凝土的最高强度

用原状粗骨料和原生细骨料（天然砂）按不同水灰比配制混凝土，以研究这种工艺分离出的原状粗骨料适用于混凝土的最高强度。试验配合比见表 11-2，混凝土试样各龄期的强度见图 11-6。

表 11-2　用原状粗骨料和原生细骨料（天然砂）按不同水灰比配制的混凝土

水灰比 (W/C)	水 (kg/m³)	水泥 (kg/m³)	天然砂 (kg/m³)	原状粗骨料 (kg/m³)	坍落度 (mm)	强度 (MPa)		
						3d	7d	28d
0.70	220.1	336	878.9	1015	85	15.15	17.33	33.0

续表

水灰比（W/C）	水（kg/m³）	水泥（kg/m³）	天然砂（kg/m³）	原状粗骨料（kg/m³）	坍落度（mm）	强度（MPa）		
						3d	7d	28d
0.65	220.7	362	839.3	1028	80	20.2	21.9	33.9
0.60	221.4	392	797.6	1039	70	21.0	22.0	34.4
0.55	222.2	427	754.8	1046	60	23.0	28.5	41.4
0.50	222.9	470	710.1	1047	40	22.3	31.6	39.1
0.45	223.7	522	663.3	1041	≈0	27.0	35.5	43.5
0.40	224.6	588	612.4	1025	≈0	28.8	30.4	43.4

由表 11-2 和图 11-6 可以看出，当 $W/C>0.45$ 时，强度随水灰比的增加大致呈现线性增加趋势；在 $W/C=0.45$ 时，7d、28d 强度达到最高；$W/C<0.45$ 时，混凝土 7d、28d 强度不再随水灰比的增加而升高，明显偏离与水灰比的线性关系。故可认为这种原状粗骨料适宜配制混凝土的最小水灰比为 0.45，此时混凝土的最高强度为 43.5MPa，适用于中等强度等级的混凝土。分析认为原状粗骨料表面难以分离下来的废水泥砂浆构成弱面，致使粘结强度不能进一步提高。然而，再生混凝土强度较原状粗骨料来源的原生混凝土强度高出 3.9MPa。

（2）冲洗处理对再生混凝土强度的影响

分离出来的原状粗骨料，经过筛分处理后表面仍然粘有 0.65%细粉。用水冲洗烘干后按表 11-1 中的配合比配制混凝土，并与未进行冲洗处理的粗骨料配制的混凝土进行对比（图 11-7）。由图 11-7 可知，冲洗处理前混凝土各龄期的强度均高于冲洗处理后的强度。未冲洗原状粗骨料表面的细粉可能含有少量水化不完全的水泥浆体，在配制混凝土时进一步水化，提高了再生混凝土的强度，因此不必对原状粗骨料进行冲洗处理。

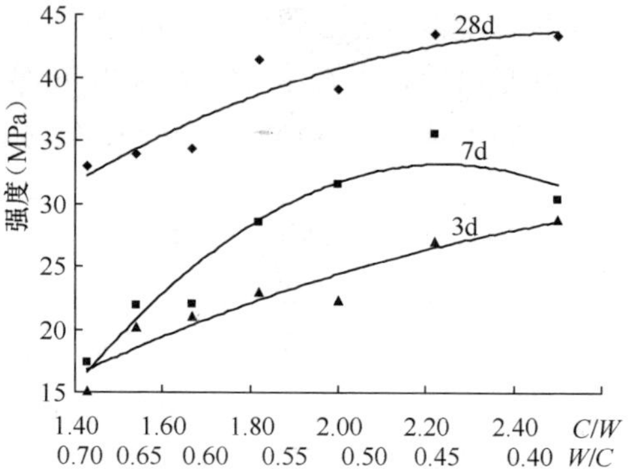

图 11-6　不同水灰比混凝土的强度

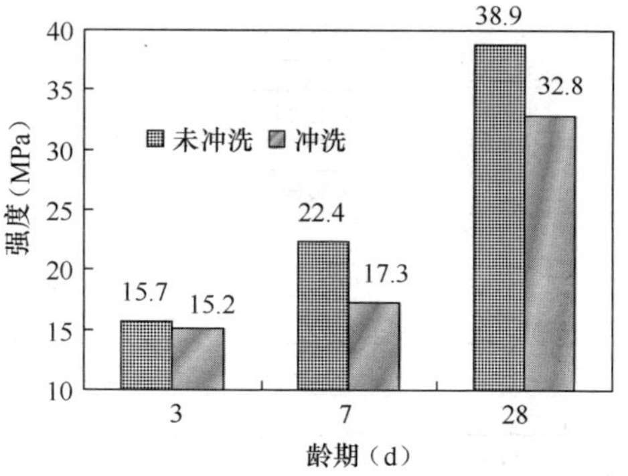

图 11-7　冲洗处理对再生混凝土强度的影响

三、结论

① 用机械法从废弃混凝土中分离原状骨料时，不宜采用简单破碎的方式，而应采用预破加研磨的方式。

② 分离终点可根据各粒级分计筛余随研磨时长的变化趋势判定，多条曲线的拐点即为分离终点。

③ 按预破加研磨方式分离出的原状粗骨料，符合《建设用卵石、碎石》GB/T 14685—2011 标准中对Ⅱ类原生粗骨料的要求，适用于中等强度等级的混凝土。

④ 原状粗骨料再生混凝土的配制强度可略高于其来源原生混凝土强度。

⑤ 用于再生混凝土的原状粗骨料不需冲洗，冲洗处理后强度反而降低。

第三节　废弃混凝土的循环利用方法研究

美国、日本和欧洲等发达国家和地区对建筑垃圾尤其是废弃混凝土的再生循环利用研究开展得较早，目前废弃混凝土的再生利用率均在 90%以上。而我国目前建筑废物资源化再生循环利用步伐缓慢，综合高效利用率尚不足 5%。若将废弃混凝土加工处理后再应用于预拌混凝土，可大大提高废弃混凝土的再生利用率，有利于推进建筑垃圾的资源循环利用工作。

目前，国内普遍采取的做法是将废混凝土破碎、加工成再生粗骨料，用于预拌混凝土的生产，对粒径 5mm 以下部分不做处理。笔者认为这种方式过于简单粗放，一方面废混凝土的再生利用率不够高，另一方面由于粉料部分未做处理，既影响再生粗骨料的品质又影响环境。本小节介绍一种废弃混凝土的循环利用方法，其把废弃混凝土加工成再生粗骨料、再生细骨料和再生微粉，分别应用于预拌混凝土的生产。该方法的废弃混凝土再生利用率高，对建筑垃圾的资源循环利用具有积极的促进作用。

一、废混凝土的加工方法

废混凝土是指由建（构）筑物拆除、路面返修、混凝土生产、工程施工或其他状况下产生的废混凝土块。废混凝土的回收、破碎等加工处理工艺是废混凝土能够进行充分再利用的前提。从提高再生利用率的角度出发，可将粒径 5mm 以下部分骨料加工成再生细骨料或再生微粉均是可行的。

如图 11-8 所示，通过处理可将废混凝土加工成再生粗骨料、再生细骨料、再生微粉等三大类再生材料，用于预拌混凝土的生产。考虑到目前我国劳动力成本相对较低，且机械不适宜处理大块杂质，因此使用人工法对废混凝土块进行分选以除去钢筋和木材。鉴于铁屑和碎塑料等细微杂质很难采用人工分离，可设置磁铁分离器和分离台，以便提高骨料的纯度。

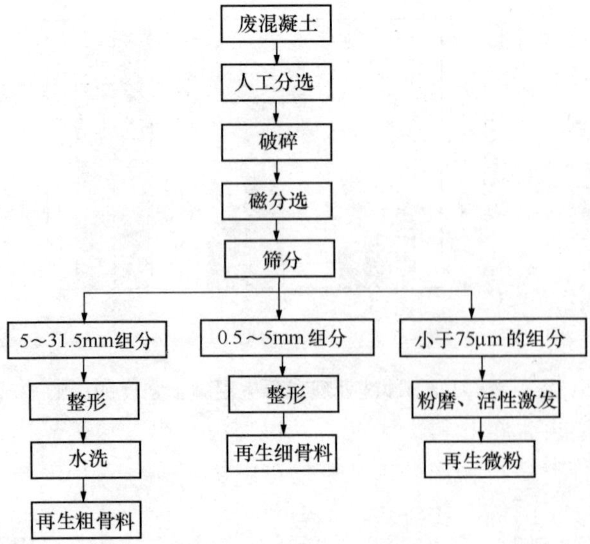

图 11-8　废弃混凝土的加工流程

二、再生粗骨料

再生粗骨料是废混凝土经破碎、加工后，所得粒径为5～31.5mm的骨料。再生粗骨料主要由独立成块的和表面附着旧水泥砂浆的天然粗骨料组成，其表面粗糙、棱角较多，导致再生粗骨料与天然粗骨料存在一定的差异。虽然再生粗骨料的级配可满足标准规范的要求，但是其比天然粗骨料粗，细度模数高、空隙率大、吸水率大、堆积密度小、堆积孔隙率大、压碎指标高，且由于微粉含量的关系，其性能受到很大影响。研究表明，由于再生骨料的来源比较复杂、废弃混凝土加工前后的分类还不是很完善，再生粗骨料因废混凝土来源不同而具有较大的随机性和变异性。

由于再生粗骨料的这些特性，使得用其生产的再生混凝土与普通混凝土相比，性能有较大程度的降低。目前常用的做法是对再生粗骨料进行预处理，改善再生粗骨料的粒形，去除其表面附着的水泥砂浆，减小再生粗骨料的孔隙率，提高再生粗骨料的性能，进而改善再生混凝土的性能。目前对再生粗骨料的预处理方法主要有强化法和湿处理法。

1. 强化法

强化法可分为化学强化法和物理强化法。其中，物理强化法的处理成本相对较低，更有利于推广和利用。

（1）化学强化法

化学强化法指用化学浆液（如聚合物、有机硅防水剂、纯水泥浆等）对再生粗骨料进行浸渍、淋洗、干燥等处理。化学浆液或直接填充再生骨料的孔隙，或与骨料中的某些成分反应生成物能填充再生粗骨料的孔隙，或浆液能将再生粗骨料本身微细裂纹粘合，从而改善粗骨料的表面状况。化学强化法会降低再生粗骨料的吸水率，明显改善再生粗骨料的性能，但是成本较高，且化学强化法处理后的再生粗骨料应用于再生混凝土性能的实际效果还有待于进一步研究。

（2）物理强化法

物理强化法指运用机械设备对简单破碎的再生骨料进行进一步处理。物理强化法的实质是在外荷载作用下，再生粗骨料与外界或自身之间相互摩擦，将其表面的水泥砂浆磨掉，从而达到强化的目的。物理强化法有机械研磨法、加热研磨法、颗粒整形法等。物理强化法可使再生粗骨料的粒形、吸水率、表观密度、压碎指标、针片状颗粒含量等指标均得到改善。再生粗骨料经过物理强化后配制的混凝土的抗冻性能、抗渗性能均得到了大幅提高。物理强化方法耗能较多，成本较低。

2. 湿处理法

传统再生粗骨料生产工艺中大都采用干处理法，但是当废混凝土中含有的杂质过多时，利用干处理法得到的再生骨料品质较差。近年来，欧洲和美国开始采用湿处理法生产再生粗骨料，即用水对再生粗骨料进行冲洗，分离再生粗骨料中的杂质，提高再生粗骨料的品质。

此外，在拌制再生混凝土前对再生粗骨料进行预湿处理，不仅可以提高新拌再生混凝土的和易性，而且可以提高再生混凝土的强度。因而，相对其他再生粗骨料强化方法，湿处理法或对再生粗骨料进行预湿处理，耗能相对较低，同时如能采取有效措施，避免冲洗之后的污水产生二次污染，是一种较好的预处理方法。

三、再生细骨料

再生细骨料是废混凝土经破碎、加工后，所得粒径在0.5～5mm的骨料。再生细骨料颗粒棱角多、表面粗糙，且含有较多的微裂纹，导致再生细骨料的吸水率大、堆积密度和密实密度小。掺入再生细骨料后，再生混凝土的工作性、强度和耐久性能会有所降低。因此，在其应用时，需注意配合比设计及外加剂选择。但由于再生细骨料的粒型和级配可通过加工工艺来调整，使其具有比天然砂更多的调整与选择空间，若加工工艺得当，可获得品质优良的再生细骨料。

四、再生微粉

再生微粉是指废混凝土经破碎、粉磨、活性激发后，所得粒径小于75μm的组分。再生微粉是在废弃混凝土加工过程中产生的高附加值产品。再生微粉中含有未水化的胶凝活性组成，具有一定的强度活性，可替代部分掺合料直接用于混凝土的生产，也可与粉煤灰矿渣粉复配成复合掺合料后用于混凝土的生产。

五、再生混凝土的配合比设计

再生混凝土不能机械地套用普通混凝土配合比的设计方法，宜采用体积法进行配合比计算，不宜采用质量法，这主要基于不同等级、不同取代率的再生粗骨料配制的再生混凝土，其表观密度可在较大范围内变动。此外，由于再生混凝土的坍落度损失大，配合比设计时应选择合适的外加剂，宜选用具有保坍效果的外加剂。配合比设计过程中，经过试验验证再最终确定配合比。

六、再生混凝土的生产与施工

再生混凝土生产时，应考虑再生粗骨料吸水率比较大的问题，可对再生粗骨料进行预湿处理，保证再生混凝土良好的工作性能。预湿处理用水量可按再生骨料质量的5%取值，也可通过试验确定。此外，还应综合考虑骨料品质、水泥品种、配合比，对各种原材料进行充分搅拌，保证再生混凝土的工作性。

再生混凝土的施工工艺与普通混凝土基本相同，但由于再生混凝土的坍落度损失快，出厂至施工的时间不宜过长。再生混凝土的和易性稍差，泵送压力不宜过大。此外，由于再生混凝土的28d强度稳定性稍差，施工后需严格按要求进行养护。

第四节 再生混凝土力学性能的研究

随着生产力的发展和城市化进程的加速，能源危机和全球变暖已被公认为是人类必须面对和急需解决的问题，因此“绿色”和“可持续发展”就成为现今材料发展的必由之路。然而在建筑业发展的同时，建筑物在拆建、改建和重建过程中产生了相当数量的建筑垃圾。如果把这部分建筑垃圾进行简单的填埋，不仅占用大量的农田，而且在清运过程中产生二次污染，这违背“绿色”和“可持续发展”的观点，阻碍社会的进步和经济的发展，因此废弃混凝土再利用已成为世界各国关注的热点。

再生混凝土是将废弃混凝土经破碎、整形、分级后，按照一定的比例混合，制备成与天然石子级配接近的骨料，采用部分或全部替代天然骨料配制而成的。对再生粗骨料而言，其强度较基准骨料低，主要源于解体破碎过程中的损伤累积，导致再生混凝土强度常低于相同配合比的基准混凝土。为提高再生骨料的品质，我国对废弃混凝土的分离方法进行了深入研究。目前，加热分离法是较有效且对骨料损害最小的方法，但研究多集中于高温分离。本小节以节能和环保为基础，提出“低温加热-颗粒整形”工艺并对分离出的再生粗骨料的利用进行了研究。

一、原材料及试验方法

1. 原材料

水泥：P·O 42.5R 水泥；

骨料：天然石子，天然砂；

废弃混凝土：龄期两年的 C30 混凝土试块；

再生骨料：将废弃混凝土试块经“低温加热-颗粒整形”工艺分离得到的骨料；

再生细粉：将废弃混凝土试块经“低温加热-颗粒整形”工艺分离得到的粒径小于 0.3mm 细料，经球磨机粉磨 9h 后得到细粉。

2. 试验方法

① 用万能压力机破碎废弃混凝土试块，并对破碎废弃料过筛，选用粒径不大于 26.5mm 的物料作为本试验的再生料，将其在马弗炉中以 40℃/min 匀速加热至 200℃后，用水泥试验磨粉磨 3min，进行筛分处理，选择粒径为 5～26.5mm 的试块作为再生粗骨料（其性能见表 11-3），粒径为 0.315～5mm 的试块为再生细骨料（其性能见表 11-4 和表 11-5），其余的试块为再生细粉。

表 11-3 再生粗骨料的性能

项目	普通骨料	再生骨料
堆积密度（kg/m^3）	1480	1400
表观密度（kg/m^3）	2845	2675
空隙率（%）	47.98	47.66
吸水率（%）	0.526	4.765
压碎指标（%）	6.81	13.31
针、片状颗粒含量（%）	3	1

表 11-4 再生细骨料的颗粒级配

方孔筛筛孔边长	累计筛余（%）	方孔筛筛孔边长（μm）	累计筛余（%）
4.75mm	0	300	100
2.36mm	44.04	150	100
1.18mm	63.11	<150	100
600μm	82.39	细度模数	—

表 11-5　再生细骨料与天然砂的性能

项目	天然砂	再生细骨料
堆积密度（kg/m³）	1484	1361
表观密度（kg/m³）	2650	2620
空隙率（%）	44	48
吸水率（%）	1.54	7.59
含水率（%）	3.0	0
有机物含量	满足要求	满足要求

② 将上述“低温加热-颗粒整形”工艺分离的再生粗骨料作为粗骨料，在水灰比和砂率相同的基础上，通过调整再生粗骨料的取代率，制备 C30 再生粗骨料混凝土（配合比见表 11-6），以探求再生粗骨料对再生粗骨料混凝土强度的影响，并制作棱柱体试件测得各掺量下峰值应力-应变，从各个方面分析混凝土强度变化的原因。

③ 按表 11-7 所示的配合比，在再生粗骨料取代率为 20%（试验得出的最佳掺量）基础上，加入 30%再生细骨料替代天然砂制备混凝土（称再生混凝土），讨论再生骨料对强度的影响，并在此基础上，加入 20%细粉替代水泥，探求完全再生混凝土的性能（再生细骨料掺量为前期研究中得出的最佳掺量）。

表 11-6　再生粗骨料混凝土配合比

编号	水（kg）	水泥（kg）	天然砂（kg）	DK-7 普通减水泵送剂（g）	粗骨料种类	
					天然石子（kg）	再生石子（kg）
A0	2.306	5.7	12.51	74.1	14.25	0
A1	2.306	5.7	12.51	74.1	11.4	2.85
A2	2.306	5.7	12.51	74.1	8.55	5.7
A3	2.306	5.7	12.51	74.1	5.7	8.55

表 11-7　再生混凝土配合比

编号	水（kg）	DK-7 普通减水泵送剂（g）	水泥		细骨料		粗骨料	
			水泥（kg）	再生细粉（kg）	天然砂（kg）	再生砂（kg）	天然石子（kg）	再生粗骨料（kg）
A0	2.306	74.1	5.7	0	12.51	0	14.25	0
B	2.415	74.1	5.7	0	8.76	3.645	14.25	0
B1	2.415	85.5	5.7	0	8.76	3.645	11.4	2.85
C	2.415	96.9	4.56	1.14	8.76	3.645	11.4	2.85

二、试验结果及分析

1. 再生粗骨料混凝土的力学性能

表 11-8 所示为同水灰比、同砂率条件下，再生粗骨料替代率分别为 0%、20%、40%和 60%情况下不同龄期的强度值。图 11-9 为根据强度值绘制成的强度变化趋势图，从图 11-9

中可看出强度随替代率增大而上升。当替代率为40%时，7d和28d的再生粗骨料混凝土较基准提高约6.9%和4.2%，而替代率为60%时，强度有所降低，其值与基准强度持平。说明在水灰比和砂率相同的情况下，“单独”替换粗骨料，替代率在一定范围内，强度有所提高。这与吴淑海和张虹等研究结果相同，即在配比和级配均相同的条件下，再生骨料与类似材质的天然骨料制成的混凝土相比，前者强度更高。

表11-8　再生混凝土强度和流动度

项目		A0	A1	A2	A3
流动度（mm）		210	210	210	170
立方体强度（MPa）	7d	32.85	33.61	35.13	33.12
	28d	37.63	38.55	39.20	37.63

为进一步评价本工艺分离得到再生粗骨料的变形能力，测得再生混凝土棱柱体的峰值应力-应变，其结果见表11-9，变化趋势如图11-10所示。图中峰值应力与立方体强度变化相同，而峰值应变在替代率为60%时，相对基准试样提高约3%，表明再生粗骨料混凝土在短期加载的情况下，应力随应变增大而增大。从混凝土力学性能上看，弹性模量降低是峰值应力应变改变的根本原因。这里弹性模量指的是应力应变曲线中混凝土的原点弹性模量，而峰值点压应变由弹性应变和塑性应变组成，其中弹性应变为混凝土弹性阶段变形，按《普通混凝土力学性能试验方法》中取峰值压应力的0.4倍作为弹性应力值，可算出弹性阶段应变的大小，进而得到峰值点弹性应变比率，其值见表11-10。由弹性应变比率可得出：随再生粗骨料替代率增加峰值点弹性应变增加，即弹性阶段再生粗骨料混凝土应力-应变曲线斜率较普通混凝土小，曲线增长缓慢，变形能力增强，立方体强度增高，因此笔者认为再生混凝土峰值应变增长的来源主要是弹性应变。

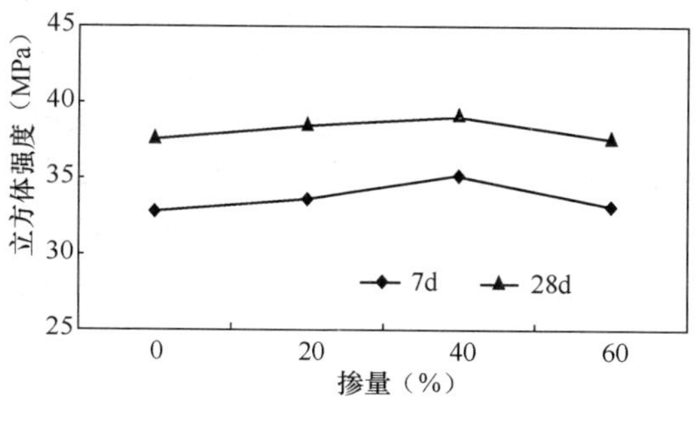

图11-9　再生粗骨料的强度

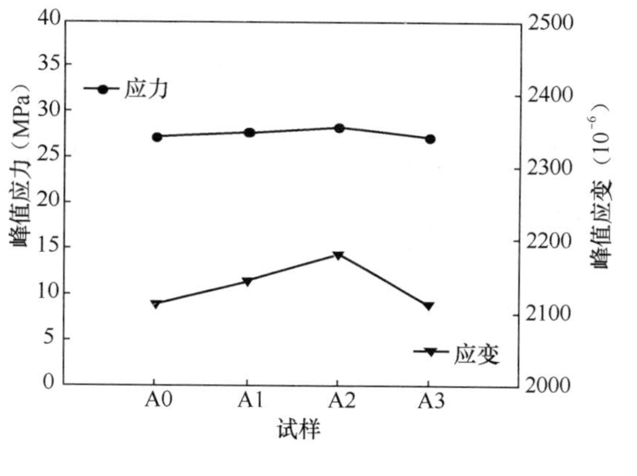

图11-10　再生混凝土力学性能

表11-9　再生混凝土的峰值应力-应变和弹性模量

试样	峰值应力（MPa）		峰值应变（10^{-6}）		弹性模量（MPa）
	试验值	平均值	试验值	平均值	
A0	27.05	27.17	2105	2112	31909
	28.39		2187		
	26.06		2043		

续表

试样	峰值应力（MPa）		峰值应变（10^{-6}）		弹性模量（MPa）
	试验值	平均值	试验值	平均值	
A1	28.48 26.65 27.94	27.69	2193 2080 2160	2144	31706
A2	29.60 27.00 28.30	28.30	2259 2102 2181	2181	31519
A3	28.48 27.15 25.88	27.17	2193 2112 2032	2112	31909

表 11-10　再生混凝土的峰值应变

试样	弹性应力（MPa）	弹性模量（MPa）	应变（10^{-6}）		峰值点弹性应变比率（%）
			弹性应变	峰值点应变	
A0	10.89	31909	341	2112	16.15
A1	11.08	31706	349	2144	16.28
A2	11.32	31519	359	2181	16.46
A3	10.89	31909	340	2112	16.10

再生混凝土与普通混凝土类似，由水泥基材料、骨料和两者界面三相组成，其强度也由三者决定。首先，由废弃混凝土中分离得到的再生粗骨料，在分离和整形的过程中受到外力作用，使原骨料中少量已有裂纹的粗骨料沿岩石解理破裂，从而达到“棱角增强”和“坚固性选优”的目的。其次，尽管再生粗骨料经过多次整形，但其表面仍有残余水泥石附着，其较强的亲水性使再生骨料与新水泥基材料的界面水灰比变大，过渡区内结构相对疏松且厚度增加，当再生骨料大量替代天然骨料时新旧 ITZ（Interfacial Transition Zone）界面增厚，混凝土的第三相强度降低，整体强度也随之下降。试验发现，当替代率为 60%时，大部分裂缝沿骨料破坏；替代率为 20%和 40%时，多为骨料破坏，表明在一定替代率范围内，再生混凝土的强度由骨料决定，而超过范围则由骨料与新水泥基材料间的界面强度决定。

2. 再生混凝土的力学性能

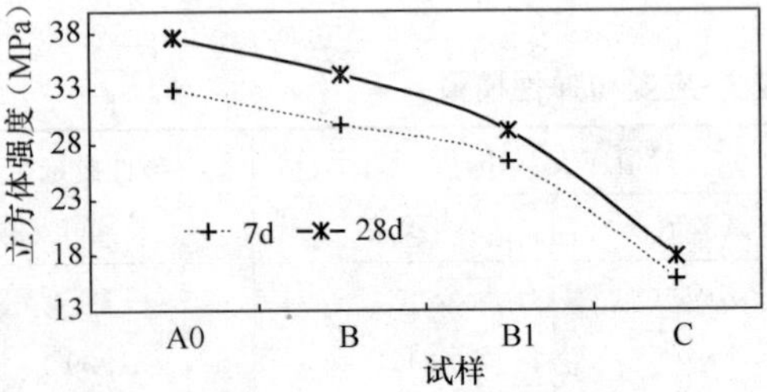

图 11-11　再生骨料的强度

表 11-11 为再生混凝土立方体强度表，图 11-11 为根据立方体强度值绘制成的折线图。从 A0 和 B 的强度变化可看出，在保持水灰比和砂率不变的情况下，30%再生细骨料替代天然砂后，7d 和 28d 强度均降低约 9%。这与再生细骨料自身的性能有关，其吸水率过高，不但降低了拌合物的坍落度，而且使水泥基材料强度以及与骨料的粘结应力都有所降低。

表 11-11　再生混凝土流动度及强度

项目		A0	B	B1	C
流动度（mm）		210	170	170	200
立方体强度	7d	32.85	29.76	26.44	15.73
（MPa）	28d	37.63	34.25	29.21	17.84

再生细骨料中混有部分硬化水泥颗粒，当替代部分天然砂时，其“真实的砂率”相对基准混凝土而言有所降低，是再生混凝土强度降低的原因之一；其次，再生细骨料有石屑和硬化水泥石掺入，强度和坚固性都大大降低；最后，再生细骨料吸水率偏高，使过渡区内水灰比进一步提高，造成界面厚度增加且与骨料间的粘结力下降，是再生混凝土强度下降的主要原因。另外，试验中裂缝界面均沿骨料破坏，再次表明再生混凝土强度降低的原因来自细骨料本身的性能。

图 11-12 中 C 强度较 A0 降低约 50％，其原因在于 20％的细粉替代水泥后，胶凝材料活性指数降低，进而在拌和混凝土的过程中，“水灰比”较设计时降低，立方体强度自然随着降低。

图 11-12 所示为再生混凝土破坏形态图，从图中可看出 A0 和 C 的裂缝有明显区别。C 试样由于加入再生细粉，当出现裂缝后立方体试件立即被破坏，且破坏模式表现为较强的脆性剪切破坏，而 A0 则趋于倒相连的四角锥形。

（a）　　　　（b）

图 11-12　再生混凝土的破坏形态

（a）A0；（b）C

三、再生混凝土再利用的前景

将大量混凝土废弃物再利用，所需技术设备简单且处理费用低，相比现阶段垃圾清运和购买建筑材料所需费用而言，具有较大的赢利空间，满足经济的可行性。当今世界正处于能源匮乏和环境污染加剧的状态，如能科学有效地分离废弃混凝土，不但可节约砂石等自然资源，更能促进资源与环境协调发展，符合我国科学发展观念，利于建筑业的可持续发展。

四、结论

① 在水灰比和砂率相同的条件下，随再生粗骨料替代率的提高，再生混凝土强度略微上升，且在一定替代率范围内，再生混凝土的强度由骨料决定，而超过范围则由骨料与水泥间的界面强度决定。

② 最终提出再生粗骨料混凝土配合比为 W∶C∶S∶G＝178∶380∶810∶950。

③ 再生粗骨料混凝土峰值应变比普通混凝土高，其中峰值应变提高的主要来源是弹性应变的提高。

④ 再生细骨料自身性能的下降对再生细骨料混凝土强度降低起决定作用。

第五节　建筑垃圾界面膜化及掺量对混凝土抗冻性能的影响

近年来，世界建筑业进入高速发展阶段，混凝土作为最大宗的人造材料对自然资源的占用及对环境造成的负面影响也引发了可持续发展问题的讨论。世界每年拆除的废旧混凝土、新建建筑产生的废弃混凝土以及混凝土工厂、预制构件厂排放的废旧混凝土的数量是巨大的，我国每年拆除建筑垃圾按 4000 万吨计算，其中 34%是混凝土块，则由此产生的废弃混凝土就有 1360 万吨。除此之外，还有新建房屋产生 4000 万吨的建筑垃圾所产生的废弃混凝土，同时预计今后混凝土碎块的产生量将增多。如此巨量的废弃混凝土除处理费用惊人外，还需要占用大量的空地存放，污染环境、浪费耕地，成为城市的一大公害，由此引发的环境问题十分突出，并且随着建筑业的发展，废弃混凝土的量会越来越大，因此如何处理废弃混凝土碎块的问题将更趋严峻。

但是再生骨料相对天然骨料来说性质不稳定，且性能较差。为了更好地利用再生骨料，必须对再生骨料的性质进行深入研究，本节主要对混凝土的抗冻性能作了研究。

一、试验材料及试验仪器

1. 试验所用的材料

（1）再生骨料

选用原强度为 C30 的混凝土经破碎后粒径小于 5mm 的再生骨料（含有部分砖块）。

（2）水泥

选用 42.5 强度等级的普通硅酸盐水泥。

（3）天然细骨料

选用天然河砂，细度模数 2.90，连续级配。

（4）水

选用中原工学院纯净水。

（5）天然粗骨料

石子（粒径＞10mm）。

① 水泥：本试验所用水泥是 42.5 强度等级的普通硅酸盐水泥，其化学成分见表 11-12。

② 粉煤灰：取自开封电厂的Ⅲ级粉煤灰，其化学成分见表 11-12。

③ 建筑垃圾：取自校外被拆除建筑。

表 11-12　原材料化学成分（%）

材料	SiO_2	Fe_2O_3	AL_2O_3	CaO	MgO	TiO_2	SO_3	MnO_2	Loss
水泥	21.28	3.37	5.32	63.49	3.66	—	—	—	0.74
粉煤灰	55.07	6.81	29.82	4.73	1.16	—	0.48	—	0.99

处理再生骨料所用的膜的组成为：

① 水泥：42.5 级普通硅酸盐水泥；② 粉煤灰；③ 水：中原工学院纯净水；④ 高效减水剂；⑤ 二水石膏；⑥ 胶粉；⑦ 纤维素醚。膜的配比计算见表 11-13。

表 11-13　膜的配比计算

材料	水泥	粉煤灰	水	高校减水剂	二水石膏	胶粉	纤维素醚
质量	70	30	50	0.7	4	2	0.4

混凝土的配合比直接影响混凝土的力学性能。为了保证再生混凝土浇筑时的工作流动性和养护成型后的强度，此次再生混凝土试验设计的配合比为：水泥∶水∶骨料＝1∶0.4∶3.0，其中，骨料为再生骨料和天然砂的总和。根据取代率的不同，将试样分为 6 种类型，如表 11-14 所列。

表 11-14　抗冻试块配合比计算

材料编号	水泥	粉煤灰	未处理垃圾砂	已处理垃圾砂	天然砂	石子	水	高效减水剂
A1	1600	533	3200	—	—	6267	1066	15
B1	1600	533	1600	—	1600	6267	1066	15
C1	1600	533	—	—	3200	6267	1066	15
D1	1600	533	—	3200	—	6267	1066	15
E1	1600	533	1600	—	1600	6267	1066	15
F1	1600	533	—	—	3200	6267	1066	15

注：由于 C1 组和 F1 组配合比一样，故而实际上只有五种配比。

2. 试验仪器

JJ-5 行星式水泥胶砂搅拌机、ZS-15 型水泥胶砂振实台、YH-40B 型标准恒温恒湿养护箱、101-A 电热鼓风干燥箱、MPI 2001 电子天平、100mm×100mm×400mm 的钢质试模、DT-W18 型动弹系数模量测试仪、NJW-HDK-9 型微机全自动混凝土快速冻融试验机。

二、试验方案

试块的制作、养护与试验在中原工学院北苑力学实验室进行。试验参照规范进行，试块尺寸为 100mm×100mm×400mm，将部分再生骨料浸泡在试验要求浓度的溶液中，1d 后取出并晾干。混凝土为机械拌制，经振实台振实，24h 后拆模。试块中掺入粉煤灰，水化作用滞后，故在标准条件［温度（20±1)℃，相对湿度 90%以上］下养护到 24d 龄期时取出后浸泡 4d，放入冻融试验机内，进行冻融试验。测试其 25、50、75、100 次的冻融循环的相对动弹模量和质量损失率，直至试块冻融破坏，即质量损失率达到 5%以上，或者相对动弹模量下降到 60%以下。

三、试验结果及分析

试验结果的相关数据见表 11-15、表 11-16 和图 11-13、图 11-14 所示。

表 11-5　不同配比的试块不同冻融循环的相对动弹模量（%）

编号 \ 循环次数	25	50	75	100
A1	91.6	85.7	61.9	47.0
B1	96.2	91.9	87.5	80.7

续表

编号＼循环次数	25	50	75	100
C1	96.4	87.4	70.6	52.9
D1	92.8	81.2	65.9	51.0
E1	96.8	92.8	88.5	82.6
F1	96.4	87.4	70.6	52.9

表 11-16 不同配比的试块不同冻融循环的质量损失率（%）

编号＼循环次数	25	50	75	100
A1	−0.93	−1.64	1.54	4.75
B1	−0.45	−0.51	0.42	1.07
C1	0.84	1.21	4.30	6.62
D1	−0.85	−1.59	1.44	4.21
E1	−0.36	−0.43	0.36	0.96
F1	0.84	1.21	4.30	6.62

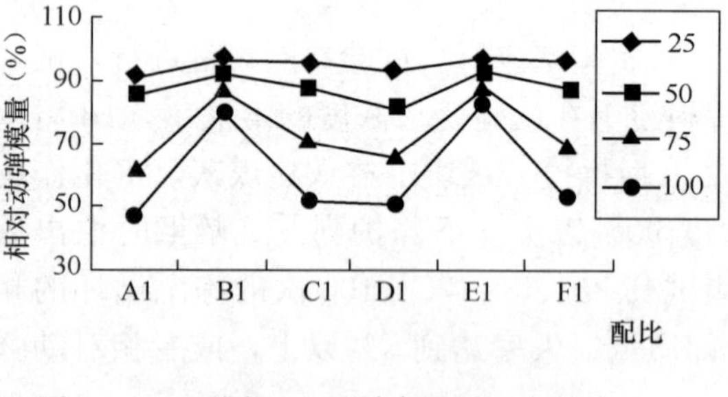

图 11-13 不同配比不同冻融循环次数的相对动弹模量

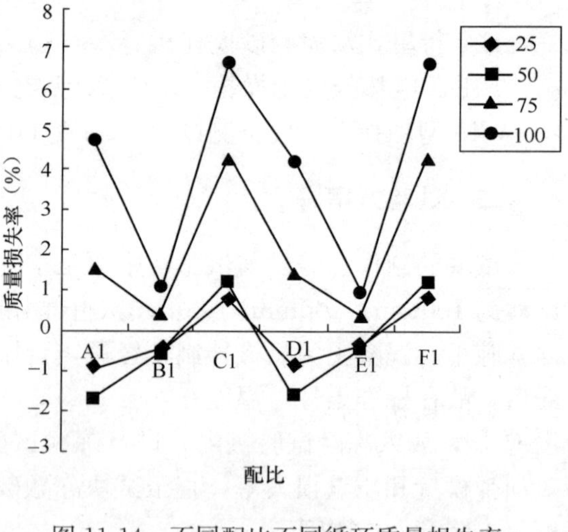

图 11-14 不同配比不同循环质量损失率

1. 基本规律

① 对比 A1、B1、C1 三组和 D1、E1、F1 三组可知，随着再生骨料掺量的增加，试块的动弹模量损失呈现出先增加后减小的趋势。

② A1、C1、D1、F1 四组的动弹模量损失较迅速，且损失率较大；而 B1 和 E1 两组的动弹模量损失较小，直到 100 次冻融循环完成时，其动弹模量损失仍未达到初始值的 60％以下。

③ 掺有不同量再生骨料的混凝土在冻融循环的初期，其质量都呈现上升的趋势，而到了后期，其破坏速度与初期的质量增加率成正比。

2. 结果分析

① 再生混凝土由于再生骨料在破碎过程中形成了许多微裂缝，这使再生混凝土在硬化过程中形成的毛细孔通道会多于普通混凝土。在冻融试验中，随着温度的下降，首先是混凝土较大孔隙中的水开始冻结，随后是较小孔隙中的水冻结。在较小孔隙内的水冻结过程中，水的膨胀会受到较大孔隙中冻结水所产生的冰晶的制约。虽然再生混凝土的孔隙率大于普通混凝土，这能在一定程度上缓解水的冻胀力，但是此时再生混凝土粗骨料中明显偏多的孔隙在冻胀过程中的膨胀破坏起了决定作用，它将在孔隙壁上产生较大的拉应力，使混凝土达到抗拉强度极限的概率增大。因此，相对于 C1 和 F1 两组试块来说，C1、D1 两组试件破坏较为严重。

② 关于 B1 和 E1 两组试块的动弹模量下降较小，笔者认为试验证明是级配因素占主导，而是否膜化并不能起决定性的作用。在 B1 和 E1 两组试块中，级配良好，虽然再生骨料本身有孔隙率大、吸水率大、裂缝较多、泥土含量较多等特点，在一定程度上影响了其自振频率和质量损失率，但是良好的级配使得再生混凝土的密实度大大提高，从而抵消了以上诸因素带来的不利影响。

③ 关于 A1 和 D1 两组的指标跳跃幅度较大，笔者认为试验证明，水灰比对此有影响。在这两组中，由于再生骨料的掺量远大于其他几组，而再生骨料本身的裂缝较多，造成吸水率较大，那么在同样水灰比的情况下，非毛细管中的有效水就相对减少了，故而造成水泥不能完全水化，于是降低了混凝土的这两项指标。同时，由于再生骨料的掺量较大，造成再生混凝土中的绝对空隙增加，又由于在冻胀过程中试块处于浸水状态，当裂缝因冻胀更加开展时，新的水分会进入到原有的裂缝中，这种现象越到后期越严重，这也就是为什么到了后期这两项指标的变化幅度明显增大的原因。

④ 关于前面所叙述的到了后期，两项指标的变化幅度明显增大的原因可能为空气泡的保护作用。再生骨料混凝土中的再生骨料四周包裹有原生砂浆，这些砂浆中含有多量的气泡，这些气泡中不易进水，因此发生冻胀的可能性并不大，故而这些气泡能够保持一定的伸缩性，对于抗冻是有利的。但是到了后期，外界的水分进一步进入到裂缝中，使得裂缝进一步开展，这样就很有可能使得原来封闭的气泡撕裂而与外界连通，而一旦这些气泡与外界连通，则它的保护作用就消失了，故而到了后期，试块迅速破坏。

四、结论

由于再生骨料孔隙多、吸水率大，引入大量的气泡缘故，随着冻融次数的增加，质量损失率一直保持负值，当试件接近冻融破坏的时候，质量损失率才开始转变为正值，这表明混凝土表面已发生了明显的剥蚀。

在冻融循环次数较少时，普通混凝土和再生骨料混凝土试件的质量均呈增加趋势，75 次以后混凝土试件质量才开始减少，而且到后来下降的速度很快。这可能是由于再生骨料孔隙率大且具有初始的损伤，吸水率较高，再经历过多次的冻融循环，就会形成内部通道，水分由通道进入混凝土内部，使再生混凝土的质量增加。一定时间后，再生混凝土吸水达到饱和，此后再经一定次数的冻融循环，混凝土表层才开始剥落，试件质量开始减少。

混凝土在长期的冻融下，非常容易遭到破坏，致使构件表面产生剥落，从而大大影响了混凝土结构正常的使用功能。混凝土的冻融破坏是一个极其复杂的过程，而且受许多因素的影响。随着相关理论和试验技术的发展，我们应深入地、多角度地解释混凝土的冻融破坏机理。对此，我们应该严格控制混凝土的配合比、拌制质量、施工工艺方法和加入一些新型材料来提高混凝土的抗冻性能。

在再生骨料的取代率为0%和100%时，混凝土的抗冻性能有明显提高，但是当再生骨料取代率为50%时，是否膜化并不能明显地提高混凝土的抗冻性能，此时颗粒级配占主导地位。

第六节　再生混凝土抗硫酸盐侵蚀的试验研究

试验研究表明，在干湿交替条件下，从外部经渗透而进入混凝土构件内部的硫酸盐对混凝土具有较强的腐蚀与劣化作用，是混凝土材料性能劣化的一个主要腐蚀因素。由于再生混凝土材料组成的复杂性，再加上外部的腐蚀环境，组成再生混凝土结构材料性能的退化以及其结构抵抗能力的减弱等问题是影响再生混凝土耐久性的主要原因。因此，在腐蚀环境中研究再生混凝土结构的耐久性有重要的意义。

一、试验

1. 原材料

再生粗骨料：取建筑垃圾堆放场中废旧混凝土，经人工破碎、清洗，再用标准筛子筛选出粒径为5～20mm的骨料为再生粗骨料，参照《普通混凝土用碎石或卵石质量标准及检验方法》JGJ 220—2010对再生粗骨料进行相关检验。

天然碎石：取自某商品混凝土搅拌站，粒径为5～20mm，其物理性能指标见表11-17。

砂：普通的河砂（中砂），细度模数为2.9，堆积密度为1400 kg/m^3，表观密度为2500kg/m^3，吸水率为1%，振实密度为1540 kg/m^3。

水泥：强度等级为P·O 42.5普通硅酸盐水泥，技术指标见表11-18。

水：日常所用的自来水。

2. 试验方法

按照《普通混凝土配合比设计规程》JGJ 55—2011制备混凝土，表11-19为再生混凝土的配合比。A组试验编号为再生骨料掺量r=100%的再生混凝土；B组试验编号为再生骨料掺量r=50%的再生混凝土；C组试验编号为再生骨料掺量r=30%的再生混凝土；D组试验编号为再生骨料掺量r=0%的普通混凝土（为对照试验组）。

表11-17　骨料物理性能指标

骨料	吸水率（%）	表观密度（kg/m^3）	堆积密度（kg/m^{-3}）	压碎指标（%）
再生粗骨料	6.75	2418	1587	9.86
天然碎石	0.7	2705	1820	5.63

表11-18　水泥的技术指标

比表面积（m^2·kg^{-1}）	体积安定性	凝结时间（min）		强度（MPa）		抗折强度（MPa）	
		初凝	终凝	3d	28d	3d	28d
348	合格	92	188	24.2	50.8	6.1	9.7

表 11-19　为再生混凝土的配合比

试件编号	水胶比	水泥（kg/m^3）	水（kg/m^3）	砂（kg/m^3）	粗骨料（kg/m^3）	
					天然碎石	再生骨料
A	0.45	389	175	660	0	1226
B	0.45	389	175	660	613	613
C	0.45	389	175	660	858	368
D	0.45	389	175	660	1226	0

本试验采用硫酸钠溶液干湿交替循环的试验方法。具体的操作过程：① 将标准养护箱中养护 26d 龄期的试件取出并擦干其表面的水分，将其放入温度为（80±5)℃的烘箱中，放置 48h，然后取出冷却至室温；② 将试样放入浓度为 3%、5%、10%的硫酸钠溶液中，使液面高于试样 20mm 即可，浸泡时间为（24±0.5）h；③ 进行系列干湿交替循环的操作，测定不同循环次数的强度，计算其变化率。其中，将再生混凝土制备成 100mm×100mm×100mm 的立方体试块，每种编号配合比在相同的实验条件下制备足够数量的试样；每间隔一定次数的硫酸钠-干湿循环需要检测一次 Na_2SO_4 溶液的 pH 值，使溶液的 pH 值保持在 6～8 的范围之间。

二、结果与分析

1. 硫酸钠溶液侵蚀下全再生混凝土力学性能研究

表 11-20 为编号 A 试样（再生骨料掺量 r=100%的再生混凝土试样）在硫酸钠侵蚀液浓度分别为 3%、5%、10%中的试验数据。将表 11-20 中的试验数据，绘制成在不同浓度硫酸钠侵蚀液中，试样强度损失率随干湿交替循环次数的增加而变化的曲线图，如图 11-15 所示。

表 11-20　编号 A 试样抗硫酸钠侵蚀的试验数据

试样编号	强度平均值（MPa）		强度损失率（%）	干湿循环次数	硫酸钠侵蚀液的浓度（%）
	侵蚀前	侵蚀后			
A	31.4	31.9	−1.60	15	3
	31.0	31.1	−0.32	40	
	31.2	30.6	1.92	65	
	30.8	28.4	7.79	90	
	30.6	31.2	−1.96	15	5
	31.0	31.3	−0.97	40	
	31.4	30.2	3.82	65	
	31.0	27.9	10.00	90	
	30.6	31.1	−1.63	15	10
	31.2	32.2	−3.21	40	
	30.8	29.6	3.90	65	
	31.2	27.2	12.82	90	

注：试样 A 为再生骨料掺加量为 100%时制备的再生混凝土，强度的损失率=（试样侵蚀前强度的平均值−侵蚀后的强度平均值）/侵蚀前强度的平均值。

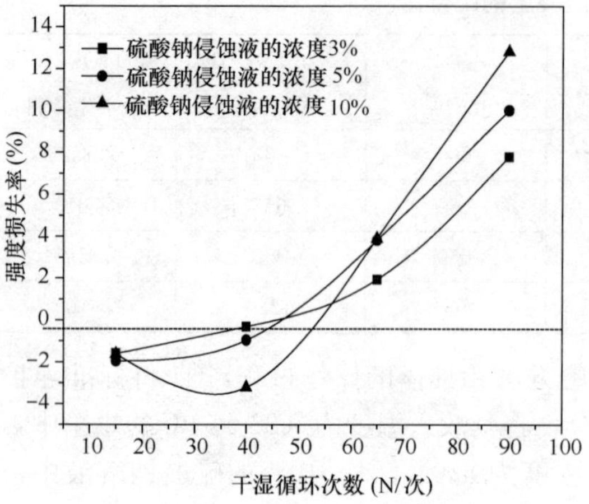

图 11-15　不同浓度硫酸钠侵蚀液中试样强度损失率与干湿循环次数的关系曲线

由图 11-15 可看出，以再生骨料掺加量为 100％的再生混凝土在浓度分别为 3％、5％和 10％硫酸钠侵蚀液中进行干湿交替循环后，同硫酸钠溶液侵蚀前的初始强度值相比，A 种再生混凝土的强度基本上经历了先线性增长，再缓慢下降，最后迅速下降并最终破坏的演变过程。

比较在不同浓度硫酸钠溶液中进行硫酸钠-干湿循环后，A 种再生混凝土强度损失率随硫酸钠-干湿交替循环次数的变化过程可知，当硫酸钠-干湿交替循环的循环次数超过 40 次之后，试样 A 再生混凝土的强度损失率随硫酸钠侵蚀溶液浓度的提高而增大。在经历 90 次硫酸钠-干湿交替循环作用之后，在浓度分别为 3％、5％、10％硫酸钠侵蚀液的中试样强度损失率分别达到了 7.79％、10.00％和 12.82％。这表明硫酸钠侵蚀溶液的浓度对全再生混凝土的抗压性能具有显著的影响。

在硫酸钠干湿循环环境中，试样 A 再生混凝土试样的演化过程是随着干湿交替循环作用次数的增加，其内部的微缺陷也随之积累增多，进而导致混凝土内部的抗压力微元逐渐失效的过程。在此过程中，再生混凝土的基本性能也伴随着干湿循环次数的增加而逐渐退化，并且这种退化是不能再恢复的。

2. 不同再生骨料取代率对抗硫酸钠溶液侵蚀的研究

表 11-21 为浓度为 5％硫酸钠侵蚀液中，编号 A、B、C、D 四种试样的试验数据。

表 11-21　编号 A、B、C、D 试样抗硫酸钠侵蚀的试验数据

试验编号	强度平均值（MPa）		强度损失（％）	干湿循环次数	硫酸钠侵蚀液的浓度（％）
	侵蚀前	侵蚀后			
A	30.6	31.2	−1.96	15	5
	31.0	31.3	−0.97	40	
	31.4	30.2	3.82	65	
	31.0	27.9	10.00	90	
B	33.0	33.7	−2.12	15	
	32.6	33.0	−1.23	40	
	32.8	32.1	2.13	65	
	32.9	29.9	9.12	90	
C	33.5	34.0	−1.49	15	
	33.6	33.9	−0.89	40	
	33.4	32.5	2.69	65	
	33.6	30.8	8.33	90	
D	35.2	35.5	−0.85	15	
	34.8	35.9	−3.13	40	
	35.2	35.4	−0.57	65	
	35.1	33.4	4.84	90	

注：试样 A、B、C、D 分别为再生骨料掺加量 r 为 100％、50％、30％、0％时制备的再生混凝土，强度的损失率＝（试样侵蚀前强度的平均值－侵蚀后的强度平均值）/侵蚀前强度的平均值。

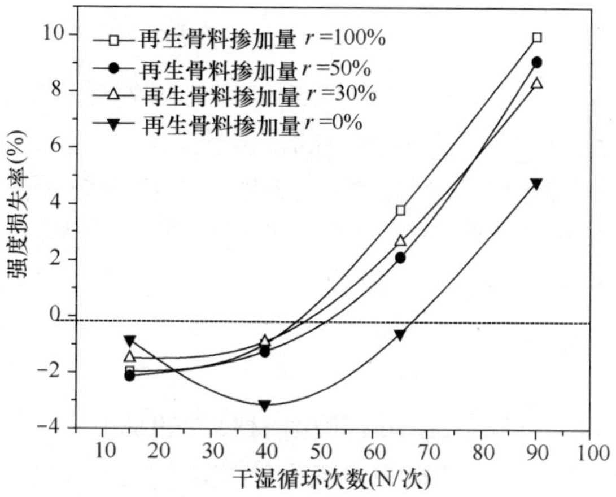

图 11-16　5%硫酸钠浓度下试样强度损失率与干湿循环次数的关系曲线

结合表 11-21 与图 11-16 可看出，在浓度为 5%的硫酸钠侵蚀液中进行干湿交替循环侵蚀后，再生混凝土试样强度值随着干湿交替循环次数的增加都会有慢速的增长，当达到一定值后会缓慢地下降，最后再快速下降并最终破坏。不同再生粗骨料取代率的再生混凝土，其各自的强度损失率随干湿循环次数的增加均有明显的变化，当干湿交替循环次数超过 60 次后，全部试样的强度损失率都在逐渐增大。比较各组试件的强度损失率，可以得出强度损失率的比较为：$r=100\%>r=50\%>r=30\%>r=0\%$。在硫酸钠浓度为 5%环境下，再生混凝土试样经历 90 次干湿交替循环作用之后，A、B、C、D 试件的强度损失率分别达到 10.00%、9.12%、8.33%和 4.84%。这说明在硫酸钠-干湿交替循环的侵蚀环境中，再生骨料的取代率对再生混凝土强度的影响是非常显著的。

三、结论与展望

再生粗骨料中大都黏附着旧有的砂砾胶体以及在生产过程中造成的粗骨料微裂纹，因此再生混凝土普遍存在着初始微裂纹、微孔隙及骨料损伤等内部结构缺陷，而且这些缺陷也比较复杂和多于普通混凝土。具体结论如下：

随着硫酸钠侵蚀液浓度的增加，全再生骨料的再生混凝土的强度变化率明显增大，说明强度有明显的下降；在 5%的硫酸钠侵蚀液中，随着再生骨料取代率的增加，再生混凝土的强度变化率也在增加；干湿循环条件下促进了 SO_4^{2-} 离子向再生混凝土内部的扩散以及石膏、钙矾石晶体在孔隙中的积累，产生较大膨胀内力而使再生混凝土开裂，加快了再生混凝土硫酸盐腐蚀的劣化速度。

本次试验由于试样条件的限制，所研究的内容还不够全面，在以后的试验中会增加试验的内容，使其更加丰富，也为再生混凝土耐久性方面的理论研究奠定基础。

第七节　再生混凝土耐久性能的试验探究

再生混凝土（ Recycled Concrete，RAG）是指将废弃混凝土经过一系列的处理（破碎、相应的高温处理、清洗以及分级等）后，按照适宜的比例和级配加工后制成再生骨料（ Recycled Aggregate，RCA），可部分或者全部替代天然骨料，再与水泥、砂子（细骨料）以及水进行混合配制成混凝土，进行工程建筑。其意义在于可实现混凝土的循环利用，大大节约了混凝土的原材料。

一、再生骨料的性能

再生骨料的制备是将废旧的混凝土进行一级处理（破碎、筛分等）和二级处理（加热、破碎、筛分等）。经一级处理后获得的骨料可制备强度在C30以下的混凝土，而经过二级处理后得到的再生骨料可制备强度在C30以上的混凝土。相关的研究表明，在废弃混凝土进行二级处理时，需升温至300℃并保温一定的时间，这将会提升操作的成本等。根据我国实际的技术情况，使用经过一级处理得到的再生骨料即可满足相应的要求。下面是再生骨料的一些性能试验。

1. 原材料

本试验采用的建筑废弃混凝土经检测其强度为25～35MPa；胶凝材料为鹤林P·O 42.5级水泥；砂子是普通的江砂，其细度模数为2.90；天然骨料为市场中建筑用的石子。

2. 再生粗骨料的表观密度

参照天然骨料表观密度的测定方法进行再生骨料表观密度的测定。如表11-22为再生骨料的表观密度的相关试验数据。

从表11-22中可看出，再生骨料的表观密度小于天然骨料的，其原因可能是再生骨料的表面附着有大量的旧混凝土砂浆杂料。影响其表观密度的因素比较多，有原混凝土中粗细骨料的密度、砂率、水灰比以及再生骨料的颗粒级配、颗粒组成和含水量等多种因素。

表11-22　不同颗粒直径的再生骨料的表观密度

骨料粒径（mm）	再生粗骨料的表观密度（kg/m^3）	天然粗骨料的表观密度（kg/m^3）
4～8	2410	2500
15～30	2540	2590
16～32	2480	2650

3. 再生粗骨料的吸水率

表11-23的试验数据表明，再生粗骨料的吸水率远远大于天然粗骨料的吸水率。再生粗骨料中废弃水泥砂浆的吸水率比天然骨料的吸水率要高许多，且再生骨料表面粗糙、棱角多，其内部存有大量的微裂缝，这就使得再生骨料的吸水率较高。由于粒径小的骨料的比表面积大，导致随着骨料粒径的减小，其吸水率会有急速的提升。

表11-23　不同颗粒直径的再生骨料的吸水率

骨料粒径（mm）	再生粗骨料的吸水率（%）	天然粗骨料的吸水率（%）
4～8	3.9	1.3
15～30	2.0	0.4
16～32	1.3	0.2

4. 再生粗骨料的压碎指标

经过试验得到再生粗骨料的压碎指标为12.4，天然粗骨料的压碎指标为10.0。再生粗骨料的压碎指标比天然粗骨料的压碎指标高，主要原因有三点：其一，再生粗骨料中旧水泥砂浆强度较低，很容易就被压碎；其二，在制备再生粗骨料时，骨料内部产生了损伤裂纹；其三，再生粗骨料的颗粒级配不合理。

二、再生混凝土耐久性

1. 试验设计方案

采用再生骨料性能试验中的原材料，固定水灰比为0.5，按照国家标准配制强度为C30的混凝土试块，且在拌制混凝土前，需要对再生粗骨料进行预湿处理，并同时进行天然骨料制得的普通混凝土的对照试验，对比两者间的抗碳化以及抗冻融的情况。

2. 试验方法

试验所用试块均在标准的养护条件下进行28d养护。碳化的试验是采用《普通混凝土长期性能和耐久性能试验方法》GB/T 50082—2009中快速碳化的试验方法，将养护后的混凝土试块放入60℃的烘箱中保温48h，然后将试块置于二氧化碳浓度为（20±3）%、温度为（20±5）℃、相对湿度为（70±5）%的碳化仪器中，观察试块碳化情况；抗冻性的试验按照《水工混凝土试验规程》DL/T 5150—2001中快速冻融的试验方法，找出其抗冻融循环的规律。

3. 试验分析

（1）关于再生混凝土抗碳化性

表11-24为随时间变化的碳化深度与28d的强度。可以看出，随着时间的推移，混凝土试块的碳化深度在逐渐变大；再生混凝土的抗碳化性比普通混凝土抗碳化性稍差，主要原因可能是再生混凝土的骨料存有一定的裂缝，使得在碳化过程中更容易让二氧化碳通过。

表11-24 碳化深度及28d强度

名称	碳化深度（mm）				28d强度（MPa）
	7d	14d	28d	80d	
Z1	11.2	17.7	19.21	29.2	33.2
Z2	10.4	15.4	18.1	28.7	32.9
Z3	13.9	17.6	21.9	33.4	33.4
P1	9.3	12.5	14.7	20.2	40.9
P2	9.8	14.8	16.8	22.3	39.5
P3	10.4	13.4	17.1	24.6	38.9

注：Z为再生混凝土；P为普通混凝土。

（2）再生混凝土的冻融循环试验

进行25次冻融循环后，混凝土试块的外观未发生显著的改变，但50次冻融循环之后，混凝土试块的表面会有表皮脱落的现象，伴随出现了一些微小的孔洞，有的试块甚至出现掉渣的现象。

通过表11-25可以看出，在相同的冻融循环次数下，再生混凝土冻融前后的质量损失大于普通混凝土的质量损失，这是因为再生混凝土中骨料的吸水率远远大于普通混凝土中骨料的吸水率。在冻融试验中，随着温度的降低，混凝土孔隙中的水分开始结冰，在此过程中，水的膨胀会受到较大孔隙中冻结水分的制约。而再生混凝土因骨料自身存在着较多的裂缝空隙，所以会发生冻胀，而再生混凝土缺少缓解膨胀压力的自由孔隙，当静水的压力作用在孔隙壁上时，就会产生相对大的抗拉强度，这样达到混凝土的极限抗拉强度的机会就会增大，所以再生混凝土的表面脱落就会增多，即混凝土试块的破坏就较为严重。

表 11-25　混凝土试块 25 次、50 次冻融前后的质量

编号	冻融前（g）				冻融后（g）			
	M_1	M_2	M_3	$M_{平均}$	m_1	m_2	m_3	$m_{平均}$
Z25	2413.7	2422.9	2413.4	2416.7	2403.3	2416.5	2406.8	2408.9
Z50	2513.4	2406.2	2473.4	2464.3	2464.5	2387.7	2453.0	2435.1
P25	2388.0	2389.0	2481.3	2419.4	2374.2	2377.8	2484.7	2412.2
P50	2398.7	2471.8	2443.8	2438.1	2383.3	2453.0	2426.1	2420.8

注：Z25、Z50 表示再生混凝土进行 25 次、50 次冻融循环；P25、P50 表示普通混凝土进行 25 次、50 次冻融循环。

三、总结

通过试验，可以看出再生混凝土还存有较多的问题，再生骨料的基本性能如能满足国家标准的要求，可以使用。由于试验条件的限制，此次试验只是初步探讨了制备再生混凝土的理论可行性，通过改变其制备工艺（如掺加粉煤灰、适当改变再生骨料的取代量等），会使再生混凝土得到更加广泛的应用。下一步还需要进一步细化试验方案，更加仔细地研究再生混凝土的性能。

第八节　再生混凝土的碳化性能及防护措施

一、试验

1. 原材料

本节用到的天然骨料为中粗河砂（0.3～0.6mm）和细碎石（其粒径皆小于 15mm）；再生粗骨料来自于附近原有建筑拆迁所留，时间久远。其混凝土强度由回弹法测得数值为 25.2MPa 左右，采用锤式破碎机进行粉碎，并用不同直径的筛子进行筛选。其中，19mm 以上的颗粒占总质量的 15.1%，16mm 以上的颗粒占总质量的 45.1%，9.5mm 以下的占总质量的 32.5%。水泥采用普通硅酸盐水泥，搅拌水采用自来水。

2. 混凝土试块的制作

将天然河砂和石子表面的泥土洗净，将天然骨料和再生骨料按照 0.4、0.5、0.6 水灰比进行配比，制成 100mm×100mm×100mm 的立方体试块，分别为天然骨料混凝土试块、再生骨料混凝土试块、天然骨料和再生骨料各一半的混凝土试块、内含钢筋天然骨料的混凝土试块、内含钢筋天然骨料和再生骨料各一半的混凝土试块、内含钢筋的再生骨料混凝土试块各两块，成型 24h 后拆除模板，放置于标准养护室［温度处于（20±3）℃，相对湿度高于 95%］中养护 7d，进行试验。混凝土各种水灰比的水泥、砂子、石子、水的配比见表 11-26。

表 11-26　水泥、砂子、石子、水的配比

水灰比	水泥（kg/m^3）	砂子（kg/m^3）	石子（kg/m^3）	水（kg/m^3）
0.4	380	627	1269	152
0.5	320	653	1267	160
0.6	300	699	1191	180

3. 试验过程

本试验过程中配制的两种试块设计强度为C20、C30，其试验过程如下：

① 将天然骨料的混凝土试块和再生骨料的混凝土试块用石蜡密封4个面，并放入碳化箱中加速碳化1周。

② 内含钢筋的天然骨料混凝土试块和内含钢筋的再生混凝土试块放入5%浓度的NaCl和Na_2SO_4溶液中静置1周。

③ 将再生混凝土和普通混凝土试块按照每4mm为一单位，分别从未密封处切割，使用酚酞试剂法，在切割试块的表面喷涂，观察其颜色变化并记录，试验结果取平均值。

④ 将浸泡在5%浓度的NaCl和Na_2SO_4溶液中的试块冲洗干净、擦干，并在距离钢筋附近处切割开，观察两种试块的钢筋表面的锈蚀情况。

二、试验结果与分析

1. 碳化试验结果及分析

试验发现，在相同配合比下，再生骨料混凝土的碳化深度C30的比C20的碳化深度浅，但比C20普通混凝土的碳化深度深，再生和天然骨料各一半的碳化深度介于两者之间。其主要原因在于再生骨料混凝土的抗渗性比普通混凝土差，再生骨料在破碎过程中产生大量的细微裂缝，碳化速度加快；再生骨料本身可能已部分发生碳化；再生混凝土骨料的表面附着的水泥砂浆渗透性比普通混凝土的渗透性强，从而大大加速了混凝土的碳化速度和深度。

随着水灰比的增大，混凝土碳化深度增大，水灰比大小的改变对再生骨料混凝土的碳化情况与普通骨料混凝土是相同的，水灰比越大，碳化深度越深。普通混凝土的变化规律较为明显，而再生骨料混凝土的变化较小，初期影响较为明显，后期的影响几乎可以忽略。

2. 离子侵蚀试验结果及分析

再生骨料混凝土钢筋表面钢筋的锈蚀情况比普通混凝土的钢筋锈蚀情况严重，再生骨料混凝土的锈蚀深度C30的比C20的深度浅，但比C20普通混凝土的锈蚀深度深，试验证明，再生骨料混凝土的抗渗性较差，离子渗透混凝土的速度比普通混凝土的速度快。

造成再生骨料混凝土中钢筋锈蚀速度快的因素很多，可以总结为以下几点：

由于再生骨料本身含有一定数量的氯离子和硫酸根离子，造成再生骨料混凝土的钢筋锈蚀的速度普遍快于普通混凝土的。再生骨料内的颗粒棱角较多，表面粗糙，再加上再生骨料中硬化水泥石的孔隙大，再生骨料的吸水性和吸水率比普通混凝土的吸水性和吸水率高，混凝土碳化过程和氯离子、硫酸根离子的渗透拥有了载体，钢筋的电阻率增加，其电化学腐蚀速度加快，加速了钢筋的锈蚀。再生混凝土骨料的成分比较复杂，虽然经过清洗，但不能保证原有混凝土中所含的泥土都清洗干净，如果骨料中含有的泥土或泥块较多时，再生骨料混凝土的吸水性增强，拌和混凝土的用水量增加，混凝土的强度降低，收缩率增加，甚至在混凝土建筑物中留下更大的洞。

再生骨料的表观密度低于天然骨料的表观密度，其吸水性随着粒径的减小而增强；再生混凝土的收缩率与原始混凝土的砂石使用、水泥用量和混凝土的强度有关，过大的收缩，会造成再生混凝土表面产生大量的孔隙。原生混凝土的性能差异较大，使再生骨料的性能差异也较大，再生混凝土的不确定性因素过多，不利于混凝土的耐久性。再生混凝土骨料与水泥砂浆之间的粘着力比普通混凝土差，再生骨料表面有大量的细微裂缝存在，也进一步加速了离子的渗透。

混凝土中钢筋锈蚀大多是电化学腐蚀，造成钢筋锈蚀的原因大致可以分为两个方面：一方面是混凝土碳化造成的，另一方面是氯离子、硫酸根离子等离子的渗透作用造成的。

混凝土的碳化是指空气中的二氧化碳渗透到混凝土内部，与水泥的水化产物发生中性化的过程，当混凝土的碳化达到钢筋的表面，钢筋的碱性钝化膜遭到破坏，造成了钢筋的锈蚀，影响了混凝土的耐久性。再生混凝土在破碎过程中产生大量的细微裂缝，加速了二氧化碳渗透到混凝土内部的速度，同时再生混凝土中的骨料可能已发生部分碳化，且其孔隙率较大，抗渗性降低，加剧了钢筋的锈蚀。

氯离子对钢筋的腐蚀是电化学腐蚀。氯离子的离子半径比其他离子半径小，渗透性较强，氯离子渗透到混凝土内部，钢筋表面的钝化膜遭到破坏，且氯离子在钢筋的锈蚀过程中不消耗，周而复始地锈蚀钢筋，锈蚀钢筋体积膨胀约 2.5 倍，混凝土产生膨胀内力而胀裂破坏。钢筋的锈蚀过程为阳极反应和阴极反应组合，钢筋的表面析出氢氧化铁沉淀，其化学反应方程式如下：

$$2Fe + O_2 + 2H_2O \rightarrow 2Fe^{2+} + 4OH^- \longrightarrow 2Fe(OH)_2$$

$$4Fe(OH)_2 + O_2 + 2H_2O \longrightarrow 4Fe(OH)_3$$

硫酸根离子渗透到混凝土内部，与水泥的水化产物发生反应生成硫酸盐，硫酸盐侵蚀到混凝土内部发生物理和化学反应，生成具有膨胀性的产物，混凝土内部产生具有膨胀性的应力，当膨胀性应力超过了混凝土的抗拉强度时，混凝土强度就会严重下降，导致混凝土结构破坏。硫酸盐侵蚀的最明显特征是混凝土表面发白，且再生混凝土的表面有大量的细微裂缝，裂缝不断开展，造成空气中的二氧化碳渗透到混凝土内部的速度更快，碳化和钢筋锈蚀的速度加快，腐蚀性离子通过细微的裂缝渗透到混凝土的内部，进一步加速了钢筋的锈蚀，从而使混凝土结构发生破坏。

三、防护措施

基于上述关于再生骨料混凝土的碳化和离子渗透的试验和分析，提出一些防护措施以供参考。

1. 环氧树脂钢筋

环氧树脂钢筋是采用静电喷涂的方法，将环氧树脂的粉末喷涂到钢筋的表面，形成一层厚度为 0.18～0.3mm 的环氧树脂薄膜。由于环氧树脂钢筋的耐碱性、耐化学腐蚀性、弹性和耐磨性好，在国内外都有很多应用实例，如香港的青马大桥、新机场、北大峪山高速公路、北京西客站南部广场地下通道、宁波大桥、广东汕头的 LPG 码头等皆采用环氧树脂钢筋，取得了较好的效果。

环氧树脂粉末的喷涂厚度均匀，工业化生产程度高，砂浆的耐腐性、防腐蚀性、黏着力以及电绝缘性能良好，可以作为不同直径和表层形状钢筋的防护涂层。同时，环氧树脂钢筋的施工工艺、工人的施工培训简单，使用方便，现场施工速度快，对环境污染小。

2. 水灰比的控制

混凝土是多孔结构，其水灰比越大，将有更多比率的自由水残存于混凝土内部，增大了混凝土内部的孔隙率，密实性和抗渗性降低，空气中的二氧化碳渗透到再生混凝土中的速度加快，碳化深度增加。研究发现，水灰比越大，混凝土的碳化速度越快，尤其是混凝土的水灰比大于0.5时，再生骨料混凝土的碳化速度明显高于水灰比小于0.5的混凝土试样的碳化速度。所以，在混凝土的和易性和流动性得到保证的前提下，加入一定量的减水剂，尽量降低混凝土的水灰比，至少应将水灰比控制在0.5以下。

水泥用量越多，混凝土强度越高，密实性越好，水化过程中将产生更多的碱性物质，二氧化碳的渗透速度降低，其抗碳化能力相对增强。但水泥用量过多，混凝土容易出现流浆现象，黏结性和保水性降低，不利于混凝土的密实，故要将水泥用量控制在一定的范围内。研究发现，当水泥用量小于400mg/m^3时，水泥越多，抗碳化性能越好；当水泥用量大于400mg/m^3时，水泥越多，抗碳化性能越差。

应将再生骨料的水灰比控制在0.5以下，将水泥的用量控制在400mg/m^3以下，可以很好地提高混凝土的抗碳化能力。

3. 控制好再生骨料的填充比率

上述试验证明，一半再生骨料一半天然骨料的混凝土，在相同强度、相同配合比的条件下，其碳化速度处于再生骨料混凝土和普通混凝土之间，随着再生骨料掺量的增加，再生混凝土的碳化深度增加。这是因为再生骨料与水泥砂浆的粘结力较低，孔隙率高，抗渗性较普通混凝土的能力低，随着碳化时间的持续延长，再生混凝土的碳化速度快于普通混凝土的，再生骨料内部的集料-浆体结构复杂，界面多，抗气渗性较差，加速了混凝土结构的碳化。

雷斌研究发现，当再生骨料取代率在50%时，其气渗性最强；当骨料取代率达到70%时，对混凝土的抗碳化能力的影响达到最大，所以应根据实际情况，适当降低自身骨料的替代率。

四、结论

再生骨料混凝土的碳化现象和钢筋锈蚀问题较为严重。本节通过对再生混凝土的介绍，简述再生混凝土中混凝土碳化和钢的筋锈蚀原理，通过试验确定再生混凝土比普通混凝土的抗碳化能力和抗钢筋锈蚀能力差，并根据实际情况，提出相关的防护措施，供相关人员参考。

第九节　掺入废弃混凝土的地聚合物材料性能研究

地聚合物是近年来国际上研究非常活跃的一种新型的化学激发胶凝材料，它是含有多种非晶质至半晶质相的三维铝酸盐矿物聚合物。研究发现，加入少量水玻璃能够大幅度提高聚合物硬化体的强度。地聚合物的制备不仅可用煅烧高岭土作为主要原料，大部分具有水硬活性的工业废渣都可作为制备地质聚合物的主要原料，如高炉矿渣、钢渣、粉煤灰、废砖粉、自然煤矸石等。地聚合物制造过程中的能耗和三废排放量都非常低，材料对环境友好并且可以很好地被回收再利用，是一种可持续发展的绿色环保材料。该材料是近年来新发展起来的，有可能在许多场合代替水泥，是一种比水泥性能更优异的新型材料。

如今城市快速发展，产生了大量的混凝土，里面包含了大量的活性材料，如何利用这些活性材料成为了热点问题。废弃混凝土中的粗骨料较易被分离出来，但是砂浆中的细骨料和胶凝材料及其水化产物之间却难以分离，故本小节考虑将废弃混凝土破碎后去除粗骨料，然后收集硬化的水泥浆体和无法分离的细碎骨料，对其进行再生利用的研究。

一、试验

1. 原料

选用的矿渣粉：南京中联水泥厂提供的磨细矿渣；废弃混凝土；NaOH：化学纯；硅酸钠：M=3.0～3.3，固含量约为38%。

2. 方法

将废弃混凝土进行筛选，去除大颗粒粗骨料，将剩下的细骨料和胶凝材料粉磨至80μm备用。

混凝土地聚合物材料的制备工艺如图11-17所示。

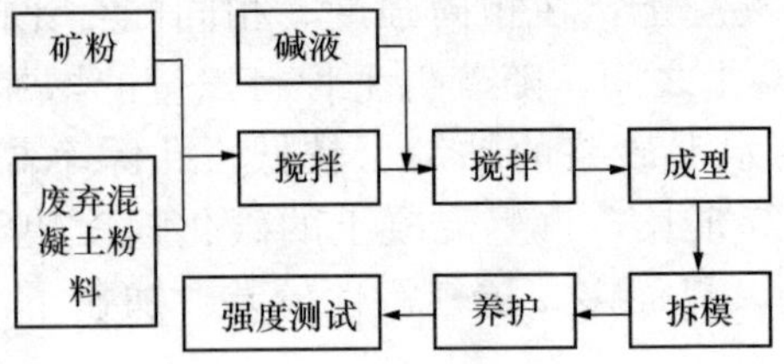

图11-17　工艺流程图

用胶砂搅拌机将矿渣粉、混凝土粉料和骨料搅拌均匀，然后加入配制好的水玻璃溶液，搅拌均匀，将浆体倒入40mm×40mm×140mm规格模具中，振动1min，养护1d后拆模，在规定条件下养护。

3. 掺废弃混凝土的地聚合物材料的制备

（1）废弃混凝土粉料掺量的确定

采取等量取代法，在矿渣粉中掺入0%、10%、30%、50%、70%的废弃混凝土粉料。试验确定的水灰比为0.35，胶砂比为1∶1。养护28d后，测试这五组地聚合物硬化砂浆的强度和抗折强度。试验数据见表11-27。

表11-27　试验数据

编号	矿渣粉掺量（%）	废弃混凝土粉料（%）	28d强度（MPa）	
			抗压	抗折
NaPSS（纯地聚合物）	100	0	32.0	5.03
C10PSS	90	10	32.8	6.74
C30PSS	70	30	53.7	7.08
C50PSS	50	50	64.3	7.94
C70PSS	30	70	60.1	7.79

从表11-27中可以看出，随着废弃混凝土粉料的掺入，地聚合物混凝土的强度和抗折强度明显提高，当掺量达到50%时，混凝土强度达到最大值。此时，再加大废弃混凝土粉料的掺量，地聚合物混凝土的强度开始缓慢降低，所以选取配比C50PSS作为最佳配比。

(2) 养护制度优化

采用标准养护、80℃蒸养、80℃压养三种制度。从图 11-18 中可以看出，强度在不同的养护制度下具有较大的差异，标准养护最差，压养护次之，蒸养最高。聚合物混凝土强度在蒸养 2h 时开始快速增长；蒸养 8h 时，强度已达到 75MPa。说明适当延长蒸养时间对加快地聚合物反应，提高强度非常有利。压养强度稍低的原因可能是压养造成了水化产物发生转变。

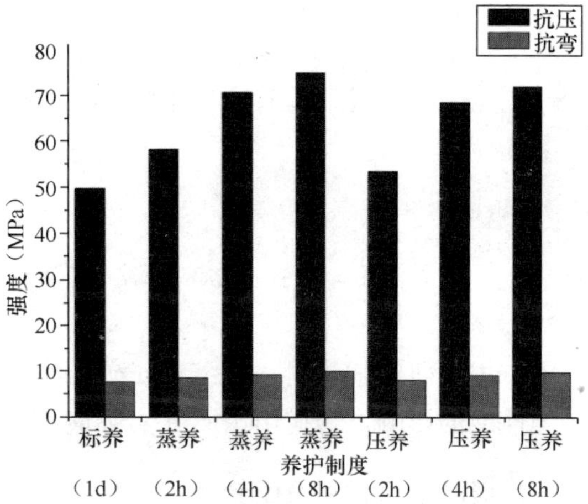

图 11-18　养护制度对力学性能的影响

4. 废弃混凝土粉料——地聚合物的收缩性

在确定最佳配比的情况下，水胶比定为 0.4，在试件成型 3d 后拆模。测量其初始长度。将其放入 80℃下蒸养至相应龄期（7d、14d、28d、40d）时，测量试块的长度。

试验得到废弃混泥土地聚合物材料收缩率随养护时间的变化关系如图 11-19 所示。

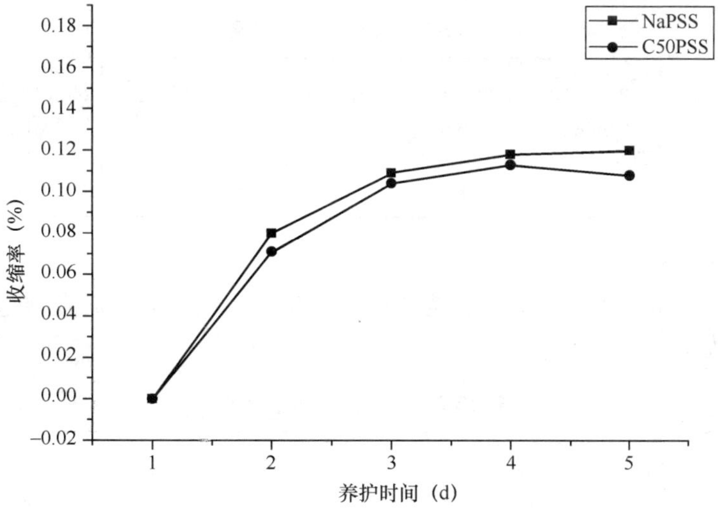

图 11-19　收缩率随养护时间的变化

从图 11-19 可以看出，纯地聚合物材料的收缩率较掺入废弃混凝土粉料的收缩率大，说明废弃混凝土粉料对减少自收缩具有良好的作用。

二、结论

(1) 当废弃混凝土粉料掺量在 50%时，地聚合物材料强度达到最大值，并且在 80℃蒸养条件下养护 8h，强度可以达到 75MPa。

(2) 在标养护、蒸养护、压养护三种养护机制下，标养护试块强度最差，压养护次之，蒸养条件下强度最高。

(3) 掺入废弃混凝土粉料的地聚合物材料自收缩率比纯地聚合物材料收缩率小。

第十二章　石灰石矿尾矿再生骨料混凝土

第一节　矿山废石对混凝土性能的影响研究

本节主要研究细骨料（0～5mm 矿山废石）和粗骨料（5～25mm 矿山废石）掺加量对混凝土性能的影响，为矿山废石在实际应用中提供理论依据。

一、混凝土原材料及配合比

1. 原材料

（1）水泥

混凝土试验选用琉璃河水泥厂的 P・O 42.5 水泥，水泥密度 ρ_C＝3120kg/m^3，各项性能指标均符合《通用硅酸盐水泥》GB 175—2010 标准。水泥的试验结果见表 12-1。

表 12-1　水泥的试验结果

检测项目	标准稠度（%）	初凝时间（min）	终凝时间（min）	3d 抗折强度（MPa）	3d 强度（MPa）	28d 抗折强度（MPa）	28d 强度（MPa）
检测结果	27.5	165	225	5.1	28.4	9.1	52.4

（2）粉煤灰

本节研究中主要采用Ⅰ级粉煤灰作为掺合料，生产厂家为北京晟隆顺达建材公司。粉煤灰的试验结果见表 12-2。

表 12-2　粉煤灰的试验结果

检测项目	细度（%）（0.045mm 方孔筛筛余）	需水量比（%）	烧失量（%）
检测结果	7.8	94	4.6

（3）矿渣粉

本节研究中所使用的矿渣粉为 S95 级，生产厂家为三河天龙物流有限公司。矿渣粉的试验结果见表 12-3。

表 12-3　矿渣粉的试验结果

检测项目	比表面积（m^2/kg）	密度（kg/m^3）	流动度（%）	7d 活性指数（%）	28d 活性指数（%）
检测结果	421	2810	100	78	97

（4）骨料

细骨料选用河北涿州产的天然河砂，粗骨料选用涞水博鑫浩瑞建材有限公司的普通碎石。天然砂石的物理特性见表 12-4。

表 12-4 天然砂石的物理特性

试样名称	细度模数	级配	表观密度（kg/m^3）	堆积密度（kg/m^3）	压碎值（%）	空隙率（%）	泥含量（%）
河砂	2.6	—	2730	1610	—	41.0	2.0
碎石	—	5～25 连续级配	2700	1520	8	43.7	0.6

本节所选用的矿山废石为首云矿业公司所生产，是采集铁矿石过程中剥离出来的固体废弃物。不同于水泥等企业产生的废石，对铁矿产生的废石用于混凝土生产及对混凝土性能的影响需要深入研究，以便为实际应用及资源综合利用提供理论依据和现实指导。

细骨料分为 0～3mm 矿山废石和 3～5mm 矿山废石两种。矿山废石的物理特性见表 12-5。粗骨料与细骨料为同一厂家的 5～25mm 矿山废石，5～25mm 连续级配，表观密度为 2730kg/m^3，堆积密度为 1490kg/m^3，空隙率为 45.4%，压碎值为 10%。其轻物质、硫化物和硫酸盐含量、碱活性等指标符合《普通混凝土用砂、石质量和检验方法》GJG 52—2006 的要求。

表 12-5 矿山废石的物理特性

试样名称	细度模数	表观密度（kg/m^3）	堆积密度（kg/m^3）	空隙率（%）	压碎值（%）	石粉含量（%）
0～3mm 矿山废石	3.4	2760	1530	44.5	—	4.9
3～5mm 矿山废石	1.5	2720	1490	45.2	—	6.1
5～25mm 矿山废石	—	2730	1490	45.4	10	1.0

（5）石粉

石粉为首云矿业公司生产，表观密度为 2700kg/m^3，通过 75μm 筛后比表面积为 316m^2/kg。

（6）外加剂

本试验主要采用聚羧酸高效减水剂，生产厂家为北京金隅科技节能有限公司。试验用高效减水剂检测结果见表 12-6。

表 12-6 试验用高效减水剂检测结果

<table>
<tr><th>名称</th><th>检测项目</th><th colspan="2">检测结果</th></tr>
<tr><td rowspan="6">聚羧酸高性能减水剂</td><td>减水率（%）</td><td colspan="2">27</td></tr>
<tr><td>1h 经时变化量坍落度（mm）</td><td colspan="2">30</td></tr>
<tr><td rowspan="4">强度比（%）</td><td>1d</td><td>174</td></tr>
<tr><td>3d</td><td>167</td></tr>
<tr><td>7d</td><td>158</td></tr>
<tr><td>28d</td><td>145</td></tr>
</table>

（7）拌合水

拌合水的技术指标满足国家标准《混凝土用水标准（附条文说明）》JGJ 63—2006 的要求。

2. 配合比

0～5mm 矿山废石为粗矿山废石和细矿山废石按照 6∶4 比例混合而成，天然砂为河北涿州河砂，砂子筛分试验结果见表 12-7。

表 12-7　砂子筛分试验结果

0～5mm 矿山废石 粗∶细	筛余	5.00mm	2.50mm	1.25mm	0.63mm	0.315mm	0.16mm	细度模数
级配Ⅱ区	累计筛余（%）	10～0	25～0	50～10	70～41	92～70	100～90	—
天然砂	分计筛余（%）	1.6	15.6	11.2	16.8	36.5	13.2	2.6
	累计筛余（%）	2	17	28	45	82	95	
6∶4	分计筛余（%）	1.4	19.5	12.0	15.4	29.2	14.6	2.7
	累计筛余（%）	1	21	33	48	78	92	

针对混凝土常用强度等级进行试验研究：天然砂、碎石与矿山废石相互搭配，配合比见表 12-8。K1、K2、K3、K4 分别对应天然砂＋碎石、0～5mm 矿山废石 5～25mm 矿山废石、天然砂 5～25mm 矿山废石、0～5mm 矿山废石＋碎石。

表 12-8　掺加矿山废石的混凝土配合比

编号	强度等级	水泥（kg）	粉煤灰（kg）	矿渣粉（kg）	天然砂（kg）	0～5mm 矿山废石（kg）	5～25mm 矿山废石（kg）	碎石（kg）	水（kg）	外加剂（kg）	砂率（%）	水胶比
K1-3	C30	227	94	55	817	0	0	998	173	7.5	45	0.46
K2-3		227	94	55	0	817	998	0	173	7.5	45	0.46
K3-3		227	94	55	817	0	998	0	173	7.5	45	0.46
K4-3		227	94	55	0	817	0	998	173	7.5	45	0.46
K1-4	C40	275	85	63	753	0	0	1039	170	9.3	42	0.40
K2-4		275	85	63	0	753	1039	0	170	9.3	42	0.40
K3-4		275	85	63	753	0	1039	0	170	9.3	42	0.40
K4-4		275	85	63	0	753	0	1039	170	9.3	42	0.40
K1-5	C50	320	90	90	677	0	0	1058	165	12.0	39	0.33
K2-5		320	90	90	0	677	1058	0	165	12.0	39	0.33
K3-5		320	90	90	677	0	1058	0	165	12.0	39	0.33
K4-5		320	90	90	0	677	0	1058	165	12.0	39	0.33
K1-6	C60	360	91	86	657	0	0	1073	155	15.0	38	0.29
K2-6		360	91	86	0	657	1073	0	155	15.0	38	0.29
K3-6		360	91	86	657	0	1073	0	155	15.0	38	0.29
K4-6		360	91	86	0	657	0	1073	155	15.0	38	0.29

二、掺入矿山废石对混凝土性能的影响

1. 掺加矿山废石的混凝土工作性能（表 12-9）

表 12-9　掺加矿山废石的混凝土工作性能

编号	密度（kg/m^3）	坍落度（mm）	扩展度（mm）	黏聚性	离析情况	泌水情况
K1-3	2365	210	500	较好	无	无
K2-3	2390	205	510	较差	轻微	泌水
K3-3	2360	190	500	一般	轻微	稍泌
K4-3	2385	230	520	较好	无	轻微
K1-4	2375	220	530	较好	无	无
K2-4	2400	205	515	一般	轻微	稍泌
K3-4	2380	200	510	较好	无	无
K4-4	2390	220	525	较好	无	无
K1-5	2390	230	535	较好	无	无
K2-5	2420	215	510	较好	无	轻微
K3-5	2375	220	515	较好	无	无
K4-5	2410	225	540	较好	无	无
K1-6	2410	230	540	较好	无	无
K2-6	2440	200	520	较好	无	无
K3-6	2410	210	515	较好	无	无
K4-6	2420	200	510	较好	无	无

由表 12-9 中的黏聚性、离析情况和泌水情况可以看出，矿山废石对低强度等级混凝土的和易性影响较为明显。当 C30 和 C40 混凝土中骨料全为矿山废石时，混凝土拌合物有泌水现象，0～5mm 矿山废石与碎石或天然砂与 5～25mm 矿山废石双掺时，混凝土的和易性有所改善。C50、C60 混凝土中胶凝材料较多，可以有效地填充混凝土中骨料空隙，所以矿山废石对较高强度混凝土的和易性影响不大。

从图 12-1 和图 12-2 来看，骨料为 0～5mm 矿山废石＋碎石的 C30、C40 混凝土流动性

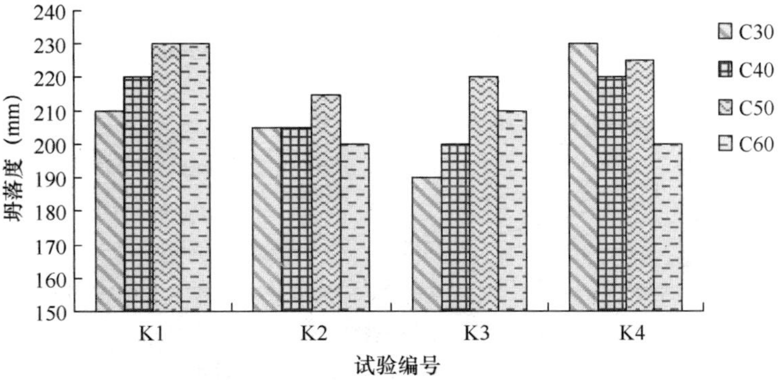

图 12-1　掺加矿山废石与坍落度的关系

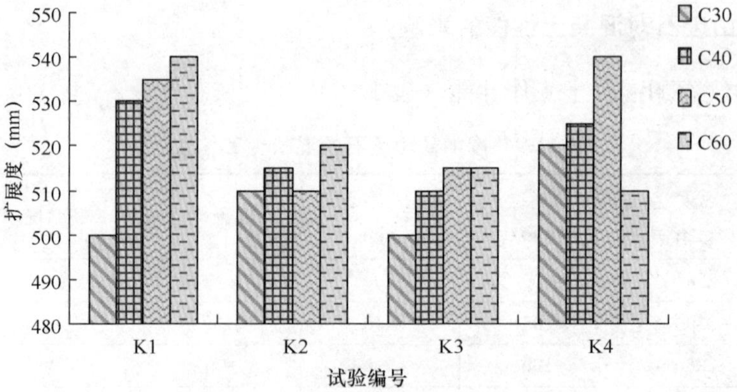

图 12-2　掺加矿山废石与扩展度的关系

较好；骨料为天然砂＋碎石的 C50、C60 混凝土流动性最好。骨料为 0～5mm 矿山废石、5～25mm 矿山废石和天然砂 5～25mm 矿山废石的混凝土流动性较差。

2. 掺加矿山废石的混凝土强度

通过图 12-3 和图 12-4 可以看出，天然砂 5～25mm 矿山废石的配制的各混凝土强度比其他骨料配制的混凝土强度都低；除了 C30 矿山废石混凝土强度比其天然砂＋碎石混凝土强度低之外，其他配制的矿山废石混凝土强度较天然砂＋碎石混凝土强度都有所升高。

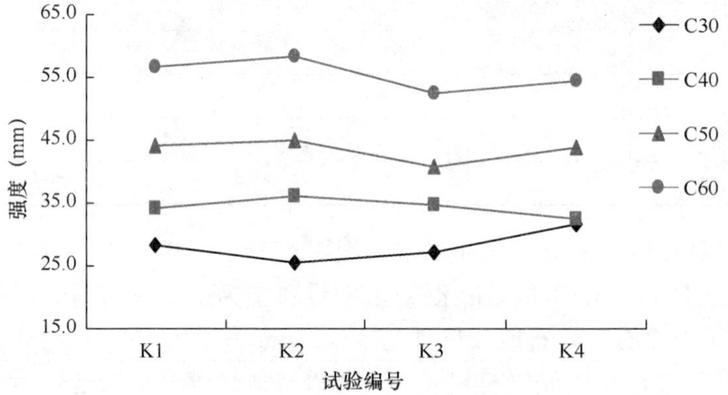

图 12-3　掺加矿山废石后 7d 强度

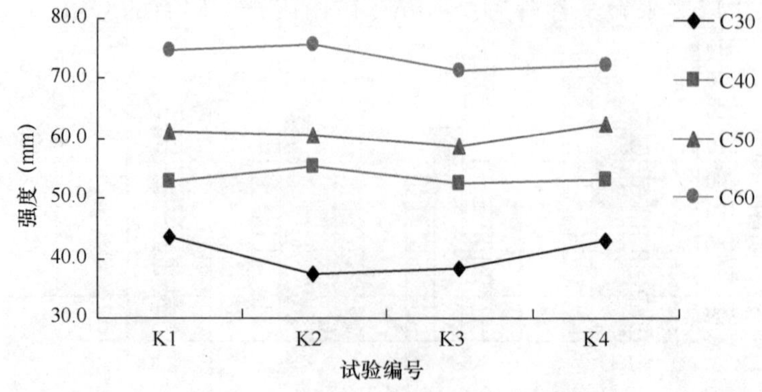

图 12-4　掺加矿山废石后 28d 强度

总之，不论是低强度还是高强度等级的混凝土，矿山废石混凝土的强度与天然砂石混凝土的强度相近，甚至有的还高于天然砂石混凝土的强度；矿山废石对于高强度等级混凝土的强度有一定的影响，但是仍然可以用来配制高强度等级混凝土。

三、掺入矿山废石混凝土的耐久性能

1. 抗水渗透性能

将不同强度等级矿山废石混凝土标准养护至 28d 后，再对其进行抗渗试验，均加压至 1.0MPa。试验完毕后将试件劈开观察渗水高度，计算 6 个试件的平均值。抗渗试验渗水高度结果见表 12-10。

表 12-10　抗渗试验渗水高度结果

编号	C30		C40		C50		C60	
	渗水高度(mm)	渗透试件	渗水高度(mm)	渗透试件	渗水高度(mm)	渗透试件	渗水高度(mm)	渗透试件
K1	56	无	76	无	43	无	34	无
K2	134	2 个	113	1 个	120	无	90	无
K3	80	无	74	无	62	无	55	无
K4	74	无	78	无	58	无	62	无

表 12-10 试验结果表明，各强度等级的天然砂石混凝土均无透水现象，而低强度等级矿山废石混凝土有试块出现了透水现象。试验结束后，将试块从中劈开，测量渗水高度，得出天然砂石混凝土一般渗水高度小于 80mm，矿山废石混凝土透水高度在 90mm 以上。

上述结果说明，低强度等级时，矿山废石混凝土的抗渗性低于天然砂石混凝土；对高强度等级混凝土，矿山废石对混凝土抗渗性能影响不大，不是主要影响因素。

2. 抗氯离子渗透性能

将试件标准养护至 28d，测定混凝土试件 6h 内通过的电量，评价混凝土抵抗氯离子渗透的能力。

由表 12-11 可以看出，中低强度混凝土和矿山废石混凝土的电通量高于其他掺加方式的混凝土，说明矿山废石混凝土的抗氯离子渗透能力比天然砂石混凝土抗氯离子渗透能力稍差。其他掺加方式的混凝土随强度等级变化无明显的变动规律，但是均与天然砂石混凝土通过的电量相近。

表 12-11　抗氯离子渗透试验结果

编号	C30	C40	C50	C60
	通过电量（库仑）	通过电量（库仑）	通过电量（库仑）	通过电量（库仑）
K1	1837	1536	723	598
K2	2256	1678	859	586
K3	1789	1420	748	615
K4	1865	1578	779	573

四、结论

（1）骨料为 0～5mm 矿山废石＋碎石的 C30、C40 混凝土流动性较好；骨料为天然砂＋

碎石的C50、C60混凝土流动性最好。骨料为0～5mm矿山废石＋5～25mm矿山废石和天然砂＋5～25mm矿山废石的混凝土流动性较差。不论是低强度还是高强度等级的混凝土，矿山废石混凝土的强度与天然砂石混凝土的强度相近，甚至有的强度还高于天然砂石混凝土的强度；矿山废石对于高强度等级混凝土的强度无太多影响，因此可以用来配制无特殊要求的混凝土。

（2）经过抗渗相关试验，结果表明掺加矿山废石混凝土同样可以满足混凝土的抗渗耐久性要求。

（3）耐久性能。对于普通房建用的混凝土，碳化性能和抗收缩性能是最受关注的性能指标。前者影响混凝土钢筋的耐久性，后者影响混凝土的开裂。因此，选用C35系列配合比，石粉机制砂含量为20%～40%，观察制砂含量对混凝土碳化性能和收缩性能的影响，试验结果见图12-2，图12-3。

图12-2为不同比例混合砂与纯河砂抗碳化性能对比。从试验结果看，石粉机制砂掺量在20%～40%之间变动，混凝土抗碳化能力无明显变化。

图12-3为不同比例混合砂与纯河砂干缩率对比。从图中可以看出，三砂混凝土的收缩发展规律与普通混凝土的收缩发展规律相似。石粉机制砂掺量为20%和30%，混凝土干缩率与普通河砂干缩率差不多；石粉机制砂掺量为40%、50%混凝土干缩率有明显增加。同时，混凝土短龄期1d、3d的收缩率增幅大于长龄期的收缩率。总体来看，石粉机制砂掺量高的混凝土收缩大。

原因分析：①在石粉含量为20%和30%时，混合砂的细度模数分别为2.7和2.5，整体折算的混合砂中石粉含量分别为7.2%和10.8%。当石粉机制砂掺量增加到40%和50%，混合砂的细度模数变为2.3和2.2，相应的混合砂石粉含量增加到14.4%和18%。石粉机制砂中的石粉加速了水泥水化产物$Ca(OH)_2$和C—S—H的形成，并与C_3A反应生成水化碳铝酸钙晶体，增加了水化产物总量，即作为胶凝材料的一部分而增大了浆体数量，使得干缩增大。②在本次试验中，未进行砂率的调整，粗混合砂、细混合砂均采用同一砂率，因此随着石粉机制砂的增加，混合砂细度模数降低，砂子整体比表面积增加，导致混凝土的收缩有所增大。

第二节　石屑配制混凝土的探索试验

一直以来，我国的建筑用砂以河砂为主，建筑用石有卵石和碎石，在新疆地区由于其独特的地理环境和资源优势，建筑用石主要是卵石。随着国家经济的发展和对西部的大力投资，建筑、水利、交通等各个建设项目与日俱增，混凝土需求量不断加大，用砂量也在逐年增加。

新疆哈密地区自2010年兰新二线高铁开工以来，各地砂石厂如雨后春笋般涌出，主要产品以破碎5～31.5mm碎石为主，以水洗筛分5～40mm卵石为辅。将卵石破碎成碎石后，除产出要求规格的石子外，还有一种副产品石屑，它占到产量的30%～40%；若破碎5～20mm碎石，它会占到产量的40%～50%。随着高铁混凝土用量的增大，各个砂石厂的产量也在增大。石屑在国内应用于混凝土中还处于试验和探索阶段，在哈密地区更是一种新的废弃物，既占场地又污染环境。为使石屑得到充分的应用，本节将石屑和水洗河砂按比例配制组成混合砂应用于混凝土中，通过试验调整和试用，混凝土性能良好，具有较好的经济和社会价值。

一、原材料

1. 水泥

选用哈密潞新集团建材有限公司生产的 P·C 32.5 级水泥。

2. 粉煤灰

选用哈密二电厂的二级灰。

3. 矿渣粉

选用嘉峪关江鑫建材有限公司生产的 S95 级矿渣粉。

4. 减水剂

选用新疆格辉外加剂厂生产的 FDN 型萘系高效减水剂。

5. 骨料

选用心怡公司生产的 5～31.5mm 碎石；水洗天然河砂即水洗砂。

6. 石屑

采用心怡公司生产的石屑。

二、混合砂的配制

按照《普通混凝土用砂、石质量及检验方法标准》JGJ 52—2006 规定的方法分别对天然砂和石屑进行颗粒级配试验，然后根据级配情况进行合理配制，组成级配良好的混合砂。

1. 水洗砂

水洗砂累计筛余见表 12-12。

表 12-12　水洗砂累计筛余

筛号（mm）	9.5	4.75	2.36	1.18	0.6	0.3	0.15
累计筛余量（%）	0	6	26	43	62	86	94

计算得：细度模数 M=3.1，属Ⅱ区粗砂，其中 2.36 号筛余超过 1%，土含量为 4%。

2. 石屑

石屑累计筛余见表 12-13。

表 12-13　石屑累计筛余

筛号（mm）	9.5	4.75	2.36	1.18	0.6	0.3	0.15
累计筛余量（%）	0	0	23	47	65	80	88

计算得：细度模数 M=3.0，属Ⅱ区中砂，其中 0.15 号筛余低于 2%，石粉含量为 12%。

3. 混合砂

① 按水洗砂∶石屑 = 1∶1 比例掺合，累计筛余见表 12-14。

表 12-14　混合砂累计筛余 1

筛号（mm）	9.5	4.75	2.36	1.18	0.6	0.3	0.15
累计筛余量（%）	0	3	25	48	65	85	94

计算得：细度模数 $M=3.1$，属Ⅱ区粗砂，颗粒级配良好，石粉和土含量为 6%。

② 按水洗砂：石屑 ＝ 2：3 比例掺合，累计筛余见表 12-15。

表 12-15　混合砂累计筛余 2

筛号（mm）	9.5	4.75	2.36	1.18	0.6	0.3	0.15
累计筛余量（%）	0	4	29	49	66	84	92

计算得：细度模数 $M=3.1$，属Ⅱ区粗砂，其中 2.36 号筛余超过 4%，石粉和土含量为 7%。

③ 按水洗砂：石屑 ＝ 3：2 比例掺合，累计筛余见表 12-16。

表 12-16　混合砂累计筛余 3

筛号（mm）	9.5	4.75	2.36	1.18	0.6	0.3	0.15
累计筛余量（%）	0	6	31	50	67	86	94

计算得：细度模数 $M=3.2$，属Ⅱ区粗砂，其中 2.36 号筛余超过 6%，石粉和土含量为 5%。

通过试验可以看出，将水洗砂和石屑按 1：1 掺合，可以得到颗粒级配良好，能够配制 C55 以下混凝土的混合砂。

三、混凝土配合比

将石屑看作人工砂，与配制好的 1：1 混合砂用于几种不同的混凝土配合比（表 12-17）中，其和易性及强度、混凝土拌合物性能见表 12-18。

表 12-17　使用石屑配合比（kg/m³）

配合比编号	水泥	粉煤灰	矿渣粉	石	水	减水剂	石屑
1 号	228.3	68	159	988	190	5.46	771
2 号	239.1	72	167	971	190	5.74	756
3 号	200.7	84	141	1002	185	4.68	783
4 号	210.4	89	148	987	190	4.92	773
5 号	173.8	94	161	990	185	4.16	789

表 12-18　混凝土拌合物性能

配合比编号	出机坍落度（mm）	出机扩展度（mm）	30min 坍落度（mm）	30min 扩展度（mm）	和易性情况	7d 标准养护强度（MPa）	28d 标准养护强度（MPa）
1 号	200	490	190	450	稍有泌水，流动性一般	27.9	36.4
2 号	205	510	190	480	稍有泌水，流动性一般	30.9	37.3
3 号	190	460	180	410	流动性差，和易性较差	25.0	34.7
4 号	190	500	185	460	稍有泌水，流动性一般	25.0	35.5
5 号	175	430	155	340	流动性差，和易性差	25.2	35.7

根据前面 5 组配合比的和易性情况，选择前 4 组使用混合砂再做试验，配合比见表 12-19，混凝土拌合物性能见表 12-20。

表 12-19　使用混合砂配合比（kg/m^3）

配合比编号	水泥	粉煤灰	矿渣粉	石	水	减水剂	混合砂
1号	228.3	68	159	988	190	5.46	771
2号	239.1	72	167	971	190	5.74	756
3号	200.7	84	141	1002	185	4.68	783
4号	210.4	89	148	987	190	4.92	773

表 12-20　混凝土拌合物性能

配合比编号	出机坍落度（mm）	出机扩展度（mm）	30min 坍落度（mm）	30min 扩展度（mm）	和易性情况	7d 标准养护强度（MPa）	28d 标准养护强度（MPa）
1号	225	540	210	500	和易性良好	28.5	37.6
2号	220	550	215	520	和易性良好，稍有泌水	31.6	40.9
3号	210	510	200	490	和易性一般	26.2	36.8
4号	210	520	200	480	和易性一般	27.0	34.5

通过以上对比试验可以看出，单独使用石屑，混凝土坍落度小，经时损失大，流动性差，有泌水现象，而且胶凝材料越少，和易性越差，从和易性情况看不易泵送；从强度情况看也低于混合砂混凝土的强度。

四、生产试验

选择和易性好、强度高的1号、2号配合比用于生产中，在试用前两车时发现，混凝土经时损失要比试验损失大2mm，考虑到混合砂中有6%的石粉，正常搅拌时间为30s，于是延长20s，经时损失减少；泵送时，泵车吃料费劲，要调高泵速，当泵车停止工作时间较长时，料斗里的混凝土略有沉淀现象，时间较长时堵塞弯管，于是将原有配合比提高2个砂率，同时要求罐车司机在卸料前必须快速反转1min再卸料，调度合理，混凝土泵送才算顺利。

在浇筑时，发现混合砂配制的碎石混凝土不能过分振捣，若过分振捣，石子下沉，浆体上浮，在浇筑墙体时比卵石混凝土更容易出现蜂窝麻面情况，养护时也需要加强养护。

经现场取样，送标准养护室养护，到龄期试压，1号配合比混凝土28d强度达到35.7MPa，2号配合比混凝土28d强度达到38.1MPa，它们都达到C30混凝土强度的要求。

五、生产应用

将石屑应用到混凝土中，需要结合自己的原材料做大量的试验和不断地优化混凝土配比，才能得到经济合理适用的混凝土配合比。石屑对混凝土其他性能的影响正在进行探索性试验。

六、结论

① 将石屑与水洗砂对半掺和配制的混合砂，颗粒级配良好。

② 混合砂配制的混凝土比单独使用石屑配制的混凝土和易性好，强度高。

③ 掺入石屑的混凝土搅拌时间要延长，砂率也要适当提高。

④ 在混凝土中掺入石屑，减少了水洗砂的用量，减少了石屑的占地面积和对环境的污染，具有较好的经济效益和社会效益。

第三节　石屑在预拌混凝土中的应用研究

随着现代化建设步伐的不断发展，预拌混凝土越来越多地被利用在各个建筑领域。而预拌混凝土使用的细骨料一般为天然砂。而天然砂是一种不能短期再生的地方资源。许多地方出于环境保护的需要而出台限采或禁采的措施，使得混凝土用砂的供需矛盾日益突出，天然砂质量不断降低，砂的价格持续走高，用砂高峰期间甚至无砂可用，影响了工程建设的进展。目前，现代混凝土对砂的技术要求越来越高，特别是高强度等级和高性能混凝土对骨料的要求更高。如何在本地区寻找一种可以替代天然砂的材料，不仅可以节约生产成本，也能就地取材，保护本地环境资源。

由于石矿在生产碎石时通常会产生比较多的碎屑颗粒，经过石子筛分级后，可以得到石屑与石粉。石屑和石粉等一般只作为基础夯实垫层用，颗粒粒径在 2.36～4.75mm 之间的也仅仅在沥青混凝土中应用较多，而预拌混凝土中使用很少。笔者通过对石矿上生产的尾矿（石屑）进行混凝土性能试验，探讨其在预拌混凝土中应用的可行性。

一、试验材料

1. 水泥

盘固水泥集团有限公司生产的 P·O 42.5 级水泥，其物理性能指标见表 12-21。

表 12-21　水泥物理性能指标

项　目	比表面积 (m^2/kg)	凝结时间 (min)		安定性	强度（MPa）			
					抗压		抗折	
		初凝	终凝		3d	28d	3d	28d
盘固 P·O 42.5	345	162	205	合格	26.9	49.4	5.4	7.8

2. 复合掺合料

采用本公司复合掺合料，主要是由 F 类Ⅱ级粉煤灰与 S95 粒化高炉矿渣粉组成，其物理性能指标见表 12-22。

表 12-22　复合掺合料物理性能指标

项目	烧失量（%）	比表面积 (kg/m^2)	需水量比（%）	SO_3（%）	活性指数（%）	
					7d	28d
FC	1.05	370	100	0.4	70	97.4

3. 细骨料

采用采自长江的天然砂以及本地石矿生产的尾矿（石屑），其性能指标见表 12-23。

表 12-23　细骨料物理性能指标

项　目	细度模数	级配区	含泥量（%）	泥块含量（%）	表观密度 (kg/m^3)	堆积密度 (kg/m^3)	石粉含量（%）
石屑	3.8	Ⅱ	0	0	2680	1720	10
天然砂	2.4	Ⅱ	1.0	0.4	2610	1620	—

4. 粗骨料

采用本地石矿产品，规格为 5～16mm 与 16～31.5mm，通过试验，两者按比例掺加组成5～31.5连续级配。其物理性能指标见表 12-24。

表 12-24　粗骨料物理性能指标

产品规格	含泥量（%）	表观密度（kg/m^3）	松散密度（kg/m^3）	针片状含量（%）	压碎值（%）	空隙率（%）
5～16mm	2.5	2660	1550	7	—	41
16～31.5mm	1.5	2670	1540	6	8	43

5. 外加剂

采用浙江五龙化工有限公司生产的萘系高效缓凝泵送剂。其物理性能指标见表 12-25。

表 12-25　外加剂物理性能指标

项目	减水率（%）	pH 值	净浆流动度（mm）	推荐掺量（%）
外加剂	17.8	7.8	190	1.2～1.5

二、试验方法

通过对常用混凝土强度等级试验进行比较，分析其拌合物的性能、强度以及相关的耐久性能。混凝土的配合比设计依据《普通混凝土配合比设计规程》JGJ 55—2011 进行。

混凝土拌合物的性能检验方法依据《普通混凝土拌合物性能试验方法标准》GB/T 50080—2016 进行。

混凝土强度试验方法依据《普通混凝土力学性能试验方法标准》GB/T 50081—2002 进行。

试件尺寸为 100mm×100mm×100mm。

混凝土抗渗性能试验方法依据《普通混凝土长期性能和耐久性能试验方法标准》GB/T 50082—2009 进行。

混凝土抗裂性能试验方法依据《水泥砂浆抗裂性能试验方法》JC/T 951—2005 进行。

1. 试验用混凝土配合比（表 12-26）

表 12-26　混凝土配合比

编号	水泥	水	石屑	砂子	石子	外加剂
15-0	240	180	815	0	1125	2.9
15-20	240	180	667	167	1106	3.0
15-40	240	180	512	341	1086	3.2
15-60	240	180	349	524	1067	3.4
15-80	240	180	178	714	1048	3.6
15-100	240	180	0	912	1028	3.8
20-0	280	175	785	0	1130	3.4
20-20	280	175	643	161	1111	3.5

续表

编号	水泥	水	石屑	砂子	石子	外加剂
20-40	280	175	494	329	1092	3.7
20-60	280	175	337	506	1072	3.8
20-80	280	175	172	689	1053	4.0
20-100	280	175	0	881	1034	4.4
25-0	340	175	746	0	1119	4.3
25-20	340	175	612	153	1100	4.4
25-40	340	175	470	313	1082	4.6
25-60	340	175	321	481	1063	4.7
25-80	340	175	164	656	1044	4.9
25-100	340	175	0	839	1026	5.3
30-0	380	175	712	0	1113	4.9
30-20	380	175	584	146	1095	5.1
30-40	380	175	449	299	1077	5.3
30-60	380	175	307	460	1059	5.4
30-80	380	175	157	628	1040	5.6
30-100	380	175	0	803	1022	6.0

注：15-0 代表强度等级为 C15 的混凝土，石屑掺量为 0%，其余类推。

2. 混凝土拌合物工作性能及力学性能

混凝土拌合物的工作性能及力学性能检验结果见表 12-27。

表 12-27　混凝土拌合物的工作性能及强度

编号	初始坍落度（mm）	30min 后坍落度（mm）	1h 后坍落度（mm）	和易性	强度（MPa）	
					7d	28d
15-0	150	130	130	一般	11.3	23.5
15-20	155	135	120	一般	11.9	23.2
15-40	210	170	160	良好	12.1	24.3
15-60	215	170	165	良好	11.4	24.7
15-80	210	180	170	良好	10.5	22.7
15-100	165	130	100	一般	10.7	23.7
20-0	165	145	135	一般	17.8	28.8
20-20	180	155	140	一般	17.9	27.1
20-40	220	190	180	一般	20.0	29.2
20-60	210	190	180	一般	21.4	31.0
20-80	205	180	170	一般	21.2	30.1
20-100	170	140	110	较差	19.3	26.1
25-0	205	180	160	较差	22.3	33.7
25-20	210	175	155	一般	22.3	33.4
25-40	220	190	180	较好	21.7	34.5
25-60	225	200	190	良好	20.7	35.1
25-80	180	170	155	良好	22.1	35.1

续表

编号	初始坍落度（mm）	30min 后坍落度（mm）	1h 后坍落度（mm）	和易性	强度（MPa）	
					7d	28d
25-100	175	155	140	较差	22.3	34.6
30-0	200	190	175	较差	30.3	41.8
30-20	200	185	170	差	32.1	45.8
30-40	210	185	185	良好	29.9	45.3
30-60	215	200	190	良好	29.2	44.4
30-80	205	190	180	良好	24.9	37.2
30-100	190	170	145	较差	26.0	36.9

3. 混凝土泌水性能试验

对掺加 40％以及 100％石屑的 C30 混凝土与不掺石屑混凝土的性能进行对比，结果见表12-28。

表 12-28　混凝土泌水性能试验结果

石屑掺量	0％	40％	100％
30min 泌水量（％）	1	0	0
60min 泌水量（％）	2	1.2	0
90min 泌水量（％）	2.5	1.4	1.0
120min 泌水量（％）	2.8	1.8	1.4

4. 混凝土耐久性能试验

（1）混凝土的抗开裂性能试验

根据《水泥砂浆抗裂性能试验方法》JC/T 951—2005 中砂浆收缩裂缝试验方法进行。

（2）试验方法

根据规范要求，制作尺寸为 910mm×600mm×20mm 的木框模板，内放置直径为 8mm 光圆钢筋制成的尺寸为 880mm×570mm 的框架。基本配合比为水灰比 0.5，灰砂比1∶1.5，采用与混凝土配合比相同的材料。

试件经搅拌、浇筑到铺有两层薄膜的模板中，抹平后开启风扇和碘钨灯。环境温度为(20±3)℃，相对湿度为（60±5)％。24h 后测读裂缝的数量、宽度与长度，计算裂缝总面积及开裂指数，以此评定砂浆的抗开裂性能（表 12-29）。

表 12-29　混凝土抗裂性能测试结果

最大裂宽	用天然砂混凝土		掺 40％石屑混凝土	
	裂缝条数	裂缝总长度（mm）	裂缝条数	裂缝总长度（mm）
大于 3mm	1	20	0	0
2～3mm	1	30	1	20
1～2mm	6	80	5	60
0.5mm 左右	17	140	15	100
0.25mm 左右	22	220	20	180
开裂指数	405		255	

(3) 检测结果

从两组对比的试验数据看，同等条件下，所产生的裂缝数量、裂缝宽度、裂缝的总长度以及开裂指数，掺40%的石屑的砂浆的抗裂性能均优于用天然砂拌制的砂浆的抗裂性能。

三、分析与讨论

1. 工作性能

从混凝土的工作性能看，不同石屑掺加量的混凝土坍落度随石屑掺量的增加，呈现出先增加后降低的趋势。原因在于石屑是碎石破碎而来的，石屑多棱角，表面粗糙，颗粒多不规则，其中含有的石粉有较强的吸水性，掺量越大时，这种现象越明显。当石屑掺量为20%～40%时，坍落度要高于天然砂，是由于其中的石粉具有填充效应，所以此时混凝土的工作性能最佳。当全部为石屑时，由于颗粒及石粉的原因，使得混凝土的工作性能很差。

2. 物理性能

从混凝土拌合物性能看，石屑的表观密度略高于天然砂的表观密度，所测混凝土的密度均略高于天然砂的混凝土密度，石屑掺量越多，密度也越高。

3. 力学性能

从混凝土的强度看，在一定范围内（0～60%）掺有石屑的混凝土强度均等于或略高于纯天然砂的强度，原因如下：

(1) 石屑的形态效应

石屑表面粗糙，带有尖锐棱角，不但使得骨料与浆体的咬合力得到增强，而且有利于浆-骨料界面性能的改善。

(2) 石粉的填充效应

石屑中含有部分石粉，石粉的颗粒较细，在混凝土中可以填充骨料及界面间的空隙，使得混凝土中的毛细孔减少，孔隙率降低，改善了混凝土中的孔结构。

(3) 石屑的吸水效应

在掺石屑的混凝土中吸附部分拌合水，使得混凝土的实际水胶比小于同配合比的普通混凝土水胶比，增加了混凝土的保水性能，减少了混凝土泌水产生的概率，从而减少了自由水在界面上聚集，使浆骨料界面得到改善。

(4) 石屑的晶核效应

石屑中的石粉在混凝土早期强度发展中，充当了$Ca(OH)_2$的晶核，促进了胶凝材料中的硅酸盐矿物的水化，并避免了晶体的集中产生，从而提高了混凝土的早期强度。

(5) 石屑的活性效应

石屑中的$CaCO_3$与水泥中的C_3A反应生成碳铝酸盐的同时，还改善了石粉颗粒的表面状态，有利于石粉颗粒与水化产物间粘结强度的提高。石屑这些效应所产生的效果均有利于混凝土强度的提高和性能的改善。

四、结论

① 掺加石屑的混凝土各项物理性能均等同或略高于纯天然砂混凝土，主要是由于石屑

的颗粒多棱角，颗粒表面粗糙，使得胶凝材料与其结合时的胶结力加大。石屑中含有的石粉可以充当混凝土空隙中的填充物，改善了混凝土的和易性，增加了密实度。

② 石屑的掺量可以根据石屑的细度以及石粉含量来确定，通常情况下，普通中低等级强度（C30 及以下）的混凝土中用石屑加细砂来替代天然砂，在石屑掺量为 40%～60%时，拌制的混凝土状态最佳。若全部使用石屑作为细骨料，混凝土的和易性很差。

③ 使用石矿上现有的石屑资源可以部分替代天然砂来拌制混凝土，无需增加其他费用，可以节约材料资源，保护环境，而且石屑的价格与天然砂的价格相差甚多，经济效益十分明显。

第四节　石屑在大体积混凝土中的应用

天然河砂是混凝土的重要组成部分，但是随着天然河砂资源的日益短缺及政府机关保护河流采取禁止采砂的政策，现有天然河砂资源已经难以满足建筑行业持续发展的需要。因此，必须尽快寻找出能够替代天然河砂的材料。

石屑的来源有很多，大部分来自于碎石生产过程中得到的副产品，这种过筛后留下的副产品一般为粒径小于 5mm 的混合物，很大程度上类似于人工砂的级配范畴，所以替代天然河砂比较适宜。石屑质地坚硬，表面粗糙多孔，有尖锐的棱角，其中含有大量粒径小于 0.16mm 的石粉。使用石屑替代天然河砂配制混凝土已有不少单位及技术人员做过大量的试验和探索，但是在大体积泵送混凝土生产中应用的很少。

本节通过大体积混凝土中使用石屑部分替代天然河砂的方法，既保证了混凝土的质量，又能缓解砂子紧张的局面，同时还能降低大体积混凝土的胶凝材料总量，减少早期水化热，有利于大体积混凝土的施工。

一、原材料

1. 水泥

选用恒威水泥制造有限公司生产的恒威 PS 32.5 矿渣硅酸盐水泥。

2. 细骨料

选用浑河河砂，细度模数为 2.8，含泥量为 1.2%，表观密度为 2640kg/m^3，堆积密度为 1510kg/m^3，空隙率为 43%，颗粒级配筛分曲线在Ⅱ区，属中砂。

3. 粗骨料

选用辽阳碎石，粒径为 5～25mm。

4. 减水泵送剂

选用沈阳聚诚科技开发有限公司生产的 JC-2 混凝土减水泵送剂。

5. 粉煤灰

选用抚顺产的一级原状灰。

6. 石屑

选用辽阳金佳采石场生产的石屑，表观密度为 2250 kg/m^3，含泥量为 1.8%，石粉含量为 18%，细度模数为 3.7。

二、混凝土配合比设计

1. 配合比试验

为找出石屑的合理掺量，我们采用一个基准配合比，通过调整石屑替代天然河砂的掺量及砂率来观察混凝土强度及其工作性能的变化。

通过表 12-30、表 12-31 可以看出，随着石屑掺量的不断增加，混凝土的坍落度逐渐减小，且坍落度经时损失较大。这是因为随着石屑掺量的增加，石屑中石粉的含量也随之增加，导致混凝土需水量大，减小了混凝土的坍落度。

表 12-30　混凝土试验配合比（kg/m³）

编号	水泥	粉煤灰	砂率（%）	石	细骨料		石屑取代河砂比率	外加剂	水
					河砂	石屑			
1	340	160	40.0	1039	693	0	0	12.5	168
2	340	160	42.0	1005	509	218	30%	12.5	168
3	340	160	43.0	987	447	298	40%	12.5	168
4	340	160	44.0	970	419	343	45%	12.5	168
5	340	160	44.0	953	389	390	50%	12.5	168

表 12-31　混凝土拌合物性能试验

试配编号	出机坍落度（mm）	1h 坍落度损失（mm）	扩展度（mm）	和易性描述	标准养护强度（R60）（MPa）
1	230	230	600	和易性好，微泌水	46.8
2	230	220	600	和易性好，微泌水	47.4
3	220	210	580	和易性好，流动性好	49.7
4	220	200	520	和易性好，流动性一般	48.5
5	210	180	490	和易性差，流动性不足	44.1

石屑中的石粉属于晶态矿物质材料，其颗粒较细，所以在混凝土中不仅可以发挥微粒填充效应，同时还有形态效应，补充混凝土中缺少的小颗粒，增大固体表面积的比率，从而减少泌水和离析，保持良好的黏聚性和保水性。

为观察石屑中石粉含量对混凝土和易性的影响，我们人为地通过筛分，配制出不同石粉含量的石屑，采用相同的配合比进行比较，试验结果为：当石粉含量为 12%时，混凝土拌合物的和易性较差，微泌水；当石粉含量为 18%时，混凝土拌合物的和易性明显改善，且易于振捣密实；当石粉含量超过 25%时，由于石粉含量太多，减弱了骨架作用，在胶凝材料总量不变的情况下，过多的石粉使水泥浆和混凝土强度降低。

经过试配得出石屑掺量控制在 40%左右为佳，石屑中石粉含量不宜超过 20%。最终确定生产配合比选用 3 号配比。

2. 混凝土水化热计算

为了更好地探究石粉在大体积混凝土中强度的增长规律，简单地采用标准养护方法显然是不够的。根据大体积混凝土的水化放热规律，决定采用模拟大体积混凝土内部温度环境进行混凝土试件的养护。选一铁箱置于鼓风干燥箱中，将箱中注入一定量的水，将试块沉没于水中。根据混凝土水化放热规律来调整鼓风干燥箱的温度。

混凝土的绝热温升值由下式计算：

$$T_{\max} = \frac{m_C Q}{C\rho} \tag{12-1}$$

式中　$T_{\max}$——混凝土的绝热温升值，K；

m_C——胶凝材料用量 $m_C=500\text{K/m}^3$，见表 12-30；

Q——每千克水泥水化热，$Q=270\text{kJ/kg}$；

C——混凝土的比热容，$C=0.96\text{kJ/(kg}\cdot\text{K)}$；

ρ——混凝土的质量密度，$\rho=2400\text{kg/m}^3$。

将有关数据代入式（12-1）中，得：$T_{\max}=58.6\text{K}$。

由于水泥水化热引起的内部实际最高温升要比绝热温升低，实际最高温度由下式计算：

$$T_m = \xi T_{\max} \tag{12-2}$$

式中　T_m——混凝土实际温升，K；

ξ——不同浇筑块的降温系数，由《混凝土工程病害与修补加固》一书表 1-1-17 中可知，当浇筑块厚度为 4.0m 时的 ξ 值见表 12-32。

表 12-32　不同龄期 ξ 值

厚度（m）	不同龄期（d）的 ξ 值									
	3	6	9	12	15	18	21	24	27	30
4.0	0.74	0.73	0.72	0.65	0.55	0.46	0.37	0.30	0.25	0.24

将 $T_{\max}$及 ξ 值代入式（12-2）后得出不同龄期的水化热温升。

从上述计算已知不同龄期混凝土中的温升，根据混凝土浇筑时现场测得入模温度，混凝土底板内部温度估算值整理为表 12-33。

表 12-33　内部温度估算表

龄期（d）	入模温度（℃）	$\xi T_{\max}$（℃）	混凝土估算温度（℃）
3	22.5	43.4	55.4
6	22.5	42.8	55.0
9	22.5	42.2	54.5
12	22.5	38.1	51.4
15	22.5	32.2	47.0
18	22.5	27.0	43.0
21	22.5	21.7	39.0
24	22.5	17.6	35.9
27	22.5	14.7	33.6
30	22.5	14.1	33.2

将成型后的混凝土试块分成两批，一批放入标准养护室进行标准养护，另一批置于烘箱中的铁箱中，试块要没于水中。根据混凝土内部温度的估算值，对混凝土试块进行模拟实体温度养护，根据混凝土内部温度的估算值，每天调节烘箱温度，待混凝土到达60d养护龄期后取出，测试强度与标准养护试件强度进行对比。最终混凝土60d强度为54.6MPa，远远高于标准养护条件下的49.7MPa。

混凝土浇筑60d后，观察大体积混凝土表面无任何肉眼可见裂缝，取芯测得实体强度为52.5MPa，取芯深度为50mm，测得碳化值明显小于普通混凝土的同龄期碳化值，可见石屑的掺加提高了混凝土的密实度，减小了碳化深度。

三、混凝土施工质量控制

1. 搅拌

石屑中含有一定量的石粉，如搅拌时间过短，坍落度反映不真实，混凝土到达现场后变化较大，所以要适当延长混凝土的搅拌时间，大约延长30s，且要控制好混凝土的坍落度，如果坍落度过大，会降低混凝土骨料界面能，增大水胶比，影响混凝土的质量。

2. 振捣

在确保振捣密实的情况下应尽量缩短振捣时间，因石粉颗粒较轻，如果过振，石粉会上浮于混凝土的表面，影响混凝土表面的强度，局部石粉堆积形成表面“起粉”。

3. 养护

由于大体积混凝土施工内外温差较大，且掺合料掺入量较大，加之石粉的吸水作用很强，虽能减少泌水现象，但应防止早期由于水分不足而形成收缩裂缝，所以应加强早期湿养护。

四、石屑在混凝土应用中的问题

石屑的产地及生产工艺都不尽相同，质量及各组分含量都有很大的差异，在使用前一定要经过大量试验方能得出适宜的代砂率。关于石屑对混凝土其他耐久性的一些具体影响正在进一步研究中。

五、结论

① 掺入适量石屑的混凝土强度比普通混凝土强度略高。由于各地石屑质量差别较大，使用前应当进行大量试验，以确定最佳掺量。

② 石粉具有吸水性，能够减少混凝土泌水。

③ 调节骨料级配，使混凝土内部结构密实，节约碎石和砂的用量，具有良好的经济效益。

④ 模拟同条件养护的混凝土强度比标准养护的混凝土试件强度高出很多，说明石粉在混凝土中具有一定的水化效应。用石屑替代部分掺合料，在保证混凝土强度的同时降低混凝土胶凝材料的用量，可以降低混凝土早期水化热，为大体积混凝土的温度控制提供了良好的条件。

⑤ 掺入适量石屑的混凝土碳化深度比同强度等级、同龄期的混凝土碳化值要小很多，说明石屑能够提高混凝土的密实度，降低混凝土的碳化深度。

第五节　石屑全代砂高性能混凝土配合比设计

石屑是石场在生产碎石时产生的一种附属品，目前只用于基础垫层或平整场地等用途。但石屑的颗粒级配和物理性质与河砂接近，能够起到作为细骨料填充粗骨料空隙的作用，是一种非常适用于代替河砂配制混凝土的材料。在国内，有部分学者研究过石屑代替河砂配制混凝土的可行性，且证明是可行的，但对于石屑混凝土的配制方法研究较少，石屑高性能混凝土的配制方法研究更为罕见。由于石屑比河砂颗粒要粗、棱角较多，导致用石屑配制混凝土时砂率的确定有别于河砂。又由于石屑中小于 0.075mm 的石粉颗粒含量一般都超过 10%，而河砂中小于 0.075mm 的粉状颗粒含量一般都小于 5%，这样也导致用石屑配制混凝土时用水量的确定有别于河砂。因此，采用普通混凝土配合比设计规范来设计石屑混凝土配合比并不适用。

为探索适用于石屑全代砂高性能混凝土的配合比设计法，本节尝试采用混凝土配合比简易设计法配制石屑高性能混凝土，并通过试验对设计思路进行验证，试验证明该方法是可行的。采用该方法配制的石屑高性能混凝土和易性好，混凝土密实度高，混凝土强度和耐久性能均表现良好。

一、石屑全代砂高性能混凝土配合比设计

石屑全代砂混凝土配合比设计法，采用绝对体积法设计，通过试拌调整法确定。核心思路是确定石屑的紧密堆积密度、压力吸水率和碎石空隙率，即混凝土中的粗细骨料最佳比例。根据两者的互补关系，在充分考虑工作性能的基础上，确定合理的胶凝材料用量，配制出符合性能要求而又经济合理的混凝土。配合比具体设计步骤如下：

1. 确定石屑高性能混凝土性能指标

高性能混凝土首先要有高工作性，坍落度指标能达到 180mm 以上，而且还要具有高耐久性。

2. 确定胶凝材料浆量

以设计强度为计算依据，根据水泥的实际强度和掺合料的活性，确定水泥和掺合料的用量，然后用与胶凝材料标准稠度用水量对应的水胶比确定外加剂的品种和掺量。

3. 测定石屑的紧密堆积密度、压力吸水率、碎石的空隙率和石子的吸水率，结合胶凝材料确定最佳砂率

采用压力法测得石屑的紧密堆积密度和压力吸水率，为确定细骨料的用量和用水量提供基准参数；检测石子的空隙率和吸水率，为确定细骨料体积提供依据；测定碎石的吸水率，确定石子的准确用水量。用碎石的空隙率乘以石屑的紧密堆积密度就可以确定细骨料的准确用量。

4. 计算各组分材料用量

根据浆体体积、水胶比、砂率及原材料密度等参数，通过配合比体积计算法，算出 $1m^3$ 混凝土各组分材料用量。

二、试验验证

1. 试验原材料

（1）水泥

选用英德龙山水泥有限公司的“海螺牌”P · Ⅱ 42.5R 硅酸盐水泥，水泥 28d 强度为

46.2MPa，水泥密度为 3090kg/m³。

（2）粉煤灰

选用河源发电厂的Ⅱ级粉煤灰，烧失量为 2.0%，需水量比为 87%，密度为 2260kg/m³。

（3）矿渣

选用广东韶钢嘉羊新型材料有限公司的规格种类为 S95 型，流动力比为 102mm，烧失量为 1.0%，密度为 2860kg/m³。

（4）碎石

选用中山市合力石场的小碎石规格为 5～16mm，大碎石规格为 16～31.5mm，颚式破碎，小石和大石以 8∶2 比例掺配组成为 5～31.5mm 连续级配，密度测定为 2670 kg/m³。

（5）石屑

选用中山市合力石场的石屑颗粒级配为Ⅱ级，细度模数为 2.88，石粉含量为 13.2%，密度为 2630kg/m³。

（6）减水剂

选用深圳五山建材实业有限公司的萘系缓凝高效减水剂，固含量为 30.5%，减水率＞18%。

（7）水

自来水。

（8）石屑和碎石的颗粒分析

石屑和碎石的颗粒分析见表 12-34 和表 12-35。

表 12-34　石屑颗粒级配

筛孔尺寸（mm）	9.50	4.75	2.36	1.18	0.60	0.30	0.15	0.075	盘底
累计筛余（%）	0	16.5	43.0	53.0	67.6	75.4	84.0	89.8	100

表 12-35　碎石颗粒级配

筛孔尺寸（mm）	31.5	26.5	19.0	16.0	9.5	4.75	2.36	盘底
累计筛余（%）	0.0	5.5	43.8	57.4	86.5	99.6	99.8	100

2. 配合比设计

本次试验设计的石屑高性能混凝土配合比，强度等级设定为 C40、C45 和 C50，坍落度设定为 180～200mm，扩展度要求达到 450mm 以上，抗氯离子渗透电通量要求在 1500 库仑以下，抗水渗透性能要求不小于 P12 级。对每个配合比进行试拌，并检测混凝土的密度、坍落度、扩展度、和易性和强度，以及抗氯离子渗透性能与抗水渗透性能。

（1）确定水胶比

根据水泥强度，按照普通混凝土配合比设计规程计算水胶比，C40、C45 和 C50 混凝土对应的水胶比分别是 0.40、0.37 和 0.34。

（2）确定最佳砂率

先确定石屑与碎石混合料的最小空隙率。采用石屑填充碎石，检测石屑与碎石混合料

（体积为 10L）的紧密密度，砂率从 36%开始逐步增加，直到出现最大密度的拐点为止。再根据最大密度计算的空隙率即为最小空隙率，对应砂率为最佳砂率。不同砂率对应的混合空隙率见表 12-36。

表 12-36 不同砂率对应的混合空隙率

砂率（%）	36	38	40	42	44	46
两次平均混合料密度（kg/m³）	1917	1963	1986	2011	2022	2006
空隙率（%）	27.7	25.9	25.1	24.1	23.7	24.3

由表 12-36 可见，砂率为 44%时，混合料密度最大，密度为 2022kg/m³，根据石屑与碎石混合后的表观密度 2650kg/m³，计算出石屑与碎石混合的最小空隙率 α=23.7%，对应最佳砂率即为 44%。

（3）确定配合比材料用量

根据上一步得出的最小空隙率 α，浆体富余系数经试拌确定为 10%，则浆体体积=α+10%=33.7%，即每立方米混凝土胶凝材料用量为 337L。

以 0.4 水胶比为例计算配合比。为了提高石屑混凝土的耐久性能，采用矿渣等量替代 20%的水泥，粉煤灰等量替代 10%的水泥，水泥实际用量为 70%。水泥表观密度为 3.09g/cm³，矿渣粉表观密度为 2.86g/cm³，粉煤灰表观密度为 2.26g/cm³。

胶凝材料质量/浆体积=1/(0.7/3.09+0.2/2.86+0.1/2.26+0.4)=1.35(kg/L)。即 1L 浆体需用 1.35kg 胶凝材料，则每立方米混凝土胶凝材料质量=337L×1.35kg/L=455kg。

水泥=455×70%=318.5（kg）；粉煤灰=455×10%=45.5（kg）；

矿渣=455×20%=91.0（kg）；水=455×0.4=182（kg）。

砂石骨料总质量=(1000−337)×2.65=1757(kg)。其中，石屑=1757×44%=773(kg)，石=1757×56%=984(kg)。所有材料总质量为 2394kg。

（4）石屑高性能混凝土配合比

按以上计算步骤，通过改变配合比参数，计算出 3 个强度等级的石屑高性能混凝土配合比，见表 12-37。

表 12-37 混凝土配合比设计表

编 号	水胶比	材料用量（kg/m³）							
		水泥	粉煤灰	矿渣	小石	大石	石屑	水	减水剂
HPC-40	0.40	318.5	45.5	91.0	787	197	773	180	8.19
HPC-45	0.37	331.8	47.4	94.8	787	197	773	175	9.48
HPC-50	0.34	346.5	49.5	99.0	787	197	773	168	11.38

3. 试验结果与分析

（1）混凝土的工作性能及强度检测

按简易设计法设计的配合比拌制石屑高性能混凝土，检测混凝土的工作性能及强度，试验检测结果见表 12-38，混凝土强度发展趋势如图 12-5 所示。

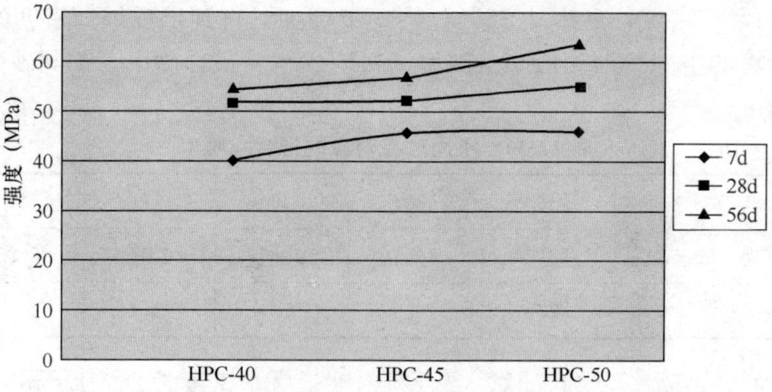

图 12-5　混凝土强度发展曲线图

表 12-38　混凝土工作性能及强度试验结果

编号	坍落度（mm）	扩展度（mm）	和易性	密度（kg/m³）	强度（MPa）		
					7d	28d	56d
HPC-40	200	550	好	2390	40.3	51.8	54.7
HPC-45	190	500	好	2420	45.7	52.2	57.0
HPC-50	200	520	好	2440	46.0	55.2	63.6

由表 12-38 和图 12-5 可见，3 个强度等级的石屑高性能混凝土的工作性能（包括坍落度、扩展度、和易性等）指标均满足试验设计要求。石屑高性能混凝土由于掺入了矿渣和粉煤灰，因此用 56d 龄期强度进行评定，3 个强度等级的石屑高性能混凝土 56d 强度均满足配制强度要求，强度发展曲线基本呈线性增长。

（2）混凝土耐久性能检测

抗渗透性能是高性能混凝土耐久性的重要指标，抗渗透性能包括抗氯离子渗透性能和抗水渗透性能。抗氯离子渗透性能通过电通量试验检测，抗水渗透性能采用抗水渗透仪检测，抗渗透级别根据《混凝土耐久性检验评定标准》JGJ/T 193—2009 进行评价。试验结果见表 12-39 和表 12-40。

表 12-39　抗氯离子渗透电通量试验结果

编　号	电通量（库仑）		抗渗透级别
	28d	56d	
HPC-40	1232	600	Q-Ⅲ
HPC-45	1056	522	Q-Ⅲ
HPC-50	925	486	Q-Ⅳ

注：根据《混凝土耐久性检验评定标准》，抗氯离子渗透性能等级的测量龄期为 28d。

表 12-40　抗水渗透试验结果

编　号	水压力（MPa）	试件透水情况	抗水渗透级别
HPC-40	1.5	无	＞P12 级
HPC-45	1.5	无	＞P12 级
HPC-50	1.5	无	＞P12 级

由表 12-39 可见，3 个强度等级的混凝土试件 28d 电通量均低于 1300 库仑，抗氯离子渗透效果都较好，均满足低于 1500 库仑的设计要求。混凝土的 56d 电通量比 28d 电通量有大幅度降低，均接近于 500 库仑，表明随着龄期的增长，混凝土的抗氯离子渗透性能还会进一步提高。

由表 12-40 可见，3 个强度等级的混凝土试件在水压力加到 1.5MPa 时，试件均未出现透水，抗水渗透级别均达到 P12 级以上，抗水渗透性能非常好，满足设计要求。

石屑高性能混凝土的抗渗透性能好，分析其原因：第一，简易设计法通过对粗细骨料进行紧密堆积，从而确定石屑与碎石的最佳比例，使骨料间的空隙率达到最小，提高了混凝土的密实性；第二，胶凝材料中掺入了矿渣和粉煤灰两种矿物微粉，矿物微粉的颗粒极细，能有效地填充混凝土中的空隙，提高混凝土的抗渗透性能。

三、结论与建议

以上试验结果表明，采用混凝土配合比简易设计法配制出的石屑高性能混凝土，其工作性能和强度均满足设计要求，混凝土的抗渗透性能也表现良好。试验证明，采用简易设计法设计石屑高性能混凝土配合比是可行的。

石屑与碎石混合空隙率是确定胶凝材用量的最重要指标，混合空隙率越大，所用的胶凝材料就越多，因此应优先选用级配良好的石屑配制混凝土。砂率过大会使用水量增大，间接导致胶凝材料和减水剂用量增加，不利于混凝土的经济性。因此，当最佳砂率超过 45%时，建议取 45%作为最佳砂率。

浆体富余系数是影响混凝土工作性能和强度的重要指标，需要通过试拌来确定。由于石屑的棱角偏多，影响混凝土的和易性与流动性，其浆体富余系数一般在 8%～12%，可以先从 8%进行试拌，再逐步增大浆体富余系数。

第十三章　铁尾矿再生骨料混凝土

第一节　铁尾矿砂在混凝土中的应用

铁尾矿砂是铁矿石精选矿提纯、磨细、选铁矿后产生的一种细度模数稳定，且符合细砂或者特细砂的尾矿废渣。铁尾矿砂含有的细粉大部分为石粉颗粒，属于坚固成分，有利于提高混凝土的力学性能和耐久性。

混凝土的可持续性发展、绿色生产，不只是降低水泥用量，砂石质量也是影响混凝土质量的关键，质量优良的砂石才是配制出低成本、高性能混凝土的前提和保证。砂石资源匮乏，砂石原材料品质波动较大，很难购买到满足现行规范要求的天然砂石，主要表现为天然砂中含石率（一般在10%～40%）较高，并且含泥量严重超出标准。颗粒级配表现为粗颗粒多，细颗粒少，级配十分不合理，给配制中、低强度等级的混凝土带来很大困难。用铁尾矿砂部分取代河砂，既可以减小含石波动对混凝土工作性能的不利影响，又能优化细骨料的颗粒级配。尾矿砂粒径小于0.15mm的细粉主要是石粉，石粉在性能上不同于河砂中的泥粉，对外加剂吸附较小，掺入部分铁尾矿砂可以有效地降低细骨料的含泥量。应用铁尾矿砂也可以优化混凝土配合比参数的调整范围，增大混凝土配合比调整自由度。尤其在胶凝材料相对较少的低强度等级混凝土中加入适量的铁尾矿砂充当细骨料，有利于提高混凝土的黏聚性与和易性。

对铁尾矿砂与河砂的复配使用尚缺少系统性的研究，对尾矿砂的使用也存在以下困难：①长期以来，混凝土行业习惯于使用天然河砂，对河砂产生依赖和固定的思维难以改变，对于铁尾矿砂认识不足。②铁矿开采企业对选矿过程中产生的铁尾矿砂通常是作为废弃物进行堆积、掩埋等简单处理。③对铁尾矿砂的认识、使用是一个循序渐进的过程。依照《普通混凝土用砂、石质量及检验方法标准》JGJ 52—2006相关规定，结合混凝土和铁尾矿砂的特点，本节对铁尾矿砂用作混凝土细骨料的可行性和应用范围进行了试验和分析。

一、铁尾矿砂掺量对混凝土的影响

天然河砂细度模数偏大、含石量大，铁尾矿砂颗粒级配主要集中在0.15～0.63mm之间（表13-1），粒径小于0.15mm的细颗粒在15%左右（表13-2）。

表13-1　河砂颗粒级配

筛径（mm）	4.75	2.36	1.18	0.63	0.315	0.15	细度模数	级配区间
累计筛余（%）	7.2	23.6	45.8	67.4	90.2	97.0	3.1	Ⅰ

表13-2　铁尾矿砂颗粒级配

筛径（mm）	4.75	2.36	1.18	0.63	0.315	0.15	细度模数	级配区间
累计筛余（%）	0	0.4	1.6	7.4	46.8	82.2	1.4	Ⅲ

铁尾矿砂中有较高的活性化学成分（表 13-3）：CaO、SiO_2、Al_2O_3 和 Fe_2O_3 的总和占 83.3%。尾矿砂中小于 0.075mm 和小于 0.045mm 的部分，可以直接与水泥水化析出的 $Ca(OH)_2$ 发生二次水化反应。另外，尾矿砂中含有的 Fe_2O_3 在反应中形成的水化产物——水化铁酸钙有利于提高抗折强度。

表 13-3　铁尾矿砂的活性化学成分

化学成分	CaO	SiO_2	Al_2O_3	Fe_2O_3	MgO	Loss	Σ
（%）	17.5	48.49	3.16	14.15	6.21	9.05	98.56

铁尾矿砂在放大镜下如图 13-1 所示，铁尾矿砂颗粒较小较细，粒形不规则，电镜放大后可看到其表面颗粒粗糙。

（a）×90　　（b）×200

图 13-1　铁尾矿砂在放大镜下的形状

针对天然河砂与铁尾矿砂的特点，将铁尾矿砂与天然河砂混合配制成满足混凝土生产要求的Ⅱ区中砂。使用这种混合砂配制混凝土，技术关键是混合砂混合比例的确定。其混合比例可按照混凝土工作性、力学性能、混合砂细度模数等技术指标优选出最佳的混合比例，该比例的混合砂应满足混凝土对普通砂的各项技术要求。试验时，适当调整外加剂掺量，保证达到要求的工作性，以探讨铁尾矿混合砂混凝土的应用技术规律。

1. 铁尾矿砂混凝土试验配合比

新拌混凝土的和易性也称工作性，是指拌合物易于搅拌、运输、浇捣成型，并获得质量均匀密实的混凝土的一项综合技术性能，通常用流动性、黏聚性和保水性三项内容表示。流动性是指拌合物在自重或外力作用下产生流动的难易程度；黏聚性是指拌合物各组成材料之间不产生分层离析现象；保水性是指拌合物不产生严重的泌水现象。通常情况下，混凝土拌合物的流动性越强，则保水性和黏聚性越差，反之亦然，相互之间存在一定的矛盾。和易性良好的混凝土是指既具有满足施工要求的流动性，又具有良好的黏聚性和保水性。因此，不能简单地将流动性强的混凝土称之为和易性好，或者流动性减小的混凝土称之为和易性变差。在评价混凝土的工作性时，用坍落度结合坍落流动度（用拌合物坍落稳定时所铺展的直径表示，也称扩展度）参考图 13-2 进行评价。

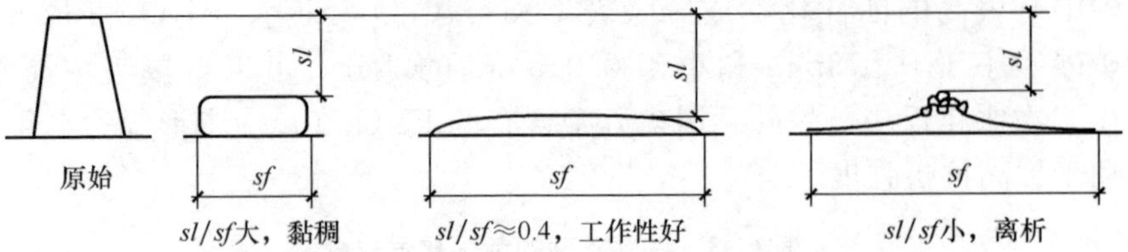

图 13-2　混凝土拌合物工作性的简易评价

sl—坍落度；sf—扩展度

坍落度与扩展度的比值也称为坍扩比，从图 13-2 中可以看出坍扩比在 0.4 左右混凝土的工作性较好；坍扩比大于 0.4 时，混凝土工作性黏稠；坍扩比小于 0.4 时，混凝土工作性差，易出现泌水、离析现象。坍扩比与 0.4 的差值越大，工作性越差，坍扩比可以作为工作性评价的简易方法。

铁尾矿砂中小于 0.15mm 的细颗粒可以调节砂子的级配，充当粉体填充料，填充混凝土骨料间的空隙，提高混凝土保水性和黏聚性，改善离析、泌水现象，使得混凝土易于密实成型。尤其在低强度等级的混凝土中，作用更加明显，低强度等级混凝土胶凝材料用量少，掺用铁尾矿砂后，补充粉体材料，有效地克服了工作性差的缺点。为了系统了解铁尾矿砂掺量变化对不同胶凝材料用量、水胶比的混凝土性能的影响，采用表 13-4 的混凝土配合比进行试验。

表 13-4　混凝土的试验配合比

胶凝材料（kg）	水胶比	粉煤灰掺量（%）	矿渣粉掺量（%）	砂率（%）	碎石（kg）	外加剂掺量（%）	密度（kg/m³）
300	0.60	20	20	44	1049	1.8	2360
360	0.50	20	20	42	1063	2.0	2380
420	0.40	20	20	40	1082	2.3	2400
480	0.35	20	20	38	1090	2.5	2420

2. 尾矿砂掺量对砂率的影响

砂率是指砂子在混凝土骨料中所占的百分率。砂率表示混凝土中砂子与石子的比例关系，它的大小直接影响骨料的总表面积及空隙率，进而影响混凝土拌合物的和易性。在混凝土中，粗骨料石子的空隙靠砂子来填充，石子的空隙又要靠胶凝材料与水组成的浆体来填充。为了使混凝土具有一定的工作性，砂子与胶凝材料浆体组成的砂浆包裹在骨料表面起到润滑作用，砂浆填充粗骨料的空隙并有一定的富余才能使混凝土拌合物具有良好的工作性和易振捣密实性。但砂率也不宜过大，砂率过大，使骨料的比表面积增大，包裹在骨料表面的浆体变薄，甚至浆体不足，造成骨料间的摩擦力增大，混凝土拌合物的流动性降低。砂率过小，与胶凝材料浆体组成的砂浆不足以填充骨料的空隙，使填充粗骨料之间的富余浆体减少，也会降低混凝土的流动性，严重时影响混凝土拌合物的黏聚性和保水性，易造成离析、泌水、流浆等现象。

在混凝土拌合物坍落度一定的条件下，若砂率过小，为保证有足够的砂浆包裹润滑粗骨料，必须增加胶凝材料浆体的用量才能保证足够的砂浆量。同样，若砂率过大，要增加过多的胶凝材料浆体来包裹、填充、润滑骨料。因此，砂率是控制混凝土拌合物工作性的重要参数，砂率选用的是否合理直接影响混凝土的工作性和质量。铁尾矿砂在颗粒级配上与河砂有显著的区别，河砂的细度模数较大，粗颗粒较多，细颗粒不足，而铁尾矿砂中粗颗粒较少，细颗粒偏多。单独使用铁尾矿砂配制混凝土，细颗粒多，比表面积大，胶凝材料料浆体用量大；相反，单独使用河砂配制混凝土，由于缺少细颗粒，保水性和黏聚性变差，容易出现泌水、离析现象。

铁尾矿砂与河砂混合使用可以克服河砂细颗粒不足的弊端，使混凝土的细颗粒增加。另外，铁尾矿砂中小于0.15mm的石粉颗粒，也可以使混凝土粉体材料增加，改变总浆体量、浆体稠度及水粉比（用水量与细粉量的比值）。为了研究铁尾矿砂混合比例的变化对混凝土砂率的影响，按照表13-3所给出的配合比，铁尾矿砂掺量分别为0%、20%、40%进行试验。考虑到铁尾矿砂掺量的增加改变了原有粉体的数量及浆体的稠度，在增加铁尾矿砂掺量的同时，适当提高减水剂的掺量，保证混凝土拌合物具有良好的工作性，其试验结果见表13-5。

表13-5　尾矿砂掺量对砂率的影响

尾矿砂掺量（%）	砂率（%）	配合比（kg/m³）						坍落度（mm）	扩展度（mm）	坍扩比
		胶凝材料	水	外加剂（%）	尾矿砂	河砂	碎石			
0	39	360	180	1.9	—	715	1118	180	530×540	0.34
	42			1.9	—	770	1063	190	510×515	0.37
	45			1.9	—	825	1008	205	500×505	0.41
	48			1.9	—	880	953	200	430×440	0.45
20	39	360	180	2.0	143	572	1118	200	550×555	0.36
	42			2.0	154	616	1063	220	550×545	0.40
	45			2.0	165	660	1008	215	500×500	0.43
	48			2.0	176	704	953	210	470×480	0.44
40	39	360	180	2.1	286	429	1118	235	585×590	0.40
	42			2.1	308	462	1063	230	545×540	0.42
	45			2.1	330	495	1008	220	500×500	0.44
	48			2.1	352	528	953	205	460×460	0.45

在用水量和胶凝材料用量相同的情况下，随着铁尾矿砂掺量的增加，通过调整砂率均可以获得满意的工作性能。铁尾矿砂掺量为0%、混凝土砂率为45%时，坍扩比为0.41，工作性较好；铁尾矿砂掺量为20%、混凝土砂率为42%时，坍扩比为0.40，工作性较好；铁尾矿砂掺量为40%，混凝土砂率为39%时，坍扩比为0.40，工作性较好。随着铁尾矿砂掺量的增加，混凝土的砂率随之降低。

河砂的细度模数为3.1，铁尾矿砂的细度模数为1.4，随着铁尾矿砂掺量的增加，必然引起混合砂细度模数的变化。混合砂的细度模数等于铁尾矿砂的细度模数与其掺量的乘积加上河砂的细度模数与其掺量的乘积，即：

铁尾矿砂掺量为20%时，混合砂细度模数＝1.4×20%＋3.1×(1－20%)＝2.76；

铁尾矿砂掺量为40%时，混合砂细度模数＝1.4×40%＋3.1×(1－40%)＝2.42。

可以看出，铁尾矿砂掺量增加20%，混合砂的细度模数降低近0.4，砂率降低3%。铁尾矿砂掺量的增加直接改变混合砂的细度模数，进而影响砂率。因此，在铁尾矿砂的使用过程中，应关注河砂与铁尾矿砂细度模数的变化，及时调整砂率。混合砂细度模数每变化0.2，砂率要相应调整1%～2%。

从外加剂的用量来看，随着铁尾矿砂用量的增加，外加剂掺量也相应地增加才能获得良好的工作性。从表13-1和表13-2可知，河砂中粒径小于0.15mm的粉状颗粒含量为3%，铁尾矿砂中粒径小于0.15mm的粉状颗粒含量为17.8%，即相同质量的情况下铁尾矿砂含有粒径小于0.15mm的颗粒较河砂多14.8%。当铁尾矿砂掺量为20%时，砂率为42%，混凝土的工作性较好。此时，细砂用量为154kg，较铁尾矿砂掺量为0%时，混合砂中粒径小于0.15mm的粉体颗粒比铁尾矿砂掺量为0%时增加了154×14.8%＝22.8kg。从试验结果可以看出，铁尾矿砂掺量为0%时，外加剂的掺量为1.9%，如果把增加的这些粉体粒径在计算外加剂用量时看作粉体材料，外加剂用量为（360＋22.8）×1.9%＝7.27（kg）。铁尾矿砂掺量为20%时，外加剂掺量为2.0%，用量为7.2kg，两者相差不大。在计算外加剂用量时，应考虑砂中含有的细粉对外加剂的影响。

3. 尾矿砂掺量对混凝土强度影响

铁尾矿砂作为一种质量相对稳定的特细砂与河砂混合使用，扩大了混凝土配合比设计调整的空间。通过改变混合比例，可以优化混合砂的颗粒级配，降低空隙率，提高混凝土整体性能。根据表13-4的配合比参数，对铁尾矿砂掺量为0%、20%、40%、60%，进行混凝土强度试验，其试验结果如表13-6所示。

表13-6　尾矿砂掺量对混凝土工作性及强度的影响

胶凝材料（kg/m³）	尾矿砂（%）	河砂（kg/m³）	尾矿砂（kg/m³）	坍落度（mm）	扩展度（mm）	7d强度（MPa）	28d强度（MPa）
300	0	825	—	155	420×430	18.2	26.7
	20	660	165	165	440×450	21.8	27.5
	40	495	330	185	460×460	20.8	27.4
	60	330	495	160	420×410	17.2	25.6
360	0	770	—	195	525×520	27.8	38.6
	20	616	154	220	550×550	28.4	37.9
	40	462	308	205	480×480	26.7	37.6
	60	308	462	170	460×450	27.6	38.1
420	0	720	—	235	580×580	40.3	48.6
	20	576	144	225	570×575	42.4	51.6
	40	432	288	195	460×460	42.1	51.1
	60	288	432	180	420×415	40.8	50.0
480	0	670	—	245	615×610	47.4	56.8
	20	536	134	210	470×480	49.1	57.8
	40	402	268	195	460×455	49.8	57.4
	60	268	402	175	400×400	48.8	58.6

从表13-6可以看出，在胶凝材料用量为300kg/m^{3}时，铁尾矿砂掺量为40%时，坍落度达到最大值185mm，坍扩比为0.4。在胶凝材料用量360kg/m^{3}时，铁尾矿砂掺量为20%时，坍落度达到最大值220mm，坍扩比为0.4。在胶凝材料用量420kg/m^{3}时，铁尾矿砂掺量为0%时，坍落度达235mm，坍扩比为0.41；铁尾矿砂掺量增加到20%时，坍落度为225mm，略有减低，坍扩比为0.4。胶凝材料增加到480kg/m^{3}时，铁尾矿砂的加入均降低混凝土的工作性。

在胶凝材料用量低于420kg/m^{3}时，适当增加铁尾矿砂掺量能够改善混凝土的和易性，提高混凝土保水性和抗离析泌水能力，增加混凝土的黏聚性。随着铁尾矿砂掺量的增加，混凝土的黏聚性增加，混凝土的坍落度及扩展度先增大后减小。混凝土的浆体浓度在一定的范围内可以有效地填充到骨料的空隙中，润滑骨料颗粒，减小表面摩擦力。当浆体中粉体量增大超过一定的范围时，造成浆体的稠度过高，不能有效地克服骨料颗粒间的摩擦力，流动性变差。

混凝土拌合物内的摩擦阻力：一是来自胶凝材料浆体间的内聚力与黏性；二是来自骨料颗粒间的摩擦力。浆体的黏聚力主要取决于水胶比，即胶凝材料浆体的稠度，水胶比越大，浆体的稠度越低，黏聚力越差，无法带动骨料一起运动，混凝土越容易离析、泌水和分层；水胶比降低，浆体的稠度增高，黏聚力增强，混凝土流动时需要克服屈服剪切力，使得混凝土的扩展度降低，流动性变差。骨料间摩擦力主要取决于骨料颗粒间的摩擦系数及包裹在骨料表面胶凝材料浆体的数量，浆体数量越多，骨料间水泥浆层越厚，骨料之间的摩擦力越小。因此，在原材料一定时，坍落度主要取决于浆体的多少和黏度的大小。

铁尾矿混合砂混凝土拌合物工作性试验表明，只要混合比例合适，完全可以配制出性能优良的混凝土。混合砂中铁尾矿砂与河砂的混合比例不是固定的，随着强度等级（胶凝材料用量）的变化而变化，即随着胶凝材料的增加，铁尾矿砂的掺入比例逐渐降低。

从各龄期强度发展规律来看，不同强度等级的混凝土，铁尾矿砂的掺入比例不同，各龄期强度虽有差异，但波动幅度不大，只要是工作性能良好的混凝土，混凝土强度及发展规律均能满足要求。

4. 铁尾矿砂掺量对坍落度及浆体体积的影响

浆体是由水泥等胶凝材料与水拌和而成，具有流动性和可塑性，胶凝材料浆体使混凝土拌合物中砂石骨料表面具有一层润滑流体，使砂石骨料彼此分开，减小由于混凝土拌合物中石子之间的相互摩擦而形成的摩擦力，胶凝材料浆体量大小直接影响混凝土的和易性。

铁尾矿砂的细度模数和细粉含量相对稳定，波动范围较小。铁尾矿砂中粒径小于0.15mm的细粉主要是石粉，这些细颗粒在粒径上属于粉体胶凝材料，在混凝土胶凝体系中补充胶凝体系的数量，改变混凝土体系的流变性能。在水胶比不变的情况下，随着铁尾矿砂掺量的增加，浆体的稠度变高，流动性降低。

为了了解混凝土中铁尾矿砂掺量对混凝土最大坍落度的影响，采用表13-4所列的混凝土配合比，进行混凝土试验，通过调整外加剂掺量使混凝土获得最大坍落度，试验结果见表13-7。

从表13-7可以看出，随着铁尾矿砂掺量的增加，铁尾矿砂带入的细粉量也逐渐增加。铁尾矿砂每增加20%，混合砂中的总粉量增加15～20kg。在用水量、胶凝材料用量不变的情况下，铁尾矿砂掺量的增加，水粉比减小，浆体的黏聚性增强，拌合物的保水性增强，随着外加剂掺量的增加，混凝土坍落度变大。

表 13-7　尾矿砂掺量变化对坍落度的影响

胶凝材料 (kg/m³)	尾矿砂 (%)	河砂 (kg/m³)	尾矿砂 (kg/m³)	总粉量 (kg/m³)	外加剂掺量 (%)	坍落度 (mm)	扩展度 (mm)	总粉体 (kg/m³)
300	0	825	—	24.8	1.7	165	420×430	324.8
	20	660	165	48.2	1.8	180	450×450	348.2
	40	495	330	71.6	1.9	195	500×500	371.6
	60	330	495	95.0	2.0	215	520×515	395.0
360	0	770	—	23.1	1.9	200	485×495	383.1
	20	616	154	45.0	2.0	215	545×550	405.0
	40	462	308	66.8	2.1	230	580×580	426.8
	60	308	462	88.7	2.2	240	600×610	448.7
420	0	720	—	21.6	2.2	220	550×555	441.6
	20	576	144	42.0	2.3	240	600×600	462.0
	40	432	288	62.5	2.4	250	585×570	482.5
	60	288	432	82.9	2.6	265	600×600	502.9

注：砂中总粉量指河砂与铁尾矿砂组成的混合砂中含有粒径小于 0.15mm 颗粒的数量。

在铁尾矿砂的使用过程中，由于铁尾矿砂中含有大量粒径小于 0.15mm 的细粉颗粒，从形态上应把这些细粉颗粒看作胶凝材料的一部分，则混凝土各胶凝材料水泥表观密度为 3000kg/m³，粉煤灰表观密度为 2200kg/m³，矿渣粉表观密度为 2800kg/m³，由水泥（60%）、矿渣粉（20%）、粉煤灰（20%）组成的混凝土胶凝材料表观密度为：

$$\rho_B = \frac{1}{\frac{x_C}{\rho_C} + \frac{x_F}{\rho_F} + \frac{x_K}{\rho_K}} \tag{13-1}$$

式中　x_C、x_F、x_K——分别为水泥、粉煤灰、矿渣粉占胶凝材料的质量百分数；

ρ_B、ρ_C、ρ_F、ρ_K——分别为胶凝材料、水泥、粉煤灰、矿渣粉的密度。

将水泥、粉煤灰、矿渣粉的密度代入式（13-1），可以计算出胶凝材料表观密度为 2770kg/m³，铁尾矿砂表观密度为 2720kg/m³。根据表 13-7 可以得出表 13-8 各配合比粉体总浆体量对应的适宜坍落度。

表 13-8　混凝土粉体总浆量与坍落度的关系

胶凝材料 (kg/m³)	尾矿砂 (%)	总粉量 (kg/m³)	砂细粉表观密度 (kg/m³)	胶凝材料表观密度 (kg/m³)	坍落度 (mm)	总浆体 (kg/m³)
300	0	24.8	2720	2770	165	297.4
	20	48.2			180	306.0
	40	71.6			195	314.6
	60	95.0			215	323.2
360	0	23.1	2720	2770	200	318.5
	20	45.0			215	326.5
	40	66.8			230	334.6
	60	88.7			240	342.6

续表

胶凝材料（kg/m³）	尾矿砂（%）	总粉量（kg/m³）	砂细粉表观密度（kg/m³）	胶凝材料表观密度（kg/m³）	坍落度（mm）	总浆体（kg/m³）
420	0	21.6	2720	2770	220	327.5
	20	42.0			240	335.0
	40	62.5			250	342.6
	60	82.9			265	350.1

从表 13-8 可以看出，随着混凝土最大坍落度的增加，混凝土用水量与所有粉体组成的总浆体量也相应增大。为了直观表现出混凝土粉体总浆体量与坍落度的关系，绘制出图 13-3。从图中可以看出混凝土坍落度 x 与混凝土总浆体量 y 呈线性关系。

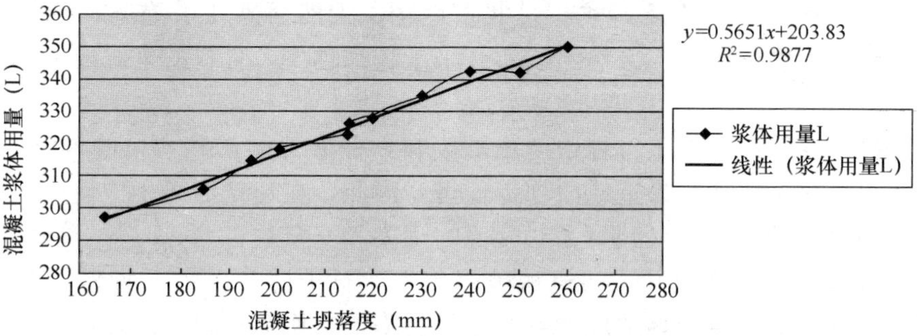

图 13-3　混凝土粉体总浆体量与坍落度的关系

为获得满意的工作性，混凝土必须具有一定的浆体，浆体越多，骨料间摩擦力越小，混凝土拌合物越易于流动，混凝土坍落度就越大，反之坍落度变小。在满足工作性的条件下，若浆体过多，就会出现流浆及泌水现象，且胶凝材料用量大也不经济；若浆体过少，致使不能填满骨料间的空隙或不够包裹所有骨料表面时，则混凝土拌合物黏聚性变差，会产生崩塌现象。因此，在铁尾矿砂的使用过程中，应根据混凝土坍落度的要求、混凝土的强度等级和胶凝材料用量，调整铁尾矿砂在混合砂中的掺量，以找到适合混凝土工作性的浆体用量。

二、不同强度等级铁尾矿砂的掺量

铁尾矿砂中的细粉颗粒在混凝土浆体中主要起两个作用：其一，增加混凝土浆体的数量，增大包裹在骨料表面浆体的厚度，减小骨料间的摩擦力，增加混凝土的工作性；其二，在水胶比不变的情况下，铁尾矿砂的细粉颗粒可以增加水粉比，增加混凝土浆体的稠度，使混凝土黏聚性和保水性增强。在低强度等级的混凝土中，浆体量少，浆体稠度低，增加铁尾矿砂的掺量可以增加浆体数量，增强混凝土的黏聚性和保水性。而高强度等级的混凝土拌合物，自身胶凝材料较多，浆体大，再加上水胶比小，浆体稠度高，再加入铁尾矿砂，浆体的水粉比更低，工作性更差。这也是低强度等级混凝土使用的砂应细度模数小一些，以提高混凝土黏聚性和保水性，高强度等级混凝土使用的砂细度模数大一些，以降低混凝土中细粉的数量，降低混凝土的黏度。由此看来，在铁尾矿砂与河砂混合使用时，应根据混凝土胶凝材料用量及混凝土工作性要求确定混合比例，对于泵送 C10～C60 等级混凝土，混合比例可按表 13-9 使用。

表 13-9　各强度等级尾矿砂代替河砂的比例

强度等级	C10	C15	C20	C25	C30	C35	C40	C45	C50	C55	C60
尾矿砂（%）	40	40	35	30	25	20	15		10	—	—
复合砂细度模数	2.4		2.5	2.6	2.7	2.8	2.9		3.0	3.1	

使用铁尾矿砂的过程中应注意对天然砂质量的检测，根据天然砂的细度模数调整混合比例，在调整过程中，并注意调整砂率及减水剂掺量。

第二节　石粉机制砂和铁尾矿砂在混凝土中的应用

近年来，为满足基础设施与民用建筑日益发展的需求，混凝土的使用量大幅提升，作为混凝土细骨料的天然砂日益匮乏，尤其是北京地区，天然河砂几乎绝迹，主要用砂来自河北。随着国家环保力度的增大，天然河砂的开采量越来越少，骨料的来源成为制约搅拌站发展的最大难题。

尾矿砂是铁矿在采矿和加工过程中产生的废料，一方面尾矿砂大量的堆积，占据土地，并造成环境污染；另一方面容易造成溃坝等危害。因此，在建筑混凝土中使用尾矿砂，既解决了混凝土骨料匮乏的问题，又减少了对环境的污染和安全危害。

石粉机制砂是岩石经除土开采、机械破碎、生产石子后产生的下脚料，石粉含量高达30%～40%，如此大的粉量极易造成严重的空气污染，它作为石料厂的废料大量堆积。在当前环境治理日益紧迫的情形下，合理使用此种废料代替部分天然砂，可以有效地改善混凝土的和易性，同时由于其低廉的价格可以降低施工成本。

本节通过对铁尾矿砂、石粉机制砂以及河砂的不同比例配合试验，找到了几种材料的合适比例，同时满足对混凝土的力学性能、施工性能以及长期性和耐久性的要求，并能降低混凝土单方成本。

一、试验用原材料

1. 水泥

水泥为涞水冀东 P·O 42.5 水泥，其物理性能详见表 13-10。

表 13-10　冀东水泥物理性能

标准稠度用水量（%）	安定性	凝结时间（min）		抗折强度（MPa）		强度（MPa）	
		初凝	终凝	3d	28d	3d	28d
28.1	合格	165	235	5.6	7.8	28.4	50.2

2. 矿渣粉

矿渣粉为唐山港陆生产的 S95 级矿渣粉，物理性能详见表 13-11。

表 13-11　港陆矿渣粉物理性能

比表面积（m^2/kg）	密度（g/cm^3）	烧失量（%）	Cl^-（%）	SO_3（%）	流动度比（%）	活性指数（%）	
						7d	28d
466	2.90	−0.38	0.007	0.07	105	80.0	102.0

3. 粉煤灰

粉煤灰为唐山Ⅱ级灰，物理性能详见表 13-12。

表 13-12　唐山粉煤灰物理性能

细度（%）	需水量比（%）	烧失量（%）	SO_3含量（%）
22	98	3.5	2.0

4. 砂子

砂子的性能参数和筛分结果，见表 13-13 和表 13-14。

表 13-13　砂子的性能

砂子品种	MB 值	表观密度（kg/m^3）	堆积密度（kg/m^3）	石粉含量（含泥量，%）
铁尾矿砂	1.0	2770	1450	5%
石粉机制砂	0.75	2730	1440	35%
河砂	—	2650	1460	5%

表 13-14　砂子的筛分

砂子品种	细度模数	颗粒级配（砂子分计筛余，%）						
		4.75mm	2.36mm	1.18mm	0.6mm	0.3mm	0.15mm	筛底
铁尾矿砂	3.2	19.8	29.6	13.8	10.8	7.0	9.2	9.6
机制砂	1.8	0.6	16	11	8	6.2	15.4	42.8
河砂	2.4	15.4	12.2	14.7	7.1	20.4	23.6	6.6

5. 外加剂

外加剂为聚羧酸高性能减水剂。

6. 石子

石子为涞水卵碎石，5～25mm 连续级配。

二、试验方案及过程

从砂子的筛分结果可以看出，铁尾矿砂整体偏粗，级配分布不合理，颗粒集中在 1.18mm 以上，其中 2.36mm 筛余高达 29.6%，连续性差。用手摸砂子，手感粗糙，目测砂子粒形针片状多。石粉机制砂筛底多，实测为 42.8%，目测几乎全是石粉，无粗颗粒，级配非常不合理。河砂虽然级配良好，但是砂子含泥量高。机制砂几乎不可以单独使用，尾矿砂适合于 C50 以上混凝土，且由于级配较差，容易引起混凝土离析现象，不宜单独使用。河砂由于含泥量超标不适合于 C30 以上的混凝土。因此，为了调整砂子的合理级配并考虑经济性，采用三种砂子叠加的方案寻找最佳的比例。天然河砂由于含泥量多，且在搅拌站实际使用中，天然河砂的波动性最大，在三种砂比例中不宜过高。而尾矿砂和石粉机制砂颗粒形状粗糙尖锐不规则，用量过大，混凝土易泌水离析，综合考虑确定天然河砂固定掺量为 30%，石粉机制砂用量从 10%～50%递增，确定 5 个细度模数分别为 2.8、2.7、2.5、2.3、2.2 的混合砂，并进行 C20、C35、C50 三个强度等级的混凝土试配。众所周知，在低强度等级混凝土中宜使用细度模数较小的细砂，以增加浆体用量，提高混凝土的黏聚性。在高强度等级混凝土中宜使用细度模数较大的粗砂，以降低混凝土的黏度。因此，针对不同强度等级的混凝土，宜使用不同细度模数的砂子，才能最大程度地满足混凝土拌合物性能的要求。因此，C20、C35 选用细度模数分别为 2.2、2.3、2.5、2.7 的混合砂，C50 选用细度模数分别为 2.3、2.5、2.7、2.8 的混合砂进行混凝土试配。同时选用普通河砂做对比试配。

1. 三砂比例试验

根据三砂的筛分数据和掺配比例，利用 Excel 公式计算混合砂的筛分见表 13-15。（砂子比例为石粉机制砂：铁尾矿砂：河砂）

表 13-15　三砂级配

砂子比例	细度模数	颗粒级配（砂子分计筛余,%）						
		4.75mm	2.36mm	1.6mm	0.6mm	0.3mm	0.15mm	筛底
10：60：30	2.8	16.6	23.0	11.9	11.3	10.9	14.1	12
20：50：30	2.7	13	21.7	13.5	9.1	10.9	14.8	15.3
30：40：30	2.5	13	20.3	13.2	8.9	10.8	15.4	18.7
40：30：30	2.3	10.8	18.9	13	8.6	10.7	16	22
50：20：30	2.2	8.9	17.6	12.7	8.3	10.6	16.6	25.3

注：为了更直观观察砂子颗粒分配，使用分计筛余。

2. 混凝土试配

（1）试验配合比（表 13-16）

表 13-16　混凝土试验配合比　　单位：kg

编号	石粉机制砂掺量（%）	强度等级	水泥	粉煤灰	矿渣粉	尾矿砂	机制砂	河砂	石子	外加剂	水
A0	0	C20	140	80	100	0	0	908	983	6.4	175
A1	20	C20	140	80	100	182	454	272	983	6.1	175
A2	30	C20	140	80	100	272	363	272	983	5.8	175
A3	40	C20	140	80	100	363	272	272	983	5.3	175
A4	50	C20	140	80	100	454	181	272	983	5.3	175
B0	0	C35	240	70	80	0	0	846	994	8.5	168
B1	20	C35	240	70	80	169	423	254	994	8	168
B2	30	C35	240	70	80	254	339	254	994	7.8	168
B3	40	C35	240	70	80	339	254	254	994	7.5	168
B4	50	C35	240	70	80	423	269	254	994	7.5	168
C0	0	C50	320	80	100	0	0	740	1021	12.3	160
C1	10	C50	320	80	100	74	444	222	1021	11.2	160
C2	20	C50	320	80	100	148	370	222	1021	11.2	160
C3	30	C50	320	80	100	222	296	222	1021	10.8	160
C4	40	C50	320	80	100	296	222	222	1021	10.5	160

（2）拌合物性能（表 13-17）

表 13-17　拌合物性能

编号	石粉机制砂掺量（%）	坍落度（mm）	扩展度（mm）	工作性
A0	0	200	450	包裹性好，流动性差
A1	20	200	430	包裹性很差，泌水，灰发硬，堆石
A2	30	200	480	包裹性差，泌水，灰发硬
A3	40	220	500	包裹性好，流动性好
A4	50	225	550	包裹性好，流动性好
B0	0	210	450	包裹性好，流动性差
B1	20	210	480	包裹性差，泌水，灰发硬
B2	30	225	520	包裹性一般，流动性较好
B3	40	225	580	包裹性好，流动性非常好
B4	50	225	580	包裹性好，流动性好，灰略黏
C0	0	180	450	包裹性好，流动性差，灰黏
C1	10	230	600	包裹性差，泌水，灰发硬
C2	20	230	600	包裹性好，流动性好
C3	30	230	630	包裹性好，黏度太高，灰发硬
C4	40	225	550	包裹性好，黏度太高，灰发硬

（3）混凝土力学性能和抗渗性能（表 13-18）

表 13-18　混凝土力学性能和抗渗性能

编号	石粉机制砂掺量（%）	强度等级	3d	7d	28d	抗渗
A0	0	C20	7.2	17.3	24.6	>P8
A1	20	C20	7.8	20.1	24.5	>P8
A2	30	C20	8.9	19.7	26.2	>P8
A3	40	C20	8.2	19.8	27.8	>P8
A4	50	C20	9.4	19	28.1	>P8
B0	0	C35	14.5	25.4	41.2	>P12
B1	20	C35	13.8	27.6	40.5	>P12
B2	30	C35	15.7	28.5	44.1	>P12
B3	40	C35	17.3	33.4	46.3	>P12
B4	50	C35	17	34.5	45.8	>P12
C0	0	C50	25.4	42.1	57.8	>P16
C1	10	C50	25.3	43.1	60.1	>P16
C2	20	C50	31.2	46.3	63.1	>P16
C3	30	C50	30.1	46.1	62.8	>P16
C4	40	C50	28.3	47.5	62.1	>P16

三、结果分析

1. 拌合物性能

从外加剂用量可以看出，使用尾矿砂和机制砂的混凝土外加剂用量要低于普通河砂的，并且随着石粉机制砂用量的增加，外加剂用量在降低。说明本次试验用的MB值低于1.4的机制砂和铁尾矿砂中的石粉确实与泥粉不同，不吸附外加剂。

对于C20混凝土，三砂最佳比例为石粉机制砂：尾矿砂：河砂＝50％：20％：30％。与纯河砂相比，混合砂的混凝土流动性显著增加，并且机制砂用量多的，扩展度大。这说明石粉在低强度等级混凝土中能弥补粉料的不足，增加浆体量，改善混凝土的黏聚性。

对于C35混凝土，三砂最佳比例为石粉机制砂：尾矿砂：河砂＝40％：30％：30％。通常研究认为C35混凝土砂子细度模数为2.5，混凝土拌合物性能最好。但是，按照这个最佳比例算出来的混合砂细度模数是2.3。原因分析：由于尾矿砂的粒形较差，形状不规则，用量稍多混凝土的包裹性明显变差，而石粉机制砂中的石粉表面光滑，能弥补这一不足。在混凝土胶材不超过400kg时，多用石粉机制砂对混凝土的和易性有益，但用量也不宜过多，过多混凝土过黏，施工性能差。

对于C50混凝土，三砂最佳比例为石粉机制砂：尾矿砂：河砂＝20％：50％：30％。纯河砂的混凝土由于砂含泥量高，导致外加剂掺量高，坍落度大而扩展度小，混凝土流动性差，整体状态不如混合砂混凝土。C50混凝土本身胶凝材料就多，石粉机制砂用量过多时，混凝土黏度高，发硬，用锹铲着费劲。尾矿砂用量过多，混凝土包裹性差，做完坍落度试验后中间有堆石现象。

从以上结果来看，不同强度等级的混凝土对应着不同的三砂比例，总体符合低强度等级混凝土用细砂、高强度等级混凝土用粗砂的规律。低强度等级混凝土可以多用石粉机制砂，高强度等级混凝土多用铁尾矿砂。三砂的合理搭配使得混凝土达到一个流动性和黏聚性的平衡点，既解决了低强度等级混凝土浆体少、包裹性差、扩展度小的问题，又解决了高强度等级混凝土黏度过高的问题。

2. 力学性能和抗渗性能

从各个强度等级混凝土力学性能来看，三砂不同比例的混凝土强度整体高于纯河砂混凝土强度，在C20和C35的混凝土中，随着石粉机制砂用量的增加，混凝土强度有增加的趋势。分析原因如下：

①石粉机制砂含有大量优质的石灰石粉，石灰石粉充当了C—S—H的成核基体，降低了成核位垒，加速了水泥的水化，对混凝土的强度发展有一定的促进作用。

②铁尾矿砂外形棱角尖锐，表面粗糙并凹凸不平，增加了细骨料与胶凝材料的咬合力。

③三砂复合搭配改善了砂子的级配，降低了砂子孔隙率，增加了混凝土的密实度，从而达到了增加混凝土强度的作用。

C50混凝土中石粉机制砂和铁尾矿砂的用量变化对混凝土强度影响较小，因为高强度等级混凝土的胶凝材料多，水胶比较低，混凝土本身连通毛细孔较少，所以石粉的存在对于密实高强混凝土的硬化结构体影响不明显。高强度等级混凝土用水量少，如石粉用量多反而会消耗一部分水，影响混凝土的水化。

从各个强度等级混凝土的抗渗性能来看，三砂搭配对混凝土抗渗性能无不良影响，将C35系列试配的抗渗试块劈开观察渗水高度，如图13-4所示。随着石粉机制砂用量的增加，渗水高度在降低。在石粉机制砂掺量为20%时，混凝土渗水高度较高，原因在于铁尾矿砂用量高，混凝土包裹性不太好，略有泌水现象，影响了混凝土的密实度。随着铁尾矿砂用量的减少，石粉机制砂用量的增加，石粉在混凝土发挥微骨料效应，填充空隙，改善混凝土的孔结构，使得混凝土包裹性越来越好，密实度增加，渗水高度下降。其碳化和干燥收缩情况如图13-5和图13-6所示。

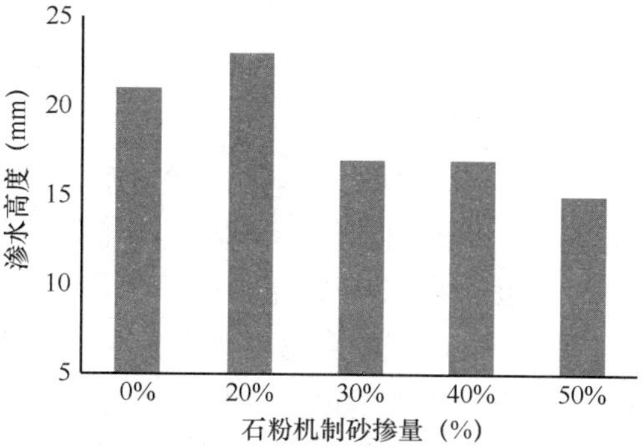

图13-4　不同掺量石粉机制砂混凝土渗水高度

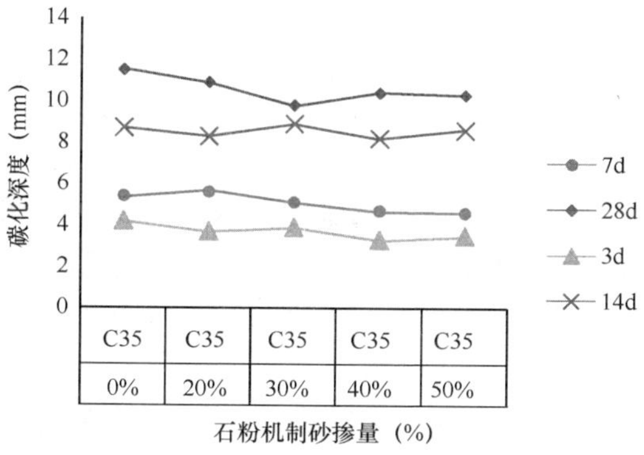

图13-5　不同掺量石粉机制砂混凝土碳化深度情况

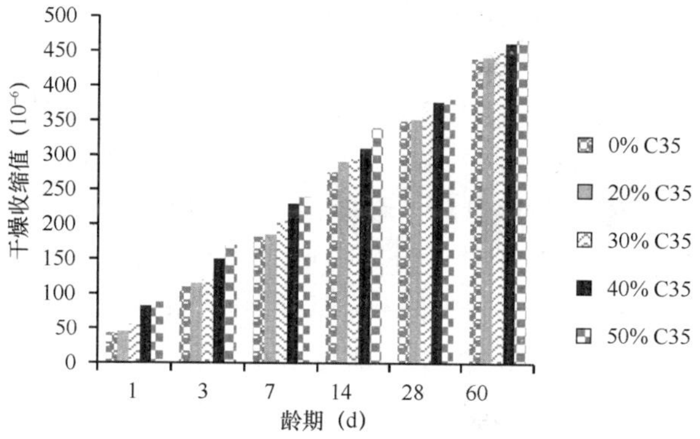

图13-6　不同掺量石粉机制砂混凝土不同龄期的干燥收缩值

四、工程应用

铁尾矿砂和石粉机制砂已在北京城建得到大量的应用，混凝土的工作性能大大增加，实际工程使用混凝土各方面性能良好，剩退灰率大为降低，离析堵泵情况极少发生。主要是因为铁尾矿砂和石粉机制砂含水量稳定，颗粒级配稳定，生产控制只需加强对河砂的含水量的监测和质量控制，并且C30混凝土河砂用量从之前单独使用的900kg左右降低到240kg左右，使得河砂发生波动时混凝土的波动幅度大幅下降，并且在河砂细度模数级配发生变化时，可通过调整石粉机制砂和铁尾矿砂的用量来调整砂子的级配。图13-7为实际工程实体照片。

图13-7　某工程地下商务环廊

在混凝土生产中，上料仓也由每个机组4个仓改为5个仓：3个砂仓，2个石仓，满足三砂级配的使用需求。其中，铁尾矿砂含水率全年统计为3%～4%，石粉机制砂属于饱和面干，实际生产含水量，下料顺利；由于机制砂含粉太多不易下料，通过在料仓加装滑板得到解决。

五、结论

（1）通过对比河砂和复合砂可知，石粉机制砂和铁尾矿砂以及天然河砂的合理搭配使用可以提高混凝土的强度，增强混凝土的抗渗性能，在实际工程中应用效果良好。但是石粉机制砂用量超过40%即混合砂石粉含量超过14%时，混凝土早期收缩明显增加，对于抗裂要求高的混凝土，应综合考虑混凝土拌合物性能和抗裂性能来进行三砂比例的调整。

（2）铁尾矿砂和机制砂均不吸附外加剂，代替普通砂后，外加剂掺量降低，同时石粉机制砂价格便宜，因此搭配使用能节约成本。

（3）石粉机制砂和铁尾矿砂以及天然河砂合理搭配使用可完全满足普通混凝土的要求，并且由于机制砂和铁尾矿砂的稳定性，比单独使用河砂，混凝土整体稳定性有较大提高，对于搅拌站的质量控制极为有利。

第三节　选矿废石在渣打科营中心项目大体积混凝土中的应用

渣打科营中心（天津）一期工程是由渣打（天津）科技信息营运服务有限公司投资兴建的高层建筑，本工程基础形式采用桩基承台结构，承台高度分别为1.2m、1.3m、1.4m、1.6m、2.1m，局部最大厚度达3.5m；其中Ⅰ、Ⅱ、Ⅲ区大承台平均厚度分别为1.6m、2.1m、1.6m，面积分别为196.9m^2、166.9m^2、177.6m^2，均属于大体积混凝土。2010年4月21日、4月24日和4月25日分别浇筑了Ⅱ、Ⅲ、Ⅰ区承台式基础底板，浇筑的混凝土方量分别为783m^3、1219m^3、605m^3，混凝土强度等级为C35P10。

一、原材料及配合比的确定

1. 原材料的使用

（1）水泥

本工程选用天津市水泥实业公司生产的P·O 42.5水泥，物理性能见表13-19。

表13-19　水泥物理性能

凝结时间（min）		碱含量（%）	安定性（mm）	抗折强度（MPa）		强度（MPa）	
初凝	终凝			3d	28d	3d	28d
167	230	0.32	1.0	4.7	9.7	19.6	44.8

（2）矿渣粉

选用唐山市特种水泥有限公司的S95级矿渣粉，物理性能见表13-20。

表13-20　矿渣粉物理性能

密度（g/cm^3）	比表面积（m^2/kg）	7d活性指数（%）	28d活性指数（%）	流动度比（%）	含水量（%）	碱含量（%）
2.9	430	77	102	98	0.1	0.42

(3) 粉煤灰

采用天津大沽化工股份有限公司热电分厂的F类Ⅱ级粉煤灰，物理性能见表13-21。

表13-21 粉煤灰物理性能

细度（%）	烧失量（%）	需水量比（%）	含水量（%）	三氧化硫含量（%）	碱含量（%）
14.4	5.1	102	0.2	1.18	0.7

(4) 砂

选用福建闽江的中砂，细度模数为2.6～2.8，含泥量为0.6%，泥块含量为0%。

(5) 选矿废石

河北唐山地区的选矿废石，粒度5～25mm，连续级配，物理性能见表13-22。

表13-22 选矿废石物理性能

筛孔尺寸（mm）	90.0	75.0	63.0	53.0	37.5	31.5	26.5	19.0	16.0	9.5	4.75	2.36
累计筛余（%）	0	0	0	0	0	0	2	22	42	71	98	100
评定结果	颗粒级配：连续粒级　公称粒级：5～25mm　最大粒径：26.5mm											

含泥量（%）	泥块含量（%）	针片状颗粒含量（%）	压碎指标	碱集料反应膨胀率（%）
0.4	0.1	2	5.2	0.07

关于选矿废石：在钢铁工业采矿过程中伴随采出的无工业品位的岩石叫废石。该废石及碎屑不符合铁矿地质勘查规范的品质要求，已经不具有进一步回收有价资源的经济意义。为充分回收利用这部分资源，经过分析和试验研究，采取了破碎和筛选的方式回收废石，依据该废石及碎屑的基本性能指标和各项检测数据参数应用到混凝土中，不仅提高了矿石资源利用率，也为低品位矿石的回收再利用开辟了新途径。

(6) 高效减水剂

选用天津诺德建筑材料有限公司的ND-PC高效减水剂，物理性能见表13-23。

表13-23 减水剂物理性能

减水率（%）	密度（g/mL）	pH值	碱含量（%）	氯离子含量（%）
26.9	1.046	7.48	0.31	0.14

(7) 膨胀剂

选用天津岩帅混凝土外加剂有限公司的YS高性能混凝土膨胀剂，物理性能见表13-24。

表13-24 膨胀剂物理性能

MgO（%）	氯离子含量（%）	细度（%）	碱含量（%）	限制膨胀率		28d抗折强度（MPa）	28d强度（MPa）
				水中	空气中		
1.4	0.014	10.2	0.42	0.030	−0.016	8.0	50.9

(8) 水

选用地下水。

2. 配合比的设计

混凝土的配合比按设计要求不仅要保证混凝土的设计强度、坍落度、和易性的要求，还要满足抗渗 P10 等级的要求。水泥优先选用了低水化热、对防止大体积混凝土开裂有利的“骆驼牌”P·O 42.5 普通硅酸盐水泥，单方水泥用量在满足规范要求的前提下尽可能减少，胶凝材料总量控制在 400kg/m³ 以内；按照等量取代的方法填加粉煤灰和矿渣粉，在有效减少混凝土水化热的同时提高了混凝土的和易性及泵送性；掺加聚羧酸系高效减水剂后可减小水灰比，减少水泥用量，降低水化热，提高混凝土的坍落度和扩展度，混凝土的和易性得到明显改善，延缓了混凝土的初凝和终凝时间，使大体积混凝土中水泥水化热峰值趋于平缓，避免因为混凝土内部温差而引起的温度应力。为了满足混凝土的抗渗要求，掺加了 10%的 YS 高性能混凝土膨胀剂，提高混凝土的抗渗性能。通过计算得出混凝土配合比见表 13-25。

表 13-25 C35P10 混凝土配合比

材料	水	水泥	砂	废石	粉煤灰	矿渣粉	ND-PC	YS
用量（kg/m³）	175	228	778	1070	76	76	5.94	38

图 13-8 测温导线分布照片

二、施工数据

1. 测温

根据该工程基础底板厚度的不同，分别在Ⅰ、Ⅱ、Ⅲ区各设置 8 个测温处，每个测温处分别从上、中、下三个点进行温度统计，测温导线分布如图 13-8 所示。在混凝土浇筑完毕后的前 7d 内每隔 2h 记录一次，7d 后每隔 4h 记录一次，大气温度每 2h 记录一次，记录数据后形成测温曲线图，观察温差变化。

2. 根据测温数据，绘制降温曲线图

① Ⅰ区 3 号点基础底板 2.0m 厚度处温度曲线图如图 13-9 所示。

混凝土内部实际最高温度为 62.4℃，表面最高温度为 39.3℃，其中内外最大温差达到 23.1℃。

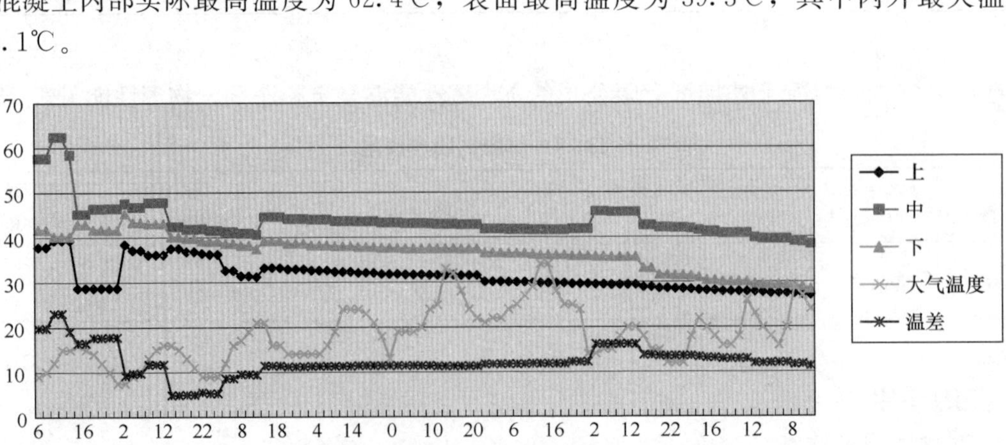

图 13-9 温度曲线图 1

② Ⅱ区 18 号点基础底板 2.1m 厚度处温度曲线图如图 13-10 所示。

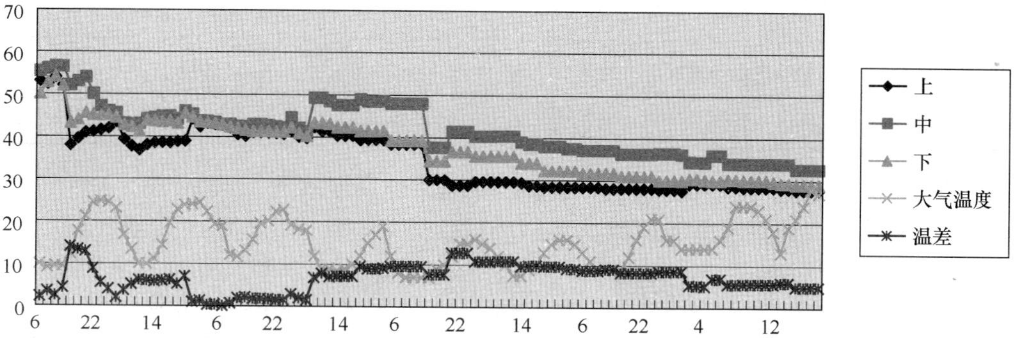

图 13-10　温度曲线图 2

混凝土内部实际最高温度为 56.5℃，表面最高温度为 52.1℃，其中内外最大温差达到 14.1℃。

③ Ⅲ区 21 号点基础底板 1.8m 厚度处温度曲线图如图 13-11 所示。

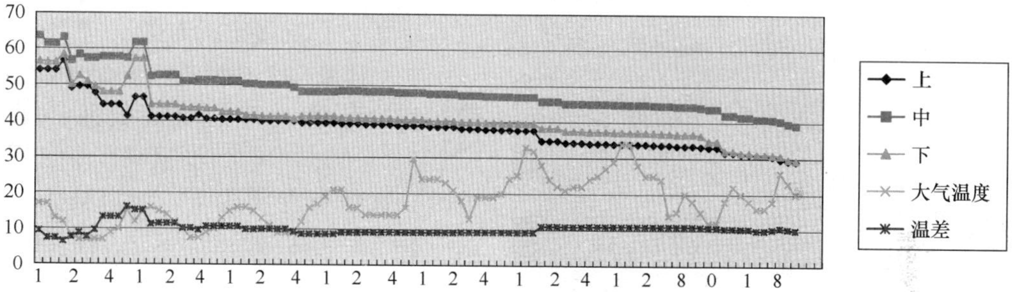

图 13-11　温度曲线图 3

混凝土内部实际最高温度为 63.5℃，表面最高温度为 58.4℃，其中内外最大温差达到 16.1℃。

3. 强度统计

① Ⅰ区 28d 标准养护强度值见表 13-26。28d 同条件强度值为 41.3 MPa，达到设计强度等级标准值的 118%。该批混凝土两组抗渗试块试验结果合格，达到 P10 等级。

表 13-26　Ⅰ区 28d 标准养护强度值

编号	1	2	3	4	5	6	7	平均值
强度值（MPa）	45.5	41.6	45.2	45.2	41.3	45.2	44.1	44.0
达到设计值（%）	130	119	129	129	118	129	126	125.7

② Ⅱ区 28d 标准养护强度值见表 13-27。28d 同条件强度值为 48.6MPa，达到设计强度等级标准值的 139%。该批混凝土两组抗渗试块试验结果合格，达到 P10 等级。

表 13-27　Ⅱ区 28d 标准养护强度值

编号	1	2	3	4	5	6	7	8	平均值
强度值（MPa）	55.3	45.8	51.5	49.0	50.8	47.6	47.6	51.1	49.8
达到设计值（%）	158	131	147	140	145	136	136	146	142.4

③ Ⅲ区 28d 标准养护强度值见表 13-28。28d 同条件强度值为 41.3 MPa，达到设计强度等级标准值的 118%。该批混凝土两组抗渗试块试验结果合格，达到 P10 等级。

表 13-28　Ⅲ区 28d 标准养护强度值

编号	1	2	3	4	5	6	7	平均值
强度值（MPa）	45.8	43.7	43.1	37.8	41.0	41.3	36.8	41.3
达到设计值（%）	131	125	123	108	117	118	105	118.1

4. 坍落度和扩展度

到达现场的混凝土坍落度为 180～200mm，扩展度为 430～450mm。

图 13-12　现场养护照片

5. 大体积混凝土的养护

本工程采用了在混凝土表面覆盖塑料薄膜，又在薄膜上苫盖草帘被并洒水养护(图 13-12)的方式，洒水频率以保证混凝土表面一直保持湿润为准，使混凝土缓慢降温，参照绘制的测温曲线图，养护至混凝土中心温度和表面温差趋于平稳，正常后停止养护。浇水养护时间为 14d。

6. 裂缝控制

本工程的大体积基础底板（图 13-13）一直未出现任何裂缝。大体积混凝土产生裂缝的原因有很多，我们采取的预防和控制措施如下：首先，对原材料进行了大量的试验，并得出了详细的试验数据，避免了原材料在使用过程中因水泥安定性不合格或骨料中含泥量过多等而引起的龟裂。其次，在保证水灰比不变的前提下，配合比设计降低了混凝土中的用水量和水泥用量，避免了混凝土因收缩而引起的收缩裂缝，用水量和水泥用量越高，混凝土的收缩就越大。最后，在混凝土浇筑后采用了合理的养护措施和实体测温，记录了因水化热而引起的混凝土内部和表面的温度，但最大温差值均未超过 25℃，可以通过一些有效措施避免了混凝土内外部温差过大而引起的温差裂缝。

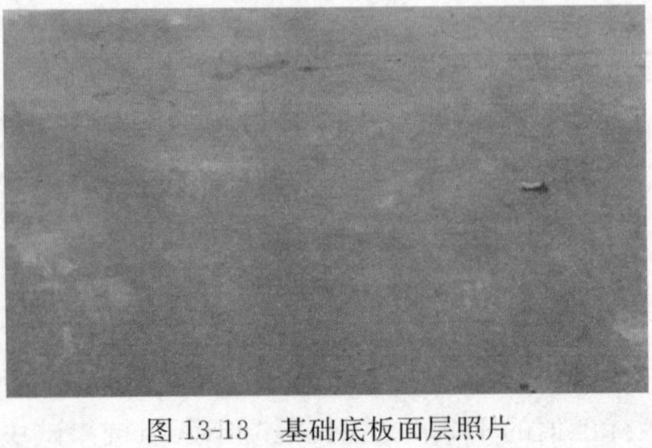

图 13-13　基础底板面层照片

三、数据处理分析

① 由测温记录和温降曲线图可看出，混凝土浇筑后第 3、4 天，水化热出现峰值，之后缓慢下降。

② 混凝土内部实际最高温度为 63.5℃，表面最高温度为 58.4℃，其中内外最大温差达到 23.1℃，但均未超过 25℃。

③ 强度的差异与很多因素有关，但影响混凝土强度的主要因素有水灰比、水泥强度、骨料状况和矿物掺合料性能等，在选用选矿废石时应加强对选矿废石的颗粒级配、针片状颗粒含量、含泥量和压碎指标等参数的统计和分析，得出影响混凝土强度的因素。

四、存在的问题

① 大体积混凝土在配合比设计和调整时，应控制混凝土绝热温升不高于 50℃，但实际测得混凝土内部最高温度却达到了 63.5℃。

② 选矿废石批次间质量有差异，不同的产地，产品的质量也参差不齐。

③ 实际施工过程中发现，混凝土的初凝时间在 6h 左右，与实验室试验结果相差较大。

五、改进建议

① 在配合比设计时，应充分考虑到影响混凝土绝热温升的各种因素，其中包括水胶比、胶凝材料的种类和用量、外加剂缓凝组分掺量和混凝土的入模温度等，分析混凝土的绝热温升规律，通过大体积混凝土热工计算，优化设计配合比，有效地降低混凝土的绝热温升，减缓混凝土的放热过程。

② 加强原材料进场检验频次，主要是选矿废石的质量，要求试验人员在选矿废石卸料前及使用前必须进行颗粒级配、含泥量、泥块含量、针片状含量的检验，并加强卸料过程中的目测。

③ 提高缓凝剂组分的掺量，混凝土初凝时间控制在搅拌后的 10h 以上，以延缓混凝土中水化热的释放速度。

六、结束语

① 大体积混凝土工程施工的实践证明，混凝土内部温度仍较高，但通过加强施工过程管理、优化混凝土配合比设计、选择优良原材料及合理的养护措施，可减少大体积混凝土水化热，降低内外温差，从而达到避免大体积混凝土产生裂缝的目的。

② 选矿废石在混凝土中的应用正处在探索阶段，有待进一步研究各项参数对采用选矿废石作为骨料的预拌混凝土性能的影响规律。通过技术经济分析，确定利用选矿废石较天然骨料可否获得明显的经济收益。

③ 选矿废石属于选矿后的废弃物，是工业固体废弃物的主要组成部分。随着钢铁工业的迅速发展，选矿废石在工业固体废弃物中占的比率也越来越大，选矿废石成为重要的污染源。将选矿废石应用于建设工程上，既可满足预拌混凝土对骨料的需求，又可以减少选矿废石存放带来的资源浪费。

第十四章　混凝土强度扭矩测定仪

一、扭矩快测法的原理及试验方法

扭矩快测法是通过快速测定混凝土拌合物的工作性所反映的扭矩值，以及已知的混凝土配合比参数来推定标准养护混凝土 28d 强度的方法。扭矩快测法采用混凝土拌合物性能测试仪进行测定。

1. 扭矩快测法的基本规定

（1）扭矩测定仪的检测范围的要求

扭矩快测法所采用的混凝土拌合物性能测试仪在检测范围内应满足下列要求：

① 坍落度的测量误差不应大于 10%。

② 水灰（胶）比的测量误差不应大于 10%。

③ 拟推定的混凝土标准养护 28d 强度误差不应大于 10%。

（2）适用坍落度

本方法适用于混凝土出机 2h 之内坍落度不小于 120mm 的混凝土。

（3）混凝土试样要求

混凝土试样用料桶直径不小于 300mm，高不小于 200mm，料桶不应对检测结果产生影响。

2. 混凝土拌合物性能测试仪的工作原理

混凝土拌合物性能测试仪是利用混凝土的流变特性原理，直接采用旋转扭矩传感器测量混凝土的流变阻力矩，通过流变阻力矩与混凝土技术指标的相关关系计算出混凝土的主要技术指标。仪器采用单片机技术，自动计算和校正测量数据，还可以实现混凝土坍落度和强度的预测。这种测量方式的优点是：采用已知参数预置方式检测，可以不依赖实验室而直接显示检测结果，方便现场使用。它能反映出流态混凝土的整体特性，特别是对大流动性混凝土反应敏感。

该仪器的工作原理如图 14-1 所示。

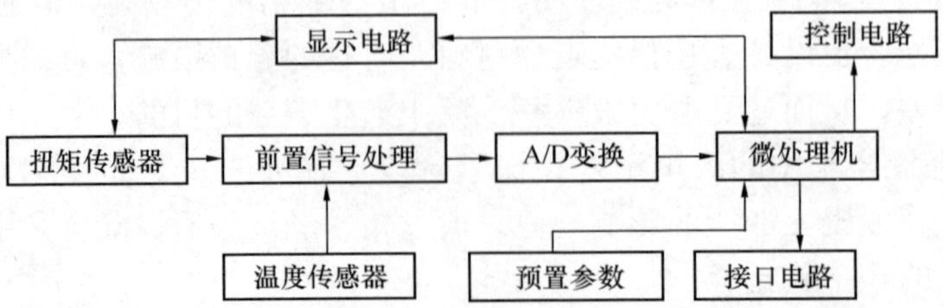

图 14-1　工作原理方框图

通过预置电路将混凝土的相关参数预置到测试仪，作为微处理机的计算参考值。扭矩传感器将直接测得的混凝土反剪切阻力矩变换成数字信号送入微处理机进行数据处理和计算。

同时微处理机输出一控制信号以校正传感器的误差，保证测试精度，并将结果传送给显示电路进行显示，也可以通过接口电路把测量信号传送给计算机进行实时控制或打印输出。

3. 试验方法

① 根据混凝土拌合物的实际配合比设定水泥品种和等级、外加剂品种和掺量、掺合料品种和掺量、骨料品种和骨料粒径等参数。这样设定主要是考虑混凝土早期强度产生于水泥及活性掺合料的水化；中后期强度产生于微细粉料的填充效应，为强度推定提供准确的计算依据。

② 在实验室或现场取不少于 3/4 料桶体积的混凝土拌合物，同时预留标准养护 28d 试件。之所以在实验室或现场取样不少于料桶体积 3/4 的混凝土拌合物，主要是考虑装得太满可能引起溢料，太少又有可能使传感器触底，影响测量的准确性。

③ 将测试仪器的探头垂直插入待测混凝土拌合物中，进行测定。探头是否垂直插入混凝土中会对试验结果产生影响，因此规定探头垂直插入混凝土中的深度大约为 100mm。

④ 按顺时针方向选择测试点，测点应不少于 3 个。测点距桶边的距离应不小于 50mm，且测点不应重合。为了确保测量的均匀分布性，可以多测几次。测点距桶边的距离不应小于 50mm，主要是防止传感器与桶壁接触，影响测量的代表性。测点不应重合，主要是因为经过测试的部位，石子被拨开，如测点重合，必将影响测量的准确性。

⑤ 通过测试得到混凝土拌合物的坍落度、水灰（胶）比和扭矩，完成测试后由混凝土拌合物性能测试仪推定出混凝土标准养护 28d 的强度，取 3 次试验的平均值作为最后结果。其计算过程由仪器自动完成。

二、HPC-001S 高性能混凝土综合性能测试仪的组成及功能

1. 实现功能

HPC-001S 高性能混凝土综合测试仪可直接测量混凝土拌合物的坍落度、扩展度、温度、水泥稠度、水胶比、混凝土 28d 强度等主要技术指标，进行平均值计算和检测数据的任意检索，同时可以通过计算机进行混凝土生产的实时控制或打印输出。HPC-001S 实现了混凝土多项主要技术指标准确、快捷的综合测试，使混凝土生产和施工的质量得到控制成为可能。

2. 技术性能

（1）技术指标

① 坍落度：10～270mm（±10%）；

测试时间：<8s。

② 扩展度：300～700mm（±10%）；

测试时间：<8s。

③ 温度：－25～＋102℃（±5%）；

测试时间：30s。

④ 28d 强度：10 ～70MPa（±10%）；

水胶比：0.2～0.7（±10%）。

⑤ 水泥稠度：20～70mm（±10%）；

测试时间：<8s。

⑥ 存储数据：832 个。

⑦ 接口标准：RS232，USB。

⑧ 速率：9600bit/s。

⑨ 内置电源：9V。

⑩ 尺寸：150mm×100mm×53mm。

⑪ 质量：300g。

(2) 可靠性指标

① 工作温度：−20～+70℃。

② 储存温度：−40～+90℃。

③ 相对湿度：≤100%

④ 海拔高度：≯4000m。

⑤ 冲击：$980m/s^2$。

⑥ 绝缘电压：≮5000V。

3. 硬件设计

(1) 结构组成

HPC-001S高性能混凝土综合性能测试仪的硬件部分控制系统由以下几个模块组成：电源、单片机、键盘、异步通信传输、闭环控制回路、壳体、扭矩测量和液晶汉字显示等几个模块组成。微处理机采用最新型MC68HC908微型化单片机，功能强，使外围电路大为简化。

控制电路采用PWM技术，提高了仪器的可控性和效率。

为适应便携要求，仪器采用充电电池，为克服电池电压变化的影响，内部采用稳压供电。采用汉字字符液晶显示器及RS232接口技术，使数据输出更为直观。

(2) 产品结构

产品采用工业化结构设计，适应施工中的恶劣环境。仪器采用工程塑料密封设计，仪器还配有金属防震箱，既方便携带又保护仪器。同时，仪器还采用人性化设计，更符合人的使用习惯。

4. 软件设计

软件是嵌入式汇编软件，其载体是高性能CMOS单片机MC68HC908，该单片机具有内置4096bytes的Flash存储器，可以有效地抗击来自传感器等的干扰；2通道16位定时器模块，有效地实现了PWM传感器控制。

(1) 功能说明

① 测量坍落度。根据传感器的特性设置粒形和粒径，根据模糊控制的方法测量坍落度。首先选择卵石、碎石、碎卵石，软件记录选择类型；接着选择粒径（mm）：10、16、20、31、40，并记录下来；然后启动传感器，用PWM方式控制传感器，采取特殊的控制方式，消除传感器滞留特性带来的误差，精确调整传感器。在规定的时间内快速连续测量，采用数字滤波技术，滤除传感器干扰和其他噪声干扰。存储测试结果。根据预先设置的参数分类处理，计算出坍落度、扩展度，显示并存储。水泥稠度测量方法与此相同。

② 计算强度。由非线性回归方程得出测量值与灰水比的关系，再由灰水比与强度之间的关系，根据不同的水泥强度等级值，用浮点的方法精确计算出混凝土的强度、灰水比，为现场技术人员和验收人员提供现场测量结果。

③ 测量温度。由温度传感器调理电路，输入到AD接口，软件以慢变的采集率，及时

显示实际的测量温度，等到温度变化稳定时，软件自动采集并稳定显示实际温度值，存储显示结果，再显示多次测量的结果平均值，供技术人员参考。软件设计了自动判别温度溢出，自己检测温度电路的正常与否，并报警提示操作人员检查操作是否正确，重新测量温度。

④ 自动监测电池电压。本软件具有自动监测电池电压的功能，如果电压充足，就显示全满的电池符号；如果电压不足，就显示不满的电池符号；当电压不足以保证整机工作时，尤其传感器的工作需求，则显示半满的电池符号，提示低电压告警“LOW BATTERY”，执行中断程序，告知用户重新充电。

⑤ 数据查阅功能。本软件具有存储100组坍落度、扩展度、强度、水胶比、温度和100组水泥稠度测量值，这些数据断电不会丢失。能够查阅过去的测试记录，并进行统计平均，提供可靠的测量手段。查阅时，选择查阅的数据类型，即坍落度、扩展度、强度、水胶比、温度，还有水泥稠度测量值。按翻屏键，可以迅速地查阅以前测量的数据。如果存储数据超过100个，软件自动将最早的数据替换掉。

⑥ 完成与计算机的数据通信。以RS232接口协议与主机通信回放所有测量存储的数据，供用户存储、记录、备案。主机上的软件可以统计和分析所有的数据，可以供用户对所有的混凝土进行评定，建立完备数据库。

（2）软件模块

① 初始化模块包括以下内容：

a. 关闭MCU的WATCH DOG功能，设置I/O的输入/输出方向。

b. 初始化LCD显示功能，设置显示方式，初始化8个显示图符。

c. 调用存储器存储的粒形、粒径、水泥强度R_C等参数预设值，以及坍落度、温度、强度等存储的序号。

d. 显示软件的名称，调用按键子程序，查阅翻屏键是否按下，且等待翻屏键按下。

② 功能选择模块包括以下内容：

a. 显示坍落度测试（含坍落度、扩展度、水胶比、强度、温度五项）、水泥稠度测试、数据查阅、传输数据、仪表设定五个菜单及参数初始化设置。

b. 按任意键，选择相应的功能。

c. 按“确认”键，执行调用相应的功能。

③ 坍落度测量模块包括以下内容：

a. 显示粒形、粒径，按“确定”键选择要设置的参数。

b. 按“确定”键，可以修改参数的设置，并保存设置值。

c. 显示坍落度待测字符，按“测量”键进行测量，显示正在测量的字符。

d. 按设定的程序，自动跟踪传感器控制技术，完成一次测量。

e. 测量数据，进行数字滤波，排除干扰。

f. 根据事先设定的参数，计算出强度值。

g. 显示坍落度、扩展度、水胶比、温度和强度值，依照先后顺序存储测量值。

h. 返回待测状态，如果继续，可以按“测量”键，如果不进行，则按“取消”键。

④ 温度测量模块包括以下内容：

a. 初始化显示温度待测字符。

b. 按“测量”键，设置测量时间，A/D采样率，采集数据。

c. 判断数据是否在测量范围内，如果不在则告警，提醒操作者是否是因为没有操作好，而要重新操作。如果确实是超出范围，则要真正报警。

d. 显示温度测量瞬时值，计算多次测量的平均值，并且显示此值。

e. 存储当次测量值，刷新温度平均值。

⑤ 数据查阅功能模块包括以下内容：

a. 初始化显示查阅的坍落度（含坍落度、扩展度、水胶比、强度、温度五项）菜单。

b. 用“选择”键选择查阅的数据类型。

c. 显示查阅的数据，用“翻屏”键翻阅依次存储的数据，并显示查阅的数据序号。

d. 用“向上”和“向下”键，可以随意翻页查阅。

⑥ 数据通信模块包括以下内容：

a. 设置通信协议、通信波特率、通信码位等与通信有关的事宜。

b. 与主机通信握手，如果握手成功，则显示发送数据字符；超时则显示握手不成功，告知操作者电缆线是否连接好，或主机没有准备好。

c. 依次发送数据，并对每种数据进行标记，让主机识别数据类型。

d. 发送成功，且发送完所有的数据后，显示“数据传输结束”字符。

三、HPC-001S 高性能混凝土综合性能测试仪的使用及维护

1. 仪器说明

（1）仪器的用途

HPC-001S 高性能混凝土综合性能测试仪主要用于施工现场对新拌混凝土性能指标的随时检测。比如，混凝土出机、混凝土运输罐车与工地混凝土交接、泵送过程、浇筑现场等环节对混凝土性能的检测；也可以在混凝土搅拌站或搅拌车的出料口进行混凝土性能的检测，便于及时掌握新拌混凝土的质量状况；还可以通过固定夹具固定在实验室内使用，可测量水泥的稠度。

（2）仪器的使用规则

在测量前应确认电池电量充足，连接好测试头，并根据仪器的提示设置好相应的参数，如混凝土的骨料粒形、骨料粒径等参数。在混凝土配合比参数没有改变时，每次测量之前不必重新设置仪器参数。

仪器在完成测量或暂时不使用时，为节省机内电池电量应及时关掉电源。不必担心关机时内部设置的参数与已测量的数据丢失。

（3）仪器的使用方法

手持仪器将测试头垂直插入被测混凝土中 100mm（即测试头上的标线位）深度，即可按动“测试”键进行测试。测试时，应尽量避免测量仪器晃（抖）动，使测试仪器测试头始终保持垂直状态。测量选样要准确，要选择比较均匀的静态混凝土检测。在料斗或料堆中取样时要尽可能选择其中部。抽样检测应将混凝土倒入直径不小于 300mm、深度不小于 200mm 的采样筒中进行检测，其中混凝土深度应保证在 160mm 以上。使用后，要清洗检测头，并妥善放置仪表。

（4）仪器使用前的准备

在使用之前应先进行电池的充电。充电时，将仪器的充电接口盖打开，并将充电器与仪

器充电接口和交流电源相接。打开电源开关，此时，充电指示灯闪烁，即开始充电。第一次充电时，应充 4～5 小时。

仪器每次使用之前应先打开电源开关，检查电压是否充足。如充足，即可安装测试头，开始使用。

2. 仪器维护

（1）仪器和电池维护

仪器在每次使用完毕或暂时不使用时，应检查关闭电源，卸下测试头并清洗干净，擦干后放入包装箱内或插入皮套中，以免损坏。

仪器若长时间存放，应每年拿出来转动几次，并适当充电补充电量，以免造成电池损坏。

仪器在使用中应注意观察显示屏最右侧的“电池”形电压指示。实心“电池”表示电压充足；“电池”上端出现一个空格表示电压足以维持正常工作；“电池”上端出现两个空格表示电压还能维持测量不少于 50 次，此时应充电补充电池电量以保证工作不受影响；空心“电池”则表示电压已不能维持正常工作，此时仪器将自锁，不支持任何操作，必须及时充电，以免过放电造成电池损坏。

在充电时，应注意观察显示屏最右侧的“电池”电压指示，在显示出实心“电池”后应再继续充 2h 或充电器指示灯变绿为止。

（2）故障处理

当电压指示正常，屏幕出现显示异常或黑屏及传感器测量时不动作，应及时联系销售商或返回生产厂家维修。不要自行拆卸或调整内部器件，以免造成更大的损坏。

3. 仪器操作

仪器外观如图 14-2 所示。

（1）主菜单选择

打开仪器电源开关，仪器屏幕上会出现“HPC-001S”和时间、电池电量指示，按“返回”键，则进入 5 个主菜单状态：坍落度测试、水泥标准稠度、数据记录、数据传输、仪器设定。

• 坍落度测试中有配合比设定，设定项有骨料粒形、骨料粒径、外加剂掺量、掺合料掺量、水泥强度等级、设计强度六项。

• 数据记录中有查询坍落度、查询水泥标准稠度、清除坍落度、清除水泥标准稠度。

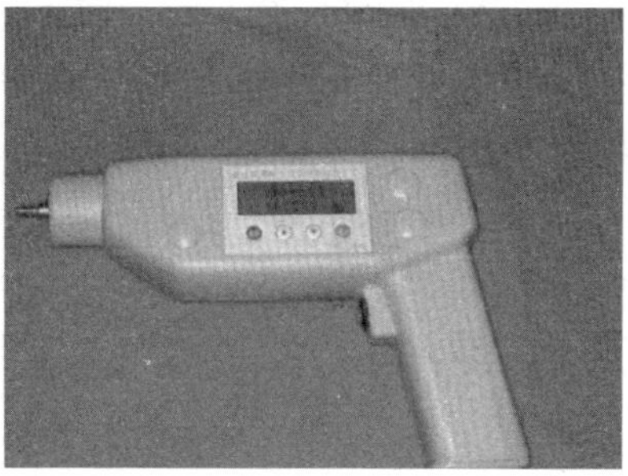

图 14-2 HPC-001S 高性能混凝土综合性能测试仪

• 数据传输中有坍落度传输。

• 仪器设定中有时间设定、温度显示、液晶显示背光。

仪器默认的状态为“坍落度测试”（即当前状态反黑，下同）。按上、下“选择”键，可以在“坍落度”“水泥稠度”“数据传输”“数据记录”“仪表设定”之间进行功能转换。按“确认”键即可确认当前状态并进入该状态的下一级工作状态。

（2）数据的查阅

在主菜单“数据记录”的状态下，按“确认”键进入数据查询子菜单。

按“查阅”键后出现“确认”键，再按“确认”键后，按上、下“选择”键，可以依次显示该数据区的骨料粒形、骨料粒径、平均值和该数据区所有坍落度值。

在子菜单任一工作状态下，按“返回”键即可返回到主菜单选择状态。

(3) 数据库的清除

在主菜单“清除坍落度”和“清除水泥标准稠度”的状态下，按“确认”键后可以删除数据库中的所有数据。

(4) 检查设置参数

仪器在“测试坍落度”状态下通过不断按“确认”键，可以陆续调出当前数据区的所有设置参数。或通过子菜单的数据区转换的方式调入关注数据区内的设置参数和数据。调出设置参数的当前值可以通过按上、下“选择”键修改当前的设置参数。一旦修改了当前设置值，“坍落度”测量将自动进入该修改后的新数据区。

(5) 混凝土坍落度指标的测量

在采用本仪器正式测量坍落度之前，必须根据欲测混凝土的实际配合比设置好混凝土的骨料粒形、骨料粒径等参数，测量数据方能准确有效。

① 骨料粒形的选择。仪器初始的默认状态是“测试坍落度”工作状态（即“坍落度”反黑表示为当前状态)。在此状态下，按“确认”键进入坍落度的设置状态。此时，首先需要选择骨料粒形：△代表碎石，○代表卵石，D代表碎卵石（初始的默认状态为碎石，△为反黑)。按上、下“选择”键可进行碎石、卵石和碎卵石之间的转换，按“确认”键确认当前选择的骨料粒形，并进入“骨料粒径”的设置状态。

② 骨料粒径的选择。“骨料粒径”按最大骨料粒径分为10mm、16mm、20mm、25mm、31mm、40mm六档。可按上、下“选择”键进行顺序或倒序粒径的转换（初始的默认状态为20mm)，按“确认”键确认当前选择的最大骨料粒径，并进入混凝土待测工作状态。

③ 坍落度的测量方法。设置好混凝土的骨料粒形、骨料粒径等参数后，即可将测试头插入欲测混凝土中，使仪器探头保持垂直状态。随后按“测试”键三次至屏幕上出现新的“坍落度”数据，此时间不超过8s，即可提起仪器，测试头离开混凝土，完成本次测试。每按动一下“测试”键，“坍落度”序号会自动加一，并显示出一个新的测量结果。

仪器在使用时，如发生测试头被卡住，仪器会自动停止测试，并发出告警信号“坍落度溢出!”(测试失败)。此时只需小心提起测试头，另选一测试点，重新按动“测试”键进行测量即可。如出现“坍落度空载!”告警时，应检查测试头连接是否可靠，排除问题后重新进行测量。

(6) 混凝土温度的测量

在菜单“仪表设定”的“温度显示”的状态下，按“确认”键，显示出温度的测量值。当屏幕出现“温度溢出!”(测量范围超出）时，说明当前温度超过了允许的测量范围。应检查原因后重新测量。

4. 数据报表

(1) 程序安装

① 安装环境如下：

a. Win8 操作系统；

b. 空闲的串口COM1；

c. 注册合法的微软 MSCOMM32、OCX 通信构件（如无存在，安装程序自动检测安装）。

② 安装步骤如下：

装入安装光盘，运行安装程序 HPC _ install. bat，按照安装提示直接操作即可。所有执行文件和数据库文件保存在 C：\ HPC 目录下，数据库驱动程序位于系统目录下。

（2）开始运行

程序安装成功后，在开始项的 HPC 中运行 hpc. exe，首次运行时，数据库没有数据。

（3）数据传输

① 传输步骤包括以下内容：

a. 在计算机与测试仪表之间正确连接串口 COM1。

b. 打开接收程序，并用鼠标点击“开始接收”使其变灰。

c. 在测试仪器上选择“数据传输”选项，并确定进行操作。

d. 在接收端开始进行数据传输。

② 接收处理结果。将传输并检测正确无误的数据项和接收数据组数显示在屏幕上，等待存储和打印，有误的数据则过滤并提示用户。

（4）数据检索

选择“综合查询”后，进入查询选项。

① 选择查询条件，依次为：关系选项、项目选项、条件选项和条件值域；选择完毕后按“增加”按钮，再按“确定”键后开始查询，并报告查询数目。

② 按“清除”按钮放弃所有之前的选择。

③ 可多次“增加”条件。

（5）报表生成

① 新接收数据的报表生成。在传输的数据正确接收后，“接收打印”按钮变黑，点击后可在打印机上（打印机可选择）自动输出固定格式的数据报表。

② 查询数据的报表生成。在查询的数据正确检索后，“查询打印”按钮变黑，点击后可在打印机上（打印机可选择）自动输出固定格式的数据报表。

5. HPC-001S 高性能混凝土综合性能测试仪的实测对比试验

我们采用 HPC-001S 高性能混凝土综合性能测试仪检测混凝土的坍落度、水胶比、推定 28d 混凝土在标准养护条件下的强度值，同时按照《普通混凝土拌合物性能试验方法》和《普通混凝土力学性能试验方法》，检验与上述在相同材料、相同试验条件下混凝土的坍落度以及在标准养护条件下龄期 28d 混凝土的强度值，并计算出两种方法检验结果的差值与按照国家标准检验结果之间的相对差。检验结果见表 14-1、表 14-2、表 14-3。

表 14-1　坍落度的检验结果

编号	设计强度	坍落度筒测试值（mm）	仪器测试坍落度值（mm）	坍落度差值（mm）	相对差（%）
1	C20	210	213	3	1.4
	C20	210	212	2	0.9
	C20	215	218	3	1.4

续表

编号	设计强度	坍落度筒测试值（mm）	仪器测试坍落度值（mm）	坍落度差值（mm）	相对差（%）
2	C25	215	217	2	0.9
	C25	215	210	－5	－2.3
	C25	220	218	－2	－0.9
3	C30	245	238	－7	－2.9
	C30	240	240	0	0.0
	C30	240	245	5	2.1
4	C35	235	238	3	1.3
	C35	230	236	6	2.6
	C35	225	230	5	2.2
5	C40	235	230	－5	－2.1
	C40	230	238	8	3.5
	C40	220	220	0	0.0
6	C45	250	250	0	0.0
	C45	245	240	－5	－2.0
	C45	245	240	－5	－2.0
7	C50	245	250	5	2.0
	C50	220	230	10	4.5
	C50	230	230	0	0.0

表 14-2　强度的检验结果

编号	设计强度	28d 实测强度（MPa）	仪器测试推定强度（MPa）	强度差值（MPa）	相对差（%）
1	C20	25.0	25.5	0.5	2.0
	C20	25.2	25.8	0.6	2.4
	C20	26.0	26.0	0.0	0.0
2	C25	29.6	30.0	0.4	1.4
	C25	30.2	31.5	1.3	4.3
	C25	30.0	31.0	1.0	3.3
3	C30	35.2	36.5	1.3	3.7
	C30	35.6	36.0	0.4	1.1
	C30	36.2	36.0	－0.2	－0.6
4	C35	42.0	43.0	1.0	2.4
	C35	42.3	43.4	1.1	2.6
	C35	42.4	43.0	0.6	1.4

续表

编号	设计强度	28d 实测强度（MPa）	仪器测试推定强度（MPa）	强度差值（MPa）	相对差（%）
5	C40	48.4	48.5	0.1	0.2
	C40	47.8	48.0	0.2	0.4
	C40	47.5	47.0	−0.5	−1.0
6	C45	54.6	55.0	0.4	0.7
	C45	55.0	56.0	1.0	1.8
	C45	55.2	55.0	−0.2	−0.4
7	C50	60.2	60.0	−0.2	−0.3
	C50	61.0	60.5	−0.5	−0.8
	C50	60.4	61.0	0.6	1.0

表 14-3　水胶比的检验结果

编号	设计强度	设计水胶比	仪器测试水胶比	水胶比差值	相对差（%）
1	C20	0.54	0.55	0.01	1.9
	C20	0.57	0.56	−0.01	−1.8
	C20	0.57	0.56	−0.01	−1.8
2	C25	0.52	0.52	0.00	0.0
	C25	0.47	0.48	0.01	2.1
	C25	0.45	0.47	0.02	4.4
3	C30	0.41	0.42	0.01	2.4
	C30	0.44	0.45	0.01	2.3
	C30	0.42	0.43	0.01	2.4
4	C35	0.40	0.41	0.01	2.5
	C35	0.42	0.42	0.00	0.0
	C35	0.40	0.42	0.02	2.5
5	C40	0.37	0.38	0.01	2.7
	C40	0.42	0.41	−0.01	−2.4
	C40	0.43	0.43	0.00	0.0
6	C45	0.40	0.41	0.01	2.5
	C45	0.38	0.39	0.01	2.6
	C45	0.40	0.41	0.01	2.5
7	C50	0.40	0.40	0.00	0.0
	C50	0.40	0.41	0.01	2.5
	C50	0.38	0.39	0.01	2.6

第十五章　工程质量事故司法鉴定实例

第一节　×××项目（一期）×号楼检测鉴定方案

一、×××工程概况

×××工程于2013年开始施工建设，施工至12层时，通过检测发现－1层～8层墙、柱混凝土强度不满足设计要求。建设单位即刻对－1层～8层柱、墙采用增大截面的方法进行加固。

对于－1～8层墙、柱及柱点处原结构混凝土现龄期强度，原告方（×××建筑工程有限公司）与被告方（×××混凝土有限公司）存在较大分歧。×××市中级人民法院委托我中心对其原结构－1～8层墙、柱及柱点处混凝土现龄期强度进行司法鉴定。

二、资料收集

请委托方提供包括原结构设计图、竣工资料、加固和改造图纸及资料、事故处理报告。

三、检测依据

- 《建筑结构检测技术标准》GB/T 50344—2004。
- 《钻芯法检测混凝土强度技术规程》CECS 03—2007。
- 《混凝土结构现场检测技术标准》GB/T 50784—2013。

四、检测方法

1. 混凝土强度检测方法

采用钻芯法对本工程混凝土强度进行检测。考虑到原结构已经进行了增大截面加固，为了尽量减少对结构的破坏，钻取最小公称直径不小于70mm芯样。

2. 抽样数量

该涉案工程同一层柱、柱节点及墙体的现浇混凝土强度设计值、施工工艺、环境条件基本相同，根据《混凝土结构现场检测技术标准》GB/T 50784—2013中检测批的定义，认为该工程每层柱、柱节点及墙体可作为一个检测批进行评定。

因本工程属于第二次司法鉴定，依据《建筑结构检测技术标准》GB/T 50344—2004和《钻芯法检测混凝土强度技术规程（附条文说明）》CECS 03—2007的相关规定，按C类进行抽样，具体抽样数量为：

－1层～5层每层各抽取17个构件（每层11根柱、6片墙），6层～8层每层各抽取16个构件（每层10根柱、6片墙），每个构件上钻取1个芯样，共计150个芯样。抽样构件的具体位置已经在现场确定。

抽样位置说明：根据司法鉴定委托书要求，对墙、柱及柱点处混凝土现龄期强度进行鉴定，其中“柱点”指柱、梁、板三者相交的节点位置。此处受力钢筋和箍筋均较密集，钻取芯样极易破坏受力钢筋且难修复；原结构梁、柱节点外侧已采取增大截面的方法进行加固，为满足钻芯需要破坏加固层时，若同时切断节点附近纵向加固钢筋，较难恢复该纵向钢筋的完整性，因此本工程不宜在柱节点处钻取芯样。同时，同一层柱、柱节点及墙体混凝土作为同一检测批，仅需在柱和墙上钻取芯样，即可代表同批构件的混凝土强度。

五、承诺书

我机构具备司法鉴定资质，了解司法鉴定的相关法律法规，知悉应当承担的法律责任。现郑重承诺如下：

① 忠于法律与事实，执业为民，维护司法鉴定行业公平、公正形象。

② 依法接受委托，不向委托人暗示或者承诺鉴定结果。

③ 严格遵守司法鉴定程序、技术标准和技术操作规范的规定，出具规范的鉴定文书，确保司法鉴定质量。

④ 严格执行我机构的“诚信、公正、专业、优质”的质量方针。

⑤ 严格按照规定收费，不高收费、乱收费。

⑥ 不相互贬损，不搞不正当竞争，维护司法鉴定行业的整体形象。

⑦ 保守鉴定过程中知晓的国家秘密，保守委托方的商业秘密和个人隐私。

⑧ 积极开展法律援助。

⑨ 服从司法行政机关的监督管理，自觉接受群众监督。

×××××检测评定中心司法鉴定所

××××年×月×日

第二节　×××项目（一期）×号楼－1～8层墙、柱及柱点处混凝土现龄期强度司法鉴定

一、基本情况

委托人：××市中级人民法院

委托鉴定事项：对×××项目（一期）×号楼原结构－1～8层墙、柱及柱点处混凝土现龄期强度进行司法鉴定。

受理日期：××××年×月×日

鉴定材料：×××项目（一期）×号楼加固设计图纸（×××建筑设计研究院设计编号：×××-×-×）；

×××项目（一期）×号楼结构设计图纸（×××建筑设计研究院设计编号：×××-×-×）。

鉴定日期：××××年×月×日—××××年×月×日

鉴定地点：××省××市××区×××项目（一期）×号楼、某工程研究检测评定

中心。

在场人员：

鉴定方：（某检测评定中心司法鉴定所）

原告方：（×××建筑工程有限公司）

被告方：（×××混凝土有限公司）

二、检案摘要

×××工程某年开始施工建设，施工至12层时，通过检测发现－1层～8层墙、柱混凝土强度不满足设计要求。建设单位随后对－1层～8层柱、墙采用增大截面的方法进行加固。

目前，原告方（×××建筑工程有限公司）与被告方（×××混凝土有限公司）在原结构混凝土现龄期强度问题上仍存在分歧，×××中级人民法院委托我机构重新对其原结构－1～8层墙、柱及柱点处混凝土现龄期强度进行司法鉴定。

三、鉴定检验过程

机构接受委托后，组成鉴定小组，根据委托内容和卷宗制订了检测鉴定方案，并将方案告知法院及原被告方，在各方无异议的情况下，我机构检验鉴定人员于××××年×月×日至××××年×月×日赴现场开展现场取样工作。原告方、被告方的相关人员见证了现场取样和封装过程。××××年×月×日至××××年×月×日对混凝土芯样进行抗压试验后，我机构于××××年×月×日形成本案司法鉴定检验报告。

1. 鉴定检验依据

（1）《建筑结构检测技术标准》GB/T 50344—2004；

（2）《钻芯法检测混凝土强度技术规程（附条文说明）》CECS 03—2007；

（3）《混凝土结构现场检测技术标准》GB/T 50784—2013；

（4）《数据的统计处理和解释 正态样本离群值的判断和处理》GB/T 4883—2008；

（5）营口市中级人民法院司法鉴定委托书［×中法鉴字第××号］；

（6）图纸资料（设计图纸，加固图纸及相关资料）。

2. 检验仪器设备

取芯机、微机控制全自动压力试验机（校准证书编号：××××）、微机控制电液伺服万能试验机（校准证书编号：××××）、游标卡尺（检定证书编号：××字第××号）、钢直尺（检定证书编号：××××）、塞尺（检定证书编号：××××）、万能角度尺（检定证书编号：××××）、照相机。

3. 鉴定检验过程

根据鉴定检验的目的及要求，按照规范规定的要求进行抽样。

（1）钻取芯样

－1层～8层墙、柱混凝土设计强度等级均为同一等级（C60），根据《混凝土结构现场检测技术标准》GB/T 50784—2013中按分层计量原则，每层墙、柱为一检测批。1层～5层每层各抽取17个构件（每层11根柱、6片墙），6层～8层每层各抽取16个构件（每层10根柱、6片墙），每个构件上钻取1个芯样，共计150个芯样。

（2）抽样位置说明

根据司法鉴定委托书要求，对墙、柱及柱点处混凝土现龄期强度进行鉴定，其中，“柱点”指柱、梁、板三者相交的节点位置。此处受力钢筋和箍筋均较密集，钻取芯样极易破坏受力钢筋且难修复；原结构梁、柱节点外侧已采取增大截面的方法进行加固，为满足钻芯需要破坏加固层时，若同时切断节点附近纵向加固钢筋，较难恢复该纵向钢筋的完整性，因此本工程不宜在柱节点处钻取芯样。同时，同一层柱、柱节点及墙体混凝土从施工工序上属于同时浇筑且强度等级相同，因此在柱和墙上钻取芯样，即可代表同批构件的混凝土强度。详见《×××项目（一期）×号楼检测鉴定方案》。

（3）芯样的加工及技术要求

本次钻取芯样采用直径75mm钻芯机，芯样加工处理及养护依据《钻芯法检测混凝土强度技术规程（附条文说明）》CECS 03—2007，符合其技术要求和相关规定。

（4）试验数据处理

首先依据《数据的统计处理和解释　正态样本离群值的判断和处理》GB/T 4883—2008中规定剔除芯样试件强度样本中的离群值，再依据《钻芯法检测混凝土强度技术规程（附条文说明）》CECS 03—2007计算各检测批混凝土强度推定值的推定区间，确定检测批混凝土强度的推定值。

四、鉴定检验结果

1. 芯样试件的混凝土强度

芯样试件的混凝土强度按《钻芯法检测混凝土强度技术规程（附条文说明）》CECS 03—2007中公式7.0.5计算：

$$f_{cu.cor}=F_C/A \tag{15-1}$$

式中　$f_{cu.cor}$——芯样试件的混凝土强度值，MPa；

F_C——芯样试件的抗压试验测得的最大压力，N；

A——芯样试件抗压截面面积，mm^2。

芯样强度试验结果见表15-1、表15-2。

表15-1　芯样强度试验结果

芯样规格（直径×高度）	破坏荷载（kN）	芯样强度（MPa）
76.0×76	249.9	55.1
75.5×76	267.9	59.8
76.0×76	295.2	65.1
75.5×76	311.4	69.6
76.0×76	244.0	53.8
76.5×76	234.1	50.9
76.5×76	236.0	51.3
75.5×76	213.7	47.7
75.5×76	230.4	51.5
76.0×76	234.6	51.7
75.5×76	284.2	63.5
74.5×75	199.5	45.8

续表

芯样规格（直径×高度）	破坏荷载（kN）	芯样强度（MPa）
74.5×75	212.2	48.7
74.5×75	222.5	51.0
75.5×75	266.2	59.5
74.5×75	233.0	53.5
74.5×75	257.8	59.1
75.5×75	234.7	52.4
75.5×75	289.8	64.7
75.5×75	297.8	66.5
75.0×75	248.9	56.3
75.0×75	236.9	53.6

表 15-2　楼层芯样强度试验结果

编号	层数	位置	芯样规格 直径×高度	破坏荷载 （kN）	芯样强度 （MPa）
26	1层	1/B	75.0×75	262.5	59.4
27	1层	2/B	75.5×75	238.0	53.2
28	1层	3/A	75.0×75	89.0	20.1
29	1层	9/C-G	75.0×75	253.5	57.4
30	1层	11/C-G	75.0×75	226.5	51.3
31	1层	1/C-G	75.0×75	230.1	52.1
32	1层	3/C-G	75.5×75	256.0	57.2
33	1层	2/A-B	75.0×75	214.6	48.6
34	1层	10/A-B	75.0×75	233.0	52.7
35	2层	3/A	75.5×75	304.4	68.0
36	2层	11/A	75.0×75	170.7	38.6
37	2层	6/B	75.5×75	242.8	54.2
38	2层	10/G	75.5×75	222.9	49.8
39	2层	11/G	75.5×75	239.3	53.5
40	2层	2/C	75.5×75	262.1	58.5
41	2层	11/B	75.0×75	271.3	61.4
42	2层	6/A	75.0×75	279.1	63.2
43	2层	1/B	75.0×75	191.8	43.4
44	2层	1/G	75.5×75	159.6	35.6
45	2层	2/A	75.0×75	235.1	53.2
46	2层	10/A-B	75.0×75	178.4	40.4
47	2层	9/C-G	75.0×75	209.4	47.4
48	2层	2/A-B	75.0×75	227.0	51.4
49	2层	11/C-G	75.0×75	225.2	51.0

续表

编号	层数	位置	芯样规格 直径×高度	破坏荷载 （kN）	芯样强度 （MPa）
50	2层	1/C-G	75.0×75	269.9	61.1
56	3层	9/C	75.5×75	245.4	54.0
57	3层	11/A	75.5×75	206.3	46.1
58	3层	9/B	75.5×75	173.2	38.7
59	3层	6/B	75.5×75	222.1	49.6
60	3层	II/G	75.5×75	199.2	44.5
61	3层	2/G	75.5×75	262.0	58.5
62	3层	1/B	75.5×75	193.9	43.3
63	3层	11/C-G	74.0×75	232.8	54.1
64	3层	9/C-G	74.5×75	235.1	53.9
65	3层	8/C-G	74.5×75	161.5	37.0
66	3层	2/A-B	74.5×75	153.5	35.2
67	3层	10/A-B	74.5×75	142.9	32.8
68	3层	3/C-G	74.0×75	148.4	34.5
86	5层	1/G	75.0×75	198.7	45.0
87	5层	6/B	75.5×75	128.9	28.8
88	5层	11/A	74.5×75	198.1	45.4
89	5层	9/A	74.5×75	197.0	45.2
90	5层	9/C	75.5×75	190.2	42.7
91	5层	3/B	75.5×75	269.5	60.2
92	5层	10/C	74.5×75	202，4	46.4
93	5层	10/G	75.0×75	250.9	56.8
94	5层	3/A	75.0×75	208.4	47.2
95	5层	11/B	74.0×75	231.9	53.9
96	5层	2/C	75.5×75	221.8	49.5
97	5层	10/A-B	75.5×75	208.4	46.6
111	6层	无	无	无	无
112	6层	2/B	75.0×75	230.3	52.1
113	6层	3-4/C	75.0×75	179.5	40.0
114	6层	10/A-D	75.0×75	279.3	63.2
115	6层	11/C-G	75 0×75	256.8	58.1
116	6层	9/C-G	75.0×75	294.5	66.7
117	6层	1/C-G	75.0×75	203.1	46.0
118	6层	7-8/C	75.0×75	239.1	54.1
119	7层	Il/A	75.0×75	171.9	38.9

续表

编号	层数	位置	芯样规格 直径×高度	破坏荷载 (kN)	芯样强度 (MPa)
120	7层	11/B	75.0×75	221.9	50.2
121	7层	6/B	75.0×75	239.3	54.2
122	7层	3/B	75.0×75	239.5	54.2
123	123	9/B	75.0×75	240.4	54.4
135	8层	3/A	75.5×76	278.4	62.2
136	8层	10/C	75.5×76	260.7	58.2
137	8层	1/A	75.5×76	282.6	63.1
138	8层	2/C	75.0×76	213.9	48.4
139	8层	6/A	75.0×76	202.8	45.9
140	8层	7/B	76.0×76	210.0	46.3
141	8层	2/G	75.5×76	276.0	61.6
142	8层	3/B	75.5×76	284.0	63.4
143	8层	11/A	76.0×76	214.2	47.2
144	8层	1/G	75.5×76	285.7	63.8
145	8层	2/A-B	76.0×76	280.7	61.9
146	8层	11/C-G	75.0×76	223.4	50.6
147	8层	3/C-G	75.5×76	230.1	51.4

2. 正态样本离群值的判断和处理

(1) 计算方法

根据《数据的统计处理和解释　正态样本离群值的判断和处理》GB/T 4883—2008 标准中第 7. 2. 3 条款“双侧情形”的要求，进行芯样数据判别与处理。具体步骤为：

① 计算出统计量 G_n 和 G'_n。

$$G_n=(x_{(n)}-\overline{x})/s;\qquad G'_n=(\overline{x}-x_{(1)})/s \tag{15-2}$$

式中　$\overline{x}$——平均值；

s——标准差，其中 $S=\left[\frac{1}{n-1}\sum_{i=1}^{n}(x_i-\overline{x})^2\right]^{1/2}$

② 确定检出水平 α，在 GB/T 4833—2008 中表 A. 2 中查出临界值 $G_{1-\alpha/2}(n)$。

③ 当 $G_n>G'_n$ 且 $G_n>G_{1-\alpha/2}(n)$，判定 $x_{(n)}$ 为离群值；当 $G'_n>G_n$ 且 $G'_n>G_{1-\alpha/2}(n)$，判定 $x_{(1)}$ 为离群值；否则判未发现离群值。当 $G'_n=G_n$时，应重新考虑限定检出离群值的个数。

④ 对于检出的离群值 $x_{(1)}$ 或 $x_{(n)}$，确定剔除水平 α^*，在 GB/T 4833—2008 中表 A. 2 中查出临界值 $G_{1-\alpha^*/2}(n)$，当 $G'_n>G_{1-\alpha^*/2}(n)$时，判定 $x_{(1)}$ 为统计离群值，否则判未发现 $x_{(1)}$ 是统计离群值(即 $x_{(1)}$ 为歧离值)；当 $G_n>G_{1-\alpha^*/2}(n)$时，判定 $x_{(n)}$ 为统计离群值，否则判未发现 $x_{(n)}$ 是统计离群值(即 $x_{(n)}$ 为歧离值)。

(2) 计算结果

① －1 层的墙、柱芯样强度值见表 15-3。

表 15-3　—1 层墙、柱芯样强度值由小至大排列表

序号	强度(MPa)	序号	强度(MPa)
$x_{(1)}$	45.8	$x_{(10)}$	53.8
$x_{(2)}$	47.7	$x_{(11)}$	55.1
$x_{(3)}$	48.7	$x_{(12)}$	59.1
$x_{(4)}$	50.9	$x_{(13)}$	59.5
$x_{(5)}$	51.0	$x_{(14)}$	59.8
$x_{(6)}$	51.3	$x_{(15)}$	63.5
$x_{(7)}$	51.5	$x_{(16)}$	65.1
$x_{(8)}$	51.7	$x_{(17)}$	69.6
$x_{(9)}$	53.5	—	—

计算统计量 G_n 和 G'_n

$$G_n=(x_{(17)}-\bar{x})/s=(69.6-55.2)/6.59=2.193$$

$$G'_n=(\bar{x}-x_1)/s=(55.2-45.8)/6.59=1.419$$

取检出水平 $\alpha=0.05$，根据《数据的统计处理和解释　正态样本离群值的判断和处理》GB/T 4883—2008 表 A.2 查出：$G_{1-\alpha/2}(17)=2.620$。$G_n>G'_n$，$G_n<G_{1-\alpha/2}(17)$。

判定未发现离群值。

② 1 层的墙、柱芯样强度见表 15-4。

表 15-4　1 层墙、柱芯样强度值由小至大排列表

序号	强度(MPa)	序号	强度(MPa)
$x_{(1)}$	20.1	$x_{(10)}$	57.2
$x_{(2)}$	48.6	$x_{(11)}$	57.4
$x_{(3)}$	51.3	$x_{(12)}$	59.4
$x_{(4)}$	52.1	$x_{(13)}$	64.7
$x_{(5)}$	52.4	$x_{(14)}$	64.7
$x_{(6)}$	52.7	$x_{(15)}$	65.7
$x_{(7)}$	53.2	$x_{(16)}$	66.5
$x_{(8)}$	53.6	$x_{(17)}$	69.2
$x_{(9)}$	56.3	—	—

计算统计量 G_n 和 G'_n

$$G_n = (x_{(17)} - \bar{x})/s = (69.2 - 55.8)/11.07 = 1.214$$

$$G'_n = (\bar{x} - x_{(1)})/s = (54.8 - 20.1)/11.07 = 3.131$$

取检出水平 $\alpha=0.05$，根据《数据的统计处理和解释　正态样本离群值的判断和处理》GB/T 4883—2008 表 A.2 查出：$G_{1-\alpha/2}(17)=2.620$。$G_n<G'_n$ 且 $G'_n>G_{1-\alpha/2}(17)$，判定 $x_{(1)}$ 为离群值。

取剔除水平 $\alpha^*=0.01$，根据《数据的统计处理和解释　正态样本离群值的判断和处理》GB/T 4883—2008 表 A. 2 查出：$G_{1-\alpha/2}(17)=2.894$，$G'_n>G_{1-\alpha/2}(17)$，判定 $x_{(1)}$ 为统计离

群值。将 $x_{(1)}$ 剔除。

③ 2 层的墙、柱芯样强度见表 15-5。

表 15-5　2 层的墙、柱芯样强度值由小至大排列表

序号	强度(MPa)	序号	强度(MPa)
$x_{(1)}$	35.6	$x_{(10)}$	53.5
$x_{(2)}$	38.6	$x_{(11)}$	53.8
$x_{(3)}$	40.4	$x_{(12)}$	54.2
$x_{(4)}$	43.4	$x_{(13)}$	58.5
$x_{(5)}$	47.4	$x_{(14)}$	61.1
$x_{(6)}$	49.8	$x_{(15)}$	61.4
$x_{(7)}$	51.0	$x_{(16)}$	63.2
$x_{(8)}$	51.4	$x_{(17)}$	68.0
$x_{(9)}$	53.2	—	—

计算统计量：G_n 和 G'_n

$$G_n = (x_{(17)} - \bar{x})/s = (68.0 - 52.0)/8.97 = 1.780$$

$$G'_n = (\bar{x} - x_{(1)})/s = (52.0 - 35.6)/8.97 = 1.833$$

取检出水平 $\alpha = 0.05$，根据《数据的统计处理和解释　正态样本离群值的判断和处理》GB/T 4883—2008 表 A.2 查出：$G_{1-\alpha/2}(17) = 2.620$。$G_n < G'_n$，$G'_n < G_{1-\alpha/2}(17)$ 。

判定未发现离群值。

④ 3 层的墙、柱芯样强度值见表 15-6。

表 15-6　3 层的墙、柱芯样强度值由小至大排列表

序号	强度(MPa)	序号	强度(MPa)
$x_{(1)}$	32.9	$x_{(10)}$	49.6
$x_{(2)}$	34.5	$x_{(11)}$	50.4
$x_{(3)}$	34.8	$x_{(12)}$	50.5
$x_{(4)}$	35.2	$x_{(13)}$	53.9
$x_{(5)}$	37.0	$x_{(14)}$	54.1
$x_{(6)}$	38.7	$x_{(15)}$	54.8
$x_{(7)}$	43.3	$x_{(16)}$	58.2
$x_{(8)}$	44.5	$x_{(17)}$	58.5
$x_{(9)}$	46.1	—	—

计算统计量：G_n 和 G'_n

$$G_n = (x_{(17)} - \bar{x})/s = (58.5 - 45.7)/8.86 = 1.445$$

$$G'_n = (\bar{x} - x_{(1)})/s = (45.7 - 32.9)/8.86 = 1.456$$

取检出水平 $\alpha = 0.05$，根据《数据的统计处理和解释　正态样本离群值的判断和处理》GB/T 4883—2008 表 A.2 查出：$G_{1-\alpha/2}(17) = 2.620$。$G_n < G'_n$，$G'_n < G_{1-\alpha/2}(17)$ 。

判定未发现离群值。

⑤ 4 层的墙、柱芯样强度值见表 15-7。

表 15-7　4 层的墙、柱芯样强度值由小至大徘列表

序号	强度(MPa)	序号	强度(MPa)
$x_{(1)}$	34.4	$x_{(10)}$	53.4
$x_{(2)}$	37.2	$x_{(11)}$	53.8
$x_{(3)}$	40.4	$x_{(12)}$	55.7
$x_{(4)}$	45.8	$x_{(13)}$	56.8
$x_{(5)}$	45.9	$x_{(14)}$	58.0
$x_{(6)}$	49.5	$x_{(15)}$	58.1
$x_{(7)}$	51.0	$x_{(16)}$	63.1
$x_{(8)}$	51.9	$x_{(17)}$	66.7
$x_{(9)}$	52.6	—	—

计算统计量：G_n 和 G'_n

$$G_n = (x_{(17)} - \bar{x})/s = (66.7 - 51.4)/8.67 = 1.766$$

$$G'_n = (\bar{x} - x_{(1)})/s = (51.4 - 34.4)/8.67 = 1.960$$

取检出水平 $\alpha = 0.05$，根据《数据的统计处理和解释　正态样本离群值的判断和处理》GB/T 4883—2008 表 A.2 查出：$G_{1-\alpha/2}(17) = 2.620$。$G_n < G'_n$，$G'_n < G_{1-\alpha/2}(17)$ 。

判定未发现离群值。

⑥ 5 层的墙、柱芯样强度值见表 15-8。

表 15-8　5 层的墙、柱芯样强度值由小至大排列表

序号	强度(MPa)	序号	强度(MPa)
$x_{(1)}$	28.8	$x_{(10)}$	47.5
$x_{(2)}$	42.7	$x_{(11)}$	48.3
$x_{(3)}$	42.7	$x_{(12)}$	49.5
$x_{(4)}$	45.0	$x_{(13)}$	53.9
$x_{(5)}$	45.2	$x_{(14)}$	55.2
$x_{(6)}$	45.4	$x_{(15)}$	56.8
$x_{(7)}$	46.4	$x_{(16)}$	59.2
$x_{(8)}$	46.6	$x_{(17)}$	60.2
$x_{(9)}$	47.2	—	—

计算统计量：G_n 和 G'_n

$$G_n = (x_{(17)} - \bar{x})/s = (60.2 - 48.3)/7.47 = 1.597$$

$$G'_n = (\bar{x} - x_{(1)})/s = (48.3 - 28.8)/7.47 = 2.606$$

取检出水平 $\alpha = 0.05$，根据《数据的统计处理和解释　正态样本离群值的判断和处理》GB/T 4883—2008 表 A. 2 查出：$G_{1-\alpha/2}(17) = 2.620$。$G_n < G'_n$，$G'_n < G_{1-\alpha/2}(17)$ 。

判定未发现离群值。

⑦ 6层的墙、柱芯样强度值见表15-9。

表15-9　6层的墙、柱芯样强度值由小至大排列表

序号	强度(MPa)	序号	强度(MPa)
$x_{(1)}$	40.6	$x_{(9)}$	58.1
$x_{(2)}$	41.0	$x_{(10)}$	58.2
$x_{(3)}$	43.7	$x_{(11)}$	60.7
$x_{(4)}$	46.0	$x_{(12)}$	63.1
$x_{(5)}$	52.1	$x_{(13)}$	63.2
$x_{(6)}$	53.8	$x_{(14)}$	66.7
$x_{(7)}$	54.1	$x_{(15)}$	67.5
$x_{(8)}$	54.1	$x_{(16)}$	67.8

计算统计量：G_n 和 G'_n

$$G_n = (x_{(16)} - \bar{x})/s = (67.8 - 55.7)/9.16 = 1.323$$

$$G'_n = (\bar{x} - x_{(1)})/s = (55.7 - 40.6)/9.16 = 1.646$$

取检出水平 $\alpha = 0.05$，根据《数据的统计处理和解释　正态样本离群值的判断和处理》GB/T 4883—2008表A.2查出：$G_{1-\alpha/2}(16) = 2.585$。$G_n < G'_n$，$G'_n < G_{1-\alpha/2}(16)$。

判定未发现离群值。

⑧ 7层的墙、柱芯样强度值见表15-10。

表15-10　7层的墙、柱芯样强度值由小至大排列表

序号	强度(MPa)	序号	强度(MPa)
$x_{(1)}$	38.0	$x_{(9)}$	54.2
$x_{(2)}$	38.9	$x_{(10)}$	54.4
$x_{(3)}$	40.0	$x_{(11)}$	57.7
$x_{(4)}$	46.9	$x_{(12)}$	58.9
$x_{(5)}$	47.0	$x_{(13)}$	59.5
$x_{(6)}$	49.7	$x_{(14)}$	59.6
$x_{(7)}$	50.2	$x_{(15)}$	60.1
$x_{(8)}$	54.2	$x_{(16)}$	65.6

计算统计量：G_n 和 G'_n

$$G_n = (x_{(16)} - \bar{x})/s = (65.6 - 52.2)/8.3 = 1.616$$

$$G'_n = (\bar{x} - x_{(1)})/s = (52.2 - 38.0)/8.3 = 1.710$$

取检出水平 $\alpha = 0.05$，根据《数据的统计处理和解释　正态样本离群值的判断和处理》GB/T 4883—2008表A.2查出：$G_{1-\alpha/2}(16) = 2.585$。$G_n < G'_n$，$G'_n < G_{1-\alpha/2}(16)$。

判定未发现离群值。

⑨ 8层的墙、柱芯样强度值见表15-11。

表 15-11　8 层墙、柱芯样强度值由小至大排列表

序号	强度(MPa)	序号	强度(MPa)
$x_{(1)}$	45.9	$x_{(9)}$	61.6
$x_{(2)}$	46.3	$x_{(10)}$	61.9
$x_{(3)}$	47.2	$x_{(11)}$	62.2
$x_{(4)}$	48.4	$x_{(12)}$	63.1
$x_{(5)}$	50.6	$x_{(13)}$	63.2
$x_{(6)}$	51.4	$x_{(14)}$	63.4
$x_{(7)}$	54.4	$x_{(15)}$	63.5
$x_{(8)}$	58.2	$x_{(16)}$	63.8

计算统计量：G_n 和 G'_n

$$G_n = (x_{(16)} - \bar{x})/s = (63.8 - 56.6)/7.14 = 1.013$$

$$G'_n = (\bar{x} - x_{(1)})/s = (56.6 - 45.9)/7.14 = 1.494$$

取检出水平 $\alpha = 0.05$，根据《数据的统计处理和解释　正态样本离群值的判断和处理》GB/T 4883—2008 表 A.2 查出：$G_{1-\alpha/2}(16) = 2.585$。$G_n < G'_n$，$G'_n < G_{1-\alpha/2}(16)$。

判定未发现离群值。

3. 现龄期混凝土强度推定区间

计算检测批混凝土强度推定值的推定区间，推定区间的上限值和下限值按下列公式计算：

$$f_{\mathrm{cu,e1}} = f_{\mathrm{cu,cor,m}} - k_1 s_{\mathrm{cor}}$$

$$f_{\mathrm{cu,e2}} = f_{\mathrm{cu,cor,m}} - k_2 s_{\mathrm{cor}}$$

平均值
$$f_{\mathrm{cu,cor,m}} = \frac{\sum_{i=1}^{n} f_{\mathrm{cu,cor},i}}{n}$$

标准差
$$s_{\mathrm{cor}} = \sqrt{\frac{\sum_{i=1}^{n}(f_{\mathrm{cu,cor},i} - f_{\mathrm{cu,cor,m}})^2}{n-1}}$$

式中　$f_{\mathrm{cu.cor.m}}$——芯样试件的混凝土强度平均值，MPa，精确到 0.1MPa；

$f_{\mathrm{cu.cor.}i}$——单个芯样试件的混凝土强度值，MPa，精确到 0.1MPa；

$f_{\mathrm{cu.e1}}$——混凝土强度推定上限值，MPa，精确到 0.1MPa；

$f_{\mathrm{cu.e2}}$——混凝土强度推定下限值，MPa，精确到 0.1MPa；

k_1、k_2——推定区间上限值系数和下限值系数；

s_{cor}——芯样试件强度标本的标准差，MPa，精确到 0.1MPa；

n——测定次数。

4. 现混凝土强度推定值

−1 层～8 层墙、柱混凝土设计强度等级均为同一等级(C60)，按照每层墙、柱为一检测批，计算剔除异常值后，−1 层～8 层混凝土强度推定区间，计算结果见表 15-12。

表 15-12　一1 层～8 层混凝土强度推定区间

楼层	强度平均值 $f_{cu.cor.m}$	标准差 S_{cor}	上限值系数 k_1	下限值系数 k_2	上限值 $f_{cu.e1}$	下限值 $f_{cu.e2}$
一1 层	55.2	6.6	1.244	2.486	46.9	38.8
1 层*	57.8	6.4	1.234	2.524	49.9	41.5
2 层	52.0	9.0	1.244	2.486	40.9	29.7
3 层	45.7	8.8	1.244	2.486	34.7	23.7
4 层	51.4	8.6	1.244	2.486	40.6	29.5
5 层	48.3	7.5	1.244	2.486	39.0	29.7
6 层	55.7	9.2	1.234	2.524	44.4	32.6
7 层	52.2	8.3	1.234	2.524	41.9	31.2
8 层	56.6	7.1	1.234	2.524	47.8	38.5

*　第 1 层的数据(表 15-4)中剔除了“20.1”。

由表 15-12 可知，各层混凝土强度的推定区间上限值、下限值均小于设计强度(C60)。

根据《钻芯法检测混凝土强度技术规程(附条文说明)》CECS 03—2007 第 3.2.2 条，一1～4 层为混凝土强度推定值，各检测批混凝土强度推定值见表 15-13。

表 15-13　一1～8 层混凝土强度推定值

层号	强度推定值(MPa)	层号	强度推定值(MPa)
一1 层	46.9	5 层	39.0
1 层	49.9	6 层	44.4
2 层	40.9	7 层	41.9
3 层	34.7	8 层	47.8
4 层	40.6	—	—

由表 15-13 可知，8 层混凝土强度推定值均小于设计强 C60，根据《建筑结构检测技术标准》GB/T 50344 —2004 第 3.3.21 条，判定所测墙、柱构件混凝土强度均不满足设计强度要求。

五、鉴定意见

通过钻芯法对原结构一1～8 层墙、柱及柱点处混凝土现龄期强度进行检测鉴定，按每层为一个检测批，各检测批现龄期混凝土强度推定值详见表 15-13。由表 15-13 判定所测墙、柱构件现龄期混凝土强度推定值均低于 C60，不满足设计强度要求。

附　　录

附录A　耐火混凝土配合比设计

A.1　商品混凝土材料受热后的作用机理

大量研究表明，商品混凝土在高温受热下会退化。退化主要表现在：商品混凝土表观密度降低，形成大量的孔和裂缝以及强度和弹性模量下降。受热作用主要分为水泥水化产物受热作用机理，骨料受热作用机理，以及水泥石和骨料界面受热作用机理。

水泥水化产物受热作用具体过程如下：100℃时，毛细孔开始失水；100～150℃时，由于水蒸气蒸发促进熟料逐步水化，使商品混凝土强度增高；200～300℃时，水泥水化产物水化硅酸钙凝体脱水导致组织硬化；300℃以上时，由于脱水加剧商品混凝土收缩，开始出现裂纹，强度开始下降；575℃时，氢氧化钙脱水使水泥组织破坏；900℃时，商品混凝土中的碳酸钙分解。普通硅酸盐水泥配制的商品混凝土在900℃时，游离水、结晶水及水化物的脱水基本结束，商品混凝土强度几乎完全丧失。同时，必须注意由于氢氧化钙的脱水和碳酸钙的分解，商品混凝土中生成了氧化钙，氧化钙会吸收空气中的水分；水化导致体积膨胀，商品混凝土表面出现疏松剥落现象；高温改变了钙矾石的形成机理，使商品混凝土内部形成粗大的孔结构。

各种岩石成分的骨料，受热变形也不相同。含有石英岩的骨料(如石英砂、砂岩等石英质骨料)在575℃以下，体积逐渐膨胀，而在575℃时，体积突然膨胀；含有石灰岩的材料，在750～900℃条件下分解成氧化钙，强度显著降低。故普通商品混凝土不宜在高温环境下使用，其使用温度一般不超过250℃。

300℃时，商品混凝土中的骨料开始膨胀，随着温度的继续升高，水泥收缩和骨料膨胀加剧，两者结合产生界面破坏，水泥水化产物的受热破坏以及骨料的晶型转换，加剧了界面的破坏。由于商品混凝土表面温度升高比内部快得多，以及骨料和水泥石之间的热不相容，造成的内外温差和应力差也会引起商品混凝土开裂和强度下降。

A.2　耐火商品混凝土配合比设计要点

1. 水泥品种的选择

按照设计目标，耐火商品混凝土耐热度在700℃，为了确保安全，实际研究过程中商品混凝土耐热度提高至750℃，基本已经达到了硅酸盐水泥耐火商品混凝土温度上限。为确保所设计配合比的实用性，研究中依然以硅酸盐水泥为主，也进行了硫铝酸盐水泥、铝酸盐水泥以及水玻璃等胶凝材料的试验。研究结果表明，通过合适的配制技术，采用硅酸盐水泥能够配制出符合目标要求的耐高温商品混凝土材料。

2. 水泥用量的选择

由于所用的水泥品种主要为硅酸盐水泥，其受热后不可避免地会发生变化，因而在进行配合比设计时，在保证强度的前提下应尽量减少水泥的用量。由于方特公司胶凝混合材质量一般，28d、35d 龄期商品混凝土强度未见明显增长，因而将水泥用量定在 270kg 左右。但是从商品混凝土耐高温角度而言，该水泥用量有进一步下降的空间。建议可以适当提高混合材质量等级，或者以较长龄期(比如 56d)作为评价商品混凝土材料强度的标准，从而减少水泥的用量。

3. 掺合料的选择

为避免 $Ca(OH)_2$ 分解而产生的潜在危害，应尽可能地减少 $Ca(OH)_2$ 的数量，在配合比中添加大量混合材是一个比较合适的方法。同时在高温作用下，混合材可以进一步起到水化作用，从而弥补了商品混凝土强度的下降。本次设计时，应采用粉煤灰和矿渣粉双掺技术。在试验基础上选择了较为合适的掺量及比例。需要指出的是，由于本次混合材中粉煤灰质量等级一般，因而采用了较高的矿渣粉用量，这可能对商品混凝土的工作性能产生不利的影响。

4. 骨料的选择

细骨料采用南京钢铁集团提供的水渣，粗骨料分别选用了不同产地的玄武岩、焦宝石等。试验研究结果表明：六合产玄武岩基本能够满足设计要求。与江砂相比，由于水渣不存在形貌效应，其配制的商品混凝土材料工作性能一般。必须严格控制粗骨料的级配、泥含量、泥块含量等技术指标。

5. 用水量和外加剂掺量

为满足商品混凝土的工作性能，本次配合比中用水量较多，多余的水通常以自由水或者毛细孔水存在，虽然不直接对商品混凝土高温性能产生影响，但是用水量与商品混凝土孔结构及形貌密切相关，在有条件的情况下，建议采用性能较好的外加剂，从而减少水和水泥用量。本次所选用外加剂的减水效果一般，且泌水率等指标也一般。在有条件的情况下建议采用聚羧酸等高性能外加剂。

6. 受热过程膨胀压力释放和抗裂性能提高

从商品混凝土材料受热作用机理和过程分析可知，在高温作用下，水蒸气的膨胀压力和商品混凝土材料内部微观裂缝也是导致商品混凝土材料受热作用后性能劣化的主要原因之一。在配合比中适当地引入气孔或者高温分解材料有助于提高商品混凝土的耐高温性能。本次应用中采用添加聚丙烯纤维和引气剂的方法来释放受热过程中的膨胀压力。研究结果表明：掺加适量的聚丙烯纤维有助于提高商品混凝土材料的耐高温性能。

A. 3　配合比验证

1. 工程概况

名称：C35 700℃耐高温商品混凝土设计

工程名称：南钢 5 号高炉基础

单位：南京某商品混凝土有限公司

强度等级：C35

设计要求：C35 700℃耐高温商品混凝土设计，工作性能满足要求，经济合理。

2. 配合比及试验结果

（1）材料性能：

① 水泥：P·O 42.5。

② 砂：水渣。

③ 石子：江苏茅迪集团有限公司，5～20mm（玄武岩）。

④ 外加剂：BC-7，AC-A1。

⑤ 水：自来水。

⑥ 聚丙烯纤维：4～6mm。

（2）耐火混凝土配合比（kg/m^3）（表 A-1）

表 A-1　耐火混凝土配合比

水（kg）	水泥（kg）	粉煤灰（kg）	矿渣粉（kg）	砂（kg）	石（kg）	纤维（kg）	外加剂 1（kg）	外加剂 2（kg）	实测坍落度（mm）	强度（MPa）	7d	28d
175	270	90	115	741	1024	1.5	5.7	5.7	180	30.4	21.8	42.6

700℃残余强度（MPa）：残余强度为原强度的 51.2%。

A.4　结论

① 本次所设计的配合比满足工程设计要求。

② 生产过程中需要对原材料性能进行严格控制，特别是水泥中混合材掺量和品种的控制，避免水泥中出现较多的石灰质混合材等问题。

附录B 混凝土常见疑难问题分析

B.1 混凝土常见问题问答

1. 什么是预拌混凝土?

答：根据需方要求，用水泥、矿物掺合料、砂、石子、水和外加剂按一定比例，在搅拌站经计量、搅拌后用搅拌运输车，在规定的时间内运至需方交货地点的混凝土拌合物。

2. 什么是通用品?

答：强度等级不大于C60，坍落度不大于180mm，最大石子粒径为20～40mm，无其他要求的混凝土属于通用品。

3. 什么是特制品?

答：任一项指标超出通用品的规定范围或有特殊要求的预拌混凝土，如细石混凝土、桩基混凝土、抗渗混凝土、防冻混凝土等。

4. 如何确定交货地点?

答：供需双方在合同中确定的混凝土交接地点，一般指混凝土泵送施工工地。

5. 出厂检测的内容是什么?

答：在预拌混凝土出厂前对其质量进行检验，检验内容包括取样检测坍落度，制作强度试块，目测坍落度及和易性等。

6. 如何进行交货检验?

答：在交货地点由供需双方和监理一起对预拌混凝土进行检验，检验内容主要包括检测坍落度，制作强度试块，目测坍落度及和易性等。

7. 什么是水泥?

答：将石灰石和黏土按一定比例混合、磨细，加入铁质校正料，烧至部分熔融，经冷却后制得水泥熟料，将熟料与混合材并添加适量的石膏磨细制成的水硬性胶凝材料称为水泥。我国六大通用水泥包括硅酸盐水泥（P·Ⅰ和P·Ⅱ型）、普通硅酸盐水泥（P·O)、矿渣硅酸盐水泥（P·S)、火山灰质硅酸盐水泥（P·P)、粉煤灰硅酸盐水泥（P·F）和复合硅酸盐水泥（P·C)。

8. 水泥复检的项目有几项?

答：强度、密度、需水量、细度（比表面积）、凝结时间和安定性。

9. 什么是骨料?

答：在混凝土中起骨架作用的材料叫骨料，公称直径大于5mm的称为石子（粗骨料），公称直径小于5mm的称为砂子（细骨料）。石子分为卵石和碎石，砂子分为河沙、海砂、山砂、人工机制砂等。

10. 砂子按其细度模数分为几类?

答：砂子按其细度模数分为粗砂（3.1～3.7)、中砂（2.3～3.0）和细砂（1.6～2.2)。

11. 预拌混凝土为什么优先选择中砂?

答：因为中砂的级配合理，0.3mm以下的颗粒含量能达到15%左右，此部分颗粒在混凝土的砂浆紧贴泵管内管壁时，摩擦阻力小，有利于泵送。粗砂摩擦阻力大，不利于泵送。

细砂的表面积大，在同等强度下需多使用水泥，开裂的几率高。

12. 预拌混凝土标准中确定的石子颗粒级配有几种？

答：单粒级和连续粒级。单粒级的有：10～20mm，16～31.5mm，20～40mm。连续粒级的有：5～10mm，5～16mm，5～20mm，5～25mm，5～31.5mm。

13. 预拌混凝土为什么优先选择连续级配的石子？

答：因为在石子最大粒径相同的情况下，单粒级的空隙率比连续粒级的空隙率大，大空隙率要用砂浆填充。相同条件下，使用单粒级的石子时每立方米混凝土中骨料的表面积比用连续粒级石子时的大，相应需要的水泥量也要多。使用连续粒级石子比用单粒级石子拌制出的混凝土的流动性好，利于泵送施工。所以要优先采用连续粒级的石子。

14. 对好石子的质量主要有什么要求？

答：对好石子的质量要求包括：①粒径符合要求，颗粒级配为连续粒级；②没有泥块，没有大颗粒石子；③针状和片状颗粒含量越少越好（泵送混凝土用石子的针片状颗粒含量不宜超过10%）；④页岩含量越少越好（因为页岩的强度较低，并且增加片状颗粒含量）。

15. 对好砂子的质量有什么要求？

答：对好砂子的质量要求包括：①粒级分布符合中砂要求；②粒径为中砂，0.16，0.30，0.63级分计筛余各为20%，大于10mm的颗粒含量较少，最多不超过10%；③无泥蛋、大泥块，含泥量不超过3%；④无树根、草根、烂泥、塑料袋等杂物。

16. 什么叫粉煤灰？

答：粉煤灰是在电厂粉煤炉烟道气体中经除尘设备收集到的细粉末。

17. 粉煤灰按其技术要求分几个等级？

答：分为三个等级：Ⅰ级、Ⅱ级、Ⅲ级。Ⅰ级适用于C40及以上混凝土，Ⅱ级适用于C15～C40混凝土，Ⅲ级适用于水泥的掺合料。

18. 泵送混凝土为什么要掺加粉煤灰？

答：因为粉煤灰的微观结构是球形颗粒，细度比水泥还细。它还具有一定的活性，把它掺到水泥中能代替部分水泥，且能增加混凝土拌合物的流动性，大大提高了泵送混凝土的可泵性，同时也提高了混凝土的后期强度和耐久性。

19. 粉煤灰进厂应检验哪些项目？

答：应检验粉煤灰的细度和需水量比，关键项目是需水量比。如果细度稍有超标，需水量比达到Ⅱ级要求，此灰可用，反之不可用。

20. 什么是混凝土外加剂？

答：用来改善混凝土性能的添加剂称作混凝土外加剂。

21. 减水剂与泵送剂有什么不同？

答：减水剂是在保持混凝土拌合物工作性能相同的情况下，减少用水量、提高混凝土强度的外加剂；而泵送剂是提高混凝土流动泵送性能的外加剂，主要原料就是减水剂，另外再掺加少量的增塑保坍成分，以利于混凝土的泵送施工。

22. 混凝土外加剂有哪几种？

答：混凝土外加剂有减水剂、泵送剂、缓凝剂、速凝剂、早强剂、防冻剂、防冻泵送剂、膨胀剂、防水剂等。

23. 泵送剂进厂应检验哪些项目？

答：泵送剂进厂必须检验减水率、凝结时间、1h坍落度经时变化量、强度比。常规检测可用C30生产用理论配比试验。不能用净浆流动度代替混凝土配比检测（净浆和配比检测的结果相差太大，不利于指导生产）。

24. 好的泵送剂的检测状态是什么样的？

答：好的泵送剂在做配比检验时，减水率不小于20%，混凝土拌合物的和易性好，砂浆包裹着石子易流动，经时坍损在50mm以内。反之，部分石子表面不粘砂浆，流动性差，经时坍损大于80mm时，说明该批泵送剂品质差。

25. 混凝土拌合水应采用哪几种？

答：混凝土拌合水应采用淡水、自来水、地下水、饮用水、再生水、搅拌站内洗车水（部分掺用）。不得使用工业废水、生活废水和海水。

26. 膨胀剂的作用是什么？

答：把膨胀剂掺入水泥中，与水泥中的水化物发生化学反应生成钙矾石等物质，增大了混凝土的密实性，同时体积产生微膨胀，减少了混凝土的收缩，起到了抗裂防渗的作用。

27. 按混凝土的性能分类，混凝土分为哪几种？

答：按混凝土的性能分类可分为普通混凝土、高强混凝土（高于C60）、抗渗混凝土、泵送混凝土、防冻混凝土、抗冻混凝土、大体积混凝土、免振捣混凝土（自流平混凝土）、干硬性混凝土、高性能混凝土。

28. MPa表示什么单位，如何换算？

答：MPa为强度单位，读为“兆帕”：$1MPa=10^6Pa$，$1Pa=1N/m^2$，$1MPa=1N/mm^2$。$1MPa\approx9.8kgf/cm^2\approx10kgf/cm^2$。

29. 混凝土拌合物主要检测哪些性能？

答：混凝土拌合物主要检测拌合物的和易性、坍落度、含气量。和易性用黏聚性、保水性、流动性表示；①黏聚性——用眼观察，做坍落度测试时，试体向周围坍落为黏聚性好，试体向一边垮塌或部分石子外漏，表面不粘砂浆为黏聚性差；②保水性——混凝土拌合物装入坍落度筒捣实后，筒底稍有或没有稀浆为保水性好。若混凝土拌合物倒在铁盘上，表面有水或水泥稀浆析出，说明保水性差（即为离析现象）；③流动性——把拌合物堆成堆后马上向四周流淌为流动性好，反之为流动性差。

30. 何为混凝土坍落度？

答：将坍落度筒放在铁盘上，装入混凝土拌合物并捣实，然后垂直提起坍落度筒，混凝土试体向下坍落，测量筒顶至试体最高点之间的距离即为坍落度。普通混凝土的坍落度为30～80mm，泵送混凝土的坍落度为100～230mm，泵送高度越高，坍落度越大，反之越小。

31. 何为混凝土的扩展度？

答：当混凝土的坍落度大于220mm时，用钢尺测量混凝土拌合物扩展后最终的最大直径和最小直径，其平均值即为扩展度。扩展度越大，流淌性越好。自流平混凝土应测其扩展度。

32. 混凝土拌合物的离析是什么现象？

答：如果发现混凝土拌合物的集堆边缘有水泥稀浆流出，过几分钟后砂石下沉，形成抓底现象，就是混凝土拌合物的离析现象。出现离析现象说明混凝土和易性不好，在泵送时容易堵管，并且会降低混凝土的强度。出现离析现象常见的原因是泵送剂掺量过多，可减少掺量0.2%再试。

33. 有时混凝土拌合物会出现部分石子不粘砂浆，或者像豆腐渣一样不黏乎是什么原因？

答：出现部分石子不粘砂浆是因为泵送剂掺加的增黏成分较少。出现豆腐渣状态是因为泵送剂与水泥中的某种成分不适应。

34. 何为标准试块？

答：边长为150mm×150mm×150mm的试块为国家标准规定的标准试块。边长为100mm×100mm×100mm的试块为非标准试块，其强度测试结果要乘以换算系数0.95换算成标准试块的强度。

35. 混凝土试模的质量应怎样检查？

答：用游标卡尺测量试模的长、宽、高，允许误差≤0.5mm。用卡尺背和0.02～1mm的不锈钢塞尺配合测量四个内侧面的平整度，允许误差≤0.05mm（标准方法是卡100mm长）；如果检测150mm×150mm×150mm的试模，最好沿内侧面的对角线全长卡住，再用塞尺测量平整度，允许误差＜0.13mm，此种方法比标准方法更精确；当用标准方法检测150mm×150mm×150mm的试模达到合格时，有可能制作出的试块侧面平整度不合格。如果没有塞尺，也可用刮胡子刀片，只要刀片塞不进卡尺与试模内侧面所形成的缝隙为合格。用标准角度尺测量各相邻面的角度，允许误差≤0.3°；也可采用标准绘图三角板从内侧卡紧两个相邻面的一侧，用塞尺测量三角板与另一侧面端部的缝隙，允许误差＜0.5mm（100mm×100mm×100mm）、＜0.8mm（150mm×150mm×150mm）。当前市场上销售的150mm×150mm×150mm的铸铁试模大多数是侧面凹心，而150mm×150mm×150mm的塑料试模大多数是侧面凸心；因此在购买前要仔细检查侧面平整度。

36. 怎么样才算标准养护？

答：把成型的混凝土试块放入温度为（20±2）℃、相对湿度高于95%的环境中养护即为标准养护。

37. 什么是同条件养护？

答：成型的混凝土试块养护条件与施工现场构件采用的养护条件相同即称为同条件养护。

38. 混凝土常用的养护龄期有几个？

答：3d、7d、14d、28d、56d、90d。但国家标准评定混凝土强度合格与否是以标准养护28d的标准试块强度为准；当施工大体积混凝土时，可以在“施工组织设计”中注明要采用56d或90d的强度作为评定依据。

39. 什么是混凝土的强度？

答：采用标准方法制作、养护、试压而得到的单位面积上所能承受的破坏荷载称为混凝土的强度，单位为MPa。

40. 什么是混凝土的抗折强度？

答：采用150mm×150mm×550mm试块经标准养护后在抗折夹具上折断而得到的强度称为抗折强度，单位为MPa。中高级公路的路面要求检测混凝土的抗折强度。

41. 混凝土的抗渗性指的是什么？

答：混凝土的抗渗性指混凝土自身抵抗压力水渗入内部的性能。地下室和蓄水池都要求混凝土具有良好的抗渗性能。

42. 抗渗混凝土常用的抗渗等级有几个？

答：常用的抗渗等级有4个，即S6、S8、S10、S12（旧表示法）或P6、P8、P10、P12（新表示法）。S是“渗”字拼音的第一个大写字母；P是英语单词“抗渗”的第一个大写字母。

43. 混凝土的抗冻性是指什么？

答：混凝土的抗冻性指混凝土抵抗反复冻融的能力。抗冻等级为F100、F150、F200，F表示抗冻，其后数字表示混凝土在−15℃至室温反复冻融的循环次数。

44. 混凝土的抗冻性与防冻性有什么区别？

答：混凝土的抗冻性是指混凝土达到设计强度后抵抗反复冻融的能力，而混凝土的防冻性是指混凝土拌合物在凝结硬化过程中防止遭受低温冻害的能力。

45. 什么是混凝土的耐久性？

答：混凝土的耐久性指混凝土抵抗风化、渗水和有害物质侵蚀的持续能力。此能力越强，耐久性越好。

46. 泵送混凝土在开始时为什么不能发车过多？

答：因为工地上的情况千差万别，有的可能还没验完钢筋，也可能没准备就绪。即使无上述问题，也还存在泵送混凝土是否易泵的问题。一开始先发一车，15～20min后再发一车。第一车到工地后先了解工地的情况。若一切顺利，泵送正常，可连续发车；若工地没准备就绪，则不发车；若泵送混凝土性能差，不易泵送，应立即通知试验室主任，调整配比后再发车。

47. 调度员应注意做好哪几项工作？

答：①签发任务单，合理组织生产；②合理调度车辆，做到工地不压车，不断档，连续生产；③ 开好运输单：配合比编号、质量比和出厂坍落度与试验室所报出的资料相一致。

48. 调度员接到任务计划时应明确哪些事项？

答：当需方采购员打来电话报计划时，应明确如下事项：施工单位、工程名称、浇筑部位、交货坍落度、混凝土强度等级、计划方量、入模方式、浇筑速度（分钟/车）、联系人电话号码、有何特殊要求，如用泵车（泵车到工地时间），计划混凝土泵车到工地时间等。

49. 如遇到有的工地在确定方量时没估准，最后剩了部分混凝土怎么办？

答：立即拉回搅拌站先过磅确定方量，根据当前的生产任务进行调整，具体调整方法请示试验室主任。

50. 有的工地混凝土出现了特殊情况不能浇筑时该怎么办？

答：可联系本公司各站是否有同等级同类型的生产任务。如有同等级同类型的工地，令该驾驶员开往此站换领运输单后再发往工地；如没有同等级同类型的工地，立即通知试验室主任把该车混凝土调整成有任务的等级类型混凝土。

51. 如何预防亏方？

答：生产控制员在生产过程中要注意用水量的变化，当用水量比所用的生产配合比设定用水量少用10kg及以上时，即应把少用的水量加到砂上。调度员应做到每生产40m^{3}以上混凝土的工地要抽查混凝土的出厂表观密度，若与设计值相差±10kg/m^{3}以上时，应通知控制室查找原因，也可能是有的配料秤失准，要立即校验。

52. 有的工地反映混凝土亏方怎么办？

答：要立即通知生产经理和试验室主任查找原因：一是要先查看微机生产记录是否存在负偏差过大，是否存在只减水而没加砂的情况；二是要到浇筑部位查看是否有胀模现象、现浇板超厚现象或撒落浪费现象；三是要详细核算计划方量是否有误。

53. 料场出现砂子有粗有细应怎么上料？

答：如果用一个料仓上料，上一铲粗砂再上一铲细砂间隔上料；如果用两个料仓上料，一个装粗砂，另一个装细砂。

54. 料场出现石子粒径差别较大时应如何上料？

答：采用两个石子仓上料，一个装较大粒径的石子，另一个装较小粒径的石子。

55. 正在生产混凝土时，料场里卸了一车湿砂该怎么办？

答：立即把它铲到一边，严禁把刚拉来的湿砂上到砂仓内。工作人员应继续装正在使用的砂子。

56. 下大雨后，料场积水该怎样装料？

答：在料铲高于水面以上处铲料，严禁把水铲入料斗内装入料仓。

57. 每个生产配合比表中为什么有三行，应如何使用？

答：第一行为理论配合比（即砂石含水率均为零），有些站使用此配合比；第二行为干天所使用的生产配合比；第三行为下雨天和雨后所使用的配合比。

58. 用于路面或桩基的配合比能用于其他部位吗？

答：不能。因为路面或桩基配合比是针对其技术要求专门设计的，不适用于其他部位。

59. 为什么要限制最大用水量？

答：因为当天气很干燥时，砂的含水率可能低于4%，这时每立方米混凝土的最大用水量可按晴天生产用水量增加10kg使用。如果还达不到坍落度要求，有可能是泵送剂减水率过小所致，这时应增加泵送剂掺量0.1%～0.2%。绝不能为了达到坍落度要求而一味地增加用水量。

60. 在什么情况下要使用窄墙配合比？

答：在剪力墙结构的工程中，当剪力墙或墙梁板一起浇筑时应使用窄墙配合比，因为剪力墙比较窄（多为200mm厚），减去四层墙筋和三根梁筋，钢筋间净距在3～100mm，混凝土稍干就不易浇灌。窄墙配合比增加了部分细石颗粒，便于浇灌。

61. 为什么要优先采用掺矿渣粉的配合比？

答：因为在混凝土中掺入适量的矿渣粉对混凝土的性能影响不大，可等量代替水泥，降低生产成本。内掺20%～25%的矿渣粉较好，矿渣粉掺量过多会造成缓凝，并使混凝土显著收缩。在冬期施工时最好少掺或不掺矿渣粉。

62. 生产控制员对于调整混凝土用水量应遵守什么规定？

答：允许对生产配合比用水量增加5kg，减少生产用水量不限（只要能保证混凝土出厂坍落度符合工地要求）。当上调用水量超过5kg时，必须报经试验室主任批准。

63. 观察搅拌机的搅拌电流能预测混凝土拌合物的干稀程度吗？

答：能预测。因为拌合物越干，搅拌电流越大；拌合物越稀，搅拌电流越小。控制员一定要注意观察记录每台搅拌机的搅拌电流，确定一个合适的坍落度所对应的搅拌电流区间。当电流小于该区间时，应减少用水量；当电流大于该区间时，应增加用水量。在电流过大或过小时，都应上罐车目测混凝土的坍落度，若不符合标准，再进行调整直至合格。

64. 在雨期生产前应注意做好哪几项工作？

答：①先要到料场目测砂、石的含水率，确定采用哪行配合比；②上料前先空运行皮带十几秒，排除皮带上的积水。再根据任务单要求确认开盘配合比和用水量。在卸料前一定要确认驾驶员已经进行了反转罐筒排水，特别在雨后装车前必须令其排水，然后再向罐筒内卸料。打铃后10s内要确认一下该车是否出站，防止装错车。

65. 控制员应做好哪几项记录？

答：①生产运行记录；②配合比调整记录（记录对配合比所做的变更）；③标识移置记录（原材料更换了型号、品种和更换仓号等）。

66. 向电脑内输入配合比时要不要校核？

答：必须校核，一个人输入，另一个人校核，防止万一出错。有的站曾发生过水泥量输错的事故；还有的把矿渣粉当作水泥使用，把粉煤灰当作水泥使用，导致工程返工。

67. 清理主机内部时应做好哪几项工作？

答：①切断三级电源，用个人锁锁上电源配电箱，自带钥匙；②穿好工作服，戴上手套，脚穿厚底鞋，头戴安全帽；③携带风镐进入主机内，照明灯具要有防护网。这两项用电器电缆必须有漏电保护装置。另设一名工作人员看护并协助清理。以此杜绝随意合闸绞伤人员的事故发生。

68. 泵车、罐车驾驶员应树立什么样的质量意识？

答：首先要树立商品混凝土的出厂质量有我一份责任的意识，坚决摒弃那种“我只管运输、泵送，混凝土的质量好坏与我一点关系也没有”的狭隘思想。主动检查交货质量，随时调整坍落度过小的混凝土拌合物。

69. 混凝土运输车为什么要在装料前反转罐体排净污水？

答：若车辆洗完车后没有排净水会导致出厂混凝土太稀不能使用，也有的是下完雨后没有排雨水就装车，致使工地退料。因为生产的混凝土必须符合工地要求，如果罐筒内存有额外的水，会导致混凝土太稀而报废。为了防止出现上述事故，每台车装料前必须反转罐体检查是否有水，有水立即放净，无水再装料。

70. 罐车在装料后为什么要慢速转动？

答：要求罐筒在运输途中保持2～4r/min的慢速转动。如果停转，会导致混凝土发生离析，造成筒内搅拌叶角处凝集混凝土。

71. 罐车驾驶员在到达交货地点前，必须进行哪项检查？

答：必须停车爬到装料漏斗处观察拌合物的坍落度大小。如果坍落度过小，则应按“泵送剂掺加使用方法”掺入适量的泵送剂调整至符合需求方要求；若拌合物过稀，则应马上返回站内进行调整。

72. 为什么不允许任何人随意向混凝土拌合物内加水？

答：因为出厂的混凝土中各种材料所占的比率都已经固定，若因坍落度过小而向拌合物加水，致使水胶比变大，而混凝土的强度又与水胶比成反比，水胶比越大，强度越低。因此，严禁向混凝土内加水。可以用加入适量泵送剂的方法调稀混凝土拌合物，这是国家标准《预拌混凝土》GB/T 14902—2012允许的。

73. 为什么要在卸料前快速旋转拌筒？

答：因为只有快速旋转拌筒才能起到拌和作用。公司规定驾驶员在卸料前先中、高速旋转拌筒20～30s，使混凝土拌合物搅拌均匀后再卸料。

74. 为什么要对混凝土拌合物的卸料时间作出限定？

答：因为混凝土拌合物自从生产加水起，水泥与水就开始发生水化反应，如果浇筑时间过长，混凝土中已产生的水化物就失去凝结作用而使混凝土强度降低。因此，标准规定，在夏季，到工地卸料时间不宜超过1h，春秋季不宜超过1.5h，冬季不宜超过2h。

75. 在泵送混凝土前，为什么必须使混凝土拌合物保持在泵斗内高度标志线以上？

答：因为泵斗内拌合物过少时，活塞运动抽吸拌合物时容易吸入空气，空气吸入后就形成空气锁，使管内拌合物无力前行。因此，要连续均匀地向泵斗中卸料，并与泵送速度一致。泵车操作员在开泵前一定要先看一下泵斗内的拌合物是否超过泵斗高度的2/3，不足时先不要开泵。

76. 驾驶员上车看料时为什么不能把头伸进罐口内？

答：因为那样很容易受到伤害，容易发生危险，甚至是生命危险。

77. 预拌混凝土的凝结时间需要多久？

答：一般初凝时间为8～12h（气温高时，初凝时间为4～6h）。终凝时间为12～16h（高温时，终凝时间为5～7h）。在秋冬或冬春换季时，终凝时间在18～24h之间。若超过此限，则属于混凝土缓凝，应立即调整配合比或通知外加剂厂减少缓凝组分。

78. 什么是混凝土的初凝和终凝？

答：混凝土拌合物中的砂浆开始失去塑性定为初凝，此时不易确定。混凝土拌合物中的砂浆完全失去塑性，即用手指用力摁压砂浆表面不留印痕时为终凝。

79. 什么是混凝土的缓凝？出现缓凝的原因是什么？

答：当混凝土拌合物浇筑24h后还不终凝即为缓凝。缓凝是由于泵送剂内所掺加的缓凝成分过量所导致的。也有时出现在温度骤降以后，本来用于常温是合适的，而天气温度骤降5～10℃时，造成凝结时间延长，出现缓凝现象。

80. 何为大体积混凝土？

答：当混凝土结构物实体最小尺寸≥1m，或预计会因水泥水化热引起混凝土内外温差过大（大于25℃）而导致裂缝的混凝土称为大体积混凝土。

81. 大体积混凝土施工时应注意哪些问题？

答：①在保证强度的情况下尽量少用水泥，多掺优质粉煤灰或矿渣粉；②采用缓凝型泵送剂，延长混凝土终凝时间，降低温度峰值。控制混凝土构件中心与表面的温度差在25℃以内，若超过，表面要覆盖保温材料保温。侧模不可过早拆除，必须待构件内表温差小于20℃后方可拆模。当大体积混凝土长度超过50m，而又不掺加膨胀剂，施工期又处于日平均温度在20℃及以上时，垫层底部必须平整；如果垫层较厚，底部有较多的岩石嵌入垫层时，应在垫层上铺设柔性滑动层，使大体积混凝土在硬化收缩时能有少量的位移，防止中部产生裂缝。采用60d或90d龄期强度作为评定混凝土是否合格的依据。

82. 为什么在泵送混凝土前要先泵水，再泵水泥砂浆润管？

答：因为管壁干燥，容易把水分吸于管壁使砂浆变干而堵管。如果用水润管后直接泵混凝土，混凝土拌合物中的水泥浆会被管壁粘结，使管前段的拌合物变成砂和石子而增大管内阻力导致堵管。

83. 泵送砂浆前为什么不能把管口插入模板内?

答：因为泵润管砂浆时最先泵出的砂浆与水混合太稀，强度很低，不得泵入模板内。有时在洗泵管时没有排净砂子，在下次泵砂浆时就会先把清水砂泵出（有些搅拌站曾发生过此种事故，把清水砂打入梁、墙内）。因此，必须看到泵管口处泵出较好的砂浆时才能把管口移入模板内。

84. 为什么在泵润管砂浆时要分散布料?

答：因为润管砂浆的强度偏低，如集中泵于一处，容易造成该处构件的混凝土强度达不到设计要求。

85. 在春季预防混凝土现浇板产生裂缝的最好方法是什么?

答：最好方法是：浇筑一段板面后，用振捣器振实混凝土，用木搓板搓平板面，然后自前向后随抹随苫盖塑料薄膜，在接头或收尾处用抹子把薄膜与混凝土压实，做到粘结牢靠，防止被风刮起。如在混凝土终凝时急需放线，应用裁纸刀沿标杆把妨碍放线的部位裁掉，不要全部揭起。

86. 为什么在混凝土刚终凝后不得在其上吊放重物?

答：因为混凝土刚终凝，强度很低。如果这时吊放钢筋等重物，在放到板上的瞬间会产生冲击力，重力加冲击力会使板产生较大的变形，出现裂缝。吊放重物必须在混凝土终凝后24h或混凝土的强度达到1.2MPa以上时方可进行。如果急于赶工期，可增大模板支撑刚度，减小模板在承载时的变形，并且吊重物时尽量放在小开间上，有剪力墙处要沿墙放置。

87. 何为冬期施工?

答：当日平均气温连续五天低于5℃，最低气温低于0℃时即进入冬期施工。

88. 在冬期施工时，应采取哪些措施?

答：应采取以下措施：（寒冷地区）对水箱、水池、外加剂罐要采取保温覆盖措施；对钢制砂石料仓应进行封闭保温；当温度低于－5℃时，生产结束后，把砂仓内的剩余砂子传出仓外，防止冻结。每天上料前要把已冻结的砂块铲至一边堆放，然后使用未冻结的砂。外加剂采用防冻泵送型。出厂混凝土拌合物温度不低于6℃。运输车罐筒可用棉毡包裹。

89. 什么叫作后浇带?

答：工程的长度超过45m时，为了预防结构裂缝而在结构物中部梁板上预先留出1m宽的不浇筑混凝土，待主体完成后再浇筑的预留带。

90. 后浇带应在什么时候浇筑?

答：应在主体完成或接近完成，并且环境平均温度低于10℃时进行。因为主体完成后沉降和收缩基本完成，气温低于10℃的时间在11月至次年3月期间，这时期的混凝土结构物处于收缩状态。在这样的时机下，浇筑后浇带不容易再产生裂缝。否则，结果相反。

91. 什么叫作回弹检测?

答：用回弹仪对混凝土结构物表面进行弹击，仪器内的弹击锤回跳带动示值滑块运动，根据示值滑块上的刻度线读取回弹值。每一处（测区）弹击16点，去掉3个最大值和3个最小值，取剩余10个的平均值作为该测区的回弹值，再测出结构物的碳化深度值；用该测区回弹值和碳化深度值查“测区混凝土强度换算表”，确定该测区混凝土的强度值。

92. 什么是碳化深度?

答：混凝土表层中的氢氧化钙与空气中的二氧化碳发生反应生成碳酸钙的过程称为碳化。碳化深度是在混凝土表面钻一个小孔，喷上酒精酚酞试液，未碳化的变成红色，已碳化的不变色，用碳化深度仪量出已碳化的深度。

93. 什么叫作钻芯检测?

答：用混凝土钻芯机（钻头为空心，内径为100mm、89mm、75mm）在构件上钻取芯样，切割后磨平受压面，在压力试验机上压至破坏荷载，换算出混凝土强度。

94. 什么情况下采用钻芯检测?

答：当不宜用回弹法检测时可用钻芯法检测。

95. 梁上或墙顶上的现浇板容易出现裂缝是什么原因?

答：主要原因有三个方面：①梁或墙上板的表面受到拉应力，设计的负筋（八字筋）量不足；②配筋量充足，而在施工时被浇筑混凝土的人员把负筋踩至板的中下部，发挥不出抵抗板上拉力的作用；③有些建筑的现浇板厚度小于设计规范要求或混凝土强度过低。

96. 用拖泵往深基坑里泵送混凝土时容易堵管是什么原因? 应采取什么措施?

答：当深基坑深度超过5m时，从地面至坑底的斜管段内的混凝土拌合物受到较大的向下的重力而下移，其中的气体向上至拐弯部分而形成气堵。可在斜管段下端几米处设置180°弯管即可解决堵管问题；在下弯管的上端设置排气阀，也能解决堵管问题。

B.2　混凝土基础问题

1. 为什么规定混凝土28d的强度为标准强度?

答：混凝土是靠水泥的胶结作用，逐渐硬化，从而提高强度的。由于水泥的硬结不是一下子就完成，而是随着时间的延长而逐渐完成的。在正常的养护条件下，前7d强度增长较快，7d～14d之间增长稍慢，而28d以后，强度增长更是比较缓慢。因此将28d以后强度定为标准强度，作为设计和施工质量检验的标准。显然，如果以小于28d的强度作为标准强度，将使混凝土的性能不能得到充分发挥。如果以大于28d的强度作为标准强度，虽然混凝土的性能可以充分发挥，但由于达到标准强度的时间过长，会影响施工进度。

2. 什么是混凝土强度等级? 混凝土为什么分强度等级?

答：混凝土强度等级是根据混凝土立方体强度值人为划分出来的，它是混凝土的特征强度。根据现行有关标准、规范规定混凝土立方体强度是按标准方法制作的边长为150mm的标准尺寸的立方体试件，在与ISO试验方法一致的温度（20±2)℃、相对湿度为95%以上的标准养护室养护至28d龄期，按标准试验方法测得的混凝土立方体的强度。

根据标准的规定，建筑材料强度等级应以材料名称加上其强度标准值来表达。故混凝土强度等级以符号C（英文混凝土Concrete的缩写）及其后面的立方体强度标准值来表示。按照《混凝土结构设计规范》GB 50010—2010规定，普通混凝土划分为十四个等级，即：C15，C20，C25，C30，C35，C40，C45，C50，C55，C60，C65，C70，C75，C80为适应建筑工程的需要，目前又开发出了高强度混凝土，如C90，C100，C120等。

因为一般工程上不同部位的混凝土所承受的荷载不一样，不能完全使用一种强度等级的混凝土。对于承受压力大的部位，就要用高强度等级混凝土；对于承受压力小的部位，就要使用低强度等级的混凝土。因此，混凝土分成不同强度等级，以适应不同工程的需要，通过设计计算选用。

3. 混凝土为什么对水质有要求？

答：含有脂肪、植物油、糖、酸等工业废水污水都不能用来拌和混凝土。因为这些含有杂质的水会降低水泥的粘结力，使混凝土的强度下降；矿物水中也不能含有大量盐类，否则水泥不能很好地抵抗水的侵蚀。对于矿物水的化学成分，必须满足国家规定的指标，或者与普通饮用淡水作对比试验，若强度不降低才能使用。至于一般自来水和能供饮用的水，都可用来拌和混凝土。

4. 为什么混凝土试块以三块为一组？

答：混凝土试块是衡量混凝土构件强度的标准，也就是以试块受压破坏的强度，作为构件所具有的强度。除了试块应按构件一样制作外，试块还必须有一定的数量。尽管尽量做到试块的混凝土与构件的混凝土相同，但终究有一定的差别，如果单靠一个试块来鉴定构件的强度，不可靠。因此，以三块试块为一组，用三块试块的强度平均值作为这一组试块的强度（在特殊情况下需要去掉部分值），也就是以它确定构件的强度。

5. 混凝土耐久性指的是什么？

答：混凝土除了应有适当的强度外，还应满足使用方面的特殊要求，包括抗冻、抗水渗透、抗氯离子渗透、收缩、碳化、钢筋锈蚀、抗硫酸盐、抗压疲劳变形、碱骨料反应等，统称为耐久性。

6. 什么是抗渗性？

答：抗渗性是指混凝土抵抗液体和气体渗透的性能。由于混凝土内部存在着互相连通的孔隙和毛细管，以及因振捣欠密实而产生蜂窝、孔洞，使液体和气体能够渗入混凝土内部，水分和空气的侵入会使钢筋锈蚀，有害液体和气体的侵入会使混凝土变质，结果都会影响混凝土的质量和长期安全使用。混凝土的抗渗性用抗渗等级 P 表示。混凝土的抗渗等级一般分为 $P4$、$P6$、$P8$、$P10$、$P12$。

7. 什么是抗冻性？

答：抗冻性是指混凝土抵抗冰冻的能力。混凝土在寒冷地区，特别是在既接触水，又遭受冷冻的环境中，常常会被冻坏。这是由于渗透到混凝土中的水分受冻结冰后，体积膨胀9%，使混凝土内部的孔隙和毛细管受到相当大的压力，在气温升高后，冰冻融化，这样反复地冻融，混凝土最终将遭到破坏。混凝土的抗冻性用抗冻标号 F 表示。如受冻融的试块强度与未受冻融的试块强度相比，降低不超过 25%，便认为抗冻性合格。抗冻等级以试块所能承受的最大反复冻融循环次数表示，混凝土抗冻等级一般分为 F15、F25、F50、F100、F150 和 F200。

8. 什么是抗侵蚀性？

答：抗侵蚀性是指混凝土在各种侵蚀性液体和气体中，抵抗侵蚀的性能。对混凝土起侵蚀作用的介质主要是硫酸盐溶液、酸性水、流动或带水压的软水、海水、碱类的浓溶液等。

9. 什么是耐热性？

答：耐热性是指混凝土在高温作用下，内部结构不遭受破坏，强度不显著丧失，具有一定化学稳定性的性能。

10. 为什么混凝土有自然养护和蒸汽养护？

答：自然养护即是混凝土在自然条件下（温度不低于＋5℃，相对湿度为 90%～100%）

进行养护。如前所述，在自然养护温度下强度增长极慢，7d的龄期仅能达到28d（混凝土28d后的强度）的30％～70％，要保证拆模强度和出厂强度，则需要较长的时间，这就会延长整个生产过程的循环时间，同时要求配有大量的模板设备和占用大量的生产面积，增加基建投资。

为了加快混凝土强度的增长速度，可采用蒸汽养护，利用蒸汽加热混凝土，使混凝土在较高温度（70～90℃）及较高湿度（约90％以上）的条件下迅速硬化。但是在气候比较温暖的地区仍然是适于采用自然养护的。这样可以节约燃料和相应的一套设备投资，降低成本。

11. 什么是混凝土的和易性？

答：混凝土的和易性是指混凝土混合料的成分能不能保持均匀，以及在生产操作时是不是容易浇灌、振捣的性能。混凝土的和易性是一项综合指标。它包括混凝土的流动性、黏聚性和保水性三项内容。混凝土的流动性是指凝土拌合物在自重力或机械振动力作用下易于产生流动、易于输送和易于充满混凝土模板的性质；混凝土的黏聚性是指在生产过程中，组成混凝土混合料的材料之间，不产生分层、离析现象，有一定的黏聚能力；混凝土的保水性是指在生产过程中，混凝土混合料不产生严重的泌水现象，有一定的保水能力。

12. 怎样测定混凝土的和易性？

答：目前，还没有能够全面测定混凝土混合料和易性的方法，通常是测定其流动性，再凭经验判断其黏聚性和保水性。测定混凝土流动性最常用的方法是坍落度法。测定时，将混凝土混合料分三层装入标准尺寸的圆锥坍度筒中，每装一层，用直径为16mm的捣棒垂直而均匀地自外向里插捣25次，三层捣完后，将筒口混合料刮平，然后将筒垂直提起，放在一旁，这时混合料由于自重而发生坍落现象，量出向下坍落的尺寸（mm），就叫坍落度。坍落度越大，表示混凝土的流动性越大。在做完坍落度试验后，可以同时观察混凝土的黏聚性、保水性。如果混凝土表面不出现过多的水分，说明保水性好。并可用捣棒从侧面轻轻敲击混合料，黏聚性好的混凝土，在敲击下不会松散崩塌。坍落度试验只适用于塑性混凝土和低塑性混凝土；对于干硬性混凝土，则常常采用测定工作度的方法。需要使用维勃稠度仪测定其工作度。混凝土拌合物分三层装入，每层插捣25下。捣完后抹平，垂直平稳地提起坍落度筒。把透明圆盘转到混凝土试体上方并轻轻落下使与混凝土顶面接触。同时开启振动台和秒表，记下透明圆盘的底面被水泥浆布满所需的时间。混凝土拌合物分类见表B-1。

表B-1　混凝土拌合物分类

分类坍落度（mm）	干硬度（s）
干硬性	60～120
半干硬性	30 -60
低塑性	10～30
塑性	15～50
流动性	＞150

对混凝土坍落度或工作度大小的选择，要根据成型的方法、截面大小、钢筋疏密程度来

决定。

13. 什么是普通混凝土？它有哪些特性？

答：用水泥作为胶凝材料，用砂、石作为细、粗骨料，加水拌和制成的混凝土，就是普通混凝土。在整个混凝土家族中，普通混凝土使用最早，用途最广，许多期货品种的混凝土都是在它的基础上发展起来的。

普通混凝土简称混凝土。它的主要特性如下：

① 混凝土具有较高的强度，一般为20～50MPa，能够承受较大的荷载。

② 混凝土在凝结前，有良好的塑性，可以根据需要制成各种形状和尺寸的结构、构件。

③ 有很好的耐久性，在空气中能长期经受干湿、冷热、冻融的变化而不损坏。

④ 在干燥情况下，混凝土的导热系数为1.508W/（m·K），其值仅为钢材的1/40，所以有一定的保温隔热性能。

⑤ 混凝土的密度约为2400kg/m^3。这种混凝土同钢材相比，作为结构材料使用时，为了承受同等的荷载，需要选用较大截面尺寸，因而自重较大。

⑥ 混凝土的抗拉强度很低。强度同抗拉强度的比值，叫脆性，它的系数可达10，所以混凝土在破损时，会出现脆性材料突然破坏的特点。

14. 为什么在混凝土中要使用外加剂？

答：外加剂是建筑工程结构和技术发展的客观要求。在整体现浇混凝土结构中出现了高层、大跨度和各种新的结构体系，在装配式预制混凝土构件中出现了许多大型、薄壁等新的构件型式，在混凝土施工中出现了大体积混凝土、喷射混凝土、真空吸水混凝土、滑模施工混凝土等新的施工技术，因而对混凝土提出了高流动性、早强、高强、速凝、缓凝、低水化热、抗冻、抗渗等各种性能要求。掺用外加剂正是为了改善混凝土的性能，提高工程质量，降低工程造价，促进新工艺的要求。混凝土的性能是由水泥、砂、石子和水的比例决定的。为了改善混凝土的某一种性能，可以调整原材料的比例。但这样往往会造成另一方面的损失。例如，为了提高混凝土的流动性，可以增加水用量，但这样就会降低混凝土的强度。为了提高混凝土早期强度，可以增加水泥用量，但这样除了提高成本外，还可能增加混凝土的收缩和徐变。而采用外加剂，就可以避免上述缺陷，在对混凝土的另外一些性能影响不大的情况下，采用混凝土外加剂，可以大大改善混凝土的某一种性能。例如，只要在混凝土中掺入0.2%～0.3%的木质素磺酸钙减水剂，在不增加水用量的情况下，可以提高混凝土坍落度一倍以上；只要在混凝土中掺入2%～4%的硫酸钠糖钙（NC）复合剂，在不增加水泥用量的情况下，可以提高混凝土早期强度60%～70%，还可以提高混凝土的后期强度。

15. 为什么要有混凝土配合比？

答：所谓“混凝土配合比”是指水泥、掺合料、砂、石、外加剂以及水用量之间的比例。

混凝土的各种性能，如强度、耐久性及混凝土拌合物的各种性能都直接受它的成分配合比的影响；变更配合比，混凝土的各种性能也随之改变；而且其中水泥用量的多少还会影响到混凝土的成本。为了满足一定操作条件所要求的和易性、流动性和保证工程上所提出的混凝土强度、耐久性等各种性能，以及更多地节约水泥、降低成本，达到经济合理的目的，就必须选择合适的混凝土配合比。

16. 混凝土配合比为什么按质量计算?

答：混凝土组成材料配料（称量）的准确性是保证混凝土的工程质量、节约原材料的重要条件。一般对水泥、水、掺合料及其他胶凝物质的称量误差，以质量计，不得超过±2%；骨料称量误差不得超过±3%。由于砂、石、水泥等材料的湿度、密度等各不相同，同体积材料的质量相差很大。因此，混凝土配合比都以质量计算进行控制。这样的配合比计算法比用体积法更准确。

17. 混凝土硬化后产生龟裂的原因是什么?

答：混凝土硬化后产生龟裂的原因很多，一般是受两种以上的原因而造成龟裂。通常混凝土结构物负荷过重而产生拉应力，若混凝土抗拉强度不能抵消拉应力，便产生龟裂。混凝土变形的原因包括干燥收缩、温度变化、化学作用以及结构上的因素，此时应就材料、配比、养护等方面设法使收缩量减少，另一方面则应从施工、设计上设法弥补先天性易龟裂的各种状况。

18. 混凝土硬化后表面泛白的原因是什么?

答：混凝土硬化干燥后，外界的雨水、地下水、养护用水等经孔隙渗入到硬化体内，使水硬性胶体或无机盐类的水溶液流出，再与空气中的二氧化碳反应成碳酸盐，待水分蒸发后即附着于硬化体表面，此现象称为泛白。

混凝土表面泛白刚开始可以用肥皂水清洗，若混凝土碳酸化后可使用稀盐酸溶液清洗，再用水洗去。虽经擦拭，往往仍会再流出。防止泛白的方法，必须使用浇筑均匀且致密的混凝土，使孔隙减少，再适当降低水灰比，减少骨材中的含泥量，使用清洁的拌合水、高品质的水泥，掺加减水剂，适当进行养护，现场尽力防止雨水侵入，方可防患于未然。

19. 决定混凝土外加剂对水泥的适应性有哪些因素?

① 水泥矿物组成是否稳定导致矿物组分是否稳定，从而影响到混凝土外加剂对水泥的适应性。

② 水泥生产工艺，冷却制度中的急冷措施的控制，石膏粉磨时的温度等，都会造成水泥中矿物组分、晶相状态、石膏形态发生改变，从而影响到混凝土外加剂对水泥的适应性。

③ 水泥中吸附外加剂的能力：$C_3A > C_4AF > C_3S > C_2S$。

④ 水泥存放一段时间后，温度下降，使混凝土外加剂高温适应性得到改善，而且 f-CaO 吸收空气中的水后转变成 $Ca(OH)_2$，吸收空气中的 CO_2 后转变成 $CaCO_3$，从而使 Mwo 下降，也使混凝土和易性得到改善，使混凝土拌合物坍落度损失减缓，混凝土的凝结时间稍延长。

⑤ 普通硅酸盐水泥的需水量稍大于矿渣水泥，其保水性好，但一般坍落损失也较快。

⑥ C_3A 含量较高的水泥，坍落度损失快，保水性好。

⑦ 水泥中亲水性掺合料保水性好；火山灰质水泥保水性差，易泌水。

⑧ 温度、湿度高低直接影响混凝土外加剂对水泥的适应性。

⑨ 配合比中的砂、石级配及砂、石、水、胶凝材料的比例也影响混凝土外加剂对水泥的适应性。

B.3 混凝土质量事故十二例

例 1 某工程对原有建筑进行接建，从 8 层开始，工程部位为剪力墙，C40 混凝土。

拆模后发现墙面出现竖向裂缝，裂缝很有规律，每隔 1.5～1.8m 有一条竖向裂缝，裂缝两头尖，中间宽，宽度为 0.2～0.3mm；个别裂缝为贯通裂缝。混凝土强度均可达到 C45 左右。

处理方法：请省检测中心予以检测并出具修补方案。

原因分析：

①混凝土配合比水泥用量偏大，混凝土自收缩产生拉裂。

②设计箍筋少、间距大。

③混凝土养护不到位。

防止措施：

①混凝土配合比应在满足强度的前提下尽量减少水泥的用量。

②建议设计增加箍筋用量，缩小箍筋间距。

③加强养护，当强度达到 $1N/mm^2$ 时，可使模板脱离混凝土，再将模板合上继续养护到最后拆模，这样可以加强混凝土的湿养护，防止干缩引起裂缝加大。

例 2 施工单位验收混凝土试件制作及养护不按国家有关标准规范执行。

某工程从夏季开始施工，混凝土强度一直稳定合格。而进入秋冬期施工后，混凝土强度却出现偏低的现象，甚至有的试件不合格，采用非破损检测工程部位混凝土，强度却合格。

处理方法：搅拌站和施工单位技术人员共同分析原因，找出症结：工地试验员做完混凝土试件后，对试件并没有进行“标准养护”而是将试件散落在工地上。

原因分析：

①工地试验员没有经过上岗培训，对混凝土的试件制作养护缺乏应有的知识，不了解国家有关标准规范，对“标准养护”缺乏应有的认识；②夏季施工气温偏高，混凝土试件在自然养护条件下气温高，强度也高，秋冬期气温偏低，混凝土试件强度也随之偏低。

防止措施：对工地施工单位的试验员应进行必要的培训，对预拌混凝土的取样制作养护应执行国家有关的标准和规范。

例 3 混凝土试件制作不合格。

某工程混凝土试件强度出现忽高忽低的问题，混凝土试件强度离差太大，混凝土强度评定判为不合格，而在同一时间，同样部位，同一配合比的其他工地的混凝土却全部评定为合格，且混凝土强度离差小。

处理方法：搅拌站和施工单位技术人员进行联系，共同分析。

原因分析：

①施工单位采用混凝土试模不合格，试模本身尺寸误差偏大，有的试模对角线误差≥3mm，因而出现试件误差偏大的问题。

②混凝土试件制作粗糙，不按有关标准和规范制作，试件有缺棱掉角等问题。

③因试件本身不合格，混凝土试件在压力机上受压面积达不到要求而出现局部受压，致使混凝土强度偏低。

防止措施：

①建议施工单位对试验人员进行技术培训，执行有关试验的标准和规范。

②建议施工单位更换不合格的试模。对采用的试模应加强检测，达不到要求的坚决不用。

例 4　混凝土表面出现气泡。

某工程在施工首层梁、板、柱时，混凝土为 C30 。当混凝土拆模后，发现墙板和柱的混凝土部位出现许多大小不一的气泡，虽然混凝土强度均可以达到设计要求，但气泡影响观瞻。

处理方法：对气泡大的部分进行修补。

原因分析：

①外加剂中含有引气成分多。

②施工人员在浇筑混凝土时振捣时间偏短，振捣混凝土时没有执行振动棒应该“快插慢拔”的规定。

③混凝土浇筑投料过多，一些气泡浮不到混凝土表面。

防止措施：

①重新调整外加剂配方，减少引气组分，适当添加消泡剂。

②对混凝土施工人员进行培训。

例 5　同一部位浇筑严禁使用不同等级的水泥和粉煤灰。

某搅拌站生产 C30 基础混凝土，基础总方量为 2100m^3，厚为 1.1m，属于大体积基础混凝土。当混凝土生产到一半时，由于粉煤灰料仓的灰已用完，搅拌站为解决“燃眉之急”，临时从其他电厂调来一车Ⅲ级粉煤灰，而原来料仓中用的是Ⅱ级粉煤灰。施工完后第二天发现，用Ⅲ级粉煤灰生产的混凝土强度明显偏低，且用Ⅲ级粉煤灰生产的混凝土颜色明显与其他混凝土颜色深浅不一。

处理方法：建议施工单位加强对混凝土的养护，地下大体积混凝土验收执行标准，验收期为 90d。

原因分析：同一工程部位浇筑混凝土时，不同等级的水泥不能混用，不同厂家、不同等级的粉煤灰也不能混用。因为不同厂家的粉煤灰存在不同的原材料来源问题；同时不同等级的粉煤灰的细度、需水量、含碳量等均有差别。如果在同一工程部位混用，势必会造成凝结时间和强度的差异。

防止措施：

①搅拌站在生产大体积、大方量混凝土时，应提前做好备料准备，防止发生生产中材料“断档”。

②搅拌站严禁在同一施工部位混凝土生产中采用两种水泥或粉煤灰。

例 6　在冬春或秋冬季节交替期间施工，搅拌站应选用不同品种的外加剂，防止由于气温的突变影响混凝土的凝结时间。

某工程 3 月初开始施工，混凝土为 12 层墙板 C30 ，北方 3 月初由于气温不太稳定，施工时恰逢出现大风降温情况，平常最低气温为 0 ℃以上，而施工时最低温度突然降至 −10℃，施工后发现混凝土出现近 20h 不凝固的问题。

处理方法：延缓拆模板时间，加强保温养护。

原因分析：泵送外加剂选用不合适。平常最低气温为 0℃以上，可以选用不带防冻成分的泵送剂。施工时气温突降，应选用带有防冻成分的泵送剂。

防止措施：

①搅拌站应备有两个以上的外加剂储备罐，分别装有不同型号的外加剂，以便在冬春或

秋冬季节交替期气温不稳定时，根据具体情况予以选用，防止搅拌站生产混凝土时出现凝结时间偏差过大的问题。

②在季节交替期气温不太稳定的情况下，宜选用普通硅酸盐水泥或硅酸盐水泥。

例 7　泵送缓凝型外加剂不可超量掺加，防止混凝土出现异常现象。

某搅拌站夏季施工中由于工地停电近 4h，混凝土坍落度损失大，搅拌站为增大坍落度而不增大水灰比，采用添加泵送剂的办法调节坍落度，但由于泵送剂掺加过多，混凝土施工后 12h 不凝固。

处理方法：通知施工单位延缓拆模并禁止上人乱踩，加强养护。混凝土凝结时间虽然延缓，但不会影响后期强度。

原因分析：夏季混凝土生产用的泵送剂是一种带有缓凝组分的复合型外加剂，如果一味采用掺泵送剂来调整混凝土坍落度，必然将缓凝组分带入混凝土中，致使缓凝成分超量，混凝土凝结时间大大延长。

防止措施：

①出现坍落度损失过大时，搅拌站技术人员应分析原因，即使掺外加剂也要适量。坍落度的调整可根据具体情况适当掺加外加剂或补充少量水，不应由施工人员随意加水，防止水灰比增大而降低混凝土强度。

②将调整后未达到坍落度要求的混凝土降级，为其他工地使用。

例 8　外加剂计量失控，混凝土出现异常状态。

某工程施工顶板 C30 混凝土，搅拌车到达工地卸料后，发现一车混凝土坍落度明显偏大并有离析现象，混凝土呈黄色。

处理方法：将这部分现象异常的混凝土全部拆除返工。

原因分析：搅拌站外加剂计量部分失控，外加剂掺量严重超过正常计量值。

防止措施：

①加强搅拌站各部分的维修和保养，尤其注意计量部分的检修，防止生产中某一部分失控。

②搅拌站操作人员和质检部门加强责任心，不合格的产品或有异常状态的混凝土决不出厂。

例 9　混凝土经常出现坍落度偏大或偏小问题，影响混凝土的泵送效果和混凝土质量。

某搅拌站在生产混凝土时，经常出现混凝土坍落度偏大或偏小问题，严重影响施工单位的泵送效果，混凝土强度离差过大。

处理方法：搅拌站质检部门或技术部门严格管理，对混凝土出现的异常状况（如坍落度偏大或偏小）加强监管，不合格的混凝土决不出厂。

原因分析：

①搅拌站操作人员对混凝土坍落度控制缺乏经验或责任心不强。

② 砂石骨料含水率不稳定或波动太大。

③ 实验室出具的配合比不当。

④ 有关部门监管不力。

防止措施：

①对搅拌站混凝土生产操作人员加强培训，提高其责任心是解决问题的关键。操作工应

熟练掌握混凝土坍落度的控制技能，如观察混凝土搅拌时电流表的电流数值，或观察混凝土卸料时的混凝土状态，并根据天气变化，以及白天、黑夜等情况，在生产时随时增减用水量，将混凝土坍落度控制在一个稳定数值上。

② 实验室应对各种原材料的试验情况加强预控。对粗细骨料含水率情况，外加剂与水泥相容性情况，以及水泥和粉煤灰的需水量情况等原始试验资料予以分析比较，对可能出现的情况作出判断，以便对混凝土用水量进行调整。

③ 有条件的单位砂、石骨料堆放场地应设防雨棚，以便将粗细骨料含水率控制在相对稳定的状态下，避免因砂、石含水率的变化，直接影响混凝土的坍落度。

④ 质检部门或技术部门应加强监管力度，加强混凝土的出厂检验，尤其是坍落度应控制在允许范围内。

例 10 基础抗渗混凝土施工，应加强混凝土湿养护。

某工程基础混凝土 C30P8 ，混凝土施工后发现凡覆盖塑料薄膜的部位没有出现裂缝，而在有钢筋部位无法覆盖塑料薄膜，混凝土出现了一些不规则的小裂缝，从而影响了混凝土的抗渗性能。

处理方法：加强混凝土不能覆盖养护部位的浇水养护，并清除钢筋部位的混凝土碎渣，以利于下次浇筑混凝土的粘结。

原因分析：由于钢筋裸露部位无法覆盖塑料薄膜，施工方在混凝土养护期间没有经常向此部位进行浇水养护，使该部位混凝土产生干缩裂缝。

防止措施：

①推广基础混凝土尤其是有抗渗要求的混凝土进行“即时带水养护”。不能覆盖塑料薄膜基础有钢筋的部位，一定要在混凝土初凝之后，向这些部位加强浇水养护，以免混凝土失水后产生干缩裂缝。

② 搅拌站应加强同施工单位的联系与沟通，将预拌混凝土的特点介绍给施工方，以便紧密配合，避免上述问题的发生。

例 11 拖式泵车输送基础混凝土反复出现堵泵。

某工程施工基础混凝土，采用拖式泵车输送混凝土，施工中经常出现泵管堵塞问题。为排除堵管故障，搅拌车在工地等待时间过长，造成混凝土的坍落度损失，加水予以调整会导致水灰比加大，混凝土强度降低，且混凝土和易性不好，更容易出现堵管，如此往复产生“恶性循环”。

处理方法：拖式泵安装不合理，重新予以安装。

原因分析：

①泵管安装时水平管过短。

② 水平管安装应向上倾斜，与水平夹角为 6°～8°。但实际上水平管却向下倾斜，混凝土的坍落度偏大时，产生自流，上部充气出现堵管。

③ 混凝土坍落度偏大。

④ 泵管弯头安装太多。

防止措施：

①对拖式泵操作工加强培训，学习有关泵送或拖式泵操作知识。

② 混凝土坍落度不应太大，调整混凝土的水灰比或配合比。

例 12　冬期施工必须对混凝土进行保温养护。

某工程冬期 12 月中旬施工 6 层顶板混凝土，平均气温为−6℃，C30 混凝土顶板，施工单位自认为冬期施工搅拌站掺用防冻泵送剂就可以防冻。在施工中只覆盖一层塑料薄膜，没有对混凝土进行保温养护，致使顶板混凝土在边、棱角部位出现冻伤。

处理方法：对冻伤部位混凝土全部凿除，重新支模予以补修。

原因分析：施工单位误认为冬期施工只要搅拌站在混凝土中掺用防冻泵送剂就可以了，没有对已浇筑的混凝土进行保温养护。

防止措施：搅拌站和施工单位进入冬期施工应严格执行《建筑工程冬期施工规范》。

附录C　数字量化混凝土配合比设计及调整试配实例

C.1　广东广州培训试配实例

（一）C30 配合比计算及试配（佛山材料）

1. 胶凝材料主要参数（表 C-1）

表 C-1　C30 配合比胶凝材料主要参数

名称	水泥	矿渣粉	粉煤灰
用量（kg）	189	34	80
密度（kg/m^3）	3100	2800	2400
需水量（比）	0.27	1.0	1.05

2. 砂子主要技术参数

现场检测砂子数据见表 C-2。

表 C-2　C30 配合比现场检测砂子数据

名称	紧密堆积密度（kg/m^3）	含石率（%）	含水率（%）	压力吸水率（%）
指标	1820	0	0	11.25

3. 石子主要技术参数

现场检测石子数据见表 C-3。

表 C-3　C30 配合比现场检测石子数据

名称	空隙率（%）	表观密度（kg/m^3）	堆积密度（kg/m^3）	吸水率（%）
1 号石子	42.1	2240	1297	1.6
2 号石子	42.1	2207	1278	1.5

4. 胶凝材料体积的计算

$$V_{胶凝材料}=\frac{189}{3100}+\frac{34}{2800}+\frac{80}{2400}=0.11(m^3)$$

5. 胶凝材料标准稠度用水量的计算

$$W_B=189\times0.27+34\times0.27\times1.0+80\times0.27\times1.05=83(kg)$$

胶凝材料总量：　$B=189+34+80=303(kg)$

泌水系数：　$M_W=\frac{303}{300}-1=0.01$

$$W_{胶凝材料拌和用水量}=83\times\frac{2}{3}+83\times\frac{1}{3}\times(1-0.01)=83(kg)$$

6. 胶凝材料浆体体积的计算

$$V_{胶凝材料浆体体积}=V_{胶凝材料}+\frac{2}{3}\times\frac{W_B}{\rho_W}=0.11+\frac{2}{3}\times\frac{83}{1000}=0.17(m^3)$$

由于拌合水在混凝土凝固后蒸发，因此计算浆体体积时，固化的水形成的体积按照标准稠度用水量的 2/3 计算。

7. 砂子用量及用水量

（1）细骨料用量：

$$S=\frac{1820\times 42.1\%}{1-0}=766(\text{kg})$$

（2）细骨料用水量：

$$W_{砂子用水量}=11.25\%\times 766=86(\text{kg})$$

8. 石子用量及用水量

$$G_1=(1-0.17-0.421)\times 2240=916(\text{kg})$$

$$G_2=(1-0.17-0.421)\times 2207=903(\text{kg})$$

$$W_{石子用水量1}=935\times 1.6\%=15(\text{kg})$$

$$W_{石子用水量2}=921\times 1.5\%=14(\text{kg})$$

9. 骨料总用水量

$$W_{砂石骨料用水量1}=86+15=101(\text{kg})$$

$$W_{砂石骨料用水量2}=86+14=100(\text{kg})$$

10. C30 配合比（表 C-4）

表 C-4　C30 配合比的数据　　单位：kg

名称	水泥	矿渣粉	粉煤灰	砂子	石子	外加剂（%）	胶凝材料用水	骨料用水
1 号石子	189	34	80	766	935	1.6	86	101
2 号石子	189	34	80	766	921	2.0	86	100

11. 现场试配

根据现场测量数据和计算的配合比，采用预湿骨料工艺进行试配，在搅拌机中停止搅拌即可实现自流平，采用 1 号石子（935kg）配制的混凝土卸料流速平稳，由于胶凝材料较少，停止流动后在拌合物顶部有石子外露的现象，但是用铲子铲混凝土拌合物，浆体本身的流动性好，因此根据现场调整思路，采用直接增加粉煤灰 50kg，降低 50kg 石子来实现砂浆对石子包裹的办法进行调整，调整后试配的混凝土卸料出机过程浆体饱满，流速稳定，拌合物均匀连续，无断料现象；在钢板上检测，混凝土拌合物技术指标均满足设计和实际使用的各项技术要求。

采用 2 号石子（921kg）配制的混凝土包裹性较好，从搅拌机卸料时流速平稳，停止流动后在拌合物顶部有少许石子外露，用铲子铲混凝土拌合物，混凝土匀质性好，铲起来不费力，流动性达到设计要求，骨料和浆体不分离，整个拌合物无离析、泌水、扒底和抓地现象，上表面有自然光泽。

使用这两种石子配制的混凝土工作性满足设计和使用要求，证明采用数字量化混凝土设计技术配制混凝土，可以扩大石子的选材范围，利用工业废弃物，降低生产成本，提高企业的市场竞争力。

（二）C60 配合比计算及试配（广州材料）

1. 胶凝材料主要参数（表 C-5）

表 C-5　C60 配合比胶凝材料主要参数

名称	水泥	矿渣粉	粉煤灰
用量（kg）	344	93	110
密度（kg/m^3）	3100	2800	2400
需水量（比）	0.27	1.0	1.05

2. 砂子主要技术参数

现场检测砂子技术参数见表 C-6。

表 C-6　C60 配合比现场检测砂子技术参数

名称	紧密堆积密度（kg/m^3）	含石率（%）	含水率（%）	压力吸水率（%）
指标	1820	0	0	11.25

3. 石子主要技术参数

现场检测石子技术参数见表 C-7。

表 C-7　C60 配合比现场检测石子技术参数

名称	空隙率（%）	表观密度（kg/m^3）	堆积密度（kg/m^3）	吸水率（%）
3 号石子	42.1	2228	1290	2.0
4 号石子	42.1	1896	1098	0.8

4. 胶凝材料体积的计算

$$V_{胶凝材料} = \frac{344}{3100} + \frac{93}{2800} + \frac{110}{2400} = 0.19(m^3)$$

5. 胶凝材料标准稠度用水量的计算

$$W_B = 344 \times 0.27 + 93 \times 0.27 \times 1.0 + 110 \times 0.27 \times 1.05 = 149(kg)$$

胶凝材料总量：　$B = 344 + 93 + 110 = 547(kg)$

泌水系数：　$M_W = \frac{547}{300} - 1 = 0.82$

$$W_{胶凝材料拌和用水量} = 149 \times \frac{2}{3} + 149 \times \frac{1}{3} \times (1 - 0.82) = 108(kg)$$

6. 胶凝材料浆体体积的计算

$$V_{胶凝材料浆体体积} = V_{胶凝材料} + \frac{2}{3} \times \frac{W_B}{\rho_W} = 0.19 + \frac{2}{3} \times \frac{149}{1000} = 0.29(m^3)$$

由于拌合水在混凝土凝固后蒸发，因此计算浆体体积时，固化的水形成的体积按照标准稠度用水量的 2/3 计算。

7. 砂子用量及用水量

（1）细骨料用量：　$S = \frac{1820 \times 42.1\%}{1 - 0} = 766(kg)$

（2）细骨料用水量：　$W_{砂子用水量} = 11.25\% \times 766 = 86(kg)$

8. 石子用量及用水量

$$G_1 = (1 - 0.29 - 42.1\%) \times 2228 = 645(\text{kg})$$

$$G_2 = (1 - 0.29 - 42.1\%) \times 1896 = 549(\text{kg})$$

$$W_{\text{石子用水量1}} = 645 \times 2.0\% = 13(\text{kg})$$

$$W_{\text{石子用水量2}} = 549 \times 0.8\% = 4(\text{kg})$$

9. 骨料总用水量

$$W_{\text{砂石骨料用水量1}} = 86 + 13 = 99(\text{kg})$$

$$W_{\text{砂石骨料用水量2}} = 86 + 4 = 90(\text{kg})$$

10. C60 配合比（表 C-8）

表 C-8　C60 配合比的数据　　单位：kg

名称	水泥	矿渣粉	粉煤灰	砂子	石子	外加剂（%）	胶凝材料用水	骨料用水
3 号石子	344	93	110	766	645	1.8	108	99
4 号石子	344	93	110	766	549	1.8	108	90

11. 现场试配

根据现场测量和计算的配合比，采用预湿骨料工艺进行试配，3 号石子（645kg）和 4 号石子（549kg）配制的混凝土都实现了流动性好，在搅拌机中停止搅拌即可实现自流平，卸料出机过程混凝土拌合物流速稳定，均匀连续，无断料现象，在钢板上检测，混凝土匀质性好，铲起来不费力，流动性很好且骨料和浆体不分离，整个拌合物无离析、泌水、扒底和抓地现象，上表面有自然光泽，倒坍落度测量排空时间 3 号石子（645kg）配制的混凝土 5.3s，4 号石子（549kg）配制的混凝土 6s。两种石子配制的混凝土成型的试件均匀稳定，振捣后无石子下沉现象，石子都均匀稳定地悬浮于浆体之中，用食指摸石子，手指肚摸着石子时指甲盖没有没入浆体。

C.2　天津大学培训 C30 混凝土试配实例

1. 胶凝材料主要参数（表 C-9）

表 C-9　C30 混凝土胶凝材料主要参数

名称	水泥	矿渣粉	粉煤灰
用量（kg）	180	125	70
密度（kg/m^3）	3100	2800	2400
需水量（比）	0.27	1.0	1.05

2. 砂子主要技术参数

现场检测砂子技术参数见表 C-10。

表 C-10　C30 混凝土现场检测石子技术参数

名称	紧密堆积密度（kg/m^3）	含石率（%）	含水率（%）	压力吸水率（%）
指标	1879	9.4	0	6.7

3. 石子主要技术参数

现场检测石子技术参数见表 C-11。

表 C-11　C30 混凝土现场检测石子技术参数

名称	空隙率（%）	表观密度（kg/m³）	堆积密度（kg/m³）	吸水率（%）
上午石子	42	2769	1606	2.6
下午石子	40.7	2725	1616	1.7

4. 胶凝材料体积的计算

$$V_{胶凝材料} = \frac{180}{3100} + \frac{125}{2800} + \frac{70}{2400} = 0.13(m^3)$$

5. 胶凝材料标准稠度用水量的计算

$$W_B = 180 \times 0.27 + 125 \times 0.27 \times 1.0 + 70 \times 0.27 \times 1.05 = 102(kg)$$

胶凝材料总量：　$B = 180 + 125 + 70 = 375(kg)$

泌水系数：　$M_W = \frac{375}{300} - 1 = 0.25$

$$W_{胶凝材料拌和用水量} = 102 \times \frac{2}{3} + 102 \times \frac{1}{3} \times (1 - 0.25) = 94(kg)$$

6. 胶凝材料浆体体积的计算

$$V_{胶凝材料浆体体积} = V_{胶凝材料} + \frac{2}{3} \times \frac{W_B}{\rho_W} = 0.13 + \frac{2}{3} \times \frac{102}{1000} = 0.2(m^3)$$

由于拌合水在混凝土凝固后蒸发，因此计算浆体体积时，固化的水形成的体积按照标准稠度用水量的 2/3 计算。

7. 砂子用量及用水量

（1）细骨料用量：

$$S_{石子1} = \frac{1879 \times 42\%}{1 - 9.4\%} = 871(kg)$$

$$S_{石子2} = \frac{1879 \times 40.7\%}{1 - 9.4\%} = 844(kg)$$

（2）细骨料用水量：

$$W_{砂子用水量1} = 6.7\% \times 871 = 58(kg)$$

$$W_{砂子用水量2} = 6.7\% \times 844 = 57(kg)$$

8. 石子用量及用水量

$$G_{石子1} = (1 - 0.2 - 0.42) \times 2722 - 871 \times 9.4\% = 952(kg)$$

$$G_{石子2} = (1 - 0.12 - 0.407) \times 2725 - 844 \times 9.4\% = 1210(kg)$$

$$W_{石子1} = 952 \times 2.6\% = 25(kg)$$

$$W_{石子2} = 1210 \times 1.7\% = 21(kg)$$

9. 骨料总用水量

$$W_{砂石骨料用水量1} = 58 + 25 = 83(kg)$$

$$W_{砂石骨料用水量2} = 57 + 21 = 78(kg)$$

10. C30 配合比（表 C-12）

表 C-12　C30 混凝土的数据　　单位：kg

名称	水泥	矿渣粉	粉煤灰	砂子	石子	外加剂	胶凝材料用水	骨料用水
石子 1	180	125	70	871	952	8.4	94	83
石子 2	180	125	70	844	1210	1.8	94	78

11. 现场试配

根据现场检测数据调整后的配合比进行了现场试配，两盘混凝土拌合物出机状态都达到设计要求，由于试验使用的是防冻剂，当时没有做外加剂的适应性试验，其中第一盘外加剂使用了 11.3kg，水分剩余 39kg，主要是测量石子的时候水没有控净。第二盘减少外加剂掺量，出机坍落度满足设计要求，坍落度损失较大，需要通过调整外加剂缓凝成分解决。下午进行了现场试配试验，出机状态均满足设计要求，其中第一盘用一种砂子和石子，混凝土坍落度和扩展度均满足设计要求，坍落度损失较大；第二盘使用另外一种砂子和石子，混凝土出机效果良好。

C.3　山东菏泽培训试配实例

（一）C30 配合比计算及试配

1. 胶凝材料主要参数（表 C-13）

表 C-13　C30 配合比胶凝材料主要参数（山东菏泽）

名称	水泥	矿渣粉	粉煤灰
用量（kg）	344	93	110
密度（kg/m^3）	3100	2800	2400
需水量（比）	0.27	1.0	1.05

2. 砂子主要技术参数

现场检测砂子技术参数见表 C-14。

表 C-14　现场检测砂子技术参数（山东菏泽）

名称	紧密堆积密度（kg/m^3）	含石率（%）	含水率（%）	压力吸水率（%）
指标	1820	0	0	11.25

3. 石子主要技术参数

现场检测石子技术参数见表 C-15。

表 C-15　现场检测石子技术参数（山东菏泽）

名称	空隙率（%）	表观密度（kg/m^3）	堆积密度（kg/m^3）	吸水率（%）
1 号石子	42.1	2228	1290	2.0
2 号石子	42.1	1897	1098	0.8

4. 胶凝材料体积的计算

$$V_{胶凝材料}=\frac{344}{3100}+\frac{93}{2800}+\frac{110}{2400}=0.20(m^3)$$

5. 胶凝材料标准稠度用水量的计算

$$W_B = 344 \times 0.27 + 93 \times 0.27 \times 1.0 + 110 \times 0.27 \times 1.05 = 149(\text{kg})$$

胶凝材料总量：$$B = 344 + 93 + 110 = 547(\text{kg})$$

泌水系数：$$M_W = \frac{547}{300} - 1 = 0.82$$

$$W_{胶凝材料拌和用水量} = 149 \times \frac{2}{3} + 149 \times \frac{1}{3} \times (1 - 0.82) = 108(\text{kg})$$

6. 胶凝材料浆体体积的计算

$$V_{胶凝材料浆体体积} = V_{胶凝材料} + \frac{2}{3} \times \frac{W_B}{\rho_W} = 0.20 + \frac{2}{3} \times \frac{149}{1000} = 0.3(\text{m}^3)$$

由于拌合水在混凝土凝固后蒸发，因此计算浆体体积时，固化的水形成的体积按照标准稠度用水量的 2/3 计算。

7. 砂子用量及用水量

（1）细骨料用量：

$$S = \frac{1820 \times 42.1\%}{1 - 0} = 766(\text{kg})$$

（2）细骨料用水量：

$$W_{砂子用水量} = 11.25\% \times 766 = 86(\text{kg})$$

8. 石子用量及用水量

$$G_1 = (1 - 0.3 - 0.421) \times 2228 = 622(\text{kg})$$

$$G_2 = (1 - 0.3 - 0.421) \times 1897 = 529(\text{kg})$$

$$W_{石子用水量1} = 622 \times 2\% = 12(\text{kg})$$

$$W_{石子用水量2} = 529 \times 0.8\% = 4(\text{kg})$$

9. 骨料总用水量

$$W_{砂石骨料用水量1} = 86 + 12 = 98(\text{kg})$$

$$W_{砂石骨料用水量2} = 86 + 4 = 90(\text{kg})$$

10. C60 配合比（表 C-16）

表 C-16　C60 配合比的数据（山东菏泽）　　单位：kg

名称	水泥	矿渣粉	粉煤灰	砂子	石子	外加剂（%）	胶凝材料用水	骨料用水
石子 1	344	93	110	766	622	1.8	108	98
石子 2	344	93	110	766	529	1.8	108	90

11. 现场试配

根据现场测量和计算的配合比，采用预湿骨料工艺进行试配，1 号石子（903kg）和 2 号石子（769kg）配制的混凝土都实现了流动性好，在搅拌机中停止搅拌即可实现自流平，卸料出机过程混凝土拌合物流速稳定，均匀连续，无断料现象，在钢板上检测，混凝土匀质性好，铲起来不费力，流动性很好且骨料和浆体不分离，整个拌合物无离析、泌水、扒底和抓地现象，上表面有自然光泽，倒坍落度测量排空时间 1 号石子（903kg）配制的混凝土 5.3s，2 号石子（769kg）配制的混凝土 6s。两种石子配制的混凝土成型的试件均匀稳定，振捣后无石子下沉现象，石子都均匀稳定地悬浮于浆体之中，用食指摸石子，手指肚摸着石子时指甲盖没有没入浆体，证明成型后的混凝土没有出现离析分层。

（二）C50 配合比计算与试配

1. 基础数据

原配合比设计见表 C-17。

表 C-17　C50 配合比设计数据　　单位：kg

C50	水泥	粉煤灰	矿渣粉	砂子	小石	大石	水	防冻剂
用量	330	70	95	660	250	820	168	15.35

胶凝材料主要参数如下。

名称	水泥	矿渣粉	粉煤灰
用量（kg）	330	95	70
密度（kg/m³）	3100	2800	2400
需水量（比）	0.27	1.0	1.05

2. 砂子测量

（1）将现场的砂子装入双层压砂桶，在 200kN 压力作用下压实，去掉上部的一节，找平压实刮平，测得 1L 砂子的质量 2.01kg，然后用孔径为 4.75mm 的方孔筛筛分，测出砂子的含石量为 0.12kg，计算出砂子的紧密堆积密度为 2010kg/m³ 和含石率为 5.97%。

（2）在现场称取 3.2kg 的砂子，加水至能够捏出水分，装入双层压砂桶，在 200kN 压力作用下压实挤出多余的水分，用抹布擦掉挤出的水分，称出吸饱水的砂子的质量 3.37kg，计算出砂子的压力吸水率为 5.3%。

砂子主要技术参数见表 C-18。

表 C-18　砂子主要技术参数

名称	紧密堆积密度（kg/m³）	含石率（%）	含水率（%）	压力吸水率（%）
指标	2010	5.97	—	5.3

3. 石子的测量

用 10L 的桶去皮后装满石子并刮平上部，称得质量为 16.02kg，加满水浸泡石子至不冒水泡，称得质量为 20.30kg，然后将石子倒入不锈钢漏桶，在石子不再滴水时，称得质量为 16.35kg，计算出石子的堆积密度为 1602kg/m³，空隙率为 42.8%，吸水率为 2.1%，表观密度为 2800kg/m³。

4. 胶凝材料体积的计算

$$V_{胶凝材料}=\frac{330}{3100}+\frac{95}{2800}+\frac{70}{2400}=0.17(\mathrm{m}^3)$$

5. 胶凝材料标准稠度用水量的计算

$$W_B=330\times0.27+95\times0.27\times1.0+70\times0.27\times1.05=135(\mathrm{kg})$$

胶凝材料总量：　$B=330+95+70=495(\mathrm{kg})$

泌水系数：　$M_W=\frac{495}{300}-1=0.65$

$$W_{\text{胶凝材料拌和用水量}} = 135 \times \frac{2}{3} + 135 \times \frac{1}{3} \times (1 - 0.65) = 106(\text{kg})$$

6. 胶凝材料浆体体积的计算

$$V_{\text{胶凝材料浆体体积}} = V_{\text{胶凝材料}} + \frac{2}{3} \times \frac{W_B}{\rho_W} = 0.17 + \frac{2}{3} \times \frac{135}{1000} = 0.26(\text{m}^3)$$

由于拌合水在混凝土凝固后蒸发，因此计算浆体体积时，固化的水形成的体积按照标准稠度用水量的 2/3 计算。

7. 砂子用量及用水量

（1）细骨料用量：

$$S = \frac{2010 \times 42.8\%}{1 - 0.0597} = 915(\text{kg})$$

（2）细骨料用水量：

$$W_{\text{砂子用水量}} = 5.3\% \times 914.9 = 48(\text{kg})$$

8. 石子用量及用水量

$$G = (1 - 0.27 - 42.8\%) \times 2800 - 5.97\% \times 914.9 = 791(\text{kg})$$

$$W_{\text{石子用水量}} = 791 \times 2.1\% = 17(\text{kg})$$

9. 骨料总用水量

$$W_{\text{砂石骨料用水量}} = 48 + 17 = 65(\text{kg})$$

10. 配合比调整计算

根据砂石测试参数调整的 C50 配合比见表 C-19。

表 C-19　调整的 C50 配合比　　单位：kg

名称	水泥	矿渣粉	粉煤灰	砂子	石子	外加剂
用量	330	95	70	871	865	15.35
用水量（kg）	105			48～65		

11. 现场试配

通过砂石骨料的检测，调整了混凝土配合比，然后进行了现场试配，两盘混凝土出机状态都达到设计要求，C50 混凝土流动性非常好，在场的技术人员全部经过动手感受到这种改善，同时测量混凝土的排空时间只有 3s，扩展度达到 600mm，达到自密实自流平优质标准。C30 混凝土出机后流动性非常好，需要添加一些外加剂增加流动性，在场的技术人员全部提出增加外加剂掺量就可以解决流动性不足的问题，测量混凝土的排空时间只有 4s，扩展度达到 590mm，正常情况下，掺加一些外加剂就可以达到预期的效果。由于试验使用的是防冻剂，所以外加剂掺量偏高。

C.4　北京建筑大学培训试配实例

1. C50 配合比计算及试配

原配合比中胶凝材料为：水泥 194kg，需水量比 0.27，密度 3000kg/m³；矿渣粉 170kg，需水量比 0.98，密度 2800kg/m³，粉煤灰 80kg，需水量比 1.03，密度 2400kg/m³；外加剂 6kg。试验目的是调整混凝土砂石料达到最佳，通过预湿骨料技术可以节约外加剂 3kg。

胶凝材料主要参数见表 C-20。

表 C-20　胶凝材料主要参数

名称	水泥	矿渣粉	粉煤灰
用量（kg）	194	170	80
密度（kg/m^3）	3000	2800	2400
需水量（比）	0.27	0.98	1.03

2. 砂子的测量

1L 桶去皮后装满砂子用脚踩实，称得质量为 1.99kg，得到砂子紧密堆积密度 $\rho=1990kg/m^3$，用 4.75mm 筛子过筛，称石子质量为 0.37kg，得到砂子含石率 $H_G=19\%$；烘干后测得砂子含水率 $H_W=3\%$。

3. 石子的测量

10L 容量筒去皮，装满石子晃动 15 下刮平，称得质量为 14.96kg，得到石子堆积密度 $\rho_{G堆积}=1496kg/m^3$；加满水后称得质量为 19.26kg，得到石子的空隙率 $P=43\%$，结合堆积密度和空隙率求得石子表观密度 $\rho_{G表观}=2624kg/m^3$；倒掉水将石子控干，称得质量为 15.32kg，求得石子吸水率 $X_W=2.4\%$。

4. 胶凝材料体积的计算

$$V_{胶凝材料}=\frac{194}{3000}+\frac{170}{2800}+\frac{80}{2400}=0.15(m^3)$$

5. 胶凝材料标准稠度用水量的计算

$$W_B=194\times0.27+170\times0.27\times0.98+80\times0.27\times1.03=120(kg)$$

胶凝材料总量：　$$B=194+170+80=444(kg)$$

泌水系数：　$$M_W=\frac{444}{300}-1=0.48$$

$$W_{胶凝材料拌和用水量}=120\times\frac{2}{3}+120\times\frac{1}{3}\times(1-0.48)=101(kg)$$

6. 胶凝材料浆体体积的计算

$$V_{胶凝材料浆体体积}=V_{胶凝材料}+\frac{2}{3}\times\frac{W_B}{\rho_W}=0.15+\frac{2}{3}\times\frac{120}{1000}=0.23(m^3)$$

由于拌合水在混凝土凝固后蒸发，因此计算浆体体积时，固化的水形成的体积按照标准稠度用水量的 2/3 计算。

7. 砂子用量及用水量

（1）砂子用量：

$$S=\frac{1990\times43\%}{1-19\%}=1056(kg)$$

（2）砂子用水量：

$$W_{砂子最少用水量}=(5.7\%-3\%)\times1056=29(kg)$$

$$W_{砂子最大用水量}=(7.7\%-3\%)\times1056=50(kg)$$

8. 石子用量及用水量

$$G=(1-0.23-43\%)\times2624-19\%\times1056=692(kg)$$

$$W_{石子用水量}=692\times2.4\%=17(kg)$$

9. 骨料总用水量

$$W_{砂石骨料最少用水量} = 29 + 17 = 46(kg)$$

$$W_{砂石骨料最大用水量} = 50 + 17 = 67(kg)$$

10. 调整后的配合比（表 C-21）

表 C-21　调整后的配合比　　单位：kg

名称	水泥	矿渣粉	粉煤灰	砂子	石子	外加剂	胶凝材料用水	骨料用水
用量	194	170	121	1056	692	3	104	66

11. 试配

用以上数据进行试配，一次就配制出满足设计要求的混凝土拌合物，解决了混凝土离析、抓地以及扒底的难题。根据现场测量和计算的配合比，采用机器人进行试配，配制的混凝土包裹性较好，从搅拌机卸料时流速平稳，用铲子铲混凝土拌合物，铲起来不费力，流动性达到设计要求，骨料和浆体不分离，整个拌合物无离析、泌水、扒底和抓地现象，上表面有光泽。

C.5　中交三公局应用培训实例

（一）C30 配合比计算及试配

原配合比中胶凝材料为：水泥 331kg，需水量比 0.282，密度 3140kg/m^3；粉煤灰 59kg，密度 2200kg/m^3，需水量比 1.02；调整后外加剂掺量 1.3%。石子采用 4 号，是由 1 号、2 号、3 号三种石子按照 2∶5∶3 混合而成。

1. 砂的测量（表 C-22）

表 C-22　砂的测量数据

序号	1L 质量 (kg)	含石量 (kg)	干砂量 (kg)	湿砂量 (kg)	紧堆密度 (kg/m^3)	含石率 (%)	压力吸水率 (%)
1	1.844	0.184	3.0	3.268	1844	10.0	8.9
2	1.844	0.254	3.0	3.233	1844	13.6	7.8
3	1.854	0.219	3.0	3.211	1854	11.8	7.1

根据现场情况，为了计算方便，初步确定砂子的紧密堆积密度取值为 1844kg/m^3，含石率取值为 10.0%，压力吸水率取值 7%。

2. 石子的测量

石子的主要技术参数见表 C-23。

表 C-23　石子的主要技术参数

名称	空隙率（%）	表观密度（kg/m^3）	堆积密度（kg/m^3）	吸水率（%）
指标	42.3	2669	1540	2.7

3. 胶凝材料体积的计算

$$V_{胶凝材料} = \frac{331}{3140} + \frac{59}{2200} = 0.13(m^3)$$

4. 胶凝材料标准稠度用水量的计算

$$W_B = 331 \times 0.282 + 59 \times 0.282 \times 1.02 = 110(\text{kg})$$

胶凝材料总量：$$B = 331 + 59 = 390(\text{kg})$$

泌水系数：$$M_W = \frac{390}{300} - 1 = 0.3$$

$$W_{胶凝材料拌和用水量} = 110 \times \frac{2}{3} + 110 \times \frac{1}{3} \times (1 - 0.3) = 99(\text{kg})$$

5. 胶凝材料浆体体积的计算

$$V_{胶凝材料浆体体积} = V_{胶凝材料} + \frac{2}{3} \times \frac{W_B}{\rho_W} = 0.13 + \frac{2}{3} \times \frac{110}{1000} = 0.2(\text{m}^3)$$

由于拌合水在混凝土凝固后蒸发，因此计算浆体体积时，固化的水形成的体积按照标准稠度用水量的2/3计算。

6. 砂子用量及用水量

（1）细骨料用量：

$$S = \frac{1844 \times 42.3\%}{1 - 10\%} = 867(\text{kg})$$

（2）细骨料用水量：

$$W_{砂子用水量} = 7\% \times 867 = 61(\text{kg})$$

7. 石子用量及用水量

$$G = (1 - 0.2 - 42.3\%) \times 2669 - 10\% \times 867 = 920(\text{kg})$$

$$W_{石子用水量} = 920 \times 2.7\% = 25(\text{kg})$$

8. 骨料总用水量

$$W_{砂石骨料用水量} = 61 + 25 = 86(\text{kg})$$

9. 调整后的配合比（表C-24）

表C-24　调整后的配合比　　单位：kg

名称	水泥	粉煤灰	砂子	石子	外加剂	拌合水	预湿水
用量	331	59	867	920	5.07	99	86

（二）C50混凝土配合比计算及试配

原配合比中胶凝材料为：水泥447kg，需水量比0.282，密度3140kg/m³；粉煤灰50kg，需水量比1.02；密度2200kg/m³，调整后外加剂掺量1.5%，石子采用1号、3号石子按照25：75混合形成的5号石子。

1. 砂子主要技术参数（表C-25）

表C-25　砂子主要技术参数

名称	紧密堆积密度（kg/m³）	含石率（%）	压力吸水率（%）
指标	1844	10	7

2. 石子的测量

石子主要技术参数见表C-26。

表 C-26 石子主要技术参数

名称	空隙率（%）	表观密度（kg/m³）	堆积密度（kg/m³）	吸水率（%）
指标	43.4	2694	1525	3.2

3. 胶凝材料体积的计算

$$V_{胶凝材料} = \frac{447}{3140} + \frac{50}{2200} = 0.17(\text{m}^3)$$

4. 胶凝材料标准稠度用水量的计算

$$W_B = 447 \times 0.282 + 50 \times 0.282 \times 1.02 = 140(\text{kg})$$

胶凝材料总量：$B = 447 + 50 = 497(\text{kg})$

泌水系数：$M_W = \frac{497}{300} - 1 = 0.66$

$$W_{胶凝材料拌和用水量} = 140 \times \frac{2}{3} + 140 \times \frac{1}{3} \times (1 - 0.66) = 109(\text{kg})$$

5. 胶凝材料浆体体积的计算

$$V_{胶凝材料浆体体积} = V_{胶凝材料} + \frac{2}{3} \times \frac{W_B}{\rho_W} = 0.17 + \frac{2}{3} \times \frac{140}{1000} = 0.263(\text{m}^3)$$

由于拌合水在混凝土凝固后蒸发，因此计算浆体体积时，固化的水形成的体积按照标准稠度用水量的 2/3 计算。

6. 砂子用量及用水量

（1）细骨料用量：

$$S = \frac{1844 \times 43.4\%}{1 - 10\%} = 889(\text{kg})$$

（2）细骨料用水量：

$$W_{砂子用水量} = 7\% \times 889 = 62(\text{kg})$$

7. 石子用量及用水量

$$G = (1 - 0.263 - 43.4\%) \times 2694 - 10\% \times 889 = 727(\text{kg})$$

$$W_{石子用水量} = 727 \times 3.2\% = 23(\text{kg})$$

8. 骨料总用水量

$$W_{砂石骨料用水量} = 23 + 62 = 85(\text{kg})$$

9. 调整后的配合比（表 C-27）

表 C-27 调整后的配合比 单位：kg

名称	水泥	粉煤灰	砂子	石子	外加剂	拌合水	预湿水
用量	447	50	889	727	7.46	109	87

根据现场测量和调整计算配合比，采用预湿骨料工艺进行试配，两盘混凝土全部一次试配成功。由于配合比合理，在搅拌机中停止搅拌即可实现自流平，卸料流速平稳，拌合物表面有光泽，停止流动后顶部没有石子外露的现象，用铲子铲混凝土拌合物不费力，浆体本身的流动性很好，解决了混凝土离析、抓地和扒底的难题。

针对本标段混凝土工程中存在的三类气泡，小于 2mm 的圆泡是水泥助磨剂带入的，在本项目含量较少，可以不用考虑；大于 2mm 的圆泡是外加剂带入的，主要通过降低外加剂中的引气剂来解决，已经对外加剂厂提出了要求；而椭圆形或者不规则的缺陷属于水泡，主要是由于减水剂减水率小以及砂石吸水引起的，在试配的过程中通过预湿骨料技术消除砂石骨料吸水引起的水泡，建议实验室负责人通过完善振捣工艺或者提高减水率解决外加剂引起的水泡。在本次试验过程中，胶凝材料与外加剂调整的试验验证了外加剂减水率和气泡在复合胶凝材料净浆流动扩展度与混凝土拌合物之间有一一对应关系，所以在质量控制过程中可以考虑通过净浆流动试验控制外加剂的最佳掺量和气泡的数量。

10. 总结

经过现场试配，找到了中交三公局景中标段混凝土质量问题产生的原因，对解决现场质量事故，降低试配劳动量，提高混凝土动态质量控制效果，节约社会资源，发挥了重要的作用，解决了中交三公局混凝土质量控制的难题。

C.6 山东临沂应用实例

（一）配合比调整计算及试配

1. C30 配合比计算及试配

原配合比中胶凝材料为：水泥 216kg，需水量比 0.27，密度 3000kg/m^3；矿渣粉 80kg，需水量比 0.99，密度 2800kg/m^3；粉煤灰 84kg，需水量比 1.05，密度 2200kg/m^3；外加剂 9.2kg，混凝土工作性差，无法实现泵送施工。本次试验的目的是使用容易采购的废砂石料配制优质的混凝土，调整混凝土拌合物工作性能状态达到最佳，通过预湿骨料技术节约外加剂 3kg 左右。

2. 混合砂的测量

由于好砂石资源非常紧缺，为了实现用卵石机制砂、铁尾砂和石粉砂混合后代替优质砂的目标，临沂兰盾混凝土公司进行了这次试验。试验前将卵石机制砂 41%、铁尾砂 31%和石粉砂 28%按照比例混合后进行代替天然砂的试验，1L 桶去皮后装满砂子用脚踩实，称得质量为 2.075kg，得到砂子紧密堆积密度 $\rho_S=2.075\times1000=2075$（kg/m^3）；用孔径为 4.75mm 的方孔筛筛分，称得石子质量为 0.2kg，得到砂子含石率 $H_G=\frac{0.2}{2.075}\times100\%=9.6\%$，称取混合砂 3kg，加水至用手可以捏出水分。考虑到混合砂用于住宅，因此用压力机加压至 72kN，称得质量为 3.25kg，测得砂子压力吸水率 $Y_W=\frac{0.25}{3}\times100\%=8.3\%$。

3. 石子的测量

为了充分利用废石料，本次试验用两种碎石混合使用，一种粒径为 31.5mm 的碎石，另一种粒径为 10mm 的瓜子石，掺配比率为大石 91.9%，瓜子石 8.1%。测量的方法是先将两种石子按比例混合，将 10L 容量筒去皮，装满石子晃动 15 下刮平称得，质量为 15.3kg，得到石子堆积密度 $\rho_{g堆积}=15.3\times100=1530$（kg/m^3），加满水后称量，质量为 19.75kg，得到石子的空隙率 $P=\frac{19.75-15.3}{10}\times100\%=44.5\%$，结合堆积密度和空隙率求得石子表观密度 $\rho_{g表观}=1530/(1-44.5\%)=2757$（kg/m^3），倒掉水将石子控干，称得质量为 15.8kg，求得石子吸水率为 $X_W=\frac{15.8-15.3}{15.3}\times100\%=3\%$。

4. 胶凝材料体积的计算

$$V_{胶凝材料}=\frac{216}{3000}+\frac{80}{2800}+\frac{84}{2200}=0.14(m^3)$$

5. 胶凝材料标准稠度用水量的计算

$$W_B=216\times0.27+80\times0.27\times0.99+84\times0.27\times1.05=104(kg)$$

胶凝材料总量：　$B=216+80+84=380(kg)$

泌水系数：　$M_W=\frac{380}{300}-1=0.27$

$$W_{胶凝材料拌和用水量}=104\times\frac{2}{3}+104\times\frac{1}{3}\times(1-0.27)=95(kg)$$

6. 胶凝材料浆体体积的计算

$$V_{胶凝材料浆体体积}=V_{胶凝材料}+\frac{2}{3}\times\frac{W_B}{\rho_W}=0.14+\frac{2}{3}\times\frac{104}{1000}=0.2(m^3)$$

由于拌合水在混凝土凝固后蒸发，因此计算浆体体积时，固化的水形成的体积按照标准稠度用水量的2/3计算。

7. 砂子用量及用水量

（1）细骨料用量：

$$S=\frac{2075\times44.5\%}{1-9.6\%}=1021(kg)$$

（2）细骨料用水量：

$$W_{砂子用水量}=8.3\%\times1021=85(kg)$$

8. 石子用量及用水量

$$G=(1-0.2-44.5\%)\times2757-9.6\%\times1021=881(kg)$$

$$W_{石子用水量}=3\%\times881=26(kg)$$

9. 骨料总用水量

$$W_{砂石骨料用水量}=26+85=111(kg)$$

10. 调整后的配合比（表C-28）

表C-28　调整后的配合比　　单位：kg

名称	水泥	矿渣粉	粉煤灰	砂子	石子	外加剂	胶材用水	骨料用水
配合比用量	216	80	84	1021	790	6.7	94	109
实际用量	216	80	84	417∶322∶282	726∶64	6.7	94	109

11. 现场试配

用以上数据进行试配，采用预湿骨料工艺，一次成功，使用废弃的砂石骨料可以配制出优质的混凝土，并且外加剂减少了2.5kg，根据现场测量和计算的配合比，配制的混凝土包裹性较好，从搅拌机卸料时流速平稳，用铲子铲混凝土拌合物，铲起来不费力，流动性达到设计要求，骨料和浆体不分离，整个拌合物无离析、泌水、扒底和抓地现象，上表面有光泽。

（二）外加剂的调整

1. 外加剂的检测

合理地检测外加剂，判断外加剂的质量，以确定正常生产时外加剂的掺量，进行基准试验和调整试验。外加剂的检测主要是解决外加剂与水泥的适应性问题，确定外加剂是否满足采购合同确定的技术要求。对于质量较好的产品，确定最佳的掺量以便于降低成本；对于不满足要求的外加剂予以退货，见表 C-29。

表 C-29　外加剂基准试验和调整试验表

项目	水泥（g）	水（g）	外加剂（g）	扩展度（mm）
基准	300	87	6	290
调整	300	87	5.4	260

（1）基准试验

在标准稠度用水量时，300g 水泥用水 87g，外加剂掺量为 2%，流动扩展度为 290mm。

（2）调整计算

由于坍落度的控制值为 260mm，则外加剂调整后的掺量：$2\%\times\frac{260}{290}\times100\%=1.79\%$。

（3）调整后试验

称取 300g 水泥，用水 87g，外加剂掺量为 1.79%，实际流动扩展度为 265mm，达到预期的指标。

（4）降低成本

通过基准检验和掺量调整，准确判定该产品减水率满足采购要求，针对水泥的合理掺量为 1.79%。

2. 配制混凝土时外加剂掺量的调整

在配制混凝土的过程中，需要调整外加剂的掺量，解决掺合料对外加剂的适应性问题，通过基准胶凝材料试验与掺量调整，实现外加剂掺量最佳。由于原生产配合比外加剂用量为 8.4kg，本试验进行了调整。按照水泥与外加剂试验结果，以 6.7kg 为基准胶凝材料进行调整试验。

（1）胶凝材料基准试验和调整材料（表 C-30）

表 C-30　胶凝材料基准试验和调整试验表

项目	水泥（g）	矿渣（g）	粉煤灰（g）	水（g）	外加剂（g）	扩展度（mm）
基准	216	80	84	104	6.7	290
调整	216	80	84	104	5.0	240

在标准稠度用水量时，216g 水泥，80g 矿渣，84g 粉煤灰，104g 水，外加剂掺量 1.79%，流动扩展度为 290mm。

（2）调整计算

生产时，若坍落度的控制值为 220mm，则外加剂调整后的掺量：$1.79\%\times\frac{220}{290}\times100\%=1.36\%$。300g 水泥，80g 矿渣，84g 粉煤灰，104g 水，外加剂掺量为：$380\times1.36\%=5.1$（g）。

（3）调整后试验

称取 300g 水泥，80g 矿渣，84g 粉煤灰，104g 水，外加剂掺量为 5.0g 进行试验，实际流动扩展度为 245mm，达到预期的指标。

（4）确定合理掺量

通过试验调整，合理的外加剂掺量为 5.0g 时，单组分混凝土中外加剂用量比生产用量节约 3.4kg。

3. 对比试验

根据以上计算结果调整计算数据，进行了生产配合比与调整配合比对比试验。采用生产配合比试配的混凝土拌合物出现了明显的离析、泌水、抓地和扒底现象，混凝土工作性差，无法顺利泵送。使用数字量化混凝土实用技术调整配合比之后配制出的混凝土，外加剂减少了 3.4kg，根据现场观察，混凝土拌合物的包裹性良好，从搅拌机卸料时流速平稳，用铲子铲混凝土拌合物，铲起来不费力，流动性达到设计要求，骨料和浆体不分离，整个拌合物无离析、泌水、扒底和抓地现象，上表面有光泽。

（三）试验总结

经过现场检测、调整计算以及试配，基本解决了采用废弃砂石料配制混凝土的技术难题；通过砂子紧密堆积密度、含石率和含水率的准确测量，石子堆积密度、空隙率和吸水率的准确测量以及石子表观密度的准确计算，实现了使用现场原材料参数调整混凝土配合比，使混凝土配合比达到最佳。外加剂的检测和调整试验，确保了外加剂使用得科学合理，最终实现混凝土拌合物工作性最好，混凝土成本最低，便于质量控制和操作的目的。

C.7　山西太原高吸附性砂试配实例

（一）高吸附性机制砂配制混凝土

C40 混凝土，配合比中胶凝材料为：水泥 300kg，需水量比 0.27，密度 3000kg/m^3；矿渣粉 110kg，需水量比 0.99，密度 2800kg/m^3；粉煤灰 50kg，需水量比 1.05，密度 2200kg/m^3；外加剂推荐掺量为 2%。本次试验目的是使用高吸附性砂配制出质量均匀稳定的混凝土，通过预湿骨料技术解决不增加外加剂掺量，调整混凝土拌合物工作性状态达到最佳。

1. 高吸附性砂检测

用 1L 桶去皮后装满砂子用压力机加压至 72kN，称得质量为 2.03kg，得到高吸附性砂紧密堆积密度 $\rho_S=2.030\times1000=2030$（kg/m^3），用孔径 4.75mm 的方孔筛筛分，对石子称得质量为 0.05kg，得到砂子含石率 $H_G=\frac{0.05}{2.03}\times100\%=2.5\%$，称取 3kg 高吸附性机制砂，加水至用手可以捏出水分，考虑到高吸附性砂用于住宅，因此用压力机加压至 72kN 称得质量为 3.18kg，得到砂子压力吸水率 $Y_W=\frac{3.18-3}{3}\times100\%=6\%$。

2. 石子的测量

本次试验用石子为碎卵石，粒径为 31.5mm。将 10L 容量筒去皮，装满石子晃动 15 下，刮平，称得质量为 15.67kg，得到石子堆积密度 $\rho_{g堆积}=15.67\times100=1567$(kg/m^3)，加满水后称得质量为 19.57kg，得到石子的空隙率 $P=\frac{19.57-15.67}{10}\times100\%=39\%$，结合堆积密度和空隙率求得石子表观密度 $\rho_{g表观}=1567/(1-39\%)=2569$(kg/m^3)，倒掉水将石子控干，称得质量为 15.8kg，求得石子吸水率 $X_W = \frac{15.8-15.3}{15.3} \times 100\% = 3\%$。

3. 胶凝材料体积的计算

$$V_{胶凝材料} = \frac{300}{3000} + \frac{110}{2800} + \frac{50}{2200} = 0.16(m^3)$$

4. 胶凝材料标准稠度用水量的计算

$$W_B = 300 \times 0.27 + 110 \times 0.27 \times 0.99 + 50 \times 0.27 \times 1.05 = 125(kg)$$

胶凝材料总量：

$$B = 300 + 110 + 50 = 460(kg)$$

泌水系数：

$$M_W = \frac{460}{300} - 1 = 0.53$$

$$W_{胶凝材料拌和用水量} = 125 \times \frac{2}{3} + 125 \times \frac{1}{3} \times (1 - 0.53) = 103(kg)$$

5. 胶凝材料浆体体积的计算

$$V_{胶凝材料浆体体积} = V_{胶凝材料} + \frac{2}{3} \times \frac{W_B}{\rho_W} = 0.16 + \frac{2}{3} \times \frac{125}{1000} = 0.243(m^3)$$

由于拌合水在混凝土凝固后蒸发，因此计算浆体体积时，固化的水形成的体积按照标准稠度用水量的 2/3 计算。

6. 砂子用量及用水量

（1）细骨料用量：

$$S = \frac{2030 \times 39\%}{1 - 2.5\%} = 812(kg)$$

（2）细骨料用水量：

$$W_{砂子用水量} = 6\% \times 812 = 49(kg)$$

7. 石子用量及用水量

$$G = (1 - 0.243 - 39\%) \times 2567 - 2.5\% \times 812 = 922(kg)$$

$$W_{石子用水量} = 922 \times 3\% = 28(kg)$$

8. 骨料总用水量

$$W_{砂石骨料用水量} = 49 + 28 = 77(kg)$$

9. 调整后的配合比（表 C-31）

表 C-31　调整后的配合比　　单位：kg

名称	水泥	矿渣粉	粉煤灰	砂子	石子	外加剂	拌合水	骨料水
用量	300	110	50	812	922	9.2	103	77

（二）天然砂配制混凝土

1. 胶凝材料主要参数（表 C-32）

表 C-32　胶凝材料主要参数

名称	水泥	矿渣粉	粉煤灰
用量（kg）	300	110	50
密度（kg/m^3）	3000	2800	2200
需水量（比）	0.27	0.99	1.05

2. 天然砂检测

用1L桶去皮后装满砂子用压力机加压至72kN，称得质量为1.93kg，得到砂子紧密堆积密度$\rho_S=1.93\times1000=1930$（$kg/m^3$），用孔径为4.75mm的方孔筛筛分，对石子称得质量为0.43kg，得到砂子含石率$H_G=\frac{0.43}{1.93}\times100\%=22\%$，称取天然砂3kg，加水至用手可以捏出水分，考虑到混合砂用于住宅，因此用压力机加压至72kN，称得质量为3.11kg，测得砂子压力吸水率为$Y_W=\frac{3.11-3}{3}\times100\%=3.7\%$。

3. 石子的测量

本次试验用石子为碎卵石，粒径为31.5mm。将10L容量筒去皮，装满石子晃动15下刮平，称得质量为15.67kg，得到石子堆积密度$\rho_{g堆积}=15.67\times100=1567(kg/m^3)$。加满水后，称得质量为19.57kg，得到石子的空隙率$P=\frac{19.57-15.67}{10}\times100\%=39\%$，结合堆积密度和空隙率求得石子表观密度$\rho_{g表观}=1567/(1-39\%)=2569(kg/m^3)$，倒掉水将石子控干，称得质量为15.8kg，求得石子吸水率$X_W=\frac{15.8-15.3}{15.3}\times100\%=3\%$。

4. 胶凝材料体积的计算

$$V_{胶凝材料}=\frac{300}{3000}+\frac{110}{2800}+\frac{50}{2200}=0.16(m^3)$$

5. 胶凝材料标准稠度用水量的计算

$$W_B=300\times0.27+110\times0.27\times0.99+50\times0.27\times1.05=125(kg)$$

胶凝材料总量：
$$B=300+110+50=460(kg)$$

泌水系数：
$$M_W=\frac{460}{300}-1=0.53$$

$$W_{胶凝材料拌和用水量}=125\times\frac{2}{3}+125\times\frac{1}{3}\times(1-0.53)=103(kg)$$

6. 胶凝材料浆体体积的计算

$$V_{胶凝材料浆体体积}=V_{胶凝材料}+\frac{2}{3}\times\frac{W_B}{\rho_W}=0.16+\frac{2}{3}\times\frac{125}{1000}=0.243(m^3)$$

由于拌合水在混凝土凝固后蒸发，因此计算浆体体积时，固化的水形成的体积按照标准稠度用水量的2/3计算。

7. 砂子用量及用水量

（1）细骨料用量：

$$S=\frac{1930\times39\%}{1-22\%}=965(kg)$$

（2）细骨料用水量：

$$W_{砂子用水量}=3.7\%\times965=36(kg)$$

8. 石子用量及用水量

$$G=(1-0.243-39\%)\times2567-22\%\times965=730(kg)$$

$$W_{石子用水量}=730\times3\%=22(kg)$$

9. 骨料总用水量

$$W_{砂石骨料用水量}=36+22=58(kg)$$

10. 调整后的配合比（表 C-33）

表 C-33　调整后的配合比　　单位：kg

名称	水泥	矿渣粉	粉煤灰	砂子	石子	外加剂	胶材水	骨料水
天然砂	300	110	50	965	730	9.2	103	58

（三）混合砂配制混凝土

1. 调整目的

本次试验目的是使用便宜的高吸附性砂和天然砂混合配制出质量均匀稳定的混凝土，通过预湿骨料技术解决不增加外加剂的掺量，能调整混凝土拌合物工作性达到最佳状态。胶凝材料主要参数，见表 C-34。

表 C-34　胶凝材料主要参数

名称	水泥	矿渣粉	粉煤灰
用量（kg）	300	110	50
密度（kg/m^3）	3000	2800	2200
需水量（比）	0.27	0.99	1.05

2. 混合砂的参数

由于好的砂石资源紧缺，为了实现用高吸附性机制砂代替优质砂的目标，试验取了两种砂子：一种为高吸附性机制砂；另一种为天然砂。在配合比设计过程中使用高吸附性机制砂 50%＋天然砂 50%混合方案进行试验。两种砂子主要技术参数，见表 C-35。

表 C-35　两种砂子主要技术参数

名称	紧密堆积密度（kg/m^3）	含石率（%）	压力吸水率（%）
机制砂	2030	2.5	6
天然砂	1930	22	3.7

3. 石子主要技术参数（表 C-36）。

表 C-36　石子主要技术参数

名称	空隙率（%）	表观密度（kg/m^3）	堆积密度（kg/m^3）	吸水率（%）
指标	39	2567	1567	3

4. 胶凝材料体积的计算

$$V_{胶凝材料} = \frac{300}{3000} + \frac{110}{2800} + \frac{50}{2200} = 0.16(m^3)$$

5. 胶凝材料标准稠度用水量的计算

$$W_B = 300 \times 0.27 + 110 \times 0.27 \times 0.99 + 50 \times 0.27 \times 1.05 = 125(kg)$$

胶凝材料总量：　$B = 300 + 110 + 50 = 460(kg)$

泌水系数：　$M_W = \frac{460}{300} - 1 = 0.53$

$$W_{胶凝材料拌和用水量} = 125 \times \frac{2}{3} + 125 \times \frac{1}{3} \times (1 - 0.53) = 103(\mathrm{kg})$$

6. 胶凝材料浆体体积的计算

$$V_{胶凝材料浆体体积} = V_{胶凝材料} + \frac{2}{3} \times \frac{W_{B}}{\rho_{W}} = 0.16 + \frac{2}{3} \times \frac{125}{1000} = 0.243(\mathrm{m^3})$$

由于拌合水在混凝土凝固后蒸发，因此计算浆体体积时，固化的水形成的体积按照标准稠度用水量的 2/3 计算。

7. 砂子用量及用水量

（1）细骨料用量：

$$S_{机制砂} = \frac{2030 \times 0.39}{1 - 2.5\%} = 812(\mathrm{kg})$$

$$S_{天然砂} = \frac{1930 \times 0.39}{1 - 22\%} = 965(\mathrm{kg})$$

$$S_{混合砂} = 0.5 \times S_{机制砂} + 0.5 \times S_{天然砂} = 0.5 \times 812 + 0.5 \times 965 = 889(\mathrm{kg})$$

（2）细骨料用水量：

$$W_{机制砂用水量} = 6\% \times 812 = 49(\mathrm{kg})$$

$$W_{天然砂用水量} = 3.7\% \times 965 = 36(\mathrm{kg})$$

$$W_{混合砂} = 0.5 \times W_{机制砂} + 0.5 \times W_{天然砂} = 0.5 \times 49 + 0.5 \times 36 = 43(\mathrm{kg})$$

8. 石子用量及用水量

$$G_{机制砂} = (1 - 0.243 - 39\%) \times 2567 - 2.5\% \times 812 = 922(\mathrm{kg})$$

$$G_{天然砂} = (1 - 0.243 - 39\%) \times 2567 - 22\% \times 965 = 730(\mathrm{kg})$$

$$W_{机制砂石子用水量} = 922 \times 3\% = 28(\mathrm{kg})$$

$$W_{天然砂石子用水量} = 730 \times 3\% = 22(\mathrm{kg})$$

$$G_{混合砂} = 0.5 \times G_{机制砂} + 0.5 \times G_{天然砂} = 826(\mathrm{kg})$$

$$W_{混合砂} = 0.5 \times W_{机制砂} + 0.5 \times W_{天然砂} = 25(\mathrm{kg})$$

9. 骨料总用水量

$$W_{砂石骨料用水量} = 43 + 25 = 78(\mathrm{kg})$$

10. 调整后的配合比（表 C-37）

表 C-37　调整后的配合比　　单位：kg

名称	水泥	矿渣粉	粉煤灰	砂子	石子	外加剂	胶材水	骨料水
混合砂	300	110	50	406：483	826	8.3	103	78

11. 外加剂的检测与调整

（1）外加剂的检测

称取水泥 300g、水 87g、外加剂 6g（2%），进行外加剂掺量检测，现场检测的水泥净浆流动度扩展度达到 270mm，满足试配要求，因此胶凝材料以 2%为基准进行调整。对于高吸附性机制砂，可以控制净浆流动扩展度为 270mm，外加剂掺量取 2%。对于普通砂石，由于吸附性低，可以控制净浆流动扩展度为 240mm，外加剂掺量为 $2\% \times \frac{240}{270} \times 100\% =$

1.78%，取1.8%掺量。

（2）外加剂掺量调整

称取水泥300g、矿渣粉110g、粉煤灰50g、水125g、外加剂9.2g（2%），进行外加剂掺量调整，实际测得胶凝材料净浆流动度扩展度达到250mm，满足试配要求。因此混凝土试配外加剂掺量确定为：高吸附性机制砂2%，天然砂1.8%，混合砂1.8%。

12. 现场试配

经过现场检测和配合比调整计算，得到了三组混凝土配合比，采用预湿骨料工艺进行试配，每一组的工作性都达到了设计要求，试配一次成功，通过试验找到了使用高吸附性机制砂不增加外加剂掺量即可配制出质量均匀稳定的混凝土的方法。根据现场测量和观察，第一盘采用高吸附性机制砂，外加剂掺量2%，混凝土黏聚性良好，坍落度损失很小；第二盘采用天然砂，外加剂掺量2%，混凝土出机后流动性良好，坍落度损失很小，用于实际生产时外加剂可以减少至1.8%；第三盘采用混合砂，外加剂掺量1.8%，混凝土出机后黏聚性良好，坍落度损失很小。

本次试配的混凝土采用预湿骨料技术，出机后混凝土拌合物包裹性良好，证明砂石骨料用量合理；搅拌机卸料时流速平稳，没有泌水和泌浆的现象，证明配合比设计的用水量和外加剂掺量合理；用铲子翻动混凝土拌合物，骨料和浆体不分离，静置一段时间后石子不下沉，浆体不上浮，铲起来不费力，证明混凝土拌合物匀质性好；混凝土拌合物表层无气泡，有明显的光泽，用抹子划过后很快就能够自动流平，证明混凝土拌合物坍落度损失较小，有利于泵送；在测量工作性和静置一段时间后，拌合物无离析、泌水、扒底和抓地的现象，证明混凝土拌合物具有良好的施工性能。

13. 试验总结

经过对外加剂与水泥适应性的检测、外加剂与复合胶凝材料合理掺量的调整、砂石骨料的现场检测以及参数计算、配合比的调整和试配，基本解决了采用高吸附性机制砂配制混凝土的技术难题，通过砂子紧密堆积密度、含石率和压力吸水率的准确测量，石子堆积密度、空隙率和吸水率的准确测量以及石子表观密度的准确计算，实现了使用现场原材料参数准确地调整混凝土配合比的目标，使混凝土工作性和状态达到最佳，成本最低，混凝土便于质量控制和操作。

C.8　辽宁本溪应用实例（C30）

（一）C30天然砂混凝土

1. 基础参数

原配合比中胶凝材料为：水泥185kg，需水量比0.292，密度3000kg/m³；矿渣粉60kg，需水量比1.0，密度2800kg/m³；粉煤灰80kg，密度2200kg/m³，需水量比1.05；调整后外加剂掺量2%。石子采用大石70%，小石30%两种混合形成的石子。

2. 砂子主要技术参数（表C-38）

表C-38　砂子主要参数

名称	紧密堆积密度（kg/m³）	含石率（%）	压力吸水率（%）
指标	2110	0.1	5.3%

3. 石子主要技术参数（表 C-39）

表 C-39　石子主要参数

名称	空隙率（%）	表观密度（kg/m^3）	堆积密度（kg/m^3）	吸水率（%）
指标	44.5%	2733	1517	3%

4. 胶凝材料体积的计算

$$V_{胶凝材料} = \frac{185}{3000} + \frac{60}{2800} + \frac{80}{2200} = 0.12(m^3)$$

5. 胶凝材料标准稠度用水量的计算

$$W_B = 185 \times 0.292 + 60 \times 0.292 \times 1.0 + 80 \times 0.292 \times 1.05 = 96(kg)$$

胶凝材料总量：$B = 185 + 60 + 80 = 325(kg)$

泌水系数：$M_W = \frac{325}{300} - 1 = 0.08$

$$W_{胶凝材料拌和用水量} = 96 \times \frac{2}{3} + 96 \times \frac{1}{3} \times (1 - 0.08) = 93(kg)$$

6. 胶凝材料浆体体积的计算

$$V_{胶凝材料浆体体积} = V_{胶凝材料} + \frac{2}{3} \times \frac{W_B}{\rho_W} = 0.12 + \frac{2}{3} \times \frac{96}{1000} = 0.184(m^3)$$

由于拌合水在混凝土凝固后蒸发，因此计算浆体体积时，固化的水形成的体积按照标准稠度用水量的 2/3 计算。

7. 砂子用量及用水量

（1）细骨料用量：

$$S = \frac{2110 \times 0.445}{1 - 0.1\%} = 940(kg)$$

（2）细骨料用水量：

$$W_{砂子用水量} = 5.3\% \times 940 = 50(kg)$$

8. 石子用量及用水量

$$G = (1 - 0.184 - 0.445) \times 2733 - 0.1\% \times 940 = 1013(kg)$$

$$W_{石子用水量} = 1013 \times 3\% = 30(kg)$$

9. 骨料总用水量

$$W_{砂石骨料用水量} = 50 + 30 = 80(kg)$$

10. 调整后的配合比（表 C-40）

表 C-40　调整后的配合比　　单位：kg

名称	水泥	矿渣粉	粉煤灰	砂子	石子	外加剂	拌合水	砂石用水
天然砂	185	60	80	940	1013	6.5	85	80

（二）砂＋石粉配制 C30 混凝土

1. 基础参数

原配合比中胶凝材料为：水泥 185kg，需水量比 0.292，密度 $3000kg/m^3$；矿渣粉 60kg，需水量比 1.0，密度 $2800kg/m^3$；粉煤灰 80kg，需水量比 1.05，密度 $2200kg/m^3$；

调整后外加剂掺量2%。石子采用大石70%，小石30%两种混合形成的石子。

2. 砂子主要技术参数（表C-41）

表C-41　砂子主要技术参数

名称	紧密堆积密度（kg/m^3）	含石率（%）	压力吸水率（%）
指标	2155	0.1%	4.5%

注：（砂子850kg+石粉100kg混合物）测量结果。

3. 石子主要技术参数（表C-42）

表C-42　石子主要技术参数

名称	空隙率（%）	表观密度（kg/m^3）	堆积密度（kg/m^3）	吸水率（%）
指标	44.5%	2733	1517	3%

4. 胶凝材料体积的计算

$$V_{胶凝材料}=\frac{185}{3000}+\frac{60}{2800}+\frac{80}{2200}=0.12(m^3)$$

5. 胶凝材料标准稠度用水量的计算

$$W_B=185\times0.292+60\times0.292\times1.0+80\times0.292\times1.05=96(kg)$$

胶凝材料总量：$$B=185+60+80=325(kg)$$

泌水系数：$$M_W=\frac{325}{300}-1=0.08$$

$$W_{胶凝材料拌和用水量}=96\times\frac{2}{3}+96\times\frac{1}{3}\times(1-0.08)=93(kg)$$

6. 胶凝材料浆体体积的计算

$$V_{胶凝材料浆体体积}=V_{胶凝材料}+\frac{2}{3}\times\frac{W_B}{\rho_W}=0.12+\frac{2}{3}\times\frac{96}{1000}=0.184(m^3)$$

由于拌合水在混凝土凝固后蒸发，因此计算浆体体积时，固化的水形成的体积按照标准稠度用水量的2/3计算。

7. 砂子用量及用水量

（1）细骨料用量：

$$S_{砂+石粉}=\frac{2155\times0.445}{1-0.1\%}=959(kg)$$

$$S_{砂}=959\times\frac{850}{959}=858(kg)$$

$$S_{砂}=959\times\frac{100}{959}=101(kg)$$

（2）细骨料用水量：

$$W_{砂+石粉}=4.5\%\times959=43(kg)$$

8. 石子用量及用水量

$$G=(1-0.184-44.5\%)\times2733-0.1\%\times959=1013(kg)$$

$$W_{石子用水量}=1013\times3\%=30(kg)$$

9. 骨料总用水量

$$W_{砂石骨料用水量} = 43 + 30 = 73(\text{kg})$$

10. 调整后的配合比（表 C-43）

表 C-43　调整后的配合比　　单位：kg

名称	水泥	矿渣粉	粉煤灰	砂子+石粉混合物	石子	外加剂	拌合水	砂用水	石用水
含石粉	185	60	80	858+101	1013	6.5	85	43	30

11. 现场试配

根据现场测量和调整计算配合比，采用预湿骨料工艺进行试配，两盘混凝土全部一次试配成功，解决了在不增加外加剂的情况下每立方米混凝土利用 100kg 石粉的问题。由于配合比合理，在搅拌机中停止搅拌即可实现自流平，卸料流速平稳，拌合物表面有光泽，停止流动后顶部没有石子外露的现象，用铲子铲混凝土拌合物不费力，浆体本身的流动性很好。

12. 试验总结

经过现场实践，找到了不增加外加剂掺量就可以利用大量石粉配制工作性满足施工设计的混凝土的方法，对充分利用石粉，节省外加剂，降低试配劳动量，提高混凝土动态质量控制，节约社会资源，发挥了很大的作用，解决了铁厦混凝土公司充分利用石粉的技术难题。

C.9　辽宁沈阳应用实例（C50）

1. 基础参数

原配合比中胶凝材料为：水泥 420kg，需水量比 0.292，密度 3000kg/m³；矿渣粉 80kg，需水量比 0.99，密度 2800kg/m³；调整后外加剂掺加量 12kg。

2. 砂子主要技术参数

本次试验采用特细砂，具体技术参数见表 C-44。

表 C-44　砂子主要技术参数

名称	紧密堆积密度（kg/m³）	含石率（%）	压力吸水率（%）
指标	1750	8	13.3

3. 石子主要技术参数（表 C-45）

表 C-45　石子主要技术参数

名称	空隙率（%）	表观密度（kg/m³）	堆积密度（kg/m³）	吸水率（%）
指标	43	2728	1555	2

4. 胶凝材料体积的计算

$$V_{胶凝材料} = \frac{420}{3000} + \frac{80}{2800} = 0.17(\text{m}^3)$$

5. 胶凝材料标准稠度用水量的计算

$$W_B = 420 \times 0.292 + 80 \times 0.292 \times 0.99 = 146(\text{kg})$$

胶凝材料总量：　$B = 400 + 80 = 480(\text{kg})$

泌水系数：　$M_W = \frac{480}{300} - 1 = 0.6$

$$W_{胶凝材料拌和用水量} = 146 \times \frac{2}{3} + 146 \times \frac{1}{3} \times (1 - 0.6) = 117(\text{kg})$$

6. 胶凝材料浆体体积的计算

$$V_{胶凝材料浆体体积} = V_{胶凝材料} + \frac{2}{3} \times \frac{W_B}{\rho_W} = 0.17 + \frac{2}{3} \times \frac{146}{1000} = 0.267\text{m}^3$$

由于拌合水在混凝土凝固后蒸发，因此计算浆体体积时，固化的水形成的体积按照标准稠度用水量的2/3计算。

7. 砂子用量及用水量

（1）细骨料用量：

$$S = \frac{1750 \times 43\%}{1 - 8\%} = 818(\text{kg})$$

（2）细骨料用水量：

$$W_{砂子最大用水量} = 13.3\% \times 818 = 109(\text{kg})$$

8. 石子用量及用水量

$$G = (1 - 0.267 - 43\%) \times 2728 - 8\% \times 818 = 761(\text{kg})$$

$$W_{石子用水量} = 761 \times 2\% = 15(\text{kg})$$

9. 骨料总用水量

$$W_{砂石骨料用水量} = 109 + 15 = 124(\text{kg})$$

10. 调整后的配合比（表C-46）

表C-46　调整后的配合比　　单位：kg

名称	水泥	矿渣粉	砂子	石子	外加剂	拌合水	砂用水	石用水
细砂	420	80	818	761	12	117	109	15

11. 试配

根据试验数据和调整计算配合比，采用预湿骨料工艺进行试配，调整的特细砂混凝土试配一次成功，解决了采用细砂，在减少2kg外加剂的情况下配制出工作性优异的C50混凝土的问题。由于配合比合理，在搅拌机中停止搅拌即可实现自流平，卸料流速平稳，拌合物表面有光泽，停止流动后顶部没有石子外露的现象，用铲子铲混凝土拌合物不费力，浆体本身的流动性很好。

12. 试验总结

经过现场实践，找到了利用细砂在减少2kg外加剂的情况下，配制工作性满足施工设计的C50混凝土的方法，对充分利用细砂，节省外加剂，降低试配劳动量，提高混凝土动态质量控制，节约社会资源，发挥了很大的作用，解决了沈阳帝阳混凝土公司充分利用细砂的技术难题。

C.10　华南理工大学培训实例（C30）

（一）广东佛山砂石配制C30混凝土

1. 基础参数

原配合比中胶凝材料为：水泥200kg，需水量比0.27，密度3000kg/m³；矿渣粉50kg，需水量比 1.03，密度 $2800kg/m^3$；粉煤灰 50kg，需水量比 1.03，密度 $2600kg/m^3$；外加剂 7.2kg，折合掺量为 2.4%。目的是用山砂配制出工作性优异的混凝土。

2. 砂的测量

砂子紧密堆积密度 $\rho_S=(5.03-3.31)\times1000=1720(kg/m^3)$，不含石子。称取砂子 3.0kg，吸饱水后加压至 72kN，挤出水分，称得质量为 3.29kg，压力吸水率 $Y_W=\frac{0.29}{3.0}\times100\%=9.7\%$。

3. 石子的测量

先将粗细两种石子按照 8∶2 比例混合均匀，测得堆积密度 $\rho_{g堆积}=15.20\times100=1520(kg/m^3)$，空隙率 $P=\frac{19.19-15.20}{10}\times100\%=39.9\%$，表观密度 $\rho_{g表观}=1520/(1-39.9\%)=2529(kg/m^3)$，吸水率 $H_W=\frac{15.43-15.20}{15.20}\times100\%=1.5\%$。

4. 胶凝材料体积的计算

$$V_{胶凝材料}=\frac{200}{3000}+\frac{50}{2800}+\frac{50}{2600}=0.10(m^3)$$

5. 胶凝材料标准稠度用水量的计算

$$W_B=200\times0.27+50\times0.27\times1.03+50\times0.27\times1.03=82(kg)$$

胶凝材料总量： $B=200+50+50=300(kg)$

泌水系数： $M_W=\frac{300}{300}-1=0$

$$W_{胶凝材料拌和用水量}=82\times\frac{2}{3}+82\times\frac{1}{3}\times(1-0)=82(kg)$$

6. 胶凝材料浆体体积的计算

$$V_{胶凝材料浆体体积}=V_{胶凝材料}+\frac{2}{3}\times\frac{W_B}{\rho_W}=0.10+\frac{2}{3}\times\frac{82}{1000}=0.155(m^3)$$

由于拌合水在混凝土凝固后蒸发，因此计算浆体体积时，固化的水形成的体积按照标准稠度用水量的 2/3 计算。

7. 砂子用量及用水量

（1）细骨料用量：

$$S=\frac{1720\times39.9\%}{1-0}=686(kg)$$

（2）细骨料用水量：

$$W_{砂子用水量}=9.7\%\times686=67(kg)$$

8. 石子用量及用水量

$$G=(1-0.155-0.399)\times2529-0\times686=1128(kg)$$

$$W_{石子用水量}=1128\times1.5\%=17(kg)$$

9. 骨料总用水量

$$W_{砂石骨料最大用水量}=67+17=84kg$$

10. 调整后的配合比（表 C-47）

表 C-47　调整后的配合比　　单位：kg

名称	水泥	矿渣粉	粉煤灰	砂子	石子	外加剂	拌合水	预湿水
用量	200	50	50	686	1128	7.2	82	84

11. 试配

根据现场测量砂石的参数和用以上数据进行配合比调整计算。外加剂掺量：水泥 200kg、矿渣粉 50kg、粉煤灰 50kg、水 82kg，掺加外加剂，调整外加剂至净浆流动扩展度达到 260mm 时的掺量为 1.6%，比原来 2.4%减少了 0.8%。采用预湿骨料工艺进行试配，一盘试配成功，所用材料的量非常准确，配制的混凝土没有出现离析、泌水、抓地和扒底的现象，混凝土实测表观密度 2400kg/m^3。对于表观密度的调整采用等比例增减砂石的方法解决。由于配合比合理，在搅拌机中停止搅拌即可实现自流平，卸料流速平稳，拌合物表面有光泽，停止流动后顶部没有石子外露的现象，用铲子铲混凝土拌合物不费力，浆体本身的流动性很好，测量排空时间为 4s。

（二）广东广州砂石配制 C30 混凝土

1. 调整目的

原配合比中胶凝材料为：水泥 200kg，需水量比 0.27，密度 3000kg/m^3；矿渣粉 60kg，需水量比 1.0，密度 2800kg/m^3；粉煤灰 50kg，需水量比 1.03，密度 2600kg/m^3；外加剂 6.8kg，折合掺量 2%。试验目的是用水洗海砂配制出工作性优异的混凝土。

2. 砂的测量

砂子紧密堆积密度为 1.67×1000=1670(kg/m^3)，不含石子。砂的压力吸水率测量：称取砂子 3.0kg，吸饱水后加压至 72kN，挤出水分，称得质量为 3.21kg，压力吸水率为$\frac{0.21}{3.0}\times 100\%=7\%$。

3. 石子的测量

将石子装入桶中称量，测得堆积密度 $\rho_{g堆积}=13.84\times 100=1384(kg/m^3)$，空隙率 $P=\frac{18.46-13.84}{10}\times 100\%=46.2\%$，表观密度 $\rho_{g表观}=1384/(1-46.2\%)=2572(kg/m^3)$，吸水率 $X_W=\frac{14.1-13.84}{13.84}\times 100\%=1.9\%$。

4. 胶凝材料体积的计算

$$V_{胶凝材料}=\frac{200}{3000}+\frac{50}{2800}+\frac{50}{2600}=0.10(m^3)$$

5. 胶凝材料标准稠度用水量的计算

$$W_B=200\times 0.27+50\times 0.27\times 1.03+50\times 0.27\times 1.03=82(kg)$$

胶凝材料总量：$$B=200+50+50=300(kg)$$

泌水系数：$$M_W=\frac{300}{300}-1=0$$

$$W_{胶凝材料拌和用水量}=82\times\frac{2}{3}+82\times\frac{1}{3}\times(1-0)=82(kg)$$

6. 胶凝材料浆体体积的计算

$$V_{胶凝材料浆体体积} = V_{胶凝材料} + \frac{2}{3} \times \frac{W_B}{\rho_W} = 0.10 + \frac{2}{3} \times \frac{82}{1000} = 0.155(m^3)$$

由于拌合水在混凝土凝固后蒸发，因此计算浆体体积时，固化的水形成的体积按照标准稠度用水量的 2/3 计算。

7. 砂子用量及用水量

（1）细骨料用量：

$$S = \frac{1670 \times 46.2\%}{1-0} = 772(kg)$$

（2）细骨料用水量：

$$W_{砂子用水量} = 7\% \times 772 = 54(kg)$$

8. 石子用量及用水量

$$G = (1 - 0.155 - 46.2\%) \times 2572 - 0 \times 772 = 985(kg)$$

$$W_{石子用水量} = 985 \times 1.8\% = 18(kg)$$

9. 骨料总用水量

$$W_{砂石骨料用水量} = 54 + 18 = 72(kg)$$

10. 调整后的配合比（表 C-48）

表 C-48　调整后的配合比　　单位：kg

名称	水泥	矿渣粉	粉煤灰	砂子	石子	外加剂	拌合水	预湿水
用量	200	60	80	772	985	6.8	82	72

11. 试配

采用广州原材料进行配合比调整。外加剂掺量：水泥 200kg、矿渣粉 60kg、粉煤灰 80kg、水 82kg，掺加外加剂，调整外加剂至净浆流动扩展度达到 280mm 时的掺量为 2%，胶凝材料净浆出现黏结玻璃板的情况，根据这一现象分析，外加剂掺量偏高，外加剂中缓凝成分葡萄糖酸钠超过掺量，建议外加剂厂家调整外加剂配方。学员先试配一盘，由于称量出现错误，混凝土直接倒掉。由老师指导重新试配一盘，控制外加剂和水加入量合理，试配的混凝土卸料出机过程浆体饱满，流速稳定，拌合物均匀连续，无断料现象，说明混凝土配合比设计中各种原材料用量合理。出机后在钢板上直接检测，混凝土拌合物技术指标均满足设计技术要求。由于混凝土外加剂掺入过量的缓凝成分，等待几分钟后，和胶凝材料净浆流动扩展度试验一样，在混凝土拌合物周围出现了明显的泌水和抓地现象。因此，建议混凝土搅拌站尽量不用这样的外加剂，要求外加剂厂降低葡萄糖酸钠在外加剂中的含量，提高减水组分在外加剂中的含量，预防混凝土试配过程中出现泌水和抓地的问题。

C.11　安徽亳州试配实例

（一）C30 配合比计算及试配

1. 基础参数

原配合比中胶凝材料为：水泥 135kg，需水量比 0.27，密度 3000kg/m^3；矿渣粉 135kg，需水量比 0.99，密度 2800kg/m^3；粉煤灰 115kg，需水量比 1.05，密度 2200kg/m^3；外加剂

5kg。试验目的是调整混凝土砂石料达到最佳配比，配制出优质的混凝土。

2. 细砂的测量

1L 桶去皮后，用两节 1L 桶装满砂子用压力机加压至 72kN，去掉上边一节，称得 1L 桶中砂子质量为 1.91kg，得到砂子紧密堆积密度 $\rho_S=1.91\times1000=1910$（kg/m³）。用孔径为 4.75mm 的方孔筛过筛筛分，石子质量为 0.34kg，得到砂子含石率 $H_G=\frac{0.34}{1.91}\times100\%=18\%$。称取砂子 3kg，加水至能够用手捏出水分，装入承压桶，用压力机加压至 72kN，测得砂子质量为 3.26kg，计算出砂子压力吸水率 $Y_W=(3.26-3)\div3\times100\%=8.7\%$。

3. 石子的测量

10L 容量筒去皮，装满石子晃动 15 下刮平，称得质量为 13.17kg，得到石子堆积密度 $\rho_{g堆积}=13.17\times100=1317(kg/m^3)$。加满水后称得质量为 17.51kg，得到石子的空隙率 $P=\frac{17.51-13.17}{10}\times100\%=43\%$。结合堆积密度和空隙率求得石子表观密度 $\rho_{g表观}=1317/(1-44\%)=2352(kg/m^3)$。倒掉水将石子控干，称得质量为 13.56kg，求得石子吸水率 $X_W=\frac{13.56-13.17}{13.17}\times100\%=3.0\%$。

4. 胶凝材料体积的计算

$$V_{胶凝材料}=\frac{135}{3000}+\frac{135}{2800}+\frac{115}{2400}=0.14(m^3)$$

5. 胶凝材料标准稠度用水量的计算

$$W_B=135\times0.27+135\times0.27\times0.99+115\times0.27\times1.05=105(kg)$$

胶凝材料总量：
$$B=135+135+115=385(kg)$$

泌水系数：
$$M_W=\frac{385}{300}-1=0.28$$

$$W_{胶凝材料拌和用水量}=105\times\frac{2}{3}+105\times\frac{1}{3}\times(1-0.28)=95(kg)$$

6. 胶凝材料浆体体积的计算

$$V_{胶凝材料浆体体积}=V_{胶凝材料}+\frac{2}{3}\times\frac{W_B}{\rho_W}=0.14+\frac{2}{3}\times\frac{105}{1000}=0.21(m^3)$$

由于拌合水在混凝土凝固后蒸发，因此计算浆体体积时，固化的水形成的体积按照标准稠度用水量的 2/3 计算。

7. 砂子用量及用水量

（1）细骨料用量：

$$S=\frac{1910\times44\%}{1-18\%}=1025(kg)$$

（2）细骨料用水量：

$$W_{砂子用水量}=8.7\%\times1025=89(kg)$$

8. 石子用量及用水量

$$G=(1-0.25-0.43)\times2352-18\%\times1025=568(kg)$$

$$W_{石子用水量}=568\times2.6\%=15(kg)$$

9. 骨料总用水量

$$W_{砂石骨料用水量} = 89 + 15 = 104(\text{kg})$$

10. 调整后的配合比（表 C-49）

表 C-49　调整后的配合比　　单位：kg

名称	水泥	矿渣粉	粉煤灰	砂子	石子	外加剂	胶凝材料用水	骨料用水
用量	135	135	115	1025	568	5	95	104

（二）C50 配合比计算及试配

1. 基础参数

原配合比中胶凝材料为：水泥 194kg，需水量比 0.27，密度 3000kg/m³；矿渣粉 170kg，需水量比 0.99，密度 2800kg/m³；粉煤灰 121kg，需水量比 1.05，密度 2200kg/m³；外加剂 6kg。试验目的是调整混凝土砂石料达到最佳配比，配制出优质的混凝土。

2. 细砂的测量

1L 桶去皮后，用两节 1L 桶装满砂子用压力机加压至 72kN，去掉上边一节，称 1L 桶中砂子质量为 1.91kg，得到砂子紧密堆积密度 $\rho_S = 1.91 \times 1000 = 1910$（kg/m³）。用孔径为 4.75mm 的方孔筛过筛筛分，对石子称量，质量为 0.34kg，得到砂子含石率 $H_G = 0.34/1.91 = 18\%$。称取砂子 3kg，加水至能够用手捏出水分，装入承压桶，用压力机加压至 72kN，称得砂子质量为 3.26kg，计算出砂子压力吸水率 $Y_W = 8.7\%$。

3. 石子的测量

10L 容量筒去皮，装满石子晃动 15 下刮平后，称得质量为 13.17kg，得到石子堆积密度 $\rho_{g堆积} = 13.17 \times 100 = 1317(\text{kg/m}^3)$。加满水后称量，质量为 17.51kg，得到石子的空隙率 $P = \dfrac{17.51 - 13.17}{10} \times 100\% = 43.4\%$。结合堆积密度和空隙率求得石子表观密度 $\rho_{g表观} = 1317/(1 - 44\%) = 2352(\text{kg/m}^3)$。倒掉水将石子控干，称得质量为 13.56kg，求得石子吸水率 $X_W = \dfrac{13.56 - 13.17}{13.17} \times 100\% = 3.0\%$。

4. 胶凝材料体积的计算

$$V_{胶凝材料} = \frac{194}{3000} + \frac{170}{2800} + \frac{121}{2400} = 0.18(\text{m}^3)$$

5. 胶凝材料标准稠度用水量的计算

$$W_B = 194 \times 0.27 + 170 \times 0.27 \times 0.99 + 121 \times 0.27 \times 1.05 = 132(\text{kg})$$

胶凝材料总量：　$B = 194 + 170 + 121 = 485(\text{kg})$

泌水系数：　$M_W = \dfrac{485}{300} - 1 = 0.62$

$$W_{胶凝材料拌和用水量} = 132 \times \frac{2}{3} + 132 \times \frac{1}{3} \times (1 - 0.62) = 105(\text{kg})$$

6. 胶凝材料浆体体积的计算

$$V_{胶凝材料浆体体积} = V_{胶凝材料} + \frac{2}{3} \times \frac{W_B}{\rho_W} = 0.18 + \frac{2}{3} \times \frac{132}{1000} = 0.268(\text{m}^3)$$

由于拌合水在混凝土凝固后蒸发，因此计算浆体体积时，固化的水形成的体积按照标准稠度用水量的2/3计算。

7. 砂子用量及用水量

（1）细骨料用量：

$$S=\frac{1910\times 44\%}{1-18\%}=1025(\text{kg})$$

（2）细骨料用水量：

$$W_{\text{砂子用水量}}=8.7\%\times 1025=89(\text{kg})$$

8. 石子用量及用水量

$$G=(1-0.268-0.434)\times 2352-18\%\times 1025=516(\text{kg})$$

$$W_{\text{石子用水量}}=516\times 3\%=15(\text{kg})$$

9. 骨料总用水量

$$W_{\text{砂石骨料用水量}}=15+89=104(\text{kg})$$

10. 调整后的配合比（表C-50）

表C-50　调整后的配合比　　单位：kg

名称	水泥	矿渣粉	粉煤灰	砂子	石子	外加剂	胶材用水	骨料用水
用量	194	170	121	1025	516	6	105	104

11. 试配

用以上数据进行试配，配制的混凝土包裹性较好，从搅拌机卸料时流速平稳，用铲子铲混凝土拌合物，铲起来不费力，流动性达到设计要求，成型试件基本实现了自密实免振捣，骨料和浆体不分离，整个拌合物无离析、泌水、扒底和抓地的现象，上表面有光泽。

C.12　北京城建培训试配实例（C30）

（一）单用砂子配制C30混凝土

1. C30配合比调整

原配合比中胶凝材料为：水泥241kg，需水量比0.27，密度3000kg/m^3；矿渣粉55kg，密度2800kg/m^3，需水量比1.0；粉煤灰69kg，密度2100kg/m^3，需水量比1.05；外加剂掺量2.0%。

2. 砂的测量

砂的紧密堆积密度$\rho_S=2.25\times 1000=2250$（kg/m^3），含石率$=\frac{0.7}{2.25}\times 100\%=31\%$。砂的压力吸水率测量：称取干砂子3.0kg，吸饱水后加压至72kN，挤出水分，测得质量为3.0kg。压力吸水率$Y_W=\frac{3.0-3.0}{3.0}\times 100\%=0$。

3. 石子的测量

堆积密度$\rho_{g\text{堆积}}=16.8\times 100=1680(\text{kg/m}^3)$，空隙率$P=\frac{20.85-16.8}{10}\times 100\%=40.5\%$，

表观密度 $\rho_{g表观}=1690/(1-0.405)=2840(kg/m^3)$，吸水率$=\frac{17.05-16.8}{16.8}\times100\%=1.5\%$。

4. 胶凝材料体积的计算

$$V_{胶凝材料}=\frac{241}{3000}+\frac{55}{2800}+\frac{69}{2400}=0.13(m^3)$$

5. 胶凝材料标准稠度用水量的计算

$$W_B=241\times0.27+55\times0.27\times1.0+69\times0.27\times1.05=99(kg)$$

胶凝材料总量：$$B=241+55+69=365(kg)$$

泌水系数：$$M_W=\frac{365}{300}-1=0.22$$

$$W_{胶凝材料拌和用水量}=99\times\frac{2}{3}+99\times\frac{1}{3}\times(1-0.22)=92(kg)$$

6. 胶凝材料浆体体积的计算

$$V_{胶凝材料浆体体积}=V_{胶凝材料}+\frac{2}{3}\times\frac{W_B}{\rho_W}=0.13+\frac{2}{3}\times\frac{99}{1000}=0.196(m^3)$$

由于拌合水在混凝土凝固后蒸发，因此计算浆体体积时，固化的水形成的体积按照标准稠度用水量的 2/3 计算。

7. 砂子用量及用水量

（1）细骨料用量：

$$S=\frac{2250\times40.5\%}{1-31\%}=1321(kg)$$

（2）细骨料用水量：

$$W_{砂子用水量}=0\times1321=0(kg)$$

8. 石子用量及用水量

$$G=(1-0.196-40.5\%)\times2840-31\%\times1321=724(kg)$$

$$W_{石子用水量}=724\times1.5\%=11(kg)$$

9. 骨料总用水量

$$W_{砂石骨料用水量}=0+11=11(kg)$$

10. 调整后的配合比及试验结果（表 C-51）

表 C-51　调整后的配合比及试验结果　　单位：kg

名称	水泥	矿渣粉	粉煤灰	砂	石子	外加剂	拌合水	砂子用水	石子用水
天然砂	241	55	69	1321	724	10.3	92	0	11

（二）砂子＋铝厂废料配制 C30 混凝土

砂子和雄安铝厂废料含泥量高，级配不合理，将砂子和雄安铝厂废料按照 1∶1 混合后试验。砂子含石率到达 31%，处于饱水状态。雄安铝厂废料较细，没有粗颗粒，试验目的是用以上砂子和铝厂废料混合使用配制合格的混凝土。

1. 胶凝材料主要参数（表 C-52）

表 C-52　胶凝材料主要参数

名称	水泥	矿渣粉	粉煤灰
用量（kg）	241	55	69
密度（kg/m^3）	3000	2800	2400
需水量（比）	0.27	1.0	1.05

2. 砂的测量

（1）砂的紧密堆积密度 $\rho_S=2.25\times1000=2250(kg/m^3)$，含石率 $H_G=\frac{0.7}{2.25}\times100\%=31\%$。砂的压力吸水率测量：干砂子质量为 3.0kg，吸饱水后加压至 72kN，挤出水分，测得湿砂子质量为 3.0kg。压力吸水率 $Y_W=\frac{3.0-3.0}{3.0}\times100\%=0$。

（2）铝厂废料的测量

废料的紧密堆积密度 $\rho_{铝}=1.6\times1000=1600(kg/m^3)$，含石率 $H_{G铝}=0/1.6=0$。

（3）铝厂废料的压力吸水率测量

铝厂废料质量为 3.0kg，吸饱水后加压至 72kN，挤出水分后质量为 3.05kg。压力吸水率 $Y_{W铝}=\frac{0.05}{3.0}\times100\%=1.7\%$。

（4）砂子主要技术参数（表 C-53）

表 C-53　砂子主要技术参数

名称	紧密堆积密度（kg/m^3）	含石率（%）	压力吸水率（%）
砂子	2250	31	0
铝厂废料	1600	0	1.7

3. 石子的测量

石子的堆积密度 $\rho_{g堆积}=16.8\times100=1680(kg/m^3)$，空隙率 $P=\frac{20.85-16.8}{10}\times100\%=40.5\%$，表观密度 $\rho_{g表观}=1690/(1-40.5\%)=2840(kg/m^3)$，吸水率 $H_W=\frac{17.05-16.8}{16.8}\times100\%=1.5\%$。

4. 胶凝材料体积的计算

$$V_{胶凝材料}=\frac{241}{3000}+\frac{55}{2800}+\frac{69}{2400}=0.13(m^3)$$

5. 胶凝材料标准稠度用水量的计算

$$W_B=241\times0.27+55\times0.27\times1.0+69\times0.27\times1.05=99(kg)$$

胶凝材料总量：$$B=241+55+69=365(kg)$$

泌水系数：$$M_W=\frac{365}{300}-1=0.22$$

$$W_{胶凝材料拌和用水量}=99\times\frac{2}{3}+99\times\frac{1}{3}\times(1-0.22)=92(kg)$$

6. 胶凝材料浆体体积的计算

$$V_{胶凝材料浆体体积} = V_{胶凝材料} + \frac{2}{3} \times \frac{W_B}{\rho_W} = 0.13 + \frac{2}{3} \times \frac{99}{1000} = 0.196(m^3)$$

由于拌合水在混凝土凝固后蒸发，因此计算浆体体积时，固化的水形成的体积按照标准稠度用水量的2/3计算。

7. 砂子用量及用水量

（1）细骨料用量：

$$S_{砂} = \frac{2250 \times 0.405}{1-31\%} \times 0.5 = 661(kg)$$

$$S_{铝} = \frac{1600 \times 0.405}{1-0} \times 0.5 = 324(kg)$$

（2）细骨料用水量：

$$W_{砂子+铝厂废料用水量} = 0 \times 661 + 324 \times 1.7\% = 6(kg)$$

8. 石子用量及用水量

$$G = (1-0.196-0.405) \times 2840 - 31\% \times 1321 \times 0.5 - 0 \times 648 \times 0.5 = 928(kg)$$

$$W_{石子用水量} = 928 \times 1.5\% = 14(kg)$$

9. 骨料总用水量

$$W_{砂石骨料用水量} = 6 + 14 = 20(kg)$$

10. 调整后的配合比及试验结果（表C-54）

表C-54　调整后的配合比及试验结果　　单位：kg

名称	水泥	矿渣粉	粉煤灰	砂	铝渣	石子	外加剂	拌合水	石子用水	砂子用水
1	241	55	69	660	324	928	10.3	92	14	6

11. 试配

根据现场测量和调整计算配合比，用以上数据进行试验，采用预湿骨料工艺进行试配，一次成功，解决了级配较差、含石率高的砂子和雄安铝厂废料用作细集料配制混凝土的难题。调整到合理配比后，在搅拌机中停止搅拌即可实现自流平，卸料流速平稳，拌合物表面有光泽，停止流动后顶部没有石子外露的现象，用铲子铲混凝土拌合物不费力。

C.13　西南交通大学培训试配实例

（一）四川成都某建材有限公司

1. 调整前混凝土配合比原始数据（表C-55）

表C-55　调整前混凝土配合比原始数据

名称	水泥	矿渣粉	粉煤灰	砂子（1L）		石子（10L）	
质量（kg）	250	50	50	原质量（kg）	2.109	质量（kg）	17.81
需水系数	0.28	0.98	1.05	含石量（kg）	0.192	加满水（kg）	21.11
需水量	70	14	15	压力后质量（kg）	3.079	湿重（kg）	18.05

2. 胶凝材料主要参数（表 C-56）

表 C-56　胶凝材料主要参数

名称	水泥	矿渣粉	粉煤灰
用量（kg）	250	50	50
密度（kg/m^3）	3000	2800	2400
需水量（比）	0.27	0.98	1.05

3. 砂子主要技术参数（表 C-57）

表 C-57　砂子主要技术参数

名称	紧密堆积密度（kg/m^3）	含石率（%）	压力吸水率（%）
指标	2109	9.1	2.6

4. 石子主要技术参数（表 C-58）

表 C-58　石子主要技术参数

名称	空隙率（%）	表观密度（kg/m^3）	堆积密度（kg/m^3）	吸水率（%）
指标	33	2658	1781	1.3

5. 胶凝材料体积的计算

$$V_{胶凝材料}=\frac{250}{3000}+\frac{50}{2800}+\frac{50}{2400}=0.12\ (m^3)$$

6. 胶凝材料标准稠度用水量的计算

$$W_B = 250\times 0.27+50\times 0.27\times 0.98+50\times 0.27\times 1.05 = 95(kg)$$

胶凝材料总量：$B = 250+50+50 = 350(kg)$

泌水系数：$M_W = \frac{350}{300}-1 = 0.17$

$$W_{胶凝材料拌和用水量} = 95\times\frac{2}{3}+95\times\frac{1}{3}\times(1-0.17) = 90(kg)$$

7. 胶凝材料浆体体积的计算

$$V_{胶凝材料浆体体积} = V_{胶凝材料}+\frac{2}{3}\times\frac{W_B}{\rho_W} = 0.12+\frac{2}{3}\times\frac{95}{1000} = 0.183(m^3)$$

由于拌合水在混凝土凝固后蒸发，因此计算浆体体积时，固化的水形成的体积按照标准稠度用水量的 2/3 计算。

8. 砂子用量及用水量

（1）细骨料用量：

$$S = \frac{2109\times 33\%}{1-9.1\%} = 766(kg)$$

（2）细骨料用水量：

$$W_{砂子用水量} = 2.6\%\times 766 = 20(kg)$$

9. 石子用量及用水量

$$G = (1-0.183-0.33)\times 2658-9.1\%\times 766 = 1224(kg)$$

$$W_{石子用水量} = 1.3\% \times 1224 = 16(kg)$$

10. 骨料总用水量

$$W_{砂石骨料用水量} = 20 + 16 = 36(kg)$$

11. 调整后混凝土配合比（表 C-59）

表 C-59　调整后混凝土配合比

名称	水泥	矿渣粉	粉煤灰	硅灰	外加剂	砂子		石子	胶材需水量	砂石用水量
单方用量（kg）	250	50	50	0	7	766	0	1224	90	36
外加剂检测用水量	95					总用水量（kg）		126		

采用以上检测原始数据计算，用调整的配合比进行试配，一次配制出合格的混凝土，由于是第一盘，混凝土拌合物的坍落度和扩展度满足设计要求，但是流动性稍微欠缺。主要原因是外加剂被搅拌机吸附了一部分，补充一些外加剂即可达到理想的状态。

（二）辽宁铁岭某建材有限公司

1. 调整前混凝土配合比原始数据（表 C-60）

表 C-60　调整前混凝土配合比原始数据

名称	水泥	矿渣粉	粉煤灰	硅灰	砂子（1L）			石子（10L）	
质量（kg）	260	0	100	0	原质量（kg）	1.925	0	质量（kg）	14.63
需水系数	0.27	0	1.1	0	含石量（kg）	0.255	0	加满水（kg）	19.12
需水量	70	0	30	0	压力后质量（kg）	3.346	0	湿重（kg）	15.3

2. 胶凝材料主要参数（表 C-61）

表 C-61　胶凝材料主要参数

名称	水泥	粉煤灰
用量（kg）	260	100
密度（kg/m^3）	3000	2400
需水量（比）	0.27	1.1

3. 砂子主要技术参数（表 C-62）

表 C-62　砂子主要技术参数

名称	紧密堆积密度（kg/m^3）	含石率（%）	压力吸水率（%）
指标	1925	13.2	11.5

4. 石子主要技术参数（表 C-63）

表 C-63　石子主要技术参数

名称	空隙率（%）	表观密度（kg/m^3）	堆积密度（kg/m^3）	吸水率（%）
指标	44.9	2655	1463	4.6

5. 胶凝材料体积的计算

$$V_{胶凝材料} = \frac{260}{3000} + \frac{100}{2400} = 0.13(m^3)$$

6. 胶凝材料标准稠度用水量的计算

$$W_{B}=260\times0.27+100\times0.27\times1.1=100(\mathrm{kg})$$

胶凝材料总量：
$$B=260+100=360(\mathrm{kg})$$

泌水系数：
$$M_{W}=\frac{360}{300}-1=0.2$$

$$W_{胶凝材料拌和用水量}=100\times\frac{2}{3}+100\times\frac{1}{3}\times(1-0.2)=93(\mathrm{kg})$$

7. 胶凝材料浆体体积的计算

$$V_{胶凝材料浆体体积}=V_{胶凝材料}+\frac{2}{3}\times\frac{W_{B}}{\rho_{W}}=0.13+\frac{2}{3}\times\frac{100}{1000}=0.197(\mathrm{m}^{3})$$

由于拌合水在混凝土凝固后蒸发，因此计算浆体体积时，固化的水形成的体积按照标准稠度用水量的 2/3 计算。

8. 砂子用量及用水量

（1）细骨料用量：

$$S=\frac{1925\times44.9\%}{1-13.2\%}=996(\mathrm{kg})$$

（2）细骨料用水量：

$$W_{砂子用水量}=11.5\%\times996=115(\mathrm{kg})$$

9. 石子用量及用水量

$$G=(1-0.197-0.449)\times2655-13.2\%\times996=808(\mathrm{kg})$$

$$W_{石子用水量}=4.6\%\times809=37(\mathrm{kg})$$

10. 骨料总用水量

$$W_{砂石骨料用水量}=115+37=152(\mathrm{kg})$$

11. 调整后混凝土配合比（表 C-64）

表 C-64　调整后混凝土配合比

名称	水泥	矿渣粉	粉煤灰	硅灰	外加剂	砂子		石子	胶材需水量	砂石用水量
单方用量（kg）	260	0	100	0	9	996	0	808	93	152
外加剂检测用水量	100					总用水量（kg）		245		

采用以上检测原始数据计算，用调整的配合比试配，一次配制出优质的混凝土，混凝土拌合物出机后表面有光泽，流淌均匀，砂石均匀分布在浆体当中，用抹子翻动混凝土拌合物，感觉不费力，无离析、泌水、抓底和扒地的现象，坍落度和扩展度满足设计要求。

（三）新疆博乐某混凝土有限公司

1. 调整前混凝土配合比原始数据（表 C-65）

表 C-65　调整前混凝土配合比原始数据

名称	水泥	矿渣粉	粉煤灰	硅灰	砂子（1L）			石子（10L）	
质量（kg）	270	0	90	0	原质量（kg）	1.807	0	质量（kg）	15.65
需水系数	0.3	0	1.12	0	含石量（kg）	0	0	加满水（kg）	19.37
需水量	81	0	30	0	压力后质量（kg）	3.258	0	湿重（kg）	15.85

2. 胶凝材料主要参数（表 C-66）

表 C-66　胶凝材料主要参数

名称	水泥	粉煤灰
用量（kg）	270	90
密度（kg/m^3）	3000	2400
需水量（比）	0.3	1.12

3. 砂子主要技术参数（表 C-67）

表 C-67　砂子主要技术参数

名称	紧密堆积密度（kg/m^3）	含石率（%）	压力吸水率（%）
指标	1807	0	8.6

4. 石子主要技术参数（表 C-68）

表 C-68　石子主要技术参数

名称	空隙率（%）	表观密度（kg/m^3）	堆积密度（kg/m^3）	吸水率（%）
指标	37.2	2492	1565	1.3

5. 胶凝材料体积的计算

$$V_{胶凝材料}=\frac{270}{3000}+\frac{90}{2400}=0.13(m^3)$$

6. 胶凝材料标准稠度用水量的计算

$$W_B=270\times0.3+90\times0.3\times1.12=111(kg)$$

胶凝材料总量：　$B=270+90=360(kg)$

泌水系数：　$M_W=\frac{360}{300}-1=0.2$

$$W_{胶凝材料拌和用水量}=111\times\frac{2}{3}+111\times\frac{1}{3}\times(1-0.2)=104(kg)$$

7. 胶凝材料浆体体积的计算

$$V_{胶凝材料浆体体积}=V_{胶凝材料}+\frac{2}{3}\times\frac{W_B}{\rho_W}=0.13+\frac{2}{3}\times\frac{111}{1000}=0.204(m^3)$$

由于拌合水在混凝土凝固后蒸发，因此计算浆体体积时，固化的水形成的体积按照标准稠度用水量的 2/3 计算。

8. 砂子用量及用水量

（1）细骨料用量：

$$S=\frac{1807\times37.2\%}{1-0\%}=672(kg)$$

（2）细骨料用水量：

$$W_{砂子用水量}=8.6\%\times672=58(kg)$$

9. 石子用量及用水量

$$G=(1-0.204-37.2\%)\times2492-0\times672=1057(kg)$$

$$W_{石子用水量} = 1.3\% \times 1057 = 14(kg)$$

10. 骨料总用水量

$$W_{砂石骨料用水量} = 58 + 14 = 72(kg)$$

11. 调整后混凝土配合比（表 C-69）

表 C-69　调整后混凝土配合比

名称	水泥	粉煤灰	外加剂	砂子	石子	胶材需水量	砂石用水量
单方用量（kg）	270	90	10.8	672	1057	104	72
外加剂检测用水量	111			总用水量（kg）	176		

采用以上检测的原始数据计算，用调整的配合比试配，第一次配制出的混凝土出现泌水现象，经过仔细分析，主要原因是砂子太粗，没有粒径小于 0.6mm 以下的砂子，因此加入 100kg 细颗粒，试配效果虽有改善，但是仍然存在泌水现象，最后决定采用掺加 30％细砂子代替粗砂的方案，试配的混凝土拌合物坍落度和扩展度满足设计要求，流动性达到理想的状态，不足之处是成本较高。

（四）四川成都某混凝土有限公司

1. 调整前混凝土配合比原始数据（表 C-70）

表 C-70　调整前混凝土配合比原始数据

名称	水泥	粉煤灰	砂子（1L）		石子（10L）	
质量（kg）	270	70	原质量（kg）	2.07	质量（kg）	15.933
需水系数	0.264	1.02	含石量（kg）	0.376	加满水（kg）	19.728
需水量	71	19	压力后质量（kg）	3.047	湿重（kg）	16.198

2. 胶凝材料主要参数（表 C-71）

表 C-71　胶凝材料主要参数

名称	水泥	粉煤灰
用量（kg）	270	70
密度（kg/m³）	3000	2400
需水量（比）	0.264	1.02

3. 砂子主要技术参数（表 C-72）

表 C-72　砂子主要技术参数

名称	紧密堆积密度（kg/m³）	含石率（％）	压力吸水率（％）
指标	2070	18.2	1.6

4. 石子主要技术参数（表 C-73）

表 C-73　石子主要技术参数

名称	空隙率（％）	表观密度（kg/m³）	堆积密度（kg/m³）	吸水率（％）
指标	38	2569	1593	1.7

5. 胶凝材料体积的计算

$$V_{胶凝材料}=\frac{270}{3000}+\frac{70}{2400}=0.12(m^3)$$

6. 胶凝材料标准稠度用水量的计算

$$W_B=270\times0.264+70\times0.264\times1.02=90(kg)$$

胶凝材料总量：　$B=270+70=340(kg)$

泌水系数：　$M_W=\frac{340}{300}-1=0.13$

$$W_{胶凝材料拌和用水量}=90\times\frac{2}{3}+90\times\frac{1}{3}\times(1-0.2)=84(kg)$$

7. 胶凝材料浆体体积的计算

$$V_{胶凝材料浆体体积}=V_{胶凝材料}+\frac{2}{3}\times\frac{W_B}{\rho_W}=0.12+\frac{2}{3}\times\frac{90}{1000}=0.18(m^3)$$

由于拌合水在混凝土凝固后蒸发，因此计算浆体体积时，固化的水形成的体积按照标准稠度用水量的2/3计算。

8. 砂子用量及用水量

（1）细骨料用量：

$$S=\frac{2070\times38\%}{1-18.2\%}=962(kg)$$

（2）细骨料用水量：

$$W_{砂子用水量}=1.6\%\times962=15(kg)$$

9. 石子用量及用水量

$$G=(1-0.18-38\%)\times2569-18.2\%\times962=955(kg)$$

$$W_{石子用水量}=1.7\%\times955=16(kg)$$

10. 骨料总用水量

$$W_{砂石骨料用水量}=15+16=31(kg)$$

11. 调整后混凝土配合比（表C-74）

表C-74　调整后混凝土配合比

名称	水泥	粉煤灰	外加剂	砂子	石子	胶材需水量	砂石用水量
单方用量（kg）	270	70	4.4	962	955	82	31
外加剂检测用水量	90			总用水量（kg）	113		

采用以上检测原始数据计算，用调整的配合比试配，混凝土拌合物的包裹性良好，出机后的混凝土表面有光泽，流淌自如，用抹子翻铲，无离析、泌水、扒底和抓地的现象，混凝土拌合物的坍落度和扩展度满足设计要求，试验的目的达到理想的状态。

（五）浙江杭州某建材有限公司

1. 调整前混凝土配合比原始数据（表 C-75）

表 C-75　调整前混凝土配合比原始数据

名称	水泥	矿渣粉	粉煤灰	砂子（1L）		石子（10L）	
质量（kg）	250	50	50	原质量（kg）	1.902	质量（kg）	17.81
需水系数	0.27	1	0.95	含石量（kg）	0.19	加满水（kg）	21.11
需水量	68	14	13	压力后质量（kg）	3.061	湿重（kg）	18.05

2. 胶凝材料主要参数（表 C-76）

表 C-76　胶凝材料主要参数

名称	水泥	矿渣粉	粉煤灰
用量（kg）	250	50	50
密度（kg/m³）	3000	2800	2400
需水量（比）	0.27	1.0	0.95

3. 砂子主要技术参数（表 C-77）

表 C-77　砂子主要技术参数

名称	紧密堆积密度（kg/m³）	含石率（%）	压力吸水率（%）
指标	1902	0.1	2.0

4. 石子主要技术参数（表 C-78）

表 C-78　石子主要技术参数

名称	空隙率（%）	表观密度（kg/m³）	堆积密度（kg/m³）	吸水率（%）
指标	33	2658	1781	1.3

5. 胶凝材料体积的计算

$$V_{胶凝材料} = \frac{250}{3000} + \frac{50}{2800} + \frac{50}{2400} = 0.12(m^3)$$

6. 胶凝材料标准稠度用水量的计算

$$W_B = 250 \times 0.27 + 50 \times 0.27 \times 1 + 50 \times 0.27 \times 0.95 = 94(kg)$$

胶凝材料总量：
$$B = 250 + 50 + 50 = 350(kg)$$

泌水系数：
$$M_W = \frac{350}{300} - 1 = 0.17$$

$$W_{胶凝材料拌和用水量} = 94 \times \frac{2}{3} + 94 \times \frac{1}{3} \times (1 - 0.17) = 89(kg)$$

7. 胶凝材料浆体体积的计算

$$V_{胶凝材料浆体体积} = V_{胶凝材料} + \frac{2}{3} \times \frac{W_B}{\rho_W} = 0.12 + \frac{2}{3} \times \frac{90}{1000} = 0.183(m^3)$$

由于拌合水在混凝土凝固后蒸发，因此计算浆体体积时，固化的水形成的体积按照标准稠度用水量的 2/3 计算。

8. 砂子用量及用水量

（1）细骨料用量：

$$S=\frac{1902\times33\%}{1-0.1\%}=628(\text{kg})$$

（2）细骨料用水量：

$$W_{砂子用水量}=2.0\%\times628=13(\text{kg})$$

9. 石子用量及用水量

$$G=(1-0.183-33\%)\times2658-0.1\%\times628=1294(\text{kg})$$

$$W_{石子用水量}=1.3\%\times1294=17(\text{kg})$$

10. 骨料总用水量

$$W_{砂石骨料用水量}=13+17=30(\text{kg})$$

11. 调整后混凝土配合比（表 C-79）

表 C-79　调整后混凝土配合比

名称	水泥	矿渣粉	粉煤灰	硅灰	外加剂	砂子		石子	胶材需水量	砂石用水量
单方用量（kg）	250	50	50	0	8.4	697	0	1294	89	30
试配用量（kg）	2.5	0.5	0.5	0	0.08	6.97	0	11.46	0.89	0.3
外加剂检测用水量	94					总用水量（kg）		118		

采用以上检测原始数据计算，用调整的配合比试配，配制出的混凝土包裹性良好，混凝土拌合物的坍落度和扩展度满足设计要求，混凝土表面有明显的光泽，流淌自然，达到理想的状态。

（六）甘肃陇南某混凝土有限公司

1. 调整前混凝土配合比原始数据（表 C-80）

表 C-80　调整前混凝土配合比原始数据

名称	水泥	粉煤灰	砂子（1L）		石子（10L）	
质量（kg）	320	100	原质量（kg）	2.02	质量（kg）	15.78
需水系数	0.29	1.15	含石量（kg）	0.224	加满水（kg）	19.78
需水量	93	33	压力后质量（kg）	3.308	湿重（kg）	16.1

2. 胶凝材料主要参数（表 C-81）

表 C-81　胶凝材料主要参数

名称	水泥	粉煤灰
用量（kg）	320	100
密度（kg/m^3）	3000	2400
需水量（比）	0.29	1.15

3. 砂子主要技术参数（表 C-82）

表 C-82　砂子主要技术参数

名称	紧密堆积密度（kg/m³）	含石率（%）	压力吸水率（%）
指标	2020	11.1	10.3

4. 石子主要技术参数（表 C-83）

表 C-83　石子主要技术参数

名称	空隙率（%）	表观密度（kg/m³）	堆积密度（kg/m³）	吸水率（%）
指标	40	2630	1578	2

5. 胶凝材料体积的计算

$$V_{胶凝材料}=\frac{320}{3000}+\frac{100}{2400}=0.15(\mathrm{m}^3)$$

6. 胶凝材料标准稠度用水量的计算

$$W_B=320\times0.29+100\times0.29\times1.15=126(\mathrm{kg})$$

胶凝材料总量：
$$B=320+100=420(\mathrm{kg})$$

泌水系数：
$$M_W=\frac{420}{300}-1=0.4$$

$$W_{胶凝材料拌和用水量}=126\times\frac{2}{3}+126\times\frac{1}{3}\times(1-0.4)=109(\mathrm{kg})$$

7. 胶凝材料浆体体积的计算

$$V_{胶凝材料浆体体积}=V_{胶凝材料}+\frac{2}{3}\times\frac{W_B}{\rho_W}=0.15+\frac{2}{3}\times\frac{126}{1000}=0.234(\mathrm{m}^3)$$

由于拌合水在混凝土凝固后蒸发，因此计算浆体体积时，固化的水形成的体积按照标准稠度用水量的 2/3 计算。

8. 砂子用量及用水量

（1）细骨料用量：

$$S=\frac{2020\times40\%}{1-11.1\%}=909(\mathrm{kg})$$

（2）细骨料用水量：

$$W_{砂子用水量}=10.3\%\times909=94(\mathrm{kg})$$

9. 石子用量及用水量

$$G=(1-0.233-0.40)\times2630-11.1\%\times909=864(\mathrm{kg})$$

$$W_{石子用水量}=2\%\times864=17(\mathrm{kg})$$

10. 骨料总用水量

$$W_{砂石骨料用水量}=94+17=111(\mathrm{kg})$$

11. 调整后的混凝土配合比（表 C-84）

表 C-84　调整后的混凝土配合比

名称	水泥	粉煤灰	外加剂	砂子	石子	胶材需水量	砂石用水量
单方用量（kg）	320	100	9.24	909	864	109	111
外加剂检测用水量	126			总用水量（kg）	220		

采用以上检测原始数据计算，用调整的配合比试配，一次配制出工作性合格的混凝土。由于采用的粗集料粒径太大，导致混凝土拌合物有一部分大石子无法被浆体包裹，挑出大石子后的混凝土各项性能指标均满足自密实混凝土的要求。

C.14　沈阳建筑大学培训试配实例

1. C60 混凝土配合比调整计算

本次试验使用的水泥为 450kg，需水量比 0.27，密度 3000kg/m³；粉煤灰 100kg，需水量比 1.05，密度 2200kg/m³。砂子和石子产自营口地区，现场针对骨料进行了检测，其中砂子主要检测了紧密堆积密度、含石率和压力吸水率；石子主要检测了堆积密度、空隙率和石子的吸水率。

2. 砂子测量

试验总共使用两种砂子：一种是石粉砂，一种是山砂，按照 7：3 混合使用。先将现场的砂子装入双层压砂桶，在 72kN 压力作用下压实，去掉上部的一节，找平压实刮平，测得 1L 砂子的质量，然后用孔径为 4.75mm 的方孔筛筛分，测出砂子的含石量，计算出砂子的紧密堆积密度和含石率。称取 3.0kg 现场的砂子，加水至能够捏出水分，装入双层压砂桶，在 72kN 压力作用下压实挤出多余的水分，用抹布擦掉挤出的水分，称出吸饱水的砂子的质量，计算出砂子的压力吸水率。砂子测量数据见表 C-85，砂子主要技术参数见表 C-86。

表 C-85　砂子测量数据

序号	1L（kg）	含石子（kg）	原砂（kg）	吸水后（kg）	紧密密度（kg/m³）	含石率（%）	压力吸水率（%）
1	1.965	0.205	3.0	3.3	1965	10.4	10
2	1.75	0	3.0	3.3	1750	0	10

表 C-86　砂子主要技术参数

序号	紧密堆积密度（kg/m³）	含石率（%）	压力吸水率（%）
1	1965	10.4	10
2	1750	0	10

3. 石子测量

本次试验所用石子由不同粒径的两种石子混合而成，石子级配较差，形状不规则。用 10L 的容量筒装满石子刮平上部称量，加满水浸泡石子至不冒水泡称量，然后将石子倒入不锈钢漏桶，在石子不再滴水时称量，计算出石子的堆积密度、空隙率、吸水率和表观密度。

石子测量数据见表 C-87，石子主要技术参数见表 C-88。

表 C-87　石子测量数据

名称	10L (kg)	加水后 (kg)	湿石子 (kg)	堆积密度 (kg/m³)	空隙率 (%)	吸水率 (%)	表观密度 (kg/m³)
石子	14.5	19.14	14.86	1450	46.4	2.5	2705

表 C-88　石子主要技术参数

名称	空隙率（%）	表观密度（kg/m³）	堆积密度（kg/m³）	吸水率（%）
指标	46.4	2705	1450	2.5

4. 胶凝材料体积的计算

$$V_{胶凝材料} = \frac{450}{3000} + \frac{100}{2200} = 0.2(\mathrm{m^3})$$

5. 胶凝材料标准稠度用水量的计算

$$W_B = 450 \times 0.27 + 100 \times 0.27 \times 1.05 = 150(\mathrm{kg})$$

胶凝材料总量：
$$B = 450 + 100 = 550(\mathrm{kg})$$

泌水系数：
$$M_W = \frac{550}{300} - 1 = 0.83$$

$$W_{胶凝材料拌和用水量} = 150 \times \frac{2}{3} + 150 \times \frac{1}{3} \times (1 - 0.83) = 109(\mathrm{kg})$$

6. 胶凝材料浆体体积的计算

$$V_{胶凝材料浆体体积} = V_{胶凝材料} + \frac{2}{3} \times \frac{W_B}{\rho_W} = 0.2 + \frac{2}{3} \times \frac{150}{1000} = 0.3(\mathrm{m^3})$$

由于拌合水在混凝土凝固后蒸发，因此计算浆体体积时，固化的水形成的体积按照标准稠度用水量的 2/3 计算。

7. 砂子用量及用水量

（1）细骨料用量：

$$S_{砂子1} = \frac{1965 \times 46.4\%}{1 - 0.104} \times 0.7 = 712(\mathrm{kg})$$

$$S_{砂子2} = \frac{1750 \times 46.4\%}{1 - 0\%} \times 0.3 = 244(\mathrm{kg})$$

（2）细骨料用水量：

$$W_{砂子1用水量} = 10\% \times 712 = 71(\mathrm{kg})$$

$$W_{砂子2用水量} = 10\% \times 244 = 24(\mathrm{kg})$$

8. 石子用量及用水量

$$G = (1 - 0.23 - 46.4\%) \times 2705 - 10.4\% \times 712 = 754(\mathrm{kg})$$

$$W_{石子用水量} = 2.5\% \times 754 = 19(\mathrm{kg})$$

9. 骨料总用水量

$$W_{砂石骨料用水量} = 71 + 24 + 19 = 114(\mathrm{kg})$$

10. 调整后混凝土配合比（表 C-89）

表 C-89　调整后混凝土配合比　　单位：kg

名称	水泥	粉煤灰	砂子 1	砂子 2	石子	外加剂	拌合水	砂子用水	石子用水
用量	450	100	712	244	754	9	109	95	19

11. 机器人试配

根据现场测量和手工调整计算配合比，与机器人计算结果对比，确认数据无误后，用机器人进行混凝土试配。具体步骤如下：首先录入胶凝材料和砂石骨料检测数据，单击“计算”按钮，机器人显示计算结果，单击“打印”按钮，机器人通过打印机输出配合比，试验员按照配合比数据称量，将胶凝材料存放到一个喂料盘，砂石骨料存放到另一个喂料盘，外加剂存于烧杯中。这时将机器人界面切换到搅拌状态，将砂石加入搅拌机，单击“砂石搅拌”按钮开始搅拌，机器人自动加水预湿骨料，10s 后停止搅拌。然后将胶凝材料和外加剂加入搅拌机，单击“胶凝材料搅拌”按钮，机器人自动加水，胶凝材料与砂石骨料混合均匀，10s 后停止搅拌。用目测的方法确定混凝土拌合物是否达到设计指标，如果达到设计要求就直接卸料。由于本次试验所用砂子含粉量过高，吸附了一些外加剂，确定续加 0.5%外加剂，调整搅拌，10s 后停止搅拌，在搅拌机中混凝土拌合物停止搅拌即可实现自流平，目测达到效果，试配一次成功。然后单击“卸料”按钮，卸料过程拌合物流速平稳，表面有光泽，停止流动后顶部没有石子外露的现象，用铲子铲混凝土拌合物不费力。静置一段时间，混凝土拌合物没有出现泌水、离析、抓地以及扒底的现象，实现了机器人试配一次成功的目标。

C.15　内蒙古路桥培训试配实例

1. C30 配合比调整

原配合比中胶凝材料为：水泥 240kg，需水量比 0.27，密度 3000kg/m³；粉煤灰 140kg，需水量比 1.05，密度 2200kg/m³；外加剂 5.32kg，掺量 1.4%。试验目的是用含泥 9%的细砂和大石一盘配制出符合设计要求的混凝土。

2. 砂子的测量

砂子的紧密堆积密度 $\rho_S = 1966\text{kg/m}^3$，含石率 $H_G = 11.6\%$，吸水率 $H_W = 7.1\%$。

3. 石子的测量

石子的堆积密度 $\rho_{g堆积} = 1615\text{kg/m}^3$，表观密度 $\rho_{g表观} = 2884\text{kg/m}^3$，空隙率 $P = 43.5\%$，吸水率为 1.2%。

4. 胶凝材料体积的计算

$$V_{胶凝材料} = \frac{240}{3000} + \frac{140}{2400} = 0.14(\text{m}^3)$$

5. 胶凝材料标准稠度用水量的计算

$$W_B = 240 \times 0.27 + 140 \times 0.27 \times 1.05 = 104(\text{kg})$$

胶凝材料总量：
$$B = 240 + 140 = 380(\text{kg})$$

泌水系数：
$$M_W = \frac{380}{300} - 1 = 0.27$$

$$W_{胶凝材料拌和用水量}=104\times\frac{2}{3}+104\times\frac{1}{3}\times(1-0.27)=95(kg)$$

6. 胶凝材料浆体体积的计算

$$V_{胶凝材料浆体体积}=V_{胶凝材料}+\frac{2}{3}\times\frac{W_B}{\rho_W}=0.14+\frac{2}{3}\times\frac{104}{1000}=0.209(m^3)$$

由于拌合水在混凝土凝固后蒸发，因此计算浆体体积时，固化的水形成的体积按照标准稠度用水量的2/3计算。

7. 砂子用量及用水量

（1）细骨料用量：

$$S=\frac{1966\times 43.5\%}{1-11.6\%}=967(kg)$$

（2）细骨料用水量：

$$W_{砂子用水量}=7.1\%\times 967=69(kg)$$

8. 石子用量及用水量

$$G=(1-0.264-0.435)\times 2884-11.6\%\times 967=756(kg)$$

$$W_{石子用水量}=1087\times 1.2\%=9(kg)$$

9. 骨料总用水量

$$W_{砂石骨料用水量}=69+9=78(kg)$$

10. 调整后混凝土配合比（表C-90）

表C-90　调整后混凝土配合比　　单位：kg

名称	水泥	粉煤灰	砂子	石子	外加剂	胶凝材料用水	骨料用水
用量	240	140	967	756	5.32	87	78

C.16　山西长治原材料培训试配实例

1. C30配合比调整

原配合比中胶凝材料为：水泥190kg，需水量比0.27，密度3000kg/m³；矿渣粉115kg，需水量比0.99，密度2800kg/m³；粉煤灰80kg，需水量比1.05，密度2200kg/m³；外加剂掺量2.0%。试验目的是用廉价的细砂和粗砂混合使用代替优质砂配制混凝土。

2. 砂及砂的压力吸水率的测量

（1）砂的测量

将两种砂子按照粗砂56%：细砂44%混合进行测量。混合后的紧密堆积密度 $\rho_S=1.94\times1000=1940$（kg/m³），含石率 $H_G=\frac{0.27}{1.94}\times100\%=13.9\%$。

（2）砂的压力吸水率测量

干砂子3.0kg，吸饱水后加压至72kN，挤出水分后质量为3.27kg，压力吸水率 $H_W=\frac{0.27}{3.0}\times100\%=9\%$。

3. 石子的测量

石子的堆积密度 $\rho_{g堆积}=16.31\times100=1631$（kg/m³），空隙率 $P=\frac{20.45-16.31}{10}\times100\%$

$=41.4\%$，表观密度 $\rho_{g表观}=1631/(1-41.4\%)=2783\ (kg/m^3)$，吸水率 $H_W=\frac{16.43-16.31}{16.31}\times100\%=1\%$。

4. 胶凝材料体积的计算

$$V_{胶凝材料}=\frac{190}{3000}+\frac{115}{2800}+\frac{80}{2200}=0.14(m^3)$$

5. 胶凝材料标准稠度用水量的计算

$$W_B=190\times0.27+115\times0.27\times0.99+80\times0.27\times1.05=105(kg)$$

胶凝材料总量：　$B=190+115+80=385(kg)$

泌水系数：　$M_W=\frac{385}{300}-1=0.28$

$$W_{胶凝材料拌和用水量}=105\times\frac{2}{3}+105\times\frac{1}{3}\times(1-0.28)=95(kg)$$

6. 胶凝材料浆体体积的计算

$$V_{胶凝材料浆体体积}=V_{胶凝材料}+\frac{2}{3}\times\frac{W_B}{\rho_W}=0.14+\frac{2}{3}\times\frac{105}{1000}=0.21(m^3)$$

由于拌合水在混凝土凝固后蒸发，因此计算浆体体积时，固化的水形成的体积按照标准稠度用水量的 2/3 计算。

7. 砂子用量及用水量

（1）细骨料用量：

$$S=\frac{1840\times41.4\%}{1-13.9\%}=885(kg)$$

（2）细骨料用水量：

$$W_{砂子用水量}=9\%\times885=80(kg)$$

8. 石子用量及用水量

$$G=(1-0.21-0.414)\times2783-13.9\%\times885=923(kg)$$

$$W_{石子用水量}=923\times1\%=9(kg)$$

9. 骨料总用水量

$$W_{砂石骨料用水量}=80+9=89(kg)$$

10. 调整后混凝土配合比（表 C-91）

表 C-91　调整后混凝土配合比　　单位：kg

名称	水泥	矿渣粉	粉煤灰	砂子	石子	外加剂	拌合水	预湿水
用量	190	115	80	885	923	7.7	95	89

11. 试配

根据现场测量和调整计算配合比，采用预湿骨料工艺进行试配，一次成功，解决了混凝土离析、抓地、扒底以及废弃材料代替砂子的难题。由于配合比合理，在搅拌机中停止搅拌即可实现自流平，卸料流速平稳，拌合物表面有光泽，停止流动后顶部没有石子外露的现象，用铲子铲混凝土拌合物不费力，浆体本身的流动性很好。

在第一盘顺利试配的基础上，由学员采用天津提供的原料进行配合比调整，试配一盘，各项指标满足设计要求，外加剂掺量 2%，稍微偏高，有轻微泌浆现象。换用北京提供的原材料重新测量各项指标，进行计算，外加剂掺量降为1.8%，调整外加剂掺量后试配的混凝土卸料出机过程浆体饱满，流速稳定，拌合物均匀连续，无断料现象，在钢板上检测，混凝土拌合物技术指标均满足设计和实际使用的各项技术要求。

12. 技术总结

经过理论学习和现场实践，学员们都熟练掌握了数字量化混凝土实用技术的核心内容，可以通过原材料参数熟练计算混凝土配合比，参与实操的学员都熟练掌握了外加剂用量的调整方法，砂子紧密堆积密度、含石率和压力吸水率的试验方法，石子堆积密度、空隙率和吸水率的测量方法，以及石子表观密度的计算方法。通过现场计算和试配，使每一个学员都能够掌握一盘即可配制出符合设计要求的混凝土的方法，对降低试配劳动量，提高混凝土动态质量控制，保证质量，节约社会资源，发挥了巨大的作用。此试验解决了混凝土离析、抓地、扒底以及泵送的难题，实现了废弃材料代替砂石的目标。

C.17　山西运城培训试配实例（C40）

本次试验使用中铁项目原材料：石子为碎石，有5～10mm；10～20mm；16～31.5mm三种粒径，高铁项目推荐的质量比为2∶5∶3，砂子是天然河砂，经过现场检测、配合比调整计算后，试配的混凝土达到正常使用的目的。

1. 石子的测量

混合石子测量计算如下：

先将5～10mm，10～20mm，16～31.5mm三种粒径石子根据高铁推荐质量比例以2∶5∶3混合均匀后称取20kg，装入10L容量筒，测得堆积密度 $\rho_{g堆积}=16.92\times100=1692$ (kg/m^3)；加满水后称得质量为20.80kg，空隙率 $P=\frac{20.80-16.92}{10}\times100\%=38.8\%$；表观密度 $\rho_{g观}=1692/(1-0.388)=2765$ (kg/m^3)；湿石子质量为17.06kg，吸水率 $H_W=\frac{17.06-16.92}{16.92}\times100\%=0.8\%$。

2. 天然河砂的测量

将天然砂子装入1L容量筒，用200kN压力压实，称得质量为1.82kg，紧密堆积密度 $\rho_S=1.82\times1000=1820$ (kg/m^3)，用孔径为4.75mm的筛子筛分后测得石子的质量为0.06kg。砂子的含石率 $H_G=\frac{0.06}{1.82}\times100\%=3.3\%$。实际测得砂的含水率为0%。

3. 调整基准

胶凝材料主要参数见表C-92。

表C-92　胶凝材料主要参数

名称	水泥	矿渣粉	粉煤灰
用量（kg）	344	93	110
密度（kg/m^3）	3100	2800	2400
需水量（比）	0.27	1.0	1.05

4. 砂子主要技术参数（表 C-93）

表 C-93　砂子主要技术参数

名称	紧密堆积密度（kg/m^3）	含石率（%）	含水率（%）
指标	1820	0	0

5. 石子主要技术参数（表 C-94）

表 C-94　石子主要技术参数

名称	空隙率（%）	表观密度（kg/m^3）	堆积密度（kg/m^3）	吸水率（%）
指标	38.8	2691	1692	0.8

6. 胶凝材料体积的计算

$$V_{胶凝材料} = \frac{344}{3100} + \frac{93}{2800} + \frac{110}{2400} = 0.2(m^3)$$

7. 胶凝材料标准稠度用水量的计算

$$W_B = 344 \times 0.27 + 93 \times 0.27 \times 1.0 + 110 \times 0.27 \times 1.05 = 149(kg)$$

胶凝材料总量：　$$B = 344 + 93 + 110 = 547(kg)$$

泌水系数：　$$M_W = \frac{547}{300} - 1 = 0.82$$

$$W_{胶凝材料拌和用水量} = 149 \times \frac{2}{3} + 149 \times \frac{1}{3} \times (1 - 0.82) = 108(kg)$$

8. 胶凝材料浆体体积的计算

$$V_{胶凝材料浆体体积} = V_{胶凝材料} + \frac{2}{3} \times \frac{W_B}{\rho_W} = 0.2 + \frac{2}{3} \times \frac{149}{1000} = 0.299(m^3)$$

由于拌合水在混凝土凝固后蒸发，因此计算浆体体积时，固化的水形成的体积按照标准稠度用水量的 2/3 计算。

9. 砂子用量及用水量

（1）细骨料用量：

$$S = \frac{1820 \times 38.8\%}{1 - 0} = 706(kg)$$

（2）细骨料用水量：

$$W_{砂子最少用水量} = (5.7\% - 0) \times 706 = 40(kg)$$

$$W_{砂子最大用水量} = (7.7\% - 0) \times 706 = 54(kg)$$

10. 石子用量及用水量

$$G = (1 - 0.299 - 38.8\%) \times 2691 - 0 \times 706 = 842(kg)$$

$$W_{石子用水量} = 842 \times 0.8\% = 7(kg)$$

11. 骨料总用水量

$$W_{砂石骨料最少用水量} = 40 + 7 = 47(kg)$$

$$W_{砂石骨料最大用水量} = 54 + 7 = 61(kg)$$

12. 调整后混凝土配合比（表 C-95）

表 C-95　调整后混凝土配合比　　单位：kg

水泥	天然砂	大石子	中石子	小石子	外加剂	拌合水	预湿水
447	730	287	479	192	4.47	108	47～61

13. 试配

（1）配合比调整验算

根据现场测量砂石的技术参数、已知混凝土配合比以及已知混凝土强度进行配合比调整计算。得到所要配制的混凝土配合比，进行混凝土外加剂掺量调整试验。

（2）外加剂调整

C40 混凝土：水泥 447kg、水 121kg，掺加 1%外加剂，调整外加剂至净浆流动扩展度达到 240mm 时的掺量为 1%。

（3）试配工艺

首先将砂石骨料按照配合比称量后加入搅拌机，开启搅拌机，加入预湿骨料水，搅拌10s，预湿骨料完成，用手抓砂石，一捏成团，松开手一拍即开，此时手上有潮湿的感觉，没有明水，证明达到预期效果，然后往搅拌机中加入胶凝材料，同时加入外加剂和胶凝材料拌合水，搅拌，待混凝土拌合物流平时停止搅拌，卸料，实现一次试配成功，配制的混凝土没有出现离析、泌水、抓地和扒底现象。由于配合比合理，在搅拌机中停止搅拌即可实现自流平，卸料流速平稳，拌合物表面有光泽，停止流动后顶部没有石子外露的现象，用铲子铲混凝土拌合物不费力，浆体本身的流动很好。实际测量混凝土的坍落度为 220mm，排空时间为 6s，表观密度为 2420kg/m^3。为了满足调整含气量，将外加剂中的引气组分去掉；为了调整表观密度，按照现有比例增加砂石 120kg。

14. 现场调整砂石

（1）砂子用量及用水量调整计算

$$S_{砂子用量}=730+120\times730/(730+958)=782\ (kg)$$

$$W_{砂子最少用水量}=782\times5.7\%=45\ (kg)$$

$$W_{砂子最大用水量}=782\times7.7\%=60\ (kg)$$

（2）石子用量及用水量调整计算

$$G_{大石子用量}=287+120\times287/(730+958)=307\ (kg)$$

$$W_{大石子用水量}=307\times0.6\%=1.8\ (kg)$$

$$G_{中石子用量}=479+120\times479/(730+958)=513\ (kg)$$

$$W_{中石子用水量}=513\times0.6\%=3.1\ (kg)$$

$$G_{小石子用量}=192+120\times192/(730+958)=206\ (kg)$$

$$W_{小石子用水量}=206\times1.4\%=2.9\ (kg)$$

$$W_{石子用水量}=1.8+3.1+2.9=7.8\ (kg)$$

（3）骨料用水量调整计算

$$W_{砂石骨料最少用水量}=45+8=53\ (kg)$$

$$W_{砂石骨料最大用水量}=60+8=68\ (kg)$$

15. 混凝土现场试配实际配合比（表 C-96）

表 C-96　混凝土现场试配实际配合比　　单位：kg

等级	水泥	天然砂	大石子	中石子	小石子	外加剂	拌合水	预湿水	外加剂检测水
C40	447	730	287	479	192	4.47	101	64	121
C40	447	782	307	513	206	4.92	101	68	121

重新试配一盘，考虑前一盘预湿骨料用最大值，这一盘也使用最大值，由于外加剂减少引起组分降低了流动性，试配时增加 0.1%外加剂。实际测量混凝土的坍落度为 235mm，排空时间为 6s，表观密度为 2420kg，达到预期效果。

16. 技术总结

经过现场实践，山西黄河新型化工建材有限公司研发人员和售后服务试验室技术员都熟练掌握了数字量化混凝土实用技术的核心内容，可以通过已知混凝土配合比和胶凝材料技术参数调整混凝土的配合比，熟练掌握了外加剂用量的调整方法，砂子紧密堆积密度、含石率和含水率的试验方法，石子堆积密度、空隙率和吸水率的测量方法，以及石子表观密度的计算方法。通过现场计算和试配，使本公司参与培训的职员都能够掌握一盘即可配制出符合设计要求的混凝土的方法。使本公司员工在不同区域配销售外加剂的过程中能够顺利配制混凝土，降低试配劳动量，提高企业技术水平，保证质量，节约社会资源，发挥巨大的作用。此试验解决了售后服务技术人员的后顾之忧，实现了企业技术人员技术水平的升级。

C.18　云南昆明培训试配实例

（一）广西凭祥某混凝土有限公司

1. 天然砂的测量

将天然砂装入 1L 容量筒，压实，称得质量为 2.145kg，紧密堆积密度 $\rho_S = 2.145\times1000 = 2145$（kg/m^3），用孔径为 4.75mm 的筛子筛分后测得石子的质量为 0kg，砂子的含石率 $H_G=0$，实际测得砂的含水率 $H_W=0$。

2. 石子的测量

先将石子装入 10L 容量筒，测得堆积密度 $\rho_{g堆积}=16.785\times100=1679$（kg/m^3），加满水后称得质量为 20.53kg，空隙率 $P=\dfrac{20.53-16.785}{10}\times100\%=37.45\%$，表观密度 $\rho_{g表观}=1679/(1-37.45\%)=2684$（kg/m^3），称得湿石子质量为 17.275kg，吸水率 $H_W=\dfrac{17.275-16.785}{16.785}\times100\%=2.9\%$。

3. 胶凝材料为：水泥 184kg，需水量比 0.27，密度 3100kg/m^3；矿渣粉 71kg，需水量比 0.99，密度 2800kg/m^3；粉煤灰 82kg，需水量比 1.05，密度 2100kg/m^3。

4. 胶凝材料体积的计算

$$V_{胶凝材料}=\frac{184}{3100}+\frac{71}{2800}+\frac{82}{2100}=0.12(\text{m}^3)$$

5. 胶凝材料标准稠度用水量的计算

$$W_B=184\times0.27+71\times0.27\times0.99+82\times0.27\times1.05=92(\text{kg})$$

胶凝材料总量：$B = 184 + 71 + 82 = 337(\text{kg})$

泌水系数：$M_W = \frac{337}{300} - 1 = 0.12$

$$W_{胶凝材料拌和用水量} = 92 \times \frac{2}{3} + 92 \times \frac{1}{3} \times (1 - 0.12) = 88(\text{kg})$$

6. 胶凝材料浆体体积的计算

$$V_{胶凝材料浆体体积} = V_{胶凝材料} + \frac{2}{3} \times \frac{W_B}{\rho_W} = 0.12 + \frac{2}{3} \times \frac{92}{1000} = 0.181(\text{m}^3)$$

由于拌合水在混凝土凝固后蒸发，因此计算浆体体积时，固化的水形成的体积按照标准稠度用水量的 2/3 计算。

7. 砂子用量及用水量

（1）细骨料用量：

$$S = \frac{2145 \times 37.45\%}{1-0} = 803(\text{kg})$$

（2）细骨料用水量：

$$W_{砂子最少用水量} = (5.7\% - 0) \times 803 = 46(\text{kg})$$

$$W_{砂子最大用水量} = (7.7\% - 0) \times 803 = 62(\text{kg})$$

8. 石子用量及用水量

$$G = (1 - 0.181 - 0.3745) \times 2145 = 953(\text{kg})$$

$$W_{石子用水量} = 953 \times 2.9\% = 28(\text{kg})$$

9. 骨料总用水量

$$W_{砂石骨料最少用水量} = 46 + 28 = 74(\text{kg})$$

$$W_{砂石骨料最大用水量} = 62 + 28 = 90(\text{kg})$$

10. 调整后混凝土配合比（表 C-97）

表 C-97　调整后混凝土配合比　　单位：kg

名称	水泥	矿渣粉	粉煤灰	砂	石子	外加剂	拌合水	预湿水
用量	184	71	82	803	953	6.74	88	74～90

利用培训学员自己计算的数据与试配计算器对比一致后进行称量，用预湿骨料工艺进行试配，一次达到预期效果。

（二）中铁三局某公司

1. 天然砂的测量

将天然砂装入 1L 容量筒并压实，称得质量为 1.77kg，紧密堆积密度 $\rho_{g堆积} = 1.77 \times 1000 = 1770(\text{kg/m}^3)$，用孔径为 4.75mm 的筛子筛分后测得石子的质量为 0.17kg，砂子的含石率 $H_G = \frac{0.17}{1.77} \times 100\% = 9.6\%$，实际测得砂的含水率为 5%。

2. 石子的测量

先将石子装入10L容量筒，测得堆积密度 $\rho_{g堆积}=17.24\times100=1724(kg/m^3)$，加满水后称得质量为21.2kg，空隙率 $P=\frac{21.2-17.24}{10}\times100\%=39.6\%$，表观密度 $\rho_{g表观}=1724/(1-39.6\%)=2854(kg/m^3)$，称得湿石子质量为17.5kg，吸水率 $H_W=\frac{17.5-17.24}{17.24}\times100\%=1.5\%$。

3. 胶凝材料主要参数（表C-98）

表C-98　胶凝材料主要参数

名称	水泥	矿渣粉	粉煤灰
用量（kg）	259	74	37
密度（kg/m^3）	3100	2800	2100
需水量（比）	0.27	0.99	1.05

4. 胶凝材料体积的计算

$$V_{胶凝材料}=\frac{259}{3100}+\frac{74}{2800}+\frac{37}{2100}=0.13(m^3)$$

5. 胶凝材料标准稠度用水量的计算

$$W_B=259\times0.27+74\times0.27\times0.99+37\times0.27\times1.05=100(kg)$$

胶凝材料总量：　$B=259+74+37=370(kg)$

泌水系数：　$M_W=\frac{370}{300}-1=0.23$

$$W_{胶凝材料拌和用水量}=100\times\frac{2}{3}+100\times\frac{1}{3}\times(1-0.23)=92(kg)$$

6. 胶凝材料浆体体积的计算

$$V_{胶凝材料浆体体积}=V_{胶凝材料}+\frac{2}{3}\times\frac{W_B}{\rho_W}=0.13+\frac{2}{3}\times\frac{100}{1000}=0.197(m^3)$$

由于拌合水在混凝土凝固后蒸发，因此计算浆体体积时，固化的水形成的体积按照标准稠度用水量的2/3计算。

7. 砂子用量及用水量

（1）细骨料用量：

$$S=\frac{1770\times39.6\%}{1-9.6\%}=775(kg)$$

（2）细骨料用水量：

$$W_{砂子最少用水量}=(5.7\%-5\%)\times775=5(kg)$$

$$W_{砂子最大用水量}=(7.7\%-5\%)\times775=21(kg)$$

8. 石子用量及用水量

$$G=(1-0.197-0.396)\times2854-9.6\%\times775=1087(kg)$$

$$W_{石子用水量}=1087\times1.5\%=16(kg)$$

9. 骨料总用水量

$$W_{砂石骨料最少用水量}=5+16=21(kg)$$

$$W_{\text{砂石骨料最大用水量}} = 21 + 16 = 37(\text{kg})$$

10. 调整后混凝土配合比（表 C-99）

表 C-99　调整后混凝土配合比　　　单位：kg

名称	水泥	矿渣粉	粉煤灰	砂	石子	外加剂	拌合水	预湿水
用量	259	74	37	775	1087	7.4	92	21～37

利用培训学员自己计算的数据与试配计算器对比一致后进行称量，用预湿骨料工艺进行试配，一次达到预期效果。

（三）吉林长春某混凝土有限公司

1. 天然砂的测量

将天然砂装入 1L 容量筒并压实，称得质量为 1.79kg，紧密堆积密度 $\rho_S = 1.79 \times 1000 = 1790(\text{kg/m}^3)$，用孔径为 4.75mm 的方孔筛筛分后测得石子的质量为 0.03kg，砂子的含石率 $H_g = \frac{0.03}{1.79} \times 100\% = 1.7\%$。实际测得砂的含水率为 0。

2. 石子的测量

先将石子装入 10L 容量筒，测得堆积密度 $\rho_{g\text{堆积}} = 16.12 \times 100 = 1612(\text{kg/m}^3)$，加满水后称得质量为 19.985kg，空隙率 $P = \frac{19.985 - 16.12}{10} \times 100\% = 38.65\%$，表观密度 $\rho_{g\text{表观}} = 1612/(1 - 38.65\%) = 2628(\text{kg/m}^3)$，湿石子质量为 16.53kg，吸水率 $H_W = (16.53 - 16.12)/16.12 = 2.5\%$。

3. 胶凝材料主要参数（表 C-100）

表 C-100　胶凝材料主要参数

名称	水泥	矿渣粉	粉煤灰
用量（kg）	220	80	80
密度（kg/m³）	3100	2800	2100
需水量（比）	0.27	0.99	1.05

4. 胶凝材料体积的计算

$$V_{\text{胶凝材料}} = \frac{220}{3100} + \frac{80}{2800} + \frac{80}{2100} = 0.14(\text{m}^3)$$

5. 胶凝材料标准稠度用水量的计算

$$W_B = 220 \times 0.27 + 80 \times 0.27 \times 0.99 + 80 \times 0.27 \times 1.05 = 103(\text{kg})$$

胶凝材料总量：　$B = 220 + 80 + 80 = 380(\text{kg})$

泌水系数：　$M_W = \frac{380}{300} - 1 = 0.27$

$$W_{\text{胶凝材料拌和用水量}} = 103 \times \frac{2}{3} + 103 \times \frac{1}{3} \times (1 - 0.27) = 94(\text{kg})$$

6. 胶凝材料浆体体积的计算

$$V_{\text{胶凝材料浆体体积}} = V_{\text{胶凝材料}} + \frac{2}{3} \times \frac{W_B}{\rho_W} = 0.14 + \frac{2}{3} \times \frac{103}{1000} = 0.209(\text{m}^3)$$

由于拌合水在混凝土凝固后蒸发，因此计算浆体体积时，固化的水形成的体积按照标准稠度用水量的 2/3 计算。

7. 砂子用量及用水量

（1）细骨料用量：

$$S=\frac{1790\times 38.65\%}{1-1.7\%}=704(\text{kg})$$

（2）细骨料用水量：

$$W_{\text{砂子最少用水量}}=(5.7\%-0)\times 704=40(\text{kg})$$

$$W_{\text{砂子最大用水量}}=(7.7\%-0)\times 704=54(\text{kg})$$

8. 石子用量及用水量

$$G=(1-0.209-38.65\%)\times 2628-1.7\%\times 704=1051(\text{kg})$$

$$W_{\text{石子用水量}}=1051\times 2.5\%=26(\text{kg})$$

9. 骨料总用水量

$$W_{\text{砂石骨料最少用水量}}=40+26=66(\text{kg})$$

$$W_{\text{砂石骨料最大用水量}}=54+26=80(\text{kg})$$

10. 调整后混凝土配合比（表 C-101）

表 C-101　调整后混凝土配合比　　单位：kg

名称	水泥	矿渣粉	粉煤灰	砂	石子	外加剂	拌合水	预湿水
用量	220	80	80	704	1051	11.4	94	66～80

利用培训助理和学员现场计算的数据与试配计算器对比一致后进行称量，用预湿骨料工艺进行试配，一次达到预期效果。

（四）甘肃庆阳某混凝土有限公司

1. 砂子测量

（1）山砂的测量

将山砂装入 1L 容量筒并压实，称得质量为 1.765kg，紧密堆积密度 $\rho_S=1.765\times 1000=1765(\text{kg/m}^3)$，用孔径为 4.75mm 的方孔筛筛分后测得石子的质量为 0，砂子的含石率 $H_G=0$。实际测得砂的含水率为 0。

（2）河砂的测量

将河砂装入 1L 容量筒并压实，称得质量为 1.93kg，紧密堆积密度 $\rho_S=1.93\times 1000=1930(\text{kg/m}^3)$，用孔径为 4.75mm 的筛子筛分后测得石子的质量为 0.195kg，砂子的含石率 $H_G=0.195/1.93=10\%$，实际测得砂的含水率为 0。

2. 石子的测量

先将石子装入 10L 容量筒，测得堆积密度 $\rho_{\text{g堆积}}=18.56\times 100=1856(\text{kg/m}^3)$，加满水后称得质量为 21.79kg，空隙率 $P=\frac{21.79-18.56}{10}\times 100\%=0.323$，表观密度 $\rho_{\text{g表观}}=1856/(1-32.3\%)=2742(\text{kg/m}^3)$，湿石子质量为 18.87kg，吸水率 $=H_W\ \frac{18.87-18.56}{18.56}\times 100\%=1.7\%$。

3. 胶凝材料主要参数

水泥 254kg，需水量比 0.27，密度 3100kg/m³；粉煤灰 109kg，需水量比 0.98，密度 2100kg/m³。

4. 胶凝材料体积的计算

$$V_{胶凝材料} = \frac{254}{3100} + \frac{109}{2100} = 0.13(m^3)$$

5. 胶凝材料标准稠度用水量的计算

$$W_B = 254 \times 0.27 + 109 \times 0.27 \times 0.98 = 98(kg)$$

胶凝材料总量： $$B = 254 + 109 = 363(kg)$$

泌水系数： $$M_W = \frac{363}{300} - 1 = 0.21$$

$$W_{胶凝材料拌和用水量} = 98 \times \frac{2}{3} + 98 \times \frac{1}{3} \times (1 - 0.21) = 91(kg)$$

6. 胶凝材料浆体体积的计算

$$V_{胶凝材料浆体体积} = V_{胶凝材料} + \frac{2}{3} \times \frac{W_B}{\rho_W} = 0.13 + \frac{2}{3} \times \frac{98}{1000} = 0.195(m^3)$$

由于拌合水在混凝土凝固后蒸发，因此计算浆体体积时，固化的水形成的体积按照标准稠度用水量的 2/3 计算。

7. 砂子用量及用水量

（1）细骨料用量：

$$S_1 = \frac{1765 \times 32.3\%}{1 - 0\%} \times 20\% = 114(kg)$$

$$S_2 = \frac{1930 \times 32.3\%}{1 - 10\%} \times 80\% = 554(kg)$$

（2）细骨料用水量：

$$W_{砂子1最少用水量} = (5.7\% - 0) \times 114 = 6(kg)$$

$$W_{砂子1最大用水量} = (7.7\% - 0) \times 114 = 9(kg)$$

$$W_{砂子2最少用水量} = (5.7\% - 0) \times 554 = 32(kg)$$

$$W_{砂子2最大用水量} = (7.7\% - 0) \times 554 = 43(kg)$$

8. 石子用量及用水量

$$G = (1 - 0.195 - 0.323) \times 2742 - 10\% \times 554 = 1266(kg)$$

$$W_{石子用水量} = 1266 \times 1.7\% = 22(kg)$$

9. 骨料总用水量

$$W_{砂石骨料最少用水量} = 6 + 32 + 22 = 60(kg)$$

$$W_{砂石骨料最大用水量} = 9 + 43 + 22 = 74(kg)$$

10. 调整后混凝土配合比（表 C-102）

表 C-102 调整后混凝土配合比 单位：kg

名称	水泥	粉煤灰	山砂	河砂	石子	外加剂	拌合水	预湿水
用量	254	109	114	554	1266	7.3	90	60～74

利用培训学员自己计算的数据与试配计算器对比一致后进行称量，用预湿骨料工艺进行试配，一次达到预期效果。

（五）广西梧州某混凝土有限公司

1. 测量砂子

（1）机砂的测量

将机砂装入1L容量筒并压实，称得质量为1.93kg，紧密堆积密度 $\rho_{S1}=1.93\times1000=1930(kg/m^3)$，用孔径为4.75mm的方孔筛筛分后测得石子的质量为0.05kg，砂子的含石率 $H_{G1}=\frac{0.05}{1.93}\times100\%=2.6\%$，实际测得砂的吸水率 $H_{W1}=10\%$。

（2）河砂的测量

将河砂装入1L容量筒并压实，称得质量为2.06kg，紧密堆积密度 $\rho_{S2}=2.06\times1000=2060(kg/m^3)$，用孔径为4.75mm的筛子筛分后测得石子的质量为0.08kg，砂子的含石率 $H_{G2}=\frac{0.08}{2.06}\times100\%=3.9\%$，实际测得砂的吸水率 $H_{W2}=12\%$。

2. 测量石子

（1）石子1的测量

先将石子装入10升容量筒，测得堆积密度 $\rho_{g堆积1}=14.59\times100\%=1459(kg/m^3)$，加满水后称得质量为21.06kg，空隙率 $P=\frac{18.765-14.593}{10}\times100\%=41.72\%$，表观密度 $\rho_{g表观1}=1459/(1-41.75\%)=2505(kg/m^3)$，湿石子质量为14.915kg，吸水率 $H_W=\frac{14.915-14.59}{14.59}\times100\%=2.2\%$。

（2）石子2的测量

先将石子装入10L容量筒，测得堆积密度 $\rho_{g堆积2}=16.77\times100=1677(kg/m^3)$，加满水后称得质量为20.8kg，空隙率 $P=\frac{20.8-16.77}{10}\times100\%=40.3\%$，表观密度 $\rho_{g表观2}=1677/(1-40.3\%)=2809(kg/m^3)$，湿石子质量为17.275kg，吸水率 $=\frac{17.275-16.77}{16.77}\times100\%=3\%$。

3. 胶凝材料主要参数（表C-103）

表C-103　胶凝材料主要参数

名称	水泥	矿渣粉	粉煤灰
用量（kg）	205	75	80
密度（kg/m^3）	3000	2800	2000
需水量（比）	0.28	0.99	1.02

4. 胶凝材料体积的计算

$$V_{胶凝材料}=\frac{205}{3000}+\frac{75}{2800}+\frac{80}{2000}=0.14(m^3)$$

5. 胶凝材料标准稠度用水量的计算

$$W_B=205\times0.28+75\times0.28\times0.99+80\times0.28\times1.02=101(kg)$$

胶凝材料总量：　　　$B = 205 + 75 + 80 = 360(\text{kg})$

泌水系数：　　　$M_W = \frac{360}{300} - 1 = 0.2$

$$W_{胶凝材料拌和用水量} = 101 \times \frac{2}{3} + 101 \times \frac{1}{3} \times (1 - 0.2) = 94(\text{kg})$$

6. 胶凝材料浆体体积的计算

$$V_{胶凝材料浆体体积} = V_{胶凝材料} + \frac{2}{3} \times \frac{W_B}{\rho_W} = 0.14 + \frac{2}{3} \times \frac{101}{1000} = 0.207(\text{m}^3)$$

由于拌合水在混凝土凝固后蒸发，因此计算浆体体积时，固化的水形成的体积按照标准稠度用水量的2/3计算。

7. 砂子用量及用水量

$$\rho_{混合砂密度} = (1930 + 2060)/2 = 1995(\text{kg/m}^3)$$

$$H_{G混合砂含石率} = (2.6\% + 3.0\%)/2 = 2.8\%$$

$$H_{W混合砂吸水率} = (10\% + 12\%)/2 = 11\%$$

（1）细骨料用水量：

$$S = \frac{1995 \times 41.03\%}{1 - 2.8\%} = 842(\text{kg})$$

（2）细骨料用水量：

$$W_{砂子用水量} = 11\% \times 842 = 93(\text{kg})$$

8. 石子用量及用水量

$$\rho_{混合石子堆积密度} = (1459 + 1677)/2 = 1568(\text{kg/m}^3)$$

$$P_{混合石子空隙率} = (41.75\% + 40.3\%)/2 = 41.03\%$$

$$H_{W混合石子吸水率} = (2.9\% + 3\%)/2 = 3\%$$

$$\rho_{混合石子表观密度} = (2505 + 2810)/2 = 2658(\text{kg/m}^3)$$

$$G = (1 - 0.207 - 41.03\%) \times 2658 - 2.8\% \times 842 = 994(\text{kg})$$

$$W_{石子用水量} = 994 \times 3\% = 30(\text{kg})$$

9. 骨料总用水量

$$W_{砂石骨料用水量} = 30 + 93 = 123(\text{kg})$$

10. 调整后混凝土配合比（表C-104）

表C-104　调整后混凝土配合比　　单位：kg

名称	水泥	矿渣粉	粉煤灰	混合砂	石子	外加剂	拌合水	预湿水
用量	205	75	80	842	994	10.8	94	123

利用培训学员自己计算的数据与试配计算器对比一致后进行称量，用预湿骨料工艺进行试配，一次达到预期效果。

（六）云南大理某建材有限公司

1. 机砂的测量

将机砂装入1L容量筒并压实，称得质量为2.15kg，紧密堆积密度$\rho_S = 2.15 \times 1000 = 2150(\text{kg/m}^3)$，采用孔径为4.75mm的方孔筛筛分后测得石子的质量为0.53kg，砂子的含

石率 $H_G=\frac{0.53}{2.15}\times100\%=24.7\%$，实际测得砂的吸水率 $H_W=0$。

2. 石子的测量

先将石子装入 10L 容量筒，测得堆积密度 $\rho_{g堆积}=16.0\times100=1600(kg/m^3)$，加满水后称得质量为 20.45kg，空隙率 $P=\frac{20.45-16.0}{10}\times100\%=44.5\%$，表观密度 $\rho_{g表观}=1600/(1-44.5\%)=2883(kg/m^3)$。湿石子质量为 16.28kg，吸水率 $H_W=\frac{16.28-16.0}{16.0}\times100\%=1.8\%$。

3. 原配合比中胶凝材料为：水泥 280kg，需水量比 0.28，密度 $3000kg/m^3$；粉煤灰 90kg，需水量比 1.02，密度 $2000kg/m^3$。

4. 胶凝材料体积的计算

$$V_{胶凝材料}=\frac{280}{3000}+\frac{90}{2000}=0.14(m^3)$$

5. 胶凝材料标准稠度用水量的计算

$$W_B=280\times0.28+90\times0.28\times1.02=104(kg)$$

胶凝材料总量：　$$B=280+90=370(kg)$$

泌水系数：　$$M_W=\frac{370}{300}-1=0.23$$

$$W_{胶凝材料拌和用水量}=104\times\frac{2}{3}+104\times\frac{1}{3}\times(1-0.23)=96(kg)$$

6. 胶凝材料浆体体积的计算

$$V_{胶凝材料浆体体积}=V_{胶凝材料}+\frac{2}{3}\times\frac{W_B}{\rho_W}=0.14+\frac{2}{3}\times\frac{104}{1000}=0.209(m^3)$$

由于拌合水在混凝土凝固后蒸发，因此计算浆体体积时，固化的水形成的体积按照标准稠度用水量的 2/3 计算。

7. 砂子用量及用水量

(1) 细骨料用量：

$$S=\frac{2150\times44.5\%}{1-24.7\%}=1271(kg)$$

(2) 细骨料用水量：

$$W_{砂子最少用水量}=(5.7\%-0)\times1271=72(kg)$$

$$W_{砂子最大用水量}=(7.7\%-0)\times1271=98(kg)$$

8. 石子用量及用水量

$$G=(1-0.209-44.5\%)\times2883-24.7\%\times1271=684(kg)$$

$$W_{石子用水量}=684\times1.8\%=12(kg)$$

9. 骨料总用水量

$$W_{砂石骨料最少用水量}=72+12=84(kg)$$

$$W_{砂石骨料最大用水量}=98+12=110(kg)$$

10. 调整后混凝土配合比（表 C-105）

表 C-105　调整后混凝土配合比　　单位：kg

名称	水泥	粉煤灰	混合砂	石子	外加剂	拌合水	预湿水
用量	280	90	1271	684	7.4	96	84～110

利用培训学员自己计算的数据与试配计算器对比一致后进行称量，用预湿骨料工艺进行试配，一次达到预期效果。

（七）云南昆明某再生骨料公司

1. 再生砂的测量

将再生砂装入 1L 容量筒并压实，称得质量为 1.55kg，紧密堆积密度 $\rho_S = 1.55 \times 1000 = 1550(kg/m^3)$，用孔径为 4.75mm 的方孔筛筛分后测得石子的质量为 0.235kg，砂子的含石率 $H_G = \frac{0.235}{1.55} \times 100\% = 15\%$，实际测得砂的吸水率 $H_W = 17.1\%$。

2. 石子的测量

将石子装入 10L 容量筒，测得堆积密度 $\rho_{g堆积} = 15.67 \times 100 = 1567(kg/m^3)$。加满水后称得质量为 20.065kg，空隙率 $P = \frac{20.065 - 15.67}{10} \times 100\% = 43.95\%$，表观密度 $\rho_{g表观} = 1567/(1 - 43.95\%) = 2796kg/m^3$，湿石子质量为 15.94kg，吸水率 $H_W = \frac{15.94 - 15.67}{15.67} \times 100\% = 1.7\%$。

3. 原配合比中胶凝材料

胶凝材料：水泥 220kg，需水量比 0.27，密度 $3100kg/m^3$；矿渣粉 80kg，需水量比 0.99，密度 $2800kg/m^3$；粉煤灰 80kg，需水量比 1.05，密度 $2500kg/m^3$。

4. 胶凝材料体积的计算

$$V_{胶凝材料} = \frac{220}{3100} + \frac{80}{2800} + \frac{80}{2500} = 0.13(m^3)$$

5. 胶凝材料标准稠度用水量的计算

$$W_B = 220 \times 0.27 + 80 \times 0.27 \times 0.99 + 80 \times 0.27 \times 1.05 = 103(kg)$$

胶凝材料总量：　$B = 220 + 80 + 80 = 380(kg)$

泌水系数：　$M_W = \frac{380}{300} - 1 = 0.27$

$$W_{胶凝材料拌和用水量} = 103 \times \frac{2}{3} + 103 \times \frac{1}{3} \times (1 - 0.27) = 94(kg)$$

6. 胶凝材料浆体体积的计算

$$V_{胶凝材料浆体体积} = V_{胶凝材料} + \frac{2}{3} \times \frac{W_B}{\rho_W} = 0.13 + \frac{2}{3} \times \frac{103}{1000} = 0.199(m^3)$$

由于拌合水在混凝土凝固后蒸发，因此计算浆体体积时，固化的水形成的体积按照标准稠度用水量的 2/3 计算。

7. 砂子用量及用水量

(1)细骨料用量：

$$S = \frac{1550 \times 43.95\%}{1 - 15\%} = 801(\text{kg})$$

(2)细骨料用水量：

$$W_{砂子用水量} = 801 \times 17.1\% = 137(\text{kg})$$

8. 石子用量及用水量

$$G = (1 - 0.199 - 43.95\%) \times 2796 - 15\% \times 801 = 891(\text{kg})$$

$$W_{石子用水量} = 891 \times 1.7\% = 15(\text{kg})$$

9. 骨料总用水量

$$W_{砂石骨料用水量} = 137 + 15 = 152(\text{kg})$$

10. 调整后混凝土配合比(表 C-106)

表 C-106　调整后混凝土配合比　　单位：kg

名称	水泥	矿渣粉	粉煤灰	砂	石子	外加剂	拌合水	预湿水
用量	220	80	80	801	891	7.6	94	152

利用云南建投提供的再生细骨料，培训学员用自己计算的数据与试配计算器对比一致后进行称量。利用长沙益友泵送剂试配一盘，外加剂分三次加入，试配的混凝土拌合物状态良好；采用云南福贝艾建材有限公司的外加剂试配一盘，一次成功，工作性良好。针对云南建投提供的这种再生细骨料，采用数字量化混凝土配合比设计方法进行配合比设计，用两种不同的外加剂试配的混凝土拌合物工作性指标都一次达到预期效果。

C.19　河南南阳某建材公司培训实例

1. 原配合比及原材料参数

(1) 原混凝土配合比参数（表 C-107）

表 C-107　原混凝土配合比参数　　单位：kg

名称	水泥	粉煤灰	外加剂
用量	305	90	20

(2) 胶凝材料主要参数（表 C-108）

表 C-108　胶凝材料主要参数

名称	水泥	粉煤灰
密度（kg/m^3）	3000	2200
需水量（比）	0.27	1.05

(3) 砂子参数

现场检测砂子技术参数见表 C-109。

表 C-109　现场检测砂子技术参数

名称	紧密堆积密度（kg/m³）	含石率（%）	含水率（%）	含泥量（%）
砂子 1	1972	8	7.4	7.5
砂子 2	1893	10	6.2	5.2
砂子 3	1780	2	1.1	4.7

（4）石子参数

现场检测石子技术参数见表 C-110。

表 C-110　现场检测石子技术参数

名称	空隙率（%）	堆积密度（kg/m³）	表观密度（kg/m³）	吸水率（%）
石子	44.4	1640	2950	1.2

2. 调整基准

原配合比中胶凝材料为：水泥 305kg，需水量 0.27，密度 3000kg/m³；粉煤灰 90kg，需水量比 1.05，密度 2200kg/m³。在配合比调整的过程中，不考虑粉煤灰对强度的贡献。

3. 胶凝材料体积的计算

$$V_{胶凝材料}=\frac{305}{3000}+\frac{90}{2200}=0.14(m^3)$$

4. 胶凝材料标准稠度用水量的计算

$$W_B=305\times0.27+90\times0.27\times1.05=108(kg)$$

胶凝材料为：

$$B=305+90=395(kg)$$

泌水系数：

$$M_W=\frac{395}{300}-1=0.32$$

胶凝材料拌和用水：

$$W_{胶凝材料拌和用水量}=108\times\frac{2}{3}+108\times\frac{1}{3}\times(1-0.32)=96.5(kg)$$

5. 胶凝材料浆体体积的计算

$$V_{胶凝材料浆体体积}=V_{胶凝材料}+\frac{2}{3}\times\frac{W_B}{\rho_W}=\frac{2}{3}\times\frac{108}{1000}=0.14+0.072=0.212(m^3)$$

6. 砂子用量及用水量

（1）砂子 1

① 细骨料用量：

$$S_{砂子1}=\frac{1972\times44.4\%}{1-8\%}=952(kg)$$

② 细骨料用水量：

$$W_{砂子1最少用水量}=(5.7\%-7.4\%)\times952=0$$

$$W_{砂子1最大用水量}=(7.7\%-7.4\%)\times952=3(kg)$$

（2）砂子 2

① 细骨料用量：

$$S_{砂子2}=\frac{1893\times 44.4\%}{1-10\%}=934(\mathrm{kg})$$

② 细骨料用水量：

$$W_{砂子2最少用水量}=(5.7\%-6.2\%)\times 934=0(\mathrm{kg})$$

$$W_{砂子2最大用水量}=(7.7\%-6.2\%)\times 934=14(\mathrm{kg})$$

（3）砂子 3

① 细骨料用量：

$$S_{砂子3}=\frac{1780\times 44.4\%}{1-2\%}=806(\mathrm{kg})$$

② 细骨料用水量：

$$W_{砂子3最少用水量}=(5.7\%-1.1\%)\times 806=37(\mathrm{kg})$$

$$W_{砂子3最大用水量}=(7.7\%-1.1\%)\times 806=53(\mathrm{kg})$$

7. 石子用量及用水量

（1）砂子 1

$$G_{砂子1}=(1-0.212-44.4\%)\times 2950-8\%\times 952=939(\mathrm{kg})$$

$$W_{石子用水量}=939\times 1.2\%=11(\mathrm{kg})$$

（2）砂子 2

$$G_{砂子2}=(1-0.212-44.4\%)\times 2950-10\%\times 934=921(\mathrm{kg})$$

$$W_{石子用水量}=921\times 1.2\%=11(\mathrm{kg})$$

（3）砂子 3

$$G_{砂子3}=(1-0.212-44.4\%)\times 2950-2\%\times 806=999(\mathrm{kg})$$

$$W_{石子用水量}=999\times 1.2\%=12(\mathrm{kg})$$

8. 骨料总用水量

（1）砂子 1

$$W_{砂1石骨料最少用水量}=0+11=11(\mathrm{kg})$$

$$W_{砂1石骨料最大用水量}=3+11=14(\mathrm{kg})$$

（2）砂子 2

$$W_{砂2石骨料最少用水量}=0+11=11(\mathrm{kg})$$

$$W_{砂2石骨料最大用水量}=14+11=25(\mathrm{kg})$$

（3）砂子 3

$$W_{砂3石骨料最少用水量}=37+12=49(\mathrm{kg})$$

$$W_{砂3石骨料最大用水量}=53+12=65(\mathrm{kg})$$

9. 用已知数据调整设计的混凝土配合比（表 C-111）

表 C-111　调整设计的混凝土配合比　　单位：kg

名称	水泥	粉煤灰	天然砂	石子	外加剂	拌合水	预湿水
砂子 1	305	90	952	939	20	96.5	11～14
砂子 2	305	90	934	921	20	96.5	11～25
砂子 3	305	90	806	999	20	96.5	49～65

10. 试配及现场调整

采用调整后的配合比进行试配，配制的混凝土拌合物工作性达到了预期效果。

C.20　广西梧州某混凝土有限公司现场实例

（一）石粉配制 C30 混凝土

1. 胶凝材料参数的计算

本次检测的 C30 混凝土水泥用量为 315kg，密度为 3100kg/m³，需水量比为 0.27；粉煤灰用量为 70kg，密度为 2100kg/m³，需水量比为 1.05。混凝土实测 28d 强度为 28.1MPa。计算过程不考虑粉煤灰的活性。

2. 水泥的质量/强度比

$$R = \frac{315}{28.1} = 11.21(\text{kg/MPa})$$

3. C30 混凝土的配制强度取 36MPa，则配制混凝土时水泥用量

$$C = 11.21 \times 36 = 404(\text{kg})$$

粉煤灰用量不变仍取 70kg。

4. 胶凝材料体积的计算

$$V_{\text{胶凝材料}} = \frac{404}{3100} + \frac{70}{2100} = 0.16(\text{m}^3)$$

5. 外加剂检测用水量的计算

$$W_B = 404 \times 0.27 + 70 \times 0.27 \times 1.05 = 129(\text{kg})$$

胶凝材料总用量：

$$B = 404 + 70 = 474(\text{kg})$$

泌水系数：

$$M_W = \frac{474}{300} - 1 = 0.58$$

6. 胶凝材料拌和用水量的计算

$$W_{\text{胶凝材料拌和用水量}} = 129 \times \frac{2}{3} + 129 \times \frac{1}{3} \times (1 - 0.58) = 104(\text{kg})$$

7. 胶凝材料浆体

$$V_{\text{胶凝材料浆体体积}} = V_{\text{胶凝材料}} + \frac{2}{3} \times \frac{W_B}{\rho_W} = 0.16 + \frac{2}{3} \times \frac{129}{1000} = 0.246(\text{m}^3)$$

由于拌合水在混凝土凝固后蒸发，因此计算浆体体积时，固化的水形成的体积按照标准稠度用水量的 2/3 计算。

8. 外加剂检测

水泥 404g、粉煤灰 70g、水 104，推荐掺量的外加剂，测量胶凝材料净浆流动扩展度 $D=(250\pm10)$mm，本次实际检测，掺量 2%时，$D=280$mm；调整后掺量 1.9%时，$D=250$mm。

9. 石粉参数的测量和计算

测量数据：1L 砂子用 72kN 压力机压实后测得质量为 $m_1=2.05$kg，用孔径为 4.75mm 的方孔筛筛分后石子质量 $m_2=0.3$kg。称 3.0kg 砂子，加水至可以捏出水分后加压至 72kN，挤出水分，测得湿砂子质量为 $m_3=3.15$kg。紧密堆积密度 $\rho_S=2.05\times1000=2050(\text{kg/m}^3)$，含石率 $H_G=\frac{0.3}{2.05}\times100\%=15\%$，压力吸水率 $Y_W=\frac{3.15-3.0}{3.0}\times100\%=5\%$。

10. 石子技术参数的测量和计算

测量数据：10L 石子质量 $m_1=15.5$kg，加满水后质量 $m_2=19.5$kg，倒出水后湿石子质量 $m_3=16.0$kg。空隙率 $P_1=\frac{19.5-15.5}{10}\times100\%=40\%$；吸水率 $X_{W1}=\frac{16.0-15.5}{15.5}\times100\%=3\%$；表观密度 $\rho_{g表观}=100\times15.5/(1-40\%)=2583(\text{kg/m}^3)$。

11. 砂石骨料用量的计算

(1) 石粉用量及用水量

石粉用量：

$$S=\frac{2050\times40\%}{1-15\%}=965(\text{kg})$$

石粉用水量：

$$W_{砂子用水量}=965\times5\%=48(\text{kg})$$

(2) 石子用量及用水量

$$G=(1-0.246-40\%)\times2583-15\%\times965=770(\text{kg})$$

$$W_{石子用水量}=770\times3\%=23(\text{kg})$$

(3) 骨料总用水量

$$W_{砂石骨料用水量}=48+23=71(\text{kg})$$

12. 调整后混凝土配合比（表 C-112）

表 C-112　调整后混凝土配合比　　单位：kg

名称	水泥	粉煤灰	拌和水	外加剂	砂子	石子	预湿水	胶材用水量	外加剂检测水
单方量	404	70	104	10	965	770	71	104	129

采用以上配合比进行试配，出机坍落度满足设计要求，考虑流动性损失，没有成型。增加外加剂重新做了一盘，一次试配工作性即可达到预期效果，1h 后，混凝土拌合物坍落度损失较大，没有成型试件，需要通过调整外加剂中的保坍组分解决坍落度损失过大的问题。

（二）黄机砂配制 C30 混凝土

1. 胶凝材料参数的计算

已知配合比参数，见表 C-113。

表 C-113　已知配合比参数

名称	水泥	粉煤灰
用量（kg）	315	70
密度（kg/m^3）	3100	2100
需水量（比）	0.27	1.05
强度（MPa）	28.1	—

2. 水泥的质量/强度比

$$R = \frac{315}{28.1} = 11.21(\text{kg/MPa})$$

C30 混凝土的配制强度取 36MPa。

3. 配制混凝土时水泥用量

$$C = 11.21 \times 36 = 404(\text{kg})$$

粉煤灰用量不变仍取 70kg。

4. 胶凝材料体积的计算

$$V_{胶凝材料} = \frac{404}{3100} + \frac{70}{2100} = 0.16(\text{m}^3)$$

5. 外加剂检测用水量的计算

$$W_B = 404 \times 0.27 + 70 \times 0.27 \times 1.05 = 129(\text{kg})$$

胶凝材料总用量：

$$B = 404 + 70 = 474(\text{kg})$$

泌水系数：

$$M_W = \frac{474}{300} - 1 = 0.58$$

6. 胶凝材料拌和用水量的计算

$$W_{胶凝材料拌和用水量} = 129 \times \frac{2}{3} + 129 \times \frac{1}{3} \times (1 - 0.58) = 104(\text{kg})$$

7. 胶凝材料浆体

$$V_{胶凝材料浆体体积} = V_{胶凝材料} + \frac{2}{3} \times \frac{W_B}{\rho_W} = 0.16 + \frac{2}{3} \times \frac{129}{1000} = 0.246(\text{m}^3)$$

由于拌合水在混凝土凝固后蒸发，因此计算浆体体积时，固化的水形成的体积按照标准稠度用水量的 2/3 计算。

8. 外加剂检测

水泥 404g、粉煤灰 70g、水 104g，推荐掺量的外加剂，测量胶凝材料净浆流动扩展度 $D=(250\pm10)$mm，本次实际检测，掺量 2%时，$D=280$mm；调整后掺量 1.9%时，$D=250$mm。

9. 砂子的测量与计算

测量数据：1L 砂子用 72kN 压力机压实质量 $m_1=2.1$kg，用孔径为 4.75mm 的方孔筛筛分后石子质量 $m_2=0.65$kg。称 3.0kg 砂子，加水至可以捏出水分后加压至 72kN 挤出水分，测得湿砂子质量 $m_3=3.0$kg。紧密堆积密度 $\rho_S=2.1\times1000=2100(\text{kg/m}^3)$，含石率 H_G

$=\frac{0.65}{2.1}\times100\%=31\%$，压力吸水率 $Y_W=\frac{3.0-3.0}{3.0}\times100\%=0$。

10. 石子技术参数的测量和计算

石子主要技术参数，见表 C-114。

表 C-114　石子主要技术参数

名称	空隙率(%)	表观密度(kg/m³)	堆积密度(kg/m³)	吸水率(%)
指标	40	2583	1550	3

测量数据：10L 石子质量 $m_1=15.5$kg，加满水后质量 $m_2=19.5$kg，倒出水后湿石子质量 $m_3=16.0$kg。

空隙率：　　　　$P_1=(19.5-15.5)/10=40\%$

吸水率：　　　　$X_{W1}=(16.0-15.5)/15.5=3\%$

表观密度：　　　$\rho_{G表观}=100\times15.5/(1-40\%)=2583(\text{kg/m}^3)$

11. 砂石骨料用量的计算

(1) 砂子用量及用水量

① 黄机砂用水量：

$$S=\frac{2100\times40\%}{1-31\%}=1217(\text{kg})$$

② 黄机砂用水量：

$$W_{砂子用水量}=1217\times0\%=0(\text{kg})$$

(2) 石子用量及用水量

$$G=(1-0.246-0.40)\times2583-31\%\times1217=537(\text{kg})$$

$$W_{石子用水量}=537\times3\%=16(\text{kg})$$

(3) 骨料总用水量

$$W_{砂石骨料用水量}=0+16=16(\text{kg})$$

12. 调整后混凝土配合比（表 C-115）

表 C-115　调整后混凝土配合比　　　　单位：kg

名称	水泥	粉煤灰	拌和水	外加剂	砂子	石子	预湿水	胶材用水量	外加剂检测水
单方量	404	70	104	11	1217	537	16	104	129

采用以上配合比，一次试配工作性即可达到预期效果，成型了试件。坍落度损失问题需要通过调整外加剂予以解决。

(三) 黑机砂配制 C30 混凝土

1. 已知配合比参数，见表 C-116。

表 C-116　已知配合比参数

名称	水泥	粉煤灰
用量 (kg)	315	70
密度 (kg/m³)	3100	2100
强度 (MPa)	28.1	—

2. 水泥的质量/强度比

$$R=\frac{315}{28.1}=11.21(\mathrm{kg/MPa})$$

C30 混凝土的配制强度取 36MPa。

3. 配制混凝土时水泥用量

$$C=11.21\times 36=404(\mathrm{kg})$$

粉煤灰用量不变仍取 70kg。

4. 胶凝材料体积的计算

$$V_{胶凝材料}=\frac{404}{3100}+\frac{70}{2100}=0.16(\mathrm{m^3})$$

5. 外加剂检测用水量的计算

$$W_B=404\times 0.27+70\times 0.27\times 1.05=129(\mathrm{kg})$$

胶材总用量：

$$B=404+70=474(\mathrm{kg})$$

泌水系数：

$$M_W=\frac{474}{300}-1=0.58$$

6. 胶凝材料拌和用水量的计算

$$W_{胶凝材料拌和用水量}=129\times\frac{2}{3}+129\times\frac{1}{3}\times(1-0.58)=104(\mathrm{kg})$$

7. 胶凝材料浆体

$$V_{胶凝材料浆体体积}=V_{胶凝材料}+\frac{2}{3}\times\frac{W_B}{\rho_W}=0.16+\frac{2}{3}\times\frac{129}{1000}=0.246(\mathrm{m^3})$$

由于拌合水在混凝土凝固后蒸发，因此计算浆体体积时，固化的水形成的体积按照标准稠度用水量的 2/3 计算。

8. 外加剂检测

水泥 404g、粉煤灰 70g、水 104g，推荐掺量的外加剂，测量胶凝材料净浆流动扩展度 $D=(250\pm 10)$mm，本次实际检测，掺量 2%时，D=280mm；调整后掺量 1.9%时，D=250mm。

9. 砂子技术参数的测量和计算

测量数据：1L 砂子用 72kN 压力机压实后质量 m_1=1.9kg，用孔径为 4.75mm 的方孔筛筛分后石子质量 m_2=0.05kg，称 3.0kg 砂子，加水至可以捏出水分后加压至 72kN 挤出水分，测得湿砂子质量 m_3=3.3kg，紧密堆积密度 $\rho_S=1.9\times 1000=1900(\mathrm{kg/m^3})$，含石率 $H_G=\frac{0.05}{1.9}\times 100\%=2.6\%$，压力吸水率 $Y_W=\frac{3.3-3.0}{3.0}\times 100\%=10\%$。

10. 石子技术参数的测量和计算

测量数据：10L 石子质量为 m_1=15.5kg，加满水后质量为 m_2=19.5kg，倒出水后湿石子质量 m_3=16.0kg。空隙率 $P_1=\frac{19.5-15.5}{10}\times 100\%=40\%$，吸水率 $X_{W1}=\frac{16.0-15.5}{15.5}\times 100\%=3\%$，表观密度 $\rho_{g表观}=100\times 15.5/(1-40\%)=2583(\mathrm{kg/m^3})$。

11. 砂石骨料用量的计算

（1）砂子用量及用水量

① 黑机砂用量：

$$S=\frac{1900\times40\%}{1-0.026}=780(\mathrm{kg})$$

② 黑机砂用水量：

$$W_{砂子用水量}=780\times10\%=78(\mathrm{kg})$$

（2）石子用量及用水量

$$G=(1-0.246-0.40)\times2583-2.6\%\times780=894(\mathrm{kg})$$

$$W_{石子用水量}=894\times5\%=45(\mathrm{kg})$$

（3）骨料总用水量

$$W_{砂石骨料用水量}=73+45=118(\mathrm{kg})$$

12. 调整后混凝土配合比（表 C-117）

表 C-117　调整后混凝土配合比　　单位：kg

名称	水泥	粉煤灰	拌和水	外加剂	砂子	石子	预湿水	胶材用水量	外加剂检测水
单方量	404	70	104	11	780	894	118	104	129

采用以上配合比，一次试配工作性即可达到预期效果，成型了试件。坍落度损失问题需要通过调整外加剂用量予以解决。

（四）天然砂配制 C30 混凝土

1. 已知配合比参数，见表 C-118。

表 C-118　已知配合比参数

名称	水泥	粉煤灰
用量（kg）	315	70
密度（kg/m^3）	3100	2100
需水量（比）	0.27	1.05
强度（MPa）	28.1	—

2. 水泥的质量/强度比

$$R=\frac{315}{28.1}=11.21(\mathrm{kg/MPa})$$

C30 混凝土的配制强度取 36MPa。

3. 配制混凝土时水泥用量

$$C=11.21\times36=404(\mathrm{kg})$$

粉煤灰用量不变仍取 70kg。

4. 胶凝材料体积的计算

$$V_{胶凝材料}=\frac{404}{3100}+\frac{70}{2100}=0.16(\mathrm{m^3})$$

5. 外加剂检测用水量的计算

$$W_B=404\times0.27+70\times0.27\times1.05=129(\mathrm{kg})$$

胶材总用量：

$$B = 404 + 70 = 474(\text{kg})$$

泌水系数：

$$M_W = \frac{474}{300} - 1 = 0.58$$

6. 胶凝材料拌和用水量的计算

$$W_{\text{胶凝材料拌和用水量}} = 129 \times \frac{2}{3} + 129 \times \frac{1}{3} \times (1 - 0.58) = 104(\text{kg})$$

7. 胶凝材料浆体

$$V_{\text{胶凝材料浆体体积}} = V_{\text{胶凝材料}} + \frac{2}{3} \times \frac{W_B}{\rho_W} = 0.16 + \frac{2}{3} \times \frac{129}{1000} = 0.246(\text{m}^3)$$

由于拌合水在混凝土凝固后蒸发，因此计算浆体体积时，固化的水形成的体积按照标准稠度用水量的2/3计算。

8. 外加剂检测

水泥404g、粉煤灰70g、水104g，推荐掺量的外加剂，测量胶凝材料净浆流动扩展度$D=(250\pm10)$mm，本次实际检测，掺量2%时，$D=280$mm；调整后掺量1.9%时，$D=250$mm。

9. 砂子技术参数的测量和计算

河砂的测量数据：1L砂子用72kN压力机压实后质量为$m_1=2.0$kg，用孔径为4.75mm的方孔筛筛分后石子质量$m_2=0.05$kg，称3.0kg砂子，加水至可以捏出水分后加压至72kN挤出水分，测得湿砂子质量$m_3=3.25$kg。紧密堆积密度$\rho_S=2.0\times1000=2000(\text{kg/m}^3)$，含石率$H_G=\frac{0.05}{2.0}\times100\%=2.5\%$。压力吸水率$Y_W=\frac{3.25-3.0}{3.0}\times100\%=8.3\%$。

10. 石子技术参数的测量和计算

测量数据：10L石子质量$m_1=15.5$kg，加满水后$m_2=19.5$kg，倒出水后湿石子质量$m_3=16.0$kg。空隙率$P_1=\frac{19.5-15.5}{10}\times100\%=40\%$，吸水率$X_{W1}=\frac{16.0-15.5}{15.5}\times100\%=3\%$，表观密度$\rho_{g\text{表观}}=100\times15.5/(1-40\%)=2583(\text{kg/m}^3)$，堆积密度$\rho_S=1550(\text{kg/m}^3)$。

11. 砂石骨料用量的计算

（1）砂子用量及用水量

① 砂子用量：

$$S = \frac{2000 \times 40\%}{1 - 0.025} = 821(\text{kg})$$

② 砂子用水量：

$$W_{\text{砂子用水量}} = 821 \times 8.3\% = 68(\text{kg})$$

（2）石子用量及用水量

① 石子用量：

$$G = (1 - 0.246 - 40\%) \times 2583 - 2.5\% \times 821 = 894(\text{kg})$$

② 石子用水量：

$$W_{\text{石子用水量}} = 894 \times 3\% = 27(\text{kg})$$

（3）骨料总用水量

$$W_{砂石骨料用水量} = 63 + 27 = 90(\text{kg})$$

12. 调整后混凝土配合比（表 C-119）

表 C-119　调整后混凝土配合比　　单位：kg

名称	水泥	粉煤灰	拌和水	外加剂	砂子	石子	预湿水	胶材用水量	外加剂检测水
单方量	404	70	104	10	821	894	90	104	129

采用以上配合比，一次试配工作性即可达到预期效果，成型了试件，坍落度损失问题需要通过调整外加剂予以解决。

（五）高含泥砂配制 C30 混凝土

1. 已知配合比参数见表 C-120。

表 C-120　已知配合比参数

名称	水泥	粉煤灰
用量（kg）	315	70
密度（kg/m^3）	3100	2100
需水量（比）	0.27	1.05
强度（MPa）	28.1	—

2. 水泥的质量/强度比

$$R = \frac{315}{28.1} = 11.21(\text{kg/MPa})$$

C30 混凝土的配制强度取 36MPa。

3. 配制混凝土时水泥用量

$$C = 11.21 \times 36 = 404(\text{kg})$$

粉煤灰用量不变仍取 70kg。

4. 胶凝材料体积的计算

$$V_{胶凝材料} = \frac{404}{3100} + \frac{70}{2100} = 0.16(\text{m}^3)$$

5. 外加剂检测用水量的计算：

$$W_B = 404 \times 0.27 + 70 \times 0.27 \times 1.05 = 129(\text{kg})$$

胶材总用量：

$$B = 404 + 70 = 474(\text{kg})$$

泌水系数：

$$M_W = \frac{474}{300} - 1 = 0.58$$

6. 胶凝材料拌和用水量的计算

$$W_{胶凝材料拌和用水量} = 129 \times \frac{2}{3} + 129 \times \frac{1}{3} \times (1 - 0.58) = 104(\text{kg})$$

7. 胶凝材料浆体

$$V_{胶凝材料浆体体积} = V_{胶凝材料} + \frac{2}{3} \times \frac{W_B}{\rho_W} = 0.16 + \frac{2}{3} \times \frac{129}{1000} = 0.246(\text{m}^3)$$

由于拌合水在混凝土凝固后蒸发，因此计算浆体体积的时候，固化的水形成的体积按照标准稠度用水量的2/3计算。

8. 外加剂检测

水泥404g、粉煤灰70g、水104g，推荐掺量的外加剂，测量胶凝材料净浆流动扩展度$D=(250\pm10)$mm，本次实际检测，掺量2%时，$D=280$mm；调整后掺量1.9%时，$D=250$mm。

9. 砂子技术参数的测量和计算

高含泥砂测量数据：1L砂子用72kN压力机压实后质量$m_1=2.05$kg，用孔径为4.75mm的方孔筛筛分后石子质量$m_2=0.75$kg。称3.0kg砂子，加水至可以捏出水分后加压至72kN挤出水分，测得湿砂子质量$m_3=3.35$kg。紧密堆积密度$\rho_S=2.05\times1000=2050$(kg/m^3)，含石率$H_G=\frac{0.75}{2.05}\times100\%=36.6\%$，压力吸水率$Y_W=\frac{3.35-3.0}{3.0}\times100\%=11.7\%$。

10. 石子技术参数的测量和计算

测量数据：10L石子质量$m_1=15.5$kg，加满水后质量$m_2=19.5$kg，倒出水后湿石子质量$m_3=16.0$kg，空隙率$P_1=\frac{19.5-15.5}{10}\times100\%=40\%$，吸水率$X_{W1}=\frac{16.0-15.5}{15.5}\times100\%=3\%$，表观密度$\rho_{g表观}=100\times15.5/(1-40\%)=2583$(kg/m^3)，堆积密度为1550kg/m^3。

11. 砂石骨料用量的计算

(1) 砂子用量及用水量

高含泥砂用量：

$$S=\frac{2050\times40\%}{1-36.6\%}=1293(\text{kg})$$

高含泥砂用水量：

$$W_{砂子用水量}=1293\times11.7\%=151(\text{kg})$$

(2) 石子用量及用水量

$$G=(1-0.246-40\%)\times2583-36.6\%\times1293=441(\text{kg})$$

$$W_{石子用水量}=441\times3\%=13(\text{kg})$$

(3) 骨料总用水量

$$W_{砂石骨料用水量}=151+13=164(\text{kg})$$

12. 调整后混凝土配合比（表C-121）

表C-121　调整后混凝土配合比　　单位：kg

名称	水泥	粉煤灰	拌合水	外加剂	砂子	石子	预湿水	胶材用水量	外加剂检测水
单方量	404	70	104	11	1293	441	164	104	129

采用以上配合比，一次试配坍落度即可达到预期效果，但是由于含泥量过高，混凝土拌合物有坍落度无流动性，没有成型，因此不建议采用这种砂子。

C.21　巴布亚新几内亚站混凝土试配实例

1. 砂石的测量

（1）砂的测量

由于当地对砂石资源限制严格，能够满足“标准”要求的砂石非常紧缺。现场只有两种砂子资源：一种为机制砂石粉，另一种为天然砂。在配合比设计过程中使用机制砂石粉50%+天然砂50%混合的方案进行试验。

（2）天然砂检测

用石子压碎仪去皮后装满砂子（3.5kg），压力机加压至72kN，测量体积，取3次的平均值，得到砂子紧密堆积密度 $\rho_S=1707kg/m^3$。用孔径为4.75mm的方孔筛过筛，取3次平均值，得到砂子含石率 $H_G=0.44\%$。称取3kg天然砂，加水至用手可以捏出水分，考虑到混合砂用于住宅，因此用压力机加压至72kN，对湿砂子称量，取3次的平均值，得到砂子的压力吸水率 $Y_W=14\%$。

（3）机制砂石粉检测

用石子压碎仪去皮后装满机制砂石粉（3.5kg），压力机加压至72kN，测量体积，取3次的平均值，得到机制砂石粉的紧密堆积密度 $\rho_S=1828kg/m^3$。用孔径为4.75mm的方孔筛筛分，取3次的平均值，得到机制砂石粉的含石率 $H_G=5.3\%$。称取3kg机制砂石粉，加水至用手可以捏出水分，考虑到混合砂用于住宅，因此用压力机加压至72kN，对湿机制砂石粉称量，取3次的平均值，得到机制砂石粉压力吸水率 $Y_W=11.6\%$。

（4）砂子和机制砂石粉分计筛余调整

经过现场检测，砂子和机制砂石粉的分计筛余见表C-122。

表C-122　砂子和机制砂石粉的分计筛余

规格（mm）	4.75	2.36	1.18	0.60	0.30	0.15	0.075
天然砂（%）	0.4	17.4	19.2	15.2	33.6	13	1.4
机制砂（%）	2.6	34	22.6	11.4	16.2	12	2.8

由于砂子级配0.15mm、0.30mm、0.60mm三级分计筛余分别达到20%时，混凝土工作性能最佳。这两种砂按照对半混合后级配会得到改善，但是混合后仍然缺少0.15mm级配的分计筛余8%。

砂子主要技术参数见表C-123。

表C-123　砂子主要技术参数

名称	紧密堆积密度（kg/m^3）	含石率（%）	压力吸水率（%）
天然砂	1707	0.44	14
机制砂	1828	5.3	11.6

2. 石子的测量

本次试验用石子为碎石，粒径为20mm。将10L容量筒去皮，装满石子晃动15下，刮平，取3次称量的平均值，得到石子堆积密度 $\rho_{g堆积}=1480kg/m^3$。加满水后称量，取3次平均值，得到石子的空隙率 $P=46.4\%$，结合堆积密度和空隙率 P 求得石子表观密度 $\rho_{g表观}$

=2707kg/m³。倒掉水将湿石子称量，取3次称量的平均值，求得石子吸水率 X_W=3.8%。

3. 外加剂的试验与检测

（1）水泥参数

出厂报告：水泥强度为69.4MPa，密度为3000kg/m³，需水量为26%。

混凝土试验数据：混凝土使用335kg水泥，实际强度为36MPa。

（2）外加剂测量

检测数据：水泥300g，水87g，见表C-124。

表C-124　外加剂组成及掺量

序号	外加剂组成及掺量（g）					扩展度	现象
	减水母液	保坍母液	葡萄糖酸钠	水	掺量	mm	
1	200	40	0	760	2%	210	损失大
2	200	40	0	760	2.5%	265	泌水、泌浆
3	200	40	15.5	744.5	2%	300	泌水
4	200	40	7.8	752.2	2%	210	损失大
5	200	40	9.3	750.7	2%	265	轻泌水
6	200	40	9.3	750.7	1.3%	200	损失大

4. 检测数据与过程分析

（1）外观与物理指标

减水剂黏稠，摇晃后有气泡且无法快速排出，证明合成反应不充分，大单体有剩余；同时外加剂生产用的水质较差，影响外加剂的匀质性。

（2）检测现象分析

做水泥净浆试验，浆体扩展度符合标准，坍落度损失大，增加掺量后扩展度增加，净浆上表面浮出一层黄浆，底部牢牢黏结在玻璃上，证明减水剂母液不合格，厂家通过掺加葡萄糖酸钠调整了外加剂，引起这种现象。

（3）复配泵送剂分析

在减水剂母液中掺加葡萄糖酸钠，增加葡萄糖酸钠掺量，水泥净浆出现离析、泌水和泛黄汤的现象；减少葡萄糖酸钠掺量，水泥净浆流动性达不到设计要求。

（4）复配小结

本次采购的减水剂母液合成用水的质量差，由于丙烯酸与水中杂质反应引起黏稠现象；初始反应温度不高，大单体反应不充分，引起气泡多；外加剂不合格问题，厂家通过掺加葡萄糖酸钠进行调整，引起减水率低，适应性差，掺量敏感，上表面泛黄汤，出现底层粘玻璃板的现象。建议采用200g减水剂+40g保坍剂+9.3g葡萄糖酸钠+750g水的复配泵送剂，掺量1.3%。

（一）C30配合比计算及试配

已知C25混凝土配合比中，水泥 C=335kg，需水量 X=0.26，密度3000kg/m³；实测强度36MPa；原先使用的外加剂推荐掺量2%。用已知数据可以求得水泥的质量强度比 R=335/36=9.3（kg/MPa），本次复配的外加剂推荐掺量1.3%。本次试验，采用预湿骨料技术，实现不增加外加剂掺量的情况下调整混凝土拌合物工作性状态达到最佳，强度满足设计要求。

1. 水泥的质量/强度比

$$R = \frac{335}{36} = 9.3(\text{kg/MPa})$$

混凝土配制强度为 36MPa，水泥用量的计算：

$$C = 9.3 \times 36 = 335(\text{kg})$$

胶凝材料体积的计算：

$$V_{胶凝材料} = \frac{335}{3000} = 0.11(\text{m}^3)$$

2. 外加剂检测用水量的计算

$$W_{外加剂检验用水量} = 335 \times 0.26 = 87(\text{kg})$$

泌水系数：

$$M_{\text{W}} = \frac{335}{300} - 1 = 0.12$$

3. 胶凝材料拌和用水量的计算

$$W_{胶凝材料拌和用水量} = 87 \times \frac{2}{3} + 87 \times \frac{1}{3} \times (1 - 0.12) = 84(\text{kg})$$

4. 水泥浆体体积的计算

$$V_{胶凝材料浆体体积} = V_{胶凝材料} + \frac{2}{3} \times \frac{W_{\text{B}}}{\rho_{\text{W}}} = 0.11 + \frac{2}{3} \times \frac{87}{1000} = 0.168(\text{m}^3)$$

由于拌合水在混凝土凝固后蒸发，因此计算浆体体积时，固化的水形成的体积按照标准稠度用水量的 2/3 计算。

5. 外加剂掺量调整

称取水泥 300g，水 84g，外加剂 5.1g（1.3%），调整外加剂掺量，实际测得胶凝材料净浆流动度扩展度达到 250mm，满足试配要求，因此混凝土试配外加剂掺量确定为 1.3%。

6. 砂子用量及用水量

考虑砂子级配，初步确定机制砂石粉 50%＋天然砂 50%混合使用。

（1）机制砂石粉用量及用水量

① 机制砂石粉用量：

$$S_{机制砂} = \frac{1828 \times 46.4\%}{1 - 0.053} \times 0.5 = 448(\text{kg})$$

② 机制砂石粉用水量：

$$W_{机制砂用水量} = 448 \times 11.6\% = 52(\text{kg})$$

（2）天然砂用量及用水量：

① 天然砂用量

$$S_{天然砂} = \frac{1707 \times 46.4\%}{1 - 0.0044} \times 0.5 = 398(\text{kg})$$

② 天然砂用水量：

$$W_{天然砂用水量} = 398 \times 14\% = 56(\text{kg})$$

7. 石子用量及用水量

$$G = (1 - 0.168 - 46.4\%) \times 2707 - 5.3\% \times 448 - 0.44\% \times 398 = 971(\text{kg})$$

$$W_{石子用水量} = 971 \times 3.8\% = 37(\text{kg})$$

8. 骨料总用水量

$$W_{砂石骨料用水量} = 52 + 56 + 37 = 45(\text{kg})$$

9. 调整后混凝土配合比（表 C-125）

表 C-125　调整后混凝土配合比　　单位：kg

名称	水泥	石粉	天然砂	石子	外加剂	胶材用水量	骨料用水	说明
C30-1	335	448	398	897	4.4	84－14＝70	140	包裹性差

10. 试配和调整计算

由于试配过程 C30 混凝土出现包裹性不佳，加水水分流出，加外加剂浆体泌出，证明砂子缺少细粉，根据筛分试验，缺 0.15mm 级配分计筛余细粉 8%。天然砂用量 398kg，机制砂石粉用量 448kg，合计 846kg。因此，需要加入 0.15mm 细粉 820×8%＝65.6（kg），即可解决这个问题。用这一思路调整计算后确定两组配合比。

11. 调整后混凝土配合比（表 C-126）

表 C-126　调整后混凝土配合比　　单位：kg

名称	水泥	石粉	天然砂	石子	外加剂	胶材用水	骨料用水	说明
30-2	335＋45	402	418	852	5.0	75	138	包裹性较好
30-3	335＋65	402	418	832	5.3	77	137	包裹性好

12. 现场试配

经过现场检测和配合比调整计算，采用预湿骨料工艺进行试配。第一组 C30 混凝土水泥用量较少，导致浆体对石子的包裹性较差，第二组采用增加 45kg 粒径小于 0.15mm 的石粉代替等量石子进行试配，效果得到明显改善。根据现场测量和观察，第三组采用增加 65kg 粒径小于 0.15mm 的石粉等量代替石子试配，工作性和包裹性达到预期效果。针对坍落度损失较大的问题，为了防止掺加葡萄糖酸钠后引起的泌水和泛黄汤问题，本次试验采用白砂糖代替 15kg 葡萄糖酸钠复配泵送剂，提高外加剂用量 0.3kg 的方法，配制的混凝土初始坍落度和包裹性良好，外观颜色一致，无泌水、泛黄汤问题，混凝土拌合物上边有一层亮光。二次搅拌后观察，混凝土拌合物失去流动性，补充加入 0.8kg 外加剂调整流动性，能够达到泵送要求，拌合物工作性达到了设计要求，试配一次成功。

（二）C40 的试配与计算

1. 配合比已知主要参数（表 C-127）

表 C-127　配合比已知主要参数

名称	水泥	名称	水泥
用量（kg）	335	需水量（比）	0.26
密度（kg/m^3）	3000	强度（MPa）	36

2. 水泥的质量/强度比

$$R = \frac{335}{36} = 9.3(\text{kg/MPa})$$

C40 混凝土水泥用量：

$$C = 40 \times 1.15 \times 9.3 = 428(\mathrm{kg})（实际用了 425\mathrm{kg}）$$

3. 胶凝材料体积的计算

$$V_{胶凝材料} = \frac{425}{3000} = 0.14(\mathrm{m}^3)$$

4. 外加剂检验用水量

$$W_B = 425 \times 0.26 = 111(\mathrm{kg})$$

泌水系数：

$$M_W = \frac{425}{300} - 1 = 0.42$$

5. 胶凝材料拌和用水量

$$W_{胶凝材料拌和用水量} = 111 \times \frac{2}{3} + 111 \times \frac{1}{3} \times (1 - 0.42) = 95(\mathrm{kg})$$

6. 水泥浆体体积的计算

$$V_{胶凝材料浆体体积} = V_{胶凝材料} + \frac{2}{3} \times \frac{W_B}{\rho_W} = 0.14 + \frac{2}{3} \times \frac{111}{1000} = 0.214(\mathrm{m}^3)$$

由于拌合水在混凝土凝固后蒸发，因此计算浆体体积时，固化的水形成的体积按照标准稠度用水量的 2/3 计算。

7. 外加剂掺量调整

称取水泥 300g、水 84g、外加剂 5.1g（1.3%），进行外加剂掺量调整，实际测得胶凝材料净浆流动度扩展度达到 250mm，满足试配要求，因此混凝土试配外加剂掺量确定为 1.3%。

8. 砂子用量及用水量

考虑砂子级配，初步确定机制砂石粉 50%+天然砂 50%混合使用。

（1）机制砂石粉用量及用水量

机制砂石粉用量：

$$S_{机制砂} = \frac{1828 \times 46.4\%}{1 - 5.3\%} \times 0.5 = 448(\mathrm{kg})$$

机制砂石粉用水量：

$$W_{机制砂用水量} = 448 \times 11.6\% = 52(\mathrm{kg})$$

（2）天然砂用量及用水量

天然砂用量：

$$S_{天然砂} = \frac{1707 \times 46.4\%}{1 - 0.44\%} \times 0.5 = 398(\mathrm{kg})$$

天然砂用水量：

$$W_{天然砂用水量} = 398 \times 14\% = 56(\mathrm{kg})$$

9. 石子用量及用水量

$$G = (1 - 0.214 - 46.4\%) \times 2707 - 5.3\% \times 448 - 0.44\% \times 398 = 846(\mathrm{kg})$$

$$W_{石子用水量} = 846 \times 3.8\% = 32(\mathrm{kg})$$

10. 骨料总用水量

$$W_{砂石骨料用水量} = 52 + 56 + 32 = 140(\mathrm{kg})$$

11. 调整后混凝土配合比（表 C-128）

表 C-128　调整后混凝土配合比　　单位：kg

名称	水泥	石粉	天然砂	石子	外加剂	胶材用水量	骨料用水	说明
C40	425	448	398	846	5.5	80	140	工作性良好

12. 现场试配

经过现场检测和配合比调整计算，采用预湿骨料工艺进行试配，C40 混凝土由于水泥用量较高，拌合物工作性达到了设计要求，试配一次成功。

（三）C50 的试配与计算

1. 配合比调整

胶凝材料主要参数见表 C-129。

表 C-129　胶凝材料主要参数

名称	水泥	名称	水泥
用量（kg）	335	需水量（比）	0.26
密度（kg/m^3）	3000	强度（MPa）	36

2. 水泥的质量/强度比

$$R=\frac{335}{36}=9.3(\text{kg/MPa})$$

C50 混凝土水泥用量：

$$C=50\times1.15\times9.3=535(\text{kg})(\text{实际用量 }515\text{kg})$$

3. 胶凝材料体积的计算

$$V_{\text{胶凝材料}}=\frac{515}{3000}=0.17(\text{m}^3)$$

4. 外加剂检验用水量

$$W_B=515\times0.26=134(\text{kg})$$

泌水系数

$$M_W=\frac{515}{300}-1=0.72$$

5. 胶凝材料拌和用水量

$$W_{\text{胶凝材料拌和用水量}}=134\times\frac{2}{3}+134\times\frac{1}{3}\times(1-0.72)=102(\text{kg})$$

6. 水泥浆体体积的计算

$$V_{\text{胶凝材料浆体体积}}=V_{\text{胶凝材料}}+\frac{2}{3}\times\frac{W_B}{\rho_W}=0.17+\frac{2}{3}\times\frac{134}{1000}=0.259(\text{m}^3)$$

由于拌合水在混凝土凝固后蒸发，因此计算浆体体积时，固化的水形成的体积按照标准稠度用水量的 2/3 计算。

7. 外加剂掺量调整

称取水泥 300g，水 84g，外加剂 5.1g（1.3%），进行外加剂掺量调整，实际测得胶凝材料净浆流动度扩展度达到 250mm，满足试配要求，因此混凝土试配外加剂掺量确定为1.3%。

8. 砂子用量及用水量

考虑砂子级配，初步确定机制砂石粉50%+天然砂50%混合使用。

(1) 机制砂石粉用量及用水量

① 机制砂石粉用量：

$$S_{机制砂}=\frac{1828\times 46.4\%}{1-5.3\%}\times 0.5=448(\mathrm{kg})$$

② 机制砂石粉用水量：

$$W_{机制砂用水量}=448\times 11.6\%=52(\mathrm{kg})$$

(2) 天然砂用量及用水量

① 天然砂用量：

$$S_{天然砂}=\frac{1707\times 46.4\%}{1-0.44\%}\times 0.5=398(\mathrm{kg})$$

② 天然砂用水量：

$$W_{天然砂用水量}=398\times 14\%=56(\mathrm{kg})$$

9. 石子用量及用水量

$$G=(1-0.259-46.4\%)\times 2707-5.3\%\times 448-0.44\%\times 398=724(\mathrm{kg})$$

$$W_{石子用水量}=724\times 3.8\%=28(\mathrm{kg})$$

10. 骨料总用水量

$$W_{砂石骨料用水量}=52+56+28=136(\mathrm{kg})$$

11. 调整后混凝土配合比（表C-130）

表C-130 调整后混凝土配合比 单位：kg

名称	水泥	石粉	天然砂	石子	外加剂	胶材用水量	骨料用水量	说明
C50	515	448	398	724	6.7	96	136	工作性良好

12. 现场试配

经过现场检测和配合比调整计算，采用预湿骨料工艺进行试配，C50混凝土由于水泥用量较高，拌合物工作性达到了设计要求，试配一次成功。

(四) C60的试配与计算

1. 胶凝材料主要参数（表C-131）

表C-131 胶凝材料主要参数

名称	水泥	名称	水泥
用量（kg）	335	需水量（比）	0.26
密度（kg/m³）	3000	强度（MPa）	36

2. 水泥的质量/强度比

$$R=\frac{335}{36}=9.3(\mathrm{kg/MPa})$$

C60混凝土水泥用量：

$$C=60\times 1.15\times 9.3=642(\mathrm{kg})(实际用量600\mathrm{kg})$$

3. 胶凝材料体积的计算

$$V_{胶凝材料} = \frac{600}{3000} = 0.2(m^3)$$

4. 外加剂检验用水量

$$W_B = 600 \times 0.26 = 156(kg)$$

泌水系数：

$$M_W = \frac{600}{300} - 1 = 1$$

5. 胶凝材料拌和用水量

$$W_{胶凝材料拌和用水量} = 156 \times \frac{2}{3} + 156 \times \frac{1}{3} \times (1-1) = 104(kg)$$

6. 水泥浆体体积的计算

$$V_{胶凝材料浆体体积} = V_{胶凝材料} + \frac{2}{3} \times \frac{W_B}{\rho_W} = 0.2 + \frac{2}{3} \times \frac{156}{1000} = 0.304(m^3)$$

由于拌合水在混凝土凝固后蒸发，因此计算浆体体积时，固化的水形成的体积按照标准稠度用水量的 2/3 计算。

7. 外加剂掺量调整

称取水泥 300g、水 84g、外加剂 5.1g（1.3%），进行外加剂掺量调整，实际测得胶凝材料净浆流动度扩展度达到 250mm，满足试配要求，因此混凝土试配外加剂掺量确定为 1.3%。

8. 砂子用量及用水量

考虑砂子级配，初步确定机制砂石粉 50%＋天然砂 50%混合使用。

（1）机制砂石粉用量及用水量

① 机制砂石粉用量：

$$S_{机制砂} = \frac{1828 \times 46.4\%}{1 - 5.3\%} \times 0.5 = 448(kg)$$

② 机制砂石粉用水量：

$$W_{机制砂用水量} = 448 \times 11.6\% = 52(kg)$$

（2）天然砂用量及用水量

① 天然砂用量：

$$S_{天然砂} = \frac{1707 \times 46.4\%}{1 - 0.0044} \times 0.5 = 398(kg)$$

② 天然砂用水量：

$$W_{天然砂用水量} = 398 \times 14\% = 56(kg)$$

9. 石子用量及用水量

$$G = (1 - 0.304 - 46.4\%) \times 2707 - 5.3\% \times 448 - 0.44\% \times 398 = 603(kg)$$

$$W_{石子用水量} = 603 \times 3.8\% = 23(kg)$$

10. 骨料总用水量

$$W_{砂石骨料用水量} = 52 + 56 + 23 = 131(kg)$$

11. 调整后混凝土配合比（表 C-132）

表 C-132　调整后混凝土配合比　　单位：kg

名称	水泥	石粉	天然砂	石子	外加剂	胶材用水量	骨料用水量	说明
60	600	448	398	603	7.8	98	131	工作性良好

12. 现场试配

经过现场检测和配合比调整计算，采用预湿骨料工艺进行试配，配制的 C60 等级混凝土，拌合物工作性达到了设计要求，试配一次成功。

为了防止葡萄糖酸钠掺加后引起的泌水和泛黄汤问题，本次试验采用白砂糖代替 15kg 葡萄糖酸钠复配泵送剂，外加剂用量增加 0.3kg，配制的混凝土初始坍落度和包裹性良好，外观颜色一致，无泌水、泛黄汤问题，1h 后混凝土拌合物没有初凝，上边有一层亮光。二次搅拌后观察，混凝土拌合物失去流动性，补充加入 0.8kg 外加剂调整流动性，能够达到泵送要求。本次试配的混凝土采用数字量化计算和预湿骨料技术，出机后混凝土拌合物包裹性良好，证明砂石骨料用量合理；从搅拌机卸料时流速平稳，没有泌水和泌浆的现象，证明配合比设计的用水量和外加剂掺量合理；用铲子翻动混凝土拌合物，骨料和浆体不分离，静置一段时间后石子不下沉，浆体不上浮，铲起来不费力，证明混凝土拌合物匀质性好；混凝土拌合物表层无大气泡，有明显的光泽，用抹子划过后能够自动流平但流速较慢，用倒坍落度测量，排空时间介于 6～10s 之间，证明混凝土拌合物泵送可以顺利进行；在测量工作性的过程中，拌合物无离析、泌水、扒底和抓地的现象，说明混凝土拌合物具有良好的施工性能。

13. 试验总结

经过对外加剂与水泥适应性的检测、外加剂与水泥合理掺量的调整、砂石骨料的现场检测以及参数计算、配合比的调整以及试配，基本解决了 WICAN CONCRETE LIMITID 利用现有材料配制出了工作性满足施工要求、强度满足使用要求、耐久性满足设计寿命的混凝土，解决了中国港湾工程有限责任公司和中铁置业集团有限公司在巴布亚新几内亚援助现场配制混凝土的技术难题。通过对砂子紧密堆积密度、含石率、压力吸水率、石子堆积密度、空隙率和吸水率的准确测量以及石子表观密度的准确计算，实现了使用现场原材料参数准确调整混凝土配合比，使混凝土工作性和状态达到最佳，成本最低，便于质量控制和操作的目的。

14. 现场混凝土实际浇筑强度不足的处理方法

由于混凝土实际浇筑过程比较复杂，现场留样或钻芯取样强度不合格的情况经常出现。为了解决这一问题，提出以下应对方法：首先，混凝土试验人员应了解混凝土在保持水分充足的情况下水泥一直在水化，强度会一直增长，这一过程会持续很长时间。因此在混凝土 28d 强度略低于目标强度的情况下，实验室应该留置 28d、56d、90d、180d、360d、540d 和 720d 试件，建立强度增长曲线，预测验收当天钻芯取样强度是否能够满足需求。对于强度低于设计强度 10MPa 且距离验收时间较短的情况，分析混凝土配合组成，主要有以下三个主要应对方法：①当混凝土中掺较多粉煤灰引起混凝土强度降低时，应采用饱和石灰水浸泡 72h 的方法，用石灰水激发粉煤灰活性，提高混凝土的强度。②当混凝土中掺较多矿渣引起混凝土强度降低时，应采用水玻璃硅酸钠溶液浸泡 72h 的方法，激发矿渣活性，提高混凝土的强度。③当混凝土不是由于掺粉煤灰和矿渣引起的强度不足，而是由于混凝土生产过程中掺加过量石粉或者由于砂石含泥量大导致强度不足时，应采用甲基丙烯酸甲酯浸泡 72h 的方法，由于甲基丙烯酸甲酯渗透性强，能够填充进混凝土内部的空隙，提高混凝土的密实度，增加混凝土结构的连续性，从而增加混凝土的强度。

C.22 中铁十四局混凝土培训试配实例

为了掌握混凝土配制过程中存在的各种问题，在中铁十四局山东铁正检测中心进行了混凝土试配，试配以数字量化混凝土实用技术为基础。使用的胶凝材料为水泥和粉煤灰，实验室提供的参数为水泥的强度 49MPa，需水量比 0.27，密度 3000kg/m^3，粉煤灰的活性指数 90，需水量比 0.35，密度 2200kg/m^3，外加剂现场配制。根据这些参数计算可知，水泥的质量强度比为 7.8kg/MPa；粉煤灰的活性系数为 0.67，配合比设计水泥基准用量 34.9×7.8=272（kg），按照水泥 65%，粉煤灰 35%分配胶凝材料的比例，水泥用量 $C=272\times0.65=177$（kg）；粉煤灰用量 $F=272\times0.35/0.67=142$（kg）；实测胶凝材料标准稠度用水量 34.6kg，计算的胶凝材料用水量 110kg。现场主要检测了砂子紧密堆积密度 ρ_S、含石率 H_G 和压力吸水率 Y_W；石子主要检测了堆积密度 ρ_S、空隙率 P 和石子的吸水率 H_W。

1. 砂子测量

（1）将现场的砂子装入双层压砂桶，在 200kN 压力作用下压实，去掉上部的一节，找平压实刮平，测得 1L 砂子的质量为 1.95kg，然后用孔径为 4.75mm 的方孔筛筛分，测出砂子的中石子质量为 0kg，计算出砂子的紧密堆积密度 $\rho_S=1950$kg/m^3 和含石率 $H_G=0$。

（2）称取 3.2kg 现场的砂子，加水至能够捏出水分，装入双层压砂桶，在 200kN 压力作用下压实挤出多余的水分，用抹布擦掉挤出的水分，称出吸饱水的砂子的质量为 3.49kg，计算出砂子的压力吸水率 $Y_W=9\%$。

2. 石子的测量

用 10L 的桶去皮装满石子刮平上部称得质量为 15.35kg，加满水浸泡石子至不冒水泡后称得质量为 20.05kg，然后将石子倒入不锈钢漏桶，在石子不再滴水时称得质量为 15.80kg，计算出石子的堆积密度为 1535kg/m^3、空隙率为 47%、吸水率为 2.9%和表观密度为 2896kg/m^3。

3. 配合比调整计算及试验结果

根据检测结果设计了配合比，试配后包裹性良好，外加剂减水率不足。现场直接调整了掺量进行试配试验，出机状态均满足设计要求。其中第一盘用一种砂子和石子，混凝土坍落度和扩展度均满足设计要求，坍落度损失较大；第二盘使用级配石子，包裹性得到改善，混凝土出机效果良好；第三盘增加胶凝材料 80kg 配制的混凝土状态良好。经过半天的试验，参与者都熟练掌握了这种方法，成型的试件 28d 强度满足设计要求。

4. 胶凝材料体积的计算

$$V_{胶凝材料}=\frac{177}{3000}+\frac{142}{2200}=0.12(\mathrm{m^3})$$

5. 胶凝材料标准稠度用水量的计算

$$W_B=177\times0.27+142\times0.346=97(\mathrm{kg})$$

胶凝材料总用量：

$$B=177+142=319(\mathrm{kg})$$

泌水系数：

$$M_W = \frac{319}{300} - 1 = 0.06$$

6. 胶凝材料拌和用水量

$$W_{胶凝材料拌和用水量} = 97 \times \frac{2}{3} + 97 \times \frac{1}{3} \times (1-0.06) = 95(\text{kg})$$

7. 胶凝材料浆体体积的计算

$$V_{胶凝材料浆体体积} = \frac{W_B}{1000} + V_{胶凝材料} = 0.12 + \frac{2}{3} \times \frac{97}{1000} = 0.18(\text{m}^3)$$

由于拌合水在混凝土凝固后蒸发，因此计算浆体体积时，固化的水形成的体积按照标准稠度用水量的 2/3 计算。

8. 砂子用量及用水量

（1）砂子用量：

$$S = \frac{1950 \times 47\%}{1-0} = 917(\text{kg})$$

（2）砂子用水量：

$$W_{砂子用水量} = 9\% \times 917 = 82(\text{kg})$$

9. 石子用量及用水量

$$G = (1-0.18-0.47) \times 2896 = 1014(\text{kg})$$

$$W_{石子用水量} = 1014 \times 2.9\% = 29(\text{kg})$$

10. 骨料总用水量

$$W_{砂石骨料用水量} = 82 + 29 = 111(\text{kg})$$

11. 混凝土配合比调整计算及试验结果（表 C-133）

表 C-133 混凝土配合比调整计算及试验结果

序号	水泥（kg）	粉煤灰（kg）	外加剂（kg）	砂子（kg）	石子（kg）	胶凝材料拌和用水量（kg）	砂石骨料用水量（kg）	工作性	3d 强度（MPa）	7d 强度（MPa）	28d 强度（MPa）
1	177	142	11.2	917	1014	95	111	自流平	3.8	14.5	26.9
2	177	142	11.2	917	1014	95	111	自流平	7.5	16	28.5
3	247	133	13.5	917	1014	95	111	自流平	13.4	25.4	40.4

根据检测结果设计了配合比，试配后包裹性良好，外加剂减水率不足。现场直接调整了掺量，进行试配试验，出机状态均满足设计要求，后期参数与设计一致。

C.23 甘肃武威某建材有限公司现场实例

（一）C30 天然砂配制混凝土（基准）

1. 砂石的测量

（1）天然河砂的测量

将天然砂子装入 1L 容量筒并压实，称得质量为 2.1kg，紧密堆积密度 $\rho_S = 2.1 \times 1000$

=2100（kg/m^3），用孔径为4.75mm的方孔筛筛分后测得砂子中石子的质量为0.565kg，砂子的含石率$H_G=\frac{0.565}{2.1}\times100\%=26.9\%$，实际测得砂的含水率$H_W=5\%$。

（2）石子的测量

先将石子装入10L容量筒并装满，称得质量为17.53kg，紧密堆积密度$\rho_{g堆积}=17.53\times100=1753$（$kg/m^3$），加满水后称得质量为21.06kg，石子的空隙率$P=\frac{21.06-17.53}{10}\times100\%=35.3\%$，石子的表观密度$\rho_{g表观}=1753/(1-35.3\%)=2709$（$kg/m^3$），吸水率$X_W=\frac{17.85-17.53}{17.53}\times100\%=1.8\%$。

2. 调整基准

原配合比中胶凝材料为：水泥280kg，需水量比0.27，密度3100kg/m³；粉煤灰100kg，需水量比0.96，密度2200kg/m³；28d实际强度37.3MPa。在配合比调整的过程中，不考虑粉煤灰对强度的贡献。粉煤灰用量仍然取100kg。

3. 水泥的质量/强度比

$$R=\frac{280}{37.3}=7.5(kg/MPa)$$

C30配制混凝土时水泥用量：

$$C=1.15\times30\times7.5=259(kg)$$

4. 胶凝材料体积的计算

$$V_{胶凝材料}=\frac{259}{3000}+\frac{100}{2200}=0.13(m^3)$$

5. 胶凝材料标准稠度用水量的计算

$$W_B=259\times0.27+100\times0.27\times0.96=96(kg)$$

胶凝材料总用量：

$$B=259+100=359(kg)$$

泌水系数：

$$M_W=\frac{359}{300}-1=0.2$$

6. 胶凝材料拌和用水量的计算

$$W_{胶凝材料拌和用水量}=96\times\frac{2}{3}+96\times\frac{1}{3}\times(1-0.2)=89(kg)$$

7. 胶凝材料浆体体积的计算

$$V_{胶凝材料浆体体积}=V_{胶凝材料}+\frac{2}{3}\times\frac{W_B}{\rho_W}=0.13+\frac{2}{3}\times\frac{96}{1000}=0.194(m^3)$$

由于拌合水在混凝土凝固后蒸发，因此计算浆体体积时，固化的水形成的体积按照标准稠度用水量的2/3计算。

8. 砂子用量及用水量

（1）砂子用量：

$$S=\frac{2100\times35.3\%}{1-26.9\%}=1014(kg)$$

（2）砂子用水量：

$$W_{砂子最少用水量} = (5.7\% - 5\%) \times 1014 = 7(\text{kg})$$

$$W_{砂子最大用水量} = (7.7\% - 5\%) \times 1014 = 27(\text{kg})$$

9. 石子用量及用水量

$$G = (1 - 0.194 - 0.353) \times 2709 - 26.9\% \times 1014 = 954(\text{kg})$$

$$W_{石子用水量} = 954 \times 1.8\% = 17(\text{kg})$$

10. 骨料总用水量

$$W_{砂石骨料最少用水量} = 7 + 17 = 24(\text{kg})$$

$$W_{砂石骨料最大用水量} = 27 + 17 = 44(\text{kg})$$

11. 调整后混凝土配合比（表 C-134）

表 C-134　调整后混凝土配合比　　单位：kg

名称	水泥	粉煤灰	天然砂	石子	外加剂	拌合水	预湿水
用量	259	100	1014	954	11.1	89	24～44

12. 现场试配

（1）配合比调整验算

根据现场测量砂石的技术参数、已知混凝土配合比以及已知混凝土强度进行配合比调整计算。得到所要配制的混凝土配合比，进行混凝土外加剂掺量调整试验。

（2）外加剂调整

C30 混凝土：水泥 259g、粉煤灰 100g、水 96g，掺加外加剂，调整外加剂至净浆流动扩展度达到 250mm 时的掺量为 3.1%。

（3）试配工艺

首先将砂石骨料按照配合比称量加入搅拌机，开启搅拌机，加入预湿骨料水，然后加入胶凝材料，同时加入外加剂和胶凝材料拌合水，待混凝土拌合物留平时停止搅拌，四盘混凝土全部一次实现试配成功，配制的混凝土没有出现离析、泌水、抓地和扒底的现象。由于配合比合理，在搅拌机中停止搅拌即可实现自流平，卸料流速平稳，拌合物表面有光泽，停止流动后顶部没有石子外露的现象，用铲子铲混凝土拌合物不费力，浆体本身的流动很好。

混凝土现场试配实际配合比（表 C-135）

表 C-135　混凝土现场试配实际配合比　　单位：kg

等级	水泥	粉煤灰	外加剂	天然砂	沙漠砂	石子	拌合水	预湿水	检测水
C30	259	100	11.1	1014	0	889	89	7.75	96

混凝土实际强度（表 C-136）

表 C-136　混凝土实际强度　　单位：MPa

等级	砂类型	80℃，8h	80℃，24h	标准养护 3d	标准养护 7d	标准养护 28d
C30	天然砂	25.1	33.3	19.6	27.4	43.4

（二）C30 混合砂配制混凝土（含泥量较高）

1. 混合砂的测量

将天然河砂子和沙漠黄砂按照 1∶1 的质量比混合后搅拌均匀，取样品装入 1L 容量筒并压实，称得质量为 1.91kg，紧密堆积密度 $\rho_S=1.91\times1000=1910$（kg/m³），用孔径为 4.75mm 的方孔筛筛分后测得石子的质量为 0.185kg，砂子的含石率 $H_G=\frac{0.185}{1.91}\times100\%=9.7\%$，实际测得砂的含水率 $H_W=2.5\%$。

2. 石子的测量

将石子装入 10L 容量筒，测得石子的质量为 17.53kg，石子的堆积密度 $\rho_{g堆积}=17.53\times100=1753$（kg/m³），加满水后称得质量为 21.06kg，空隙率 $P=\frac{21.06-17.53}{10}\times100\%=35.3\%$，表观密度 $\rho_{g表观}=1753/(1-35.3\%)=2709$（kg/m³），吸水率 $X_W=\frac{17.85-17.53}{17.53}\times100\%=1.8\%$。

混合砂配制 C30 混凝土胶凝材料主要参数（表 C-137）

表 C-137　混合砂配制 C30 混凝土胶凝材料主要参数

名称	水泥	粉煤灰
用量（kg）	280	100
密度（kg/m³）	3100	2200
需水量（比）	0.26	0.96
强度（MPa）	37.3	—

3. 水泥的质量/强度比

$$R=\frac{280}{37.3}=7.5(\text{kg/MPa})$$

C30，则配制混凝土时水泥用量：

$$C=1.15\times30\times7.5=259(\text{kg})$$

粉煤灰用量仍然取 100kg。

4. 胶凝材料体积的计算

$$V_{胶凝材料}=\frac{259}{3100}+\frac{100}{2200}=0.13(\text{m}^3)$$

5. 胶凝材料标准稠度用水量的计算

$$W_B=259\times0.27+100\times0.27\times0.96=96(\text{kg})$$

胶凝材料总用量：

$$B=259+100=359(\text{kg})$$

泌水系数：

$$M_W=\frac{359}{300}-1=0.2$$

6. 胶凝材料拌和用水量的计算

$$W_{胶凝材料拌和用水量}=96\times\frac{2}{3}+96\times\frac{1}{3}\times(1-0.2)=89(\text{kg})$$

7. 胶凝材料浆体体积的计算

$$V_{胶凝材料浆体体积}=V_{胶凝材料}+\frac{2}{3}\times\frac{W_B}{\rho_W}=0.13+\frac{2}{3}\times\frac{96}{1000}=0.194(m^3)$$

由于拌合水在混凝土凝固后蒸发，因此计算浆体体积时，固化的水形成的体积按照标准稠度用水量的 2/3 计算。

8. 砂子用量及用水量

（1）混合砂用量：

$$S=\frac{1910\times35.3\%}{1-0.097}=747(kg)$$

（2）混合砂用水量：

$$W_{砂子最少用水量}=(5.7\%-5\%)\times747=5(kg)$$

$$W_{砂子最大用水量}=(7.7\%-5\%)\times747=20(kg)$$

9. 石子用量及用水量

$$G=(1-0.194-0.353)\times2709-9.7\%\times747=1155(kg)$$

$$W_{石子用水量}=1155\times1.8\%=21(kg)$$

10. 骨料总用水量

$$W_{砂石骨料最少用水量}=5+21=26(kg)$$

$$W_{砂石骨料最大用水量}=20+21=41(kg)$$

11. 调整后混凝土配合比（表 C-138）

表 C-138　调整后混凝土配合比　　单位：kg

名称	水泥	粉煤灰	混合砂	石子	外加剂	拌合水	预湿水
用量	259	100	747	1155	11.1	89	26～41

12. 试配

（1）配合比调整验算

根据现场测量砂石的技术参数、已知混凝土配合比以及已知混凝土强度进行配合比调整计算。得到所要配制的混凝土配合比，进行混凝土外加剂掺量调整试验。

（2）外加剂调整

C30 混凝土：水泥 259g、粉煤灰 100g 和水 96g，掺加外加剂，调整外加剂至净浆流动扩展度达到 250mm 时的掺量为 3.1%。

（3）试配工艺

将砂石骨料按照配合比称量加入搅拌机，开启搅拌机，加入预湿骨料水，然后加入胶凝材料，同时加入外加剂和胶凝材料拌合水，待混凝土拌合物留平时停止搅拌，四盘混凝土全部一次实现试配成功，配制的混凝土没有出现离析、泌水、抓地和扒底的现象。由于配合比合理，在搅拌机中停止搅拌即可实现自流平，卸料流速平稳，拌合物表面有光泽，停止流动后顶部没有石子外露的现象，用铲子铲混凝土拌合物不费力，浆体本身的流动很好。

混凝土现场试配实际配合比（表 C-139）

表 C-139　混凝土现场试配实际配合比　　单位：kg

等级	水泥	粉煤灰	外加剂	天然砂	沙漠砂	石子	拌合水	预湿水	检测水
C30	259	100	11.1	373	373	1158	89	59	96

混凝土实际强度（表 C-140）

表 C-140　混凝土实际强度　　单位：MPa

等级	砂类型	80℃，8h	80℃，24h	标准养护 3d	标准养护 7d	标准养护 28d
C30	混合砂	20.2	32.4	15.5	20.5	33.5

13. 现场试配

使用天然砂＋沙漠砂 1∶1 混合后，配出工作性符合设计要求的混凝土其 28d 强度为 33.5MPa，低于设计值，要将其强度调整到 43.5MPa，根据砂子含泥量再次调整配合比，其计算过程如下：

（1）形成孔洞的泥的体积

$$V_n = \frac{373 \times (10\% - 3\%)}{2500} = 0.01(m^3)$$

由于含泥量对混凝土强度的影响主要是密实度，泥进入混凝土后降低了混凝土的密实度，因此可以考虑扣除 3%用于填充空隙的含泥量，超过这一临界值的泥会在混凝土凝固后随着水分的蒸发形成孔洞。为了抵消泥带入的孔洞引起的强度降低，在配合比设计的过程中通过增加同样体积的水泥提高混凝土强度，达到设计确定的标准值。

（2）水泥用量的计算

$$C = 259 + 3100 \times 0.01 = 290(kg)$$

粉煤灰用量仍然取 100kg。

（3）胶凝材料体积的计算

$$V_{胶凝材料} = \frac{290}{3100} + \frac{100}{2200} = 0.14(m^3)$$

（4）胶凝材料标准稠度用水量的计算

$$W_B = 290 \times 0.27 + 100 \times 0.27 \times 0.96 = 104(kg)$$

胶凝材料总用量：

$$W_B = 290 + 100 = 390(kg)$$

泌水系数：

$$M_W = \frac{390}{300} - 1 = 0.3$$

（5）胶凝材料拌和用水量的计算

$$W_{胶凝材料拌和用水量} = 104 \times \frac{2}{3} + 104 \times \frac{1}{3} \times (1 - 0.3) = 94(kg)$$

（6）胶凝材料浆体体积的计算

$$V_{胶凝材料浆体体积} = V_{胶凝材料} + \frac{2}{3} \times \frac{W_B}{\rho_W} = 0.14 + \frac{2}{3} \times \frac{104}{1000} = 0.209(m^3)$$

由于拌合水在混凝土凝固后蒸发，因此计算浆体体积时，固化的水形成的体积按照标准稠度用水量的 2/3 计算。

（7）砂子用量及用水量

① 混合砂用量：

$$S = \frac{1910 \times 35.3\%}{1 - 0.097} = 747(kg)$$

② 混合砂用水量：

$$W_{砂子最少用水量} = (5.7\% - 5\%) \times 747 = 5(kg)$$
$$W_{砂子最大用水量} = (7.7\% - 5\%) \times 747 = 20(kg)$$

（8）石子用量及用水量

$$G = (1 - 0.209 - 0.353) \times 2709 - 9.7\% \times 747 = 1114(kg)$$
$$W_{石子用水量} = 1114 \times 1.8\% = 20(kg)$$

（9）骨料总用水量

$$W_{砂石骨料最少用水量} = 5 + 20 = 25(kg)$$
$$W_{砂石骨料最大用水量} = 20 + 20 = 40(kg)$$

（10）调整后混凝土配合比（表 C-141）

表 C-141　调整后混凝土配合比　　单位：kg

名称	水泥	粉煤灰	混合砂	石子	外加剂	拌合水	预湿水
用量	290	100	747	1114	11.1	94	25～40

（三）C50 天然砂配制混凝土（基准）

1. 砂石的测量

（1）天然河砂的测量

砂子主要技术参数见表 C-142。

表 C-142　砂子主要技术参数

名称	紧密堆积密度（kg/m³）	含石率（%）	含水率（%）
1	2100	26.9	5

（2）石子的测量

石子主要技术参数见表 C-143。

表 C-143　石子主要技术参数

名称	空隙率（%）	表观密度（kg/m³）	堆积密度（kg/m³）	吸水率（%）
指标	35.3	2709	1753	1.8

2. C50 配合比调整

胶凝材料主要参数见表 C-144。

表 C-144　胶凝材料主要参数

名称	水泥	粉煤灰
用量（kg）	280	100
密度（kg/m³）	3100	2200
需水量（比）	0.26	0.96
强度（MPa）	37.3	—

3. 水泥的质量/强度比

$$R = \frac{280}{37.3} = 7.5(kg/MPa)$$

C50，则配制混凝土时水泥用量（按照强度设计的115%）：

$$C = 1.15 \times 50 \times 7.5 = 431(\text{kg})$$

粉煤灰用量取50kg。

4. 胶凝材料体积的计算

$$V_{胶凝材料} = \frac{431}{3100} + \frac{50}{2200} = 0.162(\text{m}^3)$$

5. 胶凝材料标准稠度用水量的计算

$$W_B = 431 \times 0.27 + 50 \times 0.27 \times 0.96 = 129(\text{kg})$$

胶凝材料总用量：

$$B = 431 + 50 = 481(\text{kg})$$

泌水系数：

$$M_W = \frac{481}{300} - 1 = 0.6$$

6. 胶凝材料拌和用水量的计算

$$W_{胶凝材料拌和用水量} = 129 \times \frac{2}{3} + 129 \times \frac{1}{3} \times (1 - 0.6) = 103(\text{kg})$$

7. 胶凝材料浆体体积的计算

$$V_{胶凝材料浆体体积} = V_{胶凝材料} + \frac{2}{3} \times \frac{W_B}{\rho_W} = 0.162 + \frac{2}{3} \times \frac{129}{1000} = 0.248(\text{m}^3)$$

由于拌合水在混凝土凝固后蒸发，因此计算浆体体积时，固化的水形成的体积按照标准稠度用水量的2/3计算。

8. 砂子用量及用水量

（1）砂子用量：

$$S = \frac{2100 \times 35.3\%}{1 - 26.9\%} = 1014(\text{kg})$$

（2）天然砂用水量：

$$W_{砂子最少用水量} = (5.7\% - 5\%) \times 1014 = 7(\text{kg})$$

$$W_{砂子最大用水量} = (7.7\% - 5\%) \times 1014 = 27(\text{kg})$$

9. 石子用量及用水量

$$G = (1 - 0.248 - 35.3\%) \times 2709 - 26.9\% \times 1014 = 808(\text{kg})$$

$$W_{石子用水量} = 808 \times 1.8\% = 15(\text{kg})$$

10. 骨料总用水量

$$W_{砂石骨料最少用水量} = 7 + 15 = 22(\text{kg})$$

$$W_{砂石骨料最大用水量} = 27 + 15 = 42(\text{kg})$$

11. 调整后混凝土配合比（表C-145）

表C-145　调整后混凝土配合比　　单位：kg

名称	水泥	粉煤灰	天然砂	石子	外加剂	拌合水	预湿水
用量	431	50	1014	808	12.5	103	22～42

12. 试配

（1）配合比调整验算

根据现场测量砂石的技术参数、已知混凝土配合比以及已知混凝土强度进行配合比调整计算。得到所要配制的混凝土配合比，进行混凝土外加剂掺量调整试验。

（2）外加剂调整

C50 水泥 431g、粉煤灰 50g、水 129g，掺加外加剂，调整外加剂至净浆流动扩展度达到 250mm 时的掺量为 2.6％。

（3）试配工艺

首先将砂石骨料按照配合比称量加入搅拌机，开启搅拌机，加入预湿骨料水，然后加入胶凝材料，同时加入外加剂和胶凝材料拌合水，待混凝土拌合物留平时停止搅拌，四盘混凝土全部一次实现试配成功。配制的混凝土没有出现离析、泌水、抓地和扒底的现象。由于配合比合理，在搅拌机中停止搅拌即可实现自流平，卸料流速平稳，拌合物表面有光泽，停止流动后顶部没有石子外露的现象，用铲子铲混凝土拌合物不费力，浆体本身的流动很好。

（4）混凝土现场试配实际配合比（表 C-146）

表 C-146　混凝土现场试配实际配合比　　单位：kg

等级	水泥	粉煤灰	外加剂	天然砂	沙漠砂	石子	拌合水	预湿水	检测水
C50	431	50	12.5	1014	0	762	103	29	129

（5）混凝土实际强度（表 C-147）

表 C-147　混凝土实际强度　　单位：MPa

等级	砂类型	80℃8h	80℃24h	标准养护 3d	标准养护 7d	标准养护 28d
C50	天然砂	35.6	45.1	34.7	44.7	58.6

使用天然砂配制的混凝土工作性和强度均满足设计要求。

（四）C50 混合砂配制混凝土

1. 混合砂的测量

砂子主要技术参数见表 C-148。

表 C-148　砂子主要技术参数

名称	紧密堆积密度（kg/m³）	含石率（%）	含水率（%）	含泥量（%）
混合砂	1910	9.7	2.5	10

2. 石子的测量

石子主要技术参数见表 C-149。

表 C-149　石子主要技术参数

名称	空隙率（%）	表观密度（kg/m³）	堆积密度（kg/m³）	吸水率（%）
指标	35.3	2709	1753	1.8

3. 混合砂配制 C50 混凝土胶凝材料主要参数见表 C-150。

表 C-150 C50 混凝土胶凝材料主要参数

名称	水泥	粉煤灰
用量（kg）	280	100
密度（kg/m^3）	3100	2200
需水量（比）	0.26	0.96
强度（MPa）	37.3	—

4. 水泥的质量/强度比

$$R = \frac{280}{37.3} = 7.5(kg/MPa)$$

C50，则配制混凝土时水泥用量：

$$C = 1.15 \times 50 \times 7.5 = 431(kg)$$

粉煤灰用量取 50kg。

5. 胶凝材料体积的计算

$$V_{胶凝材料} = \frac{431}{3100} + \frac{50}{2200} = 0.162(m^3)$$

6. 胶凝材料标准稠度用水量的计算

$$W_B = 431 \times 0.27 + 50 \times 0.27 \times 0.96 = 129(kg)$$

胶凝材料总用量：

$$B = 431 + 50 = 481(kg)$$

泌水系数：

$$M_W = \frac{481}{300} - 1 = 0.6$$

7. 胶凝材料拌和用水量的计算

$$W_{胶凝材料拌和用水量} = 129 \times \frac{2}{3} + 129 \times \frac{1}{3} \times (1 - 0.6) = 103(kg)$$

8. 胶凝材料浆体体积的计算

$$V_{胶凝材料浆体体积} = V_{胶凝材料} + \frac{2}{3} \times \frac{W_B}{\rho_W} = 0.162 + \frac{2}{3} \times \frac{129}{1000} = 0.248(m^3)$$

由于拌合水在混凝土凝固后蒸发，因此计算浆体体积时，固化的水形成的体积按照标准稠度用水量的 2/3 计算。

9. 砂子用量及用水量

（1）混合砂用量：

$$S = \frac{1910 \times 35.3\%}{1 - 9.7\%} = 747(kg)$$

（2）混合砂用水量：

$$W_{砂子最少用水量} = (5.7\% - 5\%) \times 747 = 5(kg)$$

$$W_{砂子最大用水量} = (7.7\% - 5\%) \times 747 = 20(kg)$$

10. 石子用量及用水量

$$G=(1-0.248-35.3\%)\times 2709-9.7\%\times 747=1008(\text{kg})$$

$$W_{石子用水量}=1008\times 1.8\%=18(\text{kg})$$

11. 骨料总用水量

$$W_{砂石骨料最少用水量}=5+18=23(\text{kg})$$

$$W_{砂石骨料最大用水量}=20+18=38(\text{kg})$$

12. 调整后混凝土配合比（表 C-151）

表 C-151 调整后混凝土配合比

单位：kg

名称	水泥	粉煤灰	混合砂	石子	外加剂	拌合水	预湿水
用量	431	50	747	1008	12.5	103	23～38

13. 试配

（1）配合比调整验算

根据现场测量砂石的技术参数、已知混凝土配合比以及已知混凝土强度进行配合比调整计算。得到所要配制的混凝土配合比，进行混凝土外加剂掺量调整试验。

（2）外加剂调整

C50 水泥 431g、粉煤灰 50g、水 129g，掺加外加剂，调整外加剂至净浆流动扩展度达到 250mm 时的掺量为 2.6%。

（3）试配工艺

首先将砂石骨料按照配合比称量加入搅拌机，开启搅拌机，加入预湿骨料水，然后加入胶凝材料，同时加入外加剂和胶凝材料拌合水，待混凝土拌合物流平时停止搅拌，四盘混凝土全部一次实现试配成功。配制的混凝土没有出现离析、泌水、抓地和扒底的现象。由于配合比合理，在搅拌机中停止搅拌即可实现自流平，卸料流速平稳，拌合物表面有光泽，停止流动后顶部没有石子外露的现象，用铲子铲混凝土拌合物不费力，浆体本身的流动很好。

（4）混凝土现场试配实际配合比（表 C-152）

表 C-152 混凝土现场试配实际配合比

单位：kg

等级	水泥	粉煤灰	外加剂	天然砂	沙漠砂	石子	拌合水	预湿水	检测水
C50	431	50	12.5	373	373	1008	103	41	129

（5）混凝土实际强度（表 C-153）

表 C-153 混凝土实际强度

单位：MPa

等级	砂类型	80℃8h	80℃24h	标准养护 3d	标准养护 7d	标准养护 28d
C50	混合砂	31.7	40.4	29.1	40.0	52.1

14. 使用天然砂＋沙漠砂 1∶1 混合后，配出工作性符合设计要求的混凝土强度为 52.1MPa，低于设计值，要将其强度调整到 58.6MPa，根据砂子含泥量再次调整配合比，其计算过程如下：

（1）形成孔洞的泥的体积：

$$V_n=\frac{373\times(10\%-3\%)}{2500}=0.01(\text{m}^3)$$

由于含泥量对混凝土强度的影响主要是密实度，混凝土中加入泥降低了混凝土的密实度，因此可以考虑扣除3%用于填充空隙的含泥量，超过这一临界值的泥会在混凝土凝固后随着水分的蒸发形成孔洞。为了抵消泥带入的孔洞引起的强度降低，我们在配合比设计的过程中通过增加同样体积的水泥提高混凝土强度，达到设计确定的标准值。

（2）水泥用量的计算：

$$C = 431 + 3100 \times 0.01 = 462(\text{kg})$$

粉煤灰用量仍然取100kg。

（3）胶凝材料体积的计算：

$$V_{胶凝材料} = \frac{462}{3100} + \frac{100}{2200} = 0.194(\text{m}^3)$$

（4）胶凝材料标准稠度用水量的计算：

$$W_{\text{B}} = 462 \times 0.27 + 100 \times 0.27 \times 0.96 = 151(\text{kg})$$

胶凝材料总用量：

$$B = 462 + 100 = 562(\text{kg})$$

泌水系数：

$$M_{\text{W}} = \frac{562}{300} - 1 = 0.87$$

（5）胶凝材料拌和用水量的计算

$$W_{胶凝材料拌和用水量} = 151 \times \frac{2}{3} + 151 \times \frac{1}{3} \times (1 - 0.87) = 107(\text{kg})$$

（6）胶凝材料浆体体积的计算

$$V_{胶凝材料浆体体积} = V_{胶凝材料} + \frac{2}{3} \times \frac{W_{\text{B}}}{\rho_{\text{W}}} = 0.194 + \frac{2}{3} \times \frac{151}{1000} = 0.295(\text{m}^3)$$

由于拌合水在混凝土凝固后蒸发，因此计算浆体体积时，固化的水形成的体积按照标准稠度用水量的2/3计算。

（7）砂子用量及用水量

混合砂用量：

$$S = \frac{1910 \times 35.3\%}{1 - 9.7\%} = 747(\text{kg})$$

混合砂用水量：

$$W_{砂子最少用水量} = (5.7\% - 5\%) \times 747 = 5(\text{kg})$$

$$W_{砂子最大用水量} = (7.7\% - 5\%) \times 747 = 20(\text{kg})$$

（8）石子用量及用水量

$$G = (1 - 0.295 - 35.3\%) \times 2709 - 9.7\% \times 747 = 881(\text{kg})$$

$$W_{石子用水量} = 881 \times 1.8\% = 16(\text{kg})$$

（9）骨料总用水量

$$W_{砂石骨料最少用水量} = 5 + 16 = 21(\text{kg})$$

$$W_{砂石骨料最大用水量} = 20 + 16 = 36(\text{kg})$$

（10）调整后混凝土配合比（表C-154）

表 C-154　调整后混凝土配合比　　　　单位：kg

名称	水泥	粉煤灰	混合砂	石子	外加剂	拌合水	预湿水
用量	462	100	747	881	11.1	107	21～36

（五）技术经济分析

在工作性方面，经过现场实践，采用了数字量化混凝土实用技术，可以通过已知混凝土配合比和强度调整预期的混凝土配合比，对合理使用沙漠砂配制混凝土、降低试配劳动量、提高混凝土动态质量控制，保证质量，节约社会资源，发挥巨大的作用。此试验解决了混凝土离析、泌水、抓地以及扒底的问题，实现了经过现场培训一盘搞定混凝土配合比的目标。

在强度方面，本次调整计算所用原配合比中水泥为 280kg，混凝土实际强度为 37.7MPa，不考虑粉煤灰对强度的贡献，水泥的质量强度比为 7.7kg/MPa，技术经济分析如下：

（1）当所用的原材料品种不变时，C30 混凝土调整后，工作性良好，水泥由 280kg 减少至 259kg，节约了 21kg，采用预湿骨料工艺后混凝土强度由 37.3MPa 提高到 43.4MPa，折算为水泥（43.4－37.3）MPa×7.5kg/MPa＝45.75kg，要保持强度不变，合计可以节省水泥 21kg＋45.75kg＝66.75kg，当地水泥单价 400 元/t，单方混凝土降低了成本 26.7 元；砂子由原来使用天然砂 1014kg，调整为天然砂 373kg，沙漠黄砂 373kg，当地天然砂单价 85 元/t，沙漠黄砂 20 元/t，砂子节约 1.014t×85 元/t－0.373t×85 元/t－0.373t×20 元/t＝61.9 元；石子由 889kg 调整为 1158kg，石子单价 30 元/t，增加成本（1.158t－0.889t）×30 元/t＝8.07 元。综合可以节约成本 26.7 元＋61.9 元－8.07 元＝80.59 元。

（2）当所用的其他原材料品种不变时，将天然砂和沙漠黄沙 1：1 混合中代替天然砂时，C30 混凝土调整后，工作性良好，水泥由 280kg 减少至 259kg，节约了 21kg。采用预湿骨料工艺后配制的混凝土强度由 37.3MPa 降低为 33.5MPa，为提高强度达到抗压值 37.3MPa，提高强度需要增加水泥 10kg，当地水泥单价为 400 元/t，单方混凝土水泥增加成本 4 元；砂子由原来使用天然砂 1014kg，调整为天然砂 373kg，沙漠黄沙 373kg，当地天然砂单价为 85 元/t，沙漠黄砂为 20 元/t，砂子节约 1.014t×85 元/t－0.373t×85 元/t－0.373t×20 元/t＝61.9 元；石子由 889kg 调整为 1117kg，石子单价为 30 元/t，增加成本（1.117t－0.889t）×30 元/t＝6.84 元，综合计算，在这个配比中，增加水泥到 290kg，混凝土强度就可以达到 37.3MPa，达到同样的强度可以节约成本 61.9 元－4 元－6.84 元＝51.06 元。

当所用的原材料品种不变时，调整后配制的 C50 混凝土，工作性良好，水泥采用 431kg，采用预湿骨料工艺后混凝土强度由 58.6MPa，达到预期效果；砂子由原来使用天然砂 1014kg，调整为天然砂 373kg，沙漠黄沙 373kg，当地天然砂单价为 85 元/t，沙漠黄砂 20 元/t，砂子节约 1.014t×85 元/t－0.373t×85 元/t－0.373t×20 元/t＝61.9 元；石子由 762kg 调整为 962kg，石子单价 30 元/t，增加成本（1.009t－0.762t）×30 元/t＝7.41 元。综合可以节约成本 61.9 元－7.41 元＝54.49 元。

当所用的其他原材料品种不变时，将天然砂和沙漠黄砂 1：1 混合中代替天然砂时，C50 混凝土调整后，工作性良好，水泥用量不变。采用预湿骨料工艺后配制的混凝土强度为 52.1MPa，为提高强度达到抗压值 58.6MPa，提高强度需要增加水泥 31kg，当地单价 400 元/t，单方混凝土水泥增加成本 12.4 元；砂子由原来使用天然砂 1014kg，调整为天然砂

373kg，沙漠黄砂 373kg，当地天然砂单价 85 元/t，沙漠黄砂 20 元/t，砂子节约 1.014t×85 元/t－0.373t×85 元/t－0.373t×20 元/t＝61.9 元；石子由 762kg 调整为 881kg，石子单价 30 元/t，增加成本（0.881t－0.762t）×30 元/t＝3.57 元，综合计算，在这个配比中，增加水泥到 462kg，混凝土强度就可以达到 58.6MPa，达到同样的强度可以节约成本 61.9 元－12.4 元－3.57 元＝45.93 元。

C.24　河南南阳某搅拌站培训实例

（一）天然砂（基准）

1. 原配合比及原材料参数

（1）原混凝土配合比参数（表 C-155）

表 C-155　原混凝土配合比参数　　单位：kg

名称	水泥	粉煤灰	外加剂
用量	290	60	15

（2）胶凝材料主要参数（表 C-156）

表 C-156　胶凝材料主要参数

名称	水泥	粉煤灰
密度（kg/m³）	3000	2200
需水量（比）	0.27	1.05

（3）现场检测砂子技术参数（表 C-157）

表 C-157　现场检测砂子技术参数

名称	紧密堆积密度（kg/m³）	含石率（%）	含水率（%）	压力吸水率（%）
天然砂	1837	4	5	—

（4）现场检测石子技术参数（表 C-158）

表 C-158　现场检测石子技术参数

名称	空隙率（%）	堆积密度（kg/m³）	表观密度（kg/m³）	吸水率（%）
石子	39.7	1697	2814	1.8

2. 调整基准

原配合比中胶凝材料为：水泥 305kg，需水量比 0.27，密度 3000kg/m³；粉煤灰 90kg，需水量比 1.05，密度 2200kg/m³。在配合比调整的过程中，不考虑粉煤灰对强度的贡献。

3. 胶凝材料体积的计算

$$V_{胶凝材料}=\frac{290}{3000}+\frac{60}{2200}=0.12(m^3)$$

4. 胶凝材料标准稠度用水量的计算

$$W_B = 290 \times 0.27 + 60 \times 0.27 \times 1.05 = 95(\text{kg})$$

胶凝材料总用量：

$$B = 290 + 60 = 350(\text{kg})$$

泌水系数：

$$M_W = \frac{350}{300} - 1 = 0.17$$

胶凝材料拌和用水

$$W_{胶凝材料拌和用水量} = 95 \times \frac{2}{3} + 95 \times \frac{1}{3} \times (1 - 0.17) = 90(\text{kg})$$

5. 胶凝材料浆体体积的计算

$$V_{胶凝材料浆体体积} = V_{胶凝材料} + \frac{2}{3} \times \frac{W_B}{\rho_W} = 0.12 + \frac{2}{3} \times \frac{95}{1000}$$
$$= 0.183(\text{m}^3)$$

6. 砂子用量及用水量

(1) 天然砂用量：

$$S_{天然砂} = \frac{1837 \times 39.7\%}{1 - 4\%} = 760(\text{kg})$$

(2) 天然砂用水量：

$$W_{天热砂最少用水量} = (5.7\% - 5\%) \times 760 = 5(\text{kg})$$

$$W_{天然砂最大用水量} = (7.7\% - 5\%) \times 760 = 21(\text{kg})$$

7. 石子用量及用水量

$$G_{天然砂} = (1 - 0.183 - 39.7\%) \times 2814 - 4\% \times 760 = 1151(\text{kg})$$

$$W_{石子用水量} = 1151 \times 1.8\% = 21(\text{kg})$$

8. 骨料总用水量

$$W_{砂石骨料最少用水量} = 5 + 21 = 26(\text{kg})$$
$$W_{砂石骨料最大用水量} = 21 + 21 = 42(\text{kg})$$

9. 用已知数据调整设计的混凝土配合比及试验数据（表 C-159）

表 C-159　用已知数据调整设计的混凝土配合比及试验数据

名称	水泥 (kg)	粉煤灰 (kg)	天然砂 (kg)	山砂 (kg)	石粉 (kg)	石子 (kg)	外加剂 (kg)	拌合水 (kg)	预湿水 (kg)	80℃24h (MPa)
河沙	290	60	760	—	—	1151	15	90	26～42	37.1

（二）山砂

1. 原配合比及原材料参数

(1) 原混凝土配合比参数（表 C-155）

(2) 胶凝材料主要参数（表 C-156）

(3) 现场检测砂子技术参数（表 C-160）

表 C-160　现场检测砂子技术参数

名称	紧密堆积密度（kg/m^3）	含石率（%）	含水率（%）	含泥量（%）
山砂	1946	0	5.5	13

（4）现场检测石子技术参数（表 C-158）

2. 调整基准

原配合比中胶凝材料为：水泥 305kg，需水量比 0.27，密度 3000kg/m^3；粉煤灰 90kg，需水量比 1.05，密度 2200kg/m^3。在配合比调整的过程中，不考虑粉煤灰对强度的贡献。

3. 胶凝材料体积的计算

$$V_{胶凝材料}=\frac{290}{3000}+\frac{60}{2200}=0.12(m^3)$$

4. 胶凝材料标准稠度用水量的计算

$$W_B=290\times0.27+60\times0.27\times1.05=95(kg)$$

胶凝材料总用量：

$$B=290+60=350(kg)$$

泌水系数：

$$M_W=\frac{350}{300}-1=0.17$$

胶凝材料拌和用水：

$$W_{胶凝材料拌和用水量}=95\times\frac{2}{3}+95\times\frac{1}{3}\times(1-0.17)=90(kg)$$

5. 胶凝材料浆体体积的计算

$$V_{胶凝材料浆体体积}=V_{胶凝材料}+\frac{2}{3}\times\frac{W_B}{\rho_W}=0.12+\frac{2}{3}\times\frac{95}{1000}$$
$$=0.183(m^3)$$

6. 砂子用量及用水量

（1）山砂用量：

$$S_{山砂}=\frac{1946\times39.7\%}{1-0}=773(kg)$$

（2）山砂用水量：

$$W_{砂子最少用水量}=(5.7\%-5.5\%)\times773=2(kg)$$

$$W_{砂子最大用水量}=(7.7\%-5.5\%)\times773=17(kg)$$

7. 石子用量及用水量

$$G_{山砂}=(1-0.183-39.7\%)\times2814-0\%\times773=1182(kg)$$

$$W_{石子用水量}=1182\times1.8\%=21(kg)$$

8. 骨料总用水量

$$W_{砂石骨料最少用水量}=2+21=23(kg)$$

$$W_{砂石骨料最大用水量}=17+21=38(kg)$$

9. 用已知数据调整设计的混凝土配合比及试验数据（表 C-161）

表 C-161　用已知数据调整设计的混凝土配合比及试验数据

名称	水泥 (kg)	粉煤灰 (kg)	天然砂 (kg)	山砂 (kg)	石粉 (kg)	石子 (kg)	外加剂 (kg)	拌合水 (kg)	预湿水 (kg)	80℃24h (MPa)
山砂	290	60	—	773	—	1182	28	90	23～38	29.5

10. 山砂配制混凝土

用山砂配出工作性符合设计要求的混凝土强度为 29.5MPa，低于设计值，以天然砂配合比作为基准，根据砂子含泥量再次调整配合比，其计算过程见表 C-156。

（1）形成孔洞的泥的体积

$$V_n = \frac{773 \times (13\% - 3\%)}{2500} = 0.031(m^3)$$

（2）水泥用量的计算

$$C = 290 + 3000 \times 0.031 = 383(kg)$$

（3）胶凝材料体积的计算

$$V_{胶凝材料} = \frac{383}{3000} + \frac{60}{2200} = 0.155(m^3)$$

（4）胶凝材料标准稠度用水量的计算

$$W_B = 383 \times 0.27 + 60 \times 0.27 \times 1.05 = 120(kg)$$

胶凝材料总用量：

$$B = 383 + 60 = 443(kg)$$

泌水系数：

$$M_W = \frac{443}{300} - 1 = 0.48$$

胶凝材料拌和用水

$$W_{胶凝材料拌和用水量} = 120 \times \frac{2}{3} + 120 \times \frac{1}{3} \times (1 - 0.48) = 101(kg)$$

（5）胶凝材料浆体体积的计算

$$V_{胶凝材料浆体体积} = V_{胶凝材料} + \frac{2}{3} \times \frac{W_B}{\rho_W} = 0.155 + \frac{2}{3} \times \frac{120}{1000}$$

$$= 0.235(m^3)$$

（6）砂子用量及用水量

① 山砂用量：
$$S_{山砂} = \frac{1946 \times 39.7\%}{1 - 0} = 773(kg)$$

② 山砂用水量：

$$W_{砂子最少用水量} = (5.7\% - 5.5\%) \times 773 = 2(kg)$$

$$W_{砂子最大用水量} = (7.7\% - 5.5\%) \times 773 = 17(kg)$$

（7）石子用量及用水量

$$G_{山砂} = (1 - 0.235 - 39.7\%) \times 2814 - 0\% \times 773 = 1036(kg)$$

$$W_{石子用水量} = 1036 \times 1.8\% = 19(kg)$$

（8）骨料总用水量

$$W_{砂石骨料最少用水量}=2+19=21(\mathrm{kg})$$

$$W_{砂石骨料最大用水量}=17+19=36(\mathrm{kg})$$

（9）用已知数据调整设计的混凝土配合比及试验数据

采用调整后的配合比进行试配，工作性达到预期效果，采用80℃热水养护24h后强度达到37.1MPa，见表C-162。

表C-162　用已知数据调整设计的混凝土配合比及试验数据

名称	水泥(kg)	粉煤灰(kg)	天然砂(kg)	山砂(kg)	石粉(kg)	石子(kg)	外加剂(kg)	拌合水(kg)	预湿水(kg)	80℃24h(MPa)
山砂	383	60	—	773	—	1036	28	90	21～36	37.1

（三）石粉

1. 原配合比及原材料参数

（1）原混凝土配合比参数（表C-155）

（2）胶凝材料主要参数（表C-156）

（3）现场检测砂子技术参数（表C-163）

表C-163　现场检测砂子技术参数

名称	紧密堆积密度（$\mathrm{kg/m^3}$）	含石率（%）	含水率（%）	压力吸水率（%）	含泥量（%）
石粉	2388	8.5	13	2	15

（4）现场检测石子技术参数（表C-158）

2. 调整基准

原配合比中胶凝材料为：水泥305kg，需水量0.27，密度3000kg/m³；粉煤灰90kg，需水量比1.05，密度2200kg/m³。在配合比调整的过程中，不考虑粉煤灰对强度的贡献。

3. 胶凝材料体积的计算

$$V_{胶凝材料}=\frac{290}{3000}+\frac{60}{2200}=0.12(\mathrm{m^3})$$

4. 胶凝材料标准稠度用水量的计算

$$W_B=290\times0.27+60\times0.27\times1.05=95(\mathrm{kg})$$

胶凝材料总用量：

$$B=290+60=350(\mathrm{kg})$$

泌水系数：

$$M_W=\frac{350}{300}-1=0.17$$

胶凝材料拌和用水：

$$W_{胶凝材料拌和用水量}=95\times\frac{2}{3}+95\times\frac{1}{3}\times(1-0.17)=90(\mathrm{kg})$$

5. 胶凝材料浆体体积的计算

$$V_{胶凝材料浆体体积}=V_{胶凝材料}+\frac{2}{3}\times\frac{W_B}{\rho_W}=0.12+\frac{2}{3}\times\frac{95}{1000}$$

$$=0.183(\mathrm{m}^3)$$

6. 砂子用量及用水量

(1) 石粉用量：

$$S_{石粉}=\frac{2388\times 39.7\%}{1-8.5\%}=1036(\mathrm{kg})$$

(2) 石粉用水量：

$$W_{砂子用水量}=1036\times 2\%=21(\mathrm{kg})$$

7. 石子用量及用水量

$$G_{石粉}=(1-0.183-39.7\%)\times 2814-8.5\%\times 1036=1094(\mathrm{kg})$$

$$W_{石子用水量}=1094\times 1.8\%=20(\mathrm{kg})$$

8. 骨料总用水量

$$W_{砂石骨料用水量}=21+20=41(\mathrm{kg})$$

9. 用已知数据调整设计的混凝土配合比及试验数据（表 C-164）

表 C-164　用已知数据调整设计的混凝土配合比及试验数据

名称	水泥（kg）	粉煤灰（kg）	天然砂（kg）	山砂（kg）	石粉（kg）	石子（kg）	外加剂（kg）	拌合水（kg）	预湿水（kg）	80℃24h（MPa）
石粉	290	60	—	—	1036	1094	15	90	41	29.3

10. 石粉配制混凝土

使用石粉配出工作性符合设计要求的混凝土强度为 29.3MPa，低于设计值，要将其强度调整到 37.1MPa，根据砂子含泥量再次调整配合比，其计算过程见表 C-159。

(1) 形成孔洞泥的体积

$$V_n=\frac{1036\times(15\%-3\%)}{2500}=0.050(\mathrm{m}^3)$$

(2) 水泥用量的计算

$$C=290+3000\times 0.05=440(\mathrm{kg})$$

(3) 胶凝材料体积的计算

$$V_{胶凝材料}=\frac{440}{3000}+\frac{60}{2200}=0.174(\mathrm{m}^3)$$

(4) 胶凝材料标准稠度用水量的计算

$$W_B=440\times 0.27+60\times 0.27\times 1.05=136(\mathrm{kg})$$

胶凝材料总用量：

$$B=440+60=500(\mathrm{kg})$$

泌水系数

$$M_W=\frac{500}{300}-1=0.67$$

胶凝材料拌和用水

$$W_{胶凝材料拌和用水量}=136\times\frac{2}{3}+136\times\frac{1}{3}\times(1-0.67)=106(\mathrm{kg})$$

(5) 胶凝材料浆体体积的计算

$$V_{胶凝材料浆体体积}=V_{胶凝材料}+\frac{2}{3}\times\frac{W_B}{\rho_W}=0.174+\frac{2}{3}\times\frac{136}{1000}$$
$$=0.265(m^3)$$

（6）砂子用量及用水量

石粉用量：

$$S_{石粉}=\frac{2388\times39.7\%}{1-8.5\%}=1036(kg)$$

石粉用水量：

$$W_{砂子用水量}=1036\times2\%=21(kg)$$

（7）石子用量及用水量

$$G_{石粉}=(1-0.265-39.7\%)\times2814-8.5\%\times1036=863(kg)$$
$$W_{石子用水量}=863\times1.8\%=16(kg)$$

（8）骨料总用水量

$$W_{砂石骨料用水量}=21+16=37(kg)$$

（9）用已知数据调整设计的混凝土配合比及试验数据（表 C-165）

表 C-165　用已知数据调整设计的混凝土配合比及试验数据

名称	水泥（kg）	粉煤灰（kg）	天然砂（kg）	山砂（kg）	石粉（kg）	石子（kg）	外加剂（kg）	拌合水（kg）	预湿水（kg）	80℃24h（MPa）
石粉	440	60	—	—	1036	863	15	90	37	37.1

采用调整后的配合比进行试配，工作性达到预期效果，采用 80℃热水养护 24h 后强度达到 37.1MPa。

（四）山砂+石粉（5：5）配制混凝土

1. 原配合比及原材料参数

（1）原混凝土配合比参数（表 C-155）

（2）胶凝材料主要参数（表 C-156）

（3）现场检测砂子技术参数（表 C-166）

表 C-166　现场检测砂子技术参数

名称	紧密堆积密度（kg/m³）	含石率（%）	含水率（%）	压力吸水率（%）
山砂	1946	0	5.5	—
石粉	2388	8.5	13	2

（4）现场检测石子技术参数（表 C-158）

2. 调整基准

原配合比中胶凝材料为：水泥 305kg，需水量比 0.27，密度 3000kg/m³；粉煤灰 90kg，需水量比 1.05，密度 2200kg/m³。在配合比调整的过程中，不考虑粉煤灰对强度的贡献。

3. 胶凝材料体积的计算

$$V_{胶凝材料}=\frac{290}{3000}+\frac{60}{2200}=0.12(m^3)$$

4. 胶凝材料标准稠度用水量的计算

$$W_B=290\times0.27+60\times0.27\times1.05=95(kg)$$

胶凝材料总用量：

$$B = 290 + 60 = 350(\text{kg})$$

泌水系数：

$$M_{W} = \frac{350}{300} - 1 = 0.17$$

胶凝材料拌和用水：

$$W_{胶凝材料拌和用水量} = 95 \times \frac{2}{3} + 95 \times \frac{1}{3} \times (1 - 0.17) = 90(\text{kg})$$

5. 胶凝材料浆体体积的计算

$$V_{胶凝材料浆体体积} = V_{胶凝材料} + \frac{2}{3} \times \frac{W_{B}}{\rho_{W}} = 0.12 + \frac{2}{3} \times \frac{95}{1000}$$

$$= 0.183(\text{m}^{3})$$

6. 砂子用量及用水量

混合砂用量：

$$S_{石粉} = \frac{2388 \times 39.7\%}{1 - 8.5\%} \times 0.5 = 518(\text{kg})$$

$$S_{山砂} = \frac{1946 \times 39.7\%}{1 - 0} \times 0.5 = 386(\text{kg})$$

$$S_{混合砂} = 518 + 386 = 904(\text{kg})$$

山砂用水量：

$$W_{山砂最少用水量} = (5.7\% - 5.5\%) \times 904 = 2(\text{kg})$$

$$W_{山砂最大用水量} = (7.7\% - 5.5\%) \times 904 = 20(\text{kg})$$

石粉用水量：

$$W_{石粉用水量} = 905 \times 2\% = 18(\text{kg})$$

混合砂用水量：

$$W_{砂子最少用水量} = 2 + 18 = 20(\text{kg})$$

$$W_{砂子最大用水量} = 20 + 18 = 38(\text{kg})$$

7. 石子用量及用水量

$$G_{混合砂} = (1 - 0.183 - 39.7\%) \times 2814 - 8.5\% \times 518 = 1138(\text{kg})$$

$$W_{石子用水量} = 1138 \times 1.8\% = 20(\text{kg})$$

8. 骨料总用水量

$$W_{砂石骨料最少用水量} = 20 + 20 = 40(\text{kg})$$

$$W_{砂石骨料最大用水量} = 38 + 20 = 58(\text{kg})$$

9. 用已知数据调整设计的混凝土配合比及试验数据（表 C-167）

表 C-167　用已知数据调整设计的混凝土配合比及试验数据

名称	水泥（kg）	粉煤灰（kg）	天然砂（kg）	山砂（kg）	石粉（kg）	石子（kg）	外加剂（kg）	拌合水（kg）	预湿水（kg）	80℃24h（MPa）
山砂＋石粉（体积比 5∶5）	290	60	—	380	518	1138	20	90	40～58	32.6

10. 山砂、石粉混合配制混凝土

使用山砂＋石粉按体积比 5∶5 混合后，配出工作性符合设计要求的混凝土其强度为 32.6MPa，低于设计值，要将其强度调整到 37.1MPa，根据砂子含泥量来再次调整配合比，其计算过程见表 C-168。

表 C-168　山砂、石粉混合配制混凝土

名称	紧密堆积密度（kg/m³）	含石率（%）	含水率（%）	压力吸水率（%）	含泥量（%）
山砂	1946	0	5.5	—	13
石粉	2388	8.5	13	2	15

混合砂的含泥量现场测量数据为：10%。

（1）形成孔洞泥的体积

$$V_n = \frac{898 \times (10\% - 3\%)}{2500} = 0.025(m^3)$$

（2）水泥用量的计算

$$C = 290 + 3000 \times 0.025 = 365(kg)$$

（3）胶凝材料体积的计算

$$V_{胶凝材料} = \frac{365}{3000} + \frac{60}{2200} = 0.149(m^3)$$

（4）胶凝材料标准稠度用水量的计算

$$W_B = 365 \times 0.27 + 60 \times 0.27 \times 1.05 = 116(kg)$$

胶凝材料总用量：

$$B = 365 + 60 = 425(kg)$$

泌水系数：

$$M_W = \frac{425}{300} - 1 = 0.42$$

胶凝材料拌和用水：

$$W_{胶凝材料拌和用水量} = 116 \times \frac{2}{3} + 116 \times \frac{1}{3} \times (1 - 0.42) = 100(kg)$$

（5）胶凝材料浆体体积的计算

$$V_{胶凝材料浆体体积} = V_{胶凝材料} + \frac{2}{3} \times \frac{W_B}{\rho_W} = 0.077 + \frac{2}{3} \times \frac{116}{1000}$$

$$= 0.226(m^3)$$

（6）砂子用量及用水量

混合砂用量：

$$S_{石粉} = \frac{2388 \times 39.7\%}{1 - 8.5\%} \times 0.5 = 518(kg)$$

$$S_{山砂} = \frac{1946 \times 39.7\%}{1 - 0} \times 0.5 = 386(kg)$$

$$S_{混合砂} = 518 + 386 = 904(kg)$$

山砂用水量：

$$W_{山砂最少用水量} = (5.7\% - 5.5\%) \times 904 = 2(kg)$$

$$W_{山砂最大用水量} = (7.7\% - 5.5\%) \times 904 = 20(\text{kg})$$

石粉用水量：

$$W_{石粉用水量} = 904 \times 2\% = 18(\text{kg})$$

混合砂用水量：

$$W_{砂子最少用水量} = 2 + 18 = 20(\text{kg})$$
$$W_{砂子最大用水量} = 20 + 18 = 38(\text{kg})$$

（7）石子用量用水量

$$G_{砂子1} = (1 - 0.226 - 39.7\%) \times 2814 - 8.5\% \times 518 = 1017(\text{kg})$$

$$W_{石子用水量} = 1017 \times 1.8\% = 18(\text{kg})$$

（8）骨料总用水量

$$W_{砂石骨料最少用水量} = 20 + 18 = 38(\text{kg})$$
$$W_{砂石骨料最大用水量} = 38 + 18 = 56(\text{kg})$$

（9）用已知数据调整设计的混凝土配合比及试验数据

采用调整后的配合比（表 C-169）进行试配，工作性达到预期效果，采用 80℃热水养护 24h 后强度达到 37.1MPa。

表 C-169　调整后的混凝土配合比

名称	水泥（kg）	粉煤灰（kg）	天然砂（kg）	山砂（kg）	石粉（kg）	石子（kg）	外加剂（kg）	拌合水（kg）	预湿水（kg）	80℃24h（MPa）
山砂＋石粉（体积比 5：5）	365	60	—	380	518	1017	20	90	38～56	37.1

（五）天然砂＋石粉（按体积比 5：5）配制混凝土

1. 原配合比及原材料参数

（1）原混凝土

原混凝土配合比参数见表 C-170。

表 C-170　原混凝土配合比参数　　单位：kg

名称	水泥	粉煤灰	外加剂
用量	290	60	15

（2）胶凝材料

胶凝材料主要参数见表 C-171。

表 C-171　胶凝材料主要参数

名称	水泥	粉煤灰
密度（kg/m^3）	3000	2200
需水量（比）	0.27	1.05

（3）砂子参数

现场检测砂子技术参数见表 C-172。

表 C-172　现场检测砂子技术参数

名称	紧密堆积密度（kg/m^3）	含石率（%）	含水率（%）	压力吸水率（%）	含泥量（%）
石粉	2388	8.5	13	2	15
天然砂	1837	4	5	—	0

（4）石子参数

现场检测石子技术参数见表 C-173。

表 C-173　现场检测石子技术参数

名称	空隙率（%）	堆积密度（kg/m^3）	表观密度（kg/m^3）	吸水率（%）
石子	39.7	1697	2814	1.8

2. 调整基准

原配合比中胶凝材料为：水泥 305kg，需水量比 0.27，密度 $3000kg/m^3$；粉煤灰 90kg，需水量比 1.05，密度 $2200kg/m^3$。在配合比调整的过程中，不考虑粉煤灰对强度的贡献。

3. 胶凝材料体积的计算

$$V_{胶凝材料} = \frac{290}{3000} + \frac{60}{2200} = 0.12(m^3)$$

4. 胶凝材料标准稠度用水量的计算

$$W_B = 290 \times 0.27 + 60 \times 0.27 \times 1.05 = 95(kg)$$

胶凝材料总用量：

$$B = 290 + 60 = 350(kg)$$

泌水系数：

$$M_W = \frac{350}{300} - 1 = 0.17$$

胶凝材料拌和用水：

$$W_{胶凝材料拌和用水量} = 95 \times \frac{2}{3} + 95 \times \frac{1}{3} \times (1 - 0.17) = 90(kg)$$

5. 胶凝材料浆体体积的计算

$$V_{胶凝材料浆体体积} = V_{胶凝材料} + \frac{2}{3} \times \frac{W_B}{\rho_W} = 0.12 + \frac{2}{3} \times \frac{95}{1000}$$
$$= 0.183(m^3)$$

6. 砂子用量及用水量

混合砂用量：

$$S_{石粉} = \frac{2388 \times 39.7\%}{1 - 8.5\%} \times 0.5 = 518(kg)$$

$$S_{天然砂} = \frac{1837 \times 39.7\%}{1 - 4\%} \times 0.5 = 380(kg)$$

$$S_{混合砂} = 518 + 380 = 898(kg)$$

天然砂用水量：

$$W_{天然砂最少用水量} = (5.7\% - 5\%) \times 898 = 6(kg)$$

$$W_{天然砂最大用水量} = (7.7\% - 5\%) \times 898 = 24(kg)$$

石粉用水量：

$$W_{石粉用水量} = 898 \times 2\% = 18(kg)$$

混合砂用水量：

$$W_{砂子最少用水量} = 6 + 18 = 24(kg)$$

$$W_{砂子最大用水量} = 24 + 18 = 42(kg)$$

7. 石子用量及用水量

$$G_{混合砂} = (1 - 0.183 - 39.7\%) \times 2814 - 8.5\% \times 518 - 380 \times 4\% = 1123(kg)$$

$$W_{石子用水量} = 1123 \times 1.8\% = 20(kg)$$

8. 骨料总用水量

$$W_{砂石骨料最少用水量} = 24 + 20 = 44(kg)$$

$$W_{砂石骨料最大用水量} = 42 + 20 = 62(kg)$$

9. 用已知数据调整设计的混凝土配合比（表 C-174）及试验数据

表 C-174　调整设计的混凝土配合比

名称	水泥（kg）	粉煤灰（kg）	天然砂（kg）	山砂（kg）	石粉（kg）	石子（kg）	外加剂（kg）	拌合水（kg）	预湿水（kg）	80℃24h（MPa）
天然砂＋石粉（体积比 5∶5）	290	60	380	—	518	1123	15	90	44～62	36.7

10. 天然砂、石粉混合配制混凝土

使用天然砂＋石粉按体积比 5∶5 混合后，配出工作性符合设计要求的混凝土其强度为 36.7MPa，低于设计值，要将其强度调整到 37.1MPa，根据砂子含泥量再次调整配合比见表 C-175。

表 C-175　调整后的配合比

名称	紧密堆积密度（kg/m^3）	含石率（%）	含水率（%）	压力吸水率（%）	含泥量（%）
石粉	2388	8.5	13	2	15
天然砂	1837	4	5	—	0

混合砂的含泥量现场测量数据为：4%。

（1）形成孔洞泥的体积

$$V_n = \frac{898 \times (4\% - 3\%)}{2500} = 0.004(m^3)$$

（2）水泥用量的计算

$$C = 290 + 3000 \times 0.004 = 302(kg)$$

（3）胶凝材料体积的计算

$$V_{胶凝材料} = \frac{302}{3000} + \frac{60}{2200} = 0.128(m^3)$$

（4）胶凝材料标准稠度用水量的计算

$$W_B = 302 \times 0.27 + 60 \times 0.27 \times 1.05 = 99(kg)$$

胶凝材料总用量：

$$B = 302 + 60 = 362(kg)$$

泌水系数

$$M_W = \frac{362}{300} - 1 = 0.21$$

胶凝材料拌和用水

$$W_{胶凝材料拌和用水量} = 99 \times \frac{2}{3} + 99 \times \frac{1}{3} \times (1 - 0.21) = 92(\text{kg})$$

（5）胶凝材料浆体体积的计算

$$V_{胶凝材料浆体体积} = V_{胶凝材料} + \frac{2}{3} \times \frac{W_B}{\rho_W} = 0.128 + \frac{2}{3} \times \frac{99}{1000}$$

$$= 0.194(\text{m}^3)$$

（6）砂子用量及用水量

混合砂用量：

$$S_{石粉} = \frac{2388 \times 39.7\%}{1 - 8.5\%} \times 0.5 = 518(\text{kg})$$

$$S_{天然砂} = \frac{1837 \times 39.7\%}{1 - 4\%} \times 0.5 = 380(\text{kg})$$

$$S_{混合砂} = 518 + 380 = 898(\text{kg})$$

天然砂用水量：

$$W_{天然砂最少用水量} = (5.7\% - 5\%) \times 898 = 6(\text{kg})$$

$$W_{天然砂最大用水量} = (7.7\% - 5\%) \times 898 = 24(\text{kg})$$

石粉用水量：

$$W_{石粉用水量} = 898 \times 2\% = 18(\text{kg})$$

混合砂用水量

$$W_{砂子最少用水量} = 6 + 18 = 24(\text{kg})$$

$$W_{砂子最大用水量} = 24 + 18 = 42(\text{kg})$$

（7）石子用量及用水量

$$G_{混合砂} = (1 - 0.194 - 39.7\%) \times 2814 - 8.5\% \times 518 - 380 \times 4\% = 1092(\text{kg})$$

$$W_{石子用水量} = 1092 \times 1.8\% = 20(\text{kg})$$

（8）骨料总用水量

$$W_{砂石骨料最少用水量} = 24 + 20 = 44(\text{kg})$$

$$W_{砂石骨料最大用水量} = 42 + 20 = 62(\text{kg})$$

（9）用已知数据调整设计的混凝土配合比及试验数据

采用调整后的配合比（表 C-176）进行试配，工作性达到预期效果，采用 80℃热水养护 24h 后强度达到 37.1MPa。

表 C-176　调整后的配合比

名称	水泥（kg）	粉煤灰（kg）	天然砂（kg）	山砂（kg）	石粉（kg）	石子（kg）	外加剂（kg）	拌合水（kg）	预湿水（kg）	80℃24h（MPa）
砂子 1	302	60	380	—	518	1092	15	90	44～62	37.1

（六）山砂＋石粉（按体积比 4∶6）配制混凝土

1. 原配合比及原材料参数

（1）原混凝土配合比

原混凝土配合比参数见表 C-177。

表 C-177　原混凝土配合比参数　　单位：kg

名称	水泥	粉煤灰	外加剂
用量	290	60	15

（2）胶凝材料

胶凝材料主要参数见表 C-178。

表 C-178　胶凝材料主要参数

名称	水泥	粉煤灰
密度（kg/m^3）	3000	2200
需水量（比）	0.27	1.05

（3）砂子参数

现场检测砂子技术参数见表 C-179。

表 C-179　现场检测砂子技术参数

名称	紧密堆积密度（kg/m^3）	含石率（%）	含水率（%）	压力吸水率（%）	含泥量（%）
山砂	1946	0	5.5	—	13
石粉	2388	8.5	13	2	15

（4）石子参数

现场检测石子技术参数见表 C-180。

表 C-180　现场检测石子技术参数

名称	空隙率（%）	堆积密度（kg/m^3）	表观密度（kg/m^3）	吸水率（%）
石子	39.7	1697	2814	1.8

2. 调整基准

原配合比中胶凝材料为：水泥 305kg，需水量比 0.27，密度 3000kg/m^3；粉煤灰 90kg，需水量比 1.05，密度 2200kg/m^3。在配合比调整的过程中，不考虑粉煤灰对强度的贡献。

3. 胶凝材料体积的计算

$$V_{胶凝材料}=\frac{290}{3000}+\frac{60}{2200}=0.12(m^3)$$

4. 胶凝材料标准稠度用水量的计算

$$W_B = 290 \times 0.27 + 60 \times 0.27 \times 1.05 = 95(\text{kg})$$

胶凝材料总用量：

$$B = 290 + 60 = 350(\text{kg})$$

泌水系数：

$$M_W = \frac{350}{300} - 1 = 0.17$$

胶凝材料拌和用水：

$$W_{\text{胶凝材料拌和用水量}} = 95 \times \frac{2}{3} + 95 \times \frac{1}{3} \times (1 - 0.17) = 90(\text{kg})$$

5. 胶凝材料浆体体积的计算

$$V_{\text{胶凝材料浆体体积}} = V_{\text{胶凝材料}} + \frac{2}{3} \times \frac{W_B}{\rho_W} = 0.12 + \frac{2}{3} \times \frac{95}{1000}$$
$$= 0.183(\text{m}^3)$$

6. 砂子用量及用水量

混合砂用量：

$$S_{\text{石粉}} = \frac{2388 \times 39.7\%}{1 - 8.5\%} \times 0.6 = 622(\text{kg})$$

$$S_{\text{山砂}} = \frac{1946 \times 39.7\%}{1 - 0} \times 0.4 = 309(\text{kg})$$

$$S_{\text{混合砂}} = 622 + 309 = 931(\text{kg})$$

山砂用水量：

$$W_{\text{山砂最少用水量}} = (5.7\% - 5.5\%) \times 931 = 2(\text{kg})$$
$$W_{\text{山砂最大用水量}} = (7.7\% - 5.5\%) \times 931 = 25(\text{kg})$$

石粉用水量：

$$W_{\text{石粉用水量}} = 931 \times 2\% = 19(\text{kg})$$

混合砂用水量：

$$W_{\text{砂子最少用水量}} = 2 + 19 = 21(\text{kg})$$

$$W_{\text{砂子最大用水量}} = 25 + 19 = 44(\text{kg})$$

7. 石子用量及用水量

$$G_{\text{混合砂}} = (1 - 0.183 - 39.7\%) \times 2814 - 8.5\% \times 622 = 1129(\text{kg})$$

$$W_{\text{石子用水量}} = 1129 \times 1.8\% = 20(\text{kg})$$

8. 骨料总用水量

$$W_{\text{砂石骨料最少用水量}} = 21 + 20 = 41(\text{kg})$$
$$W_{\text{砂石骨料最大用水量}} = 44 + 20 = 64(\text{kg})$$

9. 用已知数据调整设计的混凝土配合比（表 C-181）及试验数据

表 C-181　调整后的混凝土配合比

名称	水泥 (kg)	粉煤灰 (kg)	天然砂 (kg)	山砂 (kg)	石粉 (kg)	石子 (kg)	外加剂 (kg)	拌合水 (kg)	预湿水 (kg)	80℃24h (MPa)
山砂+石粉 (按体积比 4：6)	290	60	—	309	622	1129	15	90	41～64	33.7

10. 山砂和石粉混合配制混凝土

使用山砂+石粉 4：6 混合后，配出工作性符合设计要求的混凝土其强度为 33.7MPa，低于设计值，要将其强度调整到 37.1MPa，根据砂子含泥量再次调整配合比见表 C-182。

表 C-182　调整后的配合比

名称	紧密堆积密度（kg/m^3）	含石率（%）	含水率（%）	压力吸水率（%）	含泥量（%）
山砂	1946	0	5.5	—	13
石粉	2388	8.5	13	2	15

混合砂的含泥量现场测量的数据为 9%。

(1) 形成孔洞泥的体积

$$V_n = \frac{931 \times (9\% - 3\%)}{2500} = 0.022(m^3)$$

(2) 水泥用量的计算

$$C = 290 + 3000 \times 0.022 = 356(kg)$$

(3) 胶凝材料体积的计算

$$V_{胶凝材料} = \frac{356}{3000} + \frac{60}{2200} = 0.146(m^3)$$

(4) 胶凝材料标准稠度用水量的计算

$$W_B = 356 \times 0.27 + 60 \times 0.27 \times 1.05 = 113(kg)$$

胶凝材料总用量：

$$B = 365 + 60 = 425(kg)$$

泌水系数：

$$M_W = \frac{425}{300} - 1 = 0.42$$

胶凝材料拌和用水：

$$W_{胶凝材料拌和用水量} = 113 \times \frac{2}{3} + 113 \times \frac{1}{3} \times (1 - 0.42) = 97(kg)$$

(5) 胶凝材料浆体体积的计算

$$V_{胶凝材料浆体体积} = V_{胶凝材料} + \frac{2}{3} \times \frac{W_B}{\rho_W} = 0.146 + \frac{2}{3} \times \frac{113}{1000}$$

$$= 0.221(m^3)$$

(6) 砂子用量及用水量

混合砂用量：

$$S_{石粉} = \frac{2388 \times 39.7\%}{1 - 8.5\%} \times 0.6 = 622(kg)$$

$$S_{山砂}=\frac{1946\times39.7\%}{1-0}\times0.4=309(kg)$$

$$S_{混合砂}=622+309=931(kg)$$

山砂用水量：

$$W_{山砂最少用水量}=(5.7\%-5.5\%)\times931=2(kg)$$

$$W_{山砂最大用水量}=(7.7\%-5.5\%)\times931=25(kg)$$

石粉用水量：

$$W_{石粉用水量}=931\times2\%=19(kg)$$

混合砂用水量：

$$W_{砂子最少用水量}=2+19=21(kg)$$

$$W_{砂子最大用水量}=25+19=44(kg)$$

（7）石子用量及用水量

$$G_{砂子1}=(1-0.221-39.7\%)\times2814-8.5\%\times622=1022(kg)$$

$$W_{石子用水量}=1022\times1.8\%=18(kg)$$

（8）骨料总用水量

$$W_{砂石骨料最少用水量}=21+18=39(kg)$$

$$W_{砂石骨料最大用水量}=44+18=62(kg)$$

（9）用已知数据调整设计的混凝土配合比及试验数据

采用调整后的配合比进行试配（表 C-183），工作性达到预期效果，采用 80℃热水养护 24h 后强度都达到 37.1MPa。

表 C-183 调整后的配合比

名称	水泥（kg）	粉煤灰（kg）	天然砂（kg）	山砂（kg）	石粉（kg）	石子（kg）	外加剂（kg）	拌合水（kg）	预湿水（kg）	80℃24h（MPa）
山砂＋石粉（按体积比 4：6）	356	60	—	309	622	1022	15	90	39～62	37.1

（七）山砂＋石粉（按体积比 6：4）配制混凝土

1. 原配合比及原材料参数

（1）原混凝土配合比

原混凝土配合比参数见表 C-184。

表 C-184 原混凝土配合比 单位：kg

名称	水泥	粉煤灰	外加剂
用量	290	60	15

（2）胶凝材料

胶凝材料主要参数见表 C-185。

表 C-185　胶凝材料参数

名称	水泥	粉煤灰
密度（kg/m^3）	3000	2200
需水量（比）	0.27	1.05

（3）砂子参数

现场检测砂子技术参数见表 C-186。

表 C-186　现场检测砂子技术参数

名称	紧密堆积密度（kg/m^3）	含石率（%）	含水率（%）	压力吸水率（%）	含泥量（%）
山砂	1946	0	5.5	—	13
石粉	2388	8.5	13	2	15

（4）石子参数

现场检测石子技术参数见表 C-187。

表 C-187　现场检测石子技术参数

名称	空隙率（%）	堆积密度（kg/m^3）	表观密度（kg/m^3）	吸水率（%）
石子	39.7	1697	2814	1.8

2. 调整基准

原配合比中胶凝材料为：水泥 305kg，需水量比 0.27，密度 3000kg/m^3；粉煤灰 90kg，需水量比 1.05，密度 2200kg/m^3。在配合比调整的过程中，不考虑粉煤灰对强度的贡献。

3. 胶凝材料体积的计算

$$V_{胶凝材料} = \frac{290}{3000} + \frac{60}{2200} = 0.12(m^3)$$

4. 胶凝材料标准稠度用水量的计算

$$W_B = 290 \times 0.27 + 60 \times 0.27 \times 1.05 = 95(kg)$$

胶凝材料总用量：

$$B = 290 + 60 = 350(kg)$$

泌水系数：

$$M_W = \frac{350}{300} - 1 = 0.17$$

胶凝材料拌和用水

$$W_{胶凝材料拌和用水量} = 95 \times \frac{2}{3} + 95 \times \frac{1}{3} \times (1 - 0.17) = 90(kg)$$

5. 胶凝材料浆体体积的计算

$$V_{胶凝材料浆体体积} = V_{胶凝材料} + \frac{2}{3} \times \frac{W_B}{\rho_W} = 0.12 + \frac{2}{3} \times \frac{95}{1000}$$

$$= 0.183(m^3)$$

6. 砂子用量及涌水量

混合砂用量：

$$S_{石粉} = \frac{2388 \times 39.7\%}{1-8.5\%} \times 0.4 = 414(\mathrm{kg})$$

$$S_{山砂} = \frac{1946 \times 39.7\%}{1-0} \times 0.6 = 464(\mathrm{kg})$$

$$S_{混合砂} = 414 + 464 = 878(\mathrm{kg})$$

山砂用水量：

$$W_{山砂最少用水量} = (5.7\% - 5.5\%) \times 878 = 2(\mathrm{kg})$$

$$W_{山砂最大用水量} = (7.7\% - 5.5\%) \times 878 = 19(\mathrm{kg})$$

石粉用水量：

$$W_{石粉用水量} = 878 \times 2\% = 18(\mathrm{kg})$$

混合砂用水量：

$$W_{砂子最少用水量} = 2 + 18 = 20(\mathrm{kg})$$

$$W_{砂子最大用水量} = 19 + 18 = 37(\mathrm{kg})$$

7. 石子用量及用水量

$$G_{混合砂} = (1 - 0.183 - 39.7\%) \times 2814 - 8.5\% \times 414 = 1147(\mathrm{kg})$$

$$W_{石子用水量} = 1147 \times 1.8\% = 21(\mathrm{kg})$$

8. 骨料用水量

砂石骨料用水量：

$$W_{砂石骨料最少用水量} = 20 + 21 = 41(\mathrm{kg})$$

$$W_{砂石骨料最大用水量} = 37 + 21 = 58(\mathrm{kg})$$

9. 用已知数据调整设计的混凝土配合比（表 C-188）及实验数据

表 C-188　调整设计的混凝土配合比

名称	水泥（kg）	粉煤灰（kg）	天然砂（kg）	山砂（kg）	石粉（kg）	石子（kg）	外加剂（kg）	拌合水（kg）	预湿水（kg）	80℃24h（MPa）
山砂＋石粉（按体积比 6∶4）	290	60	—	464	414	1147	15	90	41/58	31.8

10. 山砂、石粉混合配制混凝土

使用山砂＋石粉 6∶4 混合后，配出工作性符合设计要求的混凝土其强度为 31.8MPa，低于设计值，要将其强度调整到 37.1MPa，根据砂子含泥量再次调整配合比见表 C-189。

表 C-189　调整后的技术参数

名称	紧密堆积密度（kg/m^3）	含石率（%）	含水率（%）	压力吸水率（%）	含泥量（%）
山砂	1946	0	5.5	—	13
石粉	2388	8.5	13	2	15

混合砂的含泥量现场测量数据为：11%。

（1）形成孔洞泥的体积

$$V_{\mathrm{n}} = \frac{878 \times (11\% - 3\%)}{2500} = 0.028(\mathrm{m}^3)$$

（2）水泥用量的计算

$$C = 290 + 3000 \times 0.028 = 374(\mathrm{kg})$$

（3）胶凝材料体积的计算

$$V_{胶凝材料} = \frac{374}{3000} + \frac{60}{2200} = 0.152(\mathrm{m^3})$$

（4）胶凝材料标准稠度用水量的计算

$$W_B = 374 \times 0.27 + 60 \times 0.27 \times 1.05 = 118(\mathrm{kg})$$

胶凝材料总用量：

$$B = 374 + 60 = 434(\mathrm{kg})$$

泌水系数：

$$M_W = \frac{434}{300} - 1 = 0.45$$

胶凝材料拌和用水：

$$W_{胶凝材料拌和用水量} = 118 \times \frac{2}{3} + 118 \times \frac{1}{3} \times (1 - 0.45) = 100(\mathrm{kg})$$

（5）胶凝材料浆体体积的计算

$$V_{胶凝材料浆体体积} = V_{胶凝材料} + \frac{2}{3} \times \frac{W_B}{\rho_W} = 0.152 + \frac{2}{3} \times \frac{118}{1000}$$
$$= 0.231(\mathrm{m^3})$$

（6）砂子用量及用水量

混合砂用量：

$$S_{石粉} = \frac{2388 \times 39.7\%}{1 - 8.5\%} \times 0.4 = 414(\mathrm{kg})$$

$$S_{山砂} = \frac{1946 \times 39.7\%}{1 - 0} \times 0.6 = 464(\mathrm{kg})$$

$$S_{混合砂} = 414 + 464 = 878(\mathrm{kg})$$

山砂用水量：

$$W_{山砂最少用水量} = (5.7\% - 5.5\%) \times 878 = 2(\mathrm{kg})$$
$$W_{山砂最大用水量} = (7.7\% - 5.5\%) \times 878 = 19(\mathrm{kg})$$

石粉用水量：

$$W_{石粉用水量} = 878 \times 2\% = 18(\mathrm{kg})$$

混合砂用水量：

$$W_{砂子最少用水量} = 2 + 18 = 20(\mathrm{kg})$$
$$W_{砂子最大用水量} = 19 + 18 = 37(\mathrm{kg})$$

（7）石子用量及用水量

$$G_{砂子1} = (1 - 0.231 - 39.7\%) \times 2814 - 8.5\% \times 414 = 1012(\mathrm{kg})$$
$$W_{石子用水量} = 1012 \times 1.8\% = 18(\mathrm{kg})$$

（8）骨料总用水量

$$W_{砂石骨料最少用水量} = 20 + 18 = 38(\mathrm{kg})$$
$$W_{砂石骨料最大用水量} = 37 + 18 = 55(\mathrm{kg})$$

（9）用已知数据调整设计的混凝土配合比及试验数据

采用调整后的配合比（表 C-190）进行试配，工作性达到预期效果，采用 80℃热水养护 24h 后强度都达到 37.1MPa。

表 C-190　调整后的配合比

名称	水泥（kg）	粉煤灰（kg）	天然砂（kg）	山砂（kg）	石粉（kg）	石子（kg）	外加剂（kg）	拌合水（kg）	预湿水（kg）	80℃24h（MPa）
山砂＋石粉（体积比 6∶4）	374	60	—	464	414	1012	15	90	38～55	37.1

参 考 文 献

[1] 朱效荣，李迁，张英男，等. 绿色高性能混凝土研究[M]. 沈阳：辽宁大学出版社，2005.

[2] 朱效荣，李迁，孙辉. 现代多组分混凝土理论[M]. 沈阳：辽宁大学出版社，2007.

[3] 魏秀军，李迁，金鑫，等. 混凝土强度的预测与推定[M]. 沈阳：辽宁大学出版社，2008.

[4] 朱效荣，孙继成，李迁. 多组分混凝土配合比速查手册[M]. 北京：化学工业出版社，2009.

[5] 朱效荣，赵志强，梁汝恒. 混凝土工作性的调整[M]. 中国建材工业出版社，2016.

[6] 朱效荣. 数字量化混凝土实用技术[M]. 北京：中国建材工业出版社，2016.

[7] 赵志强，朱效荣，陆总兵. 混凝土生产工艺与质量控制[M]. 北京：中国建材工业出版社，2017.

[8] 朱效荣，赵志强. 智能+绿色高性能混凝土[M]. 北京：中国建材工业出版社，2018.

[9] 王栋民，杜程. 水泥助磨剂与混凝土减水剂相容性的研究[J]. 中国包装科技博览·混凝土技术，2013(2)：38-39.

[10] 孙辉，吕林卫，宋庭鉴. 水泥与外加剂适应性的科学检验及应用[J]. 中国包装科技博览·混凝土技术，2013(7)：80-81.

[11] 王忠义，周莉人，魏金. 几种水泥促凝物对水泥凝结时间的影响[J]. 中国包装科技博览·混凝土技术，2011(7)：10-11.

[12] 郭蕾，鲁统卫，王勇威. 新型液体无碱速凝剂的性能研究及其促凝机理[J]. 中国包装科技博览·混凝土技术，2012(7)：1-2.

[13] 宁柱伟，王忠义，朱红超. 谈液体无碱速凝剂在检测过程中应注意的问题[J]. 中国包装科技博览·混凝土技术，2013(9)：97-98.

[14] 柴小娟，沈凯华，桌星朋，等. 耐腐蚀水泥制品用建矿渣粉煤灰混凝土性能研究[J]. 中国包装科技博览·混凝土技术，2012(3)：26-27.

[15] 冯汉峰，杨东. 水下不分散混凝土在深圳海上运动基地的研究应用[J]. 商品混凝土，2010(11)：55-57.

[16] 刘万杰. 喷射混凝土配合比设计[J]. 中国包装科技博览·混凝土技术，2011(3)：33-34.

[17] 白岩平，向小斌，余林文，等. 混凝土气密性影响因素研究[J]. 中国包装科技博览·混凝土技术，2011(7)：6-7.

[18] 范文涛，由世岐. 某石灰窑底座耐热混凝土破损原因[J]. 中国包装科技博览·混凝土技术，2011(4)：44-45.

[19] 楼荣，张伟. 东方特钢炼钢 AOD 炉设备基础大体积混凝土施工技术[J]. 中国包装科技博览·混凝土技术，2012(1)：74-75.

[20] 张东宁. 再生骨料混凝土应用性分析[J]. 中国包装科技博览·混凝土技术，2012(11)：9-10.

[21] 张全贵，平永杰，周金金，等. 矿山废石对混凝土性能的影响研究[J]. 中国包装科技博览·混凝土技术，2013(3)：37-38.

[22] 陈晨. 废弃混凝土的再生利用研究[J]. 中国包装科技博览·混凝土技术，2012(12)：34-35.

[23] 冯琪，黄河. 再生混凝土力学性能的研究[J]. 中国包装科技博览·混凝土技术，2013(9)：40-41.

[24] 王亮，李秋义，王美楠，等. Ⅱ类再生粗骨料对再生混凝土力学性能的影响[J]. 中国包装科技博览·混凝土技术，2013(6)：13-14.

[25] 王爱勤，李如超. 建筑垃圾界面膜化及掺量对混凝土抗冻性的影响[J]. 中国包装科技博览·混凝土

技术，2012(1)：26-27.
[26] 丁军，王春芳，钱亚尖. 再生混凝土抗硫酸盐侵蚀的试验研究[J]. 中国包装科技博览·混凝土技术，2013(10)：79-80.
[27] 丁军，王春芳. 再生混凝土耐久性能的试验探究[J]. 中国包装科技博览·混凝土技术，2013(10)：36-37.
[28] 杨亚楠. 再生混凝土的碳化性能及防护措施[J]. 中国包装科技博览·混凝土技术，2013(7)：69-70.
[29] 杨书杰，陈咀. 再生集料的开发与应用[J]. 中国包装科技博览·混凝土技术，2012(10)：65-66.
[30] 钱伟，许欢欢，臧军. 掺入废弃混凝土的地聚合物材料性能研究[J]. 中国包装科技博览·混凝土技术，2013(6)：24-25.
[31] 张宝平，王新芳. 高华石屑配制混凝土的探索试验[J]. 中国包装科技博览·混凝土技术，2011(8)：21-22.
[32] 戚勇军. 石屑在预拌混凝土中的应用研究[J]. 中国包装科技博览·混凝土技术，2011(5)：22-23.
[33] 辛运来，史春和，张崇燕，张景丽. 石屑在大体积混凝土中的应用[J]. 中国包装科技博览·混凝土技术，2011(4)：72-73.
[34] 谢小元，邢丽君. 石粉机制砂和铁尾矿砂在混凝土中的应用[J]. 中国包装科技博览·混凝土技术，2011(8)：10-11.
[35] 袁世宝. 浅谈高石粉含量全机制砂预拌混凝土配合比设计[J]. 中国包装科技博览·混凝土技术，2012(9)：28-29.
[36] 赵婕，樊绿叶. 机制砂配制路面混凝土的应用[J]. 中国包装科技博览·混凝土技术，2011(8)：46-47.
[37] 高臣，田大萍. 选矿废石在渣打科营中心项目大体积混凝土中的应用[J]. 中国包装科技博览·混凝土技术，2010(12)：62-63.
[38] 田镇. 某易燃品储藏库不发火混凝土的试验研究及应用[J]. 中国包装科技博览·混凝土技术，2012(8).
[39] 蔡基伟，李世忠，宋裕增，等. 废弃混凝土中原状集料的机械分离方法研究[J]. 中国包装科技博览·混凝土技术，2010(10).
[40] 逄建军，张力冉，王栋民. 水泥混凝土速凝剂的研究现状及发展预测[J]. 中国包装科技博览·混凝土技术，2013(3).
[41] 赵计辉，王栋民，王振华，等. 水泥助磨剂的性能及其与混凝土减水剂相容性的研究[J]. 中国包装科技博览·混凝土技术，2010(9).
[42] 刘亚柱，黄燕. 天津嘉里中心基础底板大体积混凝土生产组织与质量控制[J]. 中国包装科技博览·混凝土技术，2013(7).